勘探监督手册
测试分册
（第二版）

吴木旺　赵启彬　李三喜　孟文波　关利军　张兴华◎等编著

石油工业出版社

内容提要

本分册提出了海上测试监督应具备的职业、技术素质，应尽到的岗位职责及应遵守的管理规定，介绍了地层测试的定义、特点及意义、工作内容及技术发展与应用历程，以及海上测试所使用的井下测试工具、水下坐落管柱、地面测试设备等主要装备；从各个勘探阶段的测试目的及选层原则、测试程序、射孔工艺、资料录取要求、工艺要求、深水测试附加要求等翔实界定测试地质设计，分类描述了测试工程设计内容，并结合实际工作情况，说明井眼及平台测试相关设备、测试现场设备等准备工作。

本分册可供石油测试科研人员、现场作业人员和管理人员参考。

图书在版编目（CIP）数据

勘探监督手册. 测试分册 / 吴木旺等编著 . —2 版 . —北京：石油工业出版社，2025.1
　ISBN 978-7-5183-6236-3

Ⅰ.①勘… Ⅱ.①吴… Ⅲ.①油气勘探－测试技术－技术监督－手册 Ⅳ.①TE-62

中国国家版本馆 CIP 数据核字（2023）第 161888 号

出版发行：石油工业出版社
　　　　　（北京安定门外安华里 2 区 1 号　100011）
　　网　　址：www.petropub.com
　　编辑部：（010）64222261　图书营销中心：（010）64523633
经　　销：全国新华书店
印　　刷：北京中石油彩色印刷有限责任公司

2025 年 1 月第 2 版　2025 年 1 月第 1 次印刷
787×1092 毫米　开本：1/16　印张：25.25
字数：660 千字

定价：200.00 元
（如出现印装质量问题，我社图书营销中心负责调换）
版权所有，翻印必究

《勘探监督手册（第二版）》编委会

主　　任：徐长贵

副 主 任：刘振江

委　　员：周家雄　高阳东　邓　勇　吴克强　张迎朝
　　　　　朱光辉　黄志洁　王　昕　林鹤鸣　范彩伟
　　　　　张　辉　蒋一鸣　米洪刚

《勘探监督手册·测试分册（第二版）》编写组

组　　长：吴木旺　赵启彬
副 组 长：李三喜　孟文波　关利军　张兴华　魏安超
成　　员：姜洪丰　梁　豪　高科超　赵幸滨　马　磊
　　　　　颜帮川　李纪智　江　华　冯大龙　李祝军
　　　　　徐　斐　韩　成　王应好　梅明阳　胡　科
　　　　　魏青涛　张自印　陈光峰　杜连龙　刘境玄
　　　　　李艳飞　李小凡　李舜水　黄　伟　吴　健
　　　　　魏　超　周　涛　魏剑飞　吴　轩　田向东
　　　　　许　峰　辛小军　林炳南　左翊寅　徐　杨
　　　　　刘　强　盛廷强　徐太保　谢　伟

审稿专家组

（按姓氏笔画排序）

王守君　王尔钧　任金山　刘振江　刘富奎　许　兵
杨岐年　周宝锁

序

《勘探监督手册》是中国海洋石油勘探作业管理和技术操作规范的法规性文件，是勘探监督现场作业的工作手册，体现了中国海油勘探作业管理水平和技术能力，集合了中国海洋石油集团有限公司多年自营勘探的先进技术和管理方法，汇聚了众多勘探技术专家的工作成果，是几代勘探人智慧的结晶。《勘探监督手册》自1997年试用本推出以来，历经2002年和2012年两次修订，对规范勘探作业管理、提升作业效率、提高作业质量发挥了非常重要的作用。

"十二五"至"十三五"期间，中国海油油气勘探取得了重大突破，勘探逐渐向超深水深层、超高温高压、"双古"和"非常规"等领域转变与拓展，油气藏类型更为复杂，也推动了勘探作业在项目管理、作业技术提升上有更大的创新和突破。中国海油勘探作业团队以"精细管理、创新增效、成本管控"为宗旨，通过技术创新、管理提升，持续构建更为完善的海洋特色勘探作业技术体系。在此背景下2021年启动《勘探监督手册》第三次修订。

本次修订完善了技术标准和管理规范，新增了勘探作业新技术、新工艺方面的操作规范，新增了勘探作业有关的石油地质、地球物理、钻井工程、储层改造等相关基础知识，在继承原有成果的基础上进行了结构优化调整和内容完善，使得手册更具科学性、系统性、规范性和先进性。

《勘探监督手册（第二版）》包括物探、测井、测试和地质四个分册，各分册自成体系，是勘探作业管理人员、勘探监督现场管理的工作手册，也为科研技术人员及非勘探作业人员了解勘探作业提供了参考。希望通过本手册的指导和实施可以更好地实现勘探研究目标，促进勘探技术的发展与完善，为中国海油加快创建世界一流示范企业作出更大的贡献。

前言

《勘探监督手册》是中国海洋石油集团有限公司（以下简称中国海油）勘探作业的专用工具书和工作指导手册，规范了中国海洋石油勘探作业者的油气勘探现场专业技术标准和管理要求。在总结提升几十年自营勘探实践经验的基础上，充分汲取国际、国内先进石油公司管理方式和技术规程，先后历经初次编写和两次修订。《勘探监督手册》最早于1997年初次编写成册并试用；随着公司改组上市和勘探技术的快速进步发展，为了适应新形势下勘探管理工作的需要，及时补充新装备、新工艺、新技术等方面的内容，于2002年组织进行了首次修订；面对海洋石油近海油气勘探形势变化及深水、海外等勘探业务的拓展，为了适应勘探新技术的不断发展和需要，于2012年对手册进行了再次修订。经过二十多年的贯彻执行，历次的《勘探监督手册》在提高海上勘探现场作业效率、保障勘探现场作业质量、规范现场作业管理及提升资料录取质量等方面起到了重要作用。

"十二五"至"十三五"期间，中国海油油气勘探形势发生新的重大变化，勘探方向逐渐向超深水深层、超高温高压、"双古"及非常规等领域转变与拓展，油气藏类型也趋于向岩性、隐蔽型及复合型等转变。同时，勘探作业技术也获得了长足发展，仪器设备集成化、智能化，采集评价技术精细化、定量化，技术体系与作业规程得到进一步完善。2012年出版的《勘探监督手册》已经不能完全适应当前的勘探作业需求，中国海油决定对《勘探监督手册》进行修订。

2021年2月，中国海油成立了《勘探监督手册（第二版）》编委会，《勘探监督手册（第二版）》按专业分为物探分册、测井分册、测试分册和地质分册。手册修订原则为：一是健全、完善海洋特色勘探作业技术体系，补充新设备、新技术等方面内容；二是剔除已经不适用的技术内容，完善技术标准和管理规范；三是进一步增强作为工具书和指导手册的作用。

2021年4月14日，本书编写组在海口召开了《勘探监督手册·测试分册（第二版）》（以下简称分册）修订的工作启动会，制订了分册的框架结构和修订计划，确定了分册编写组成员及分工等，明确了在继承2012年出版的《勘探监督手册》成果的基础上进行合理的结构优化调整和内容增补完善的修订要求，确定了分册修订的主要内容：（1）根据测试作业流程将分册整体架构分为测试管理、测试设计、测试准备、测试现场施工、测试资料录取、测试资料验收与总结、测试设备等七个章节，以及地层流体PVT参数计算方法、规范性附录、资料性附录、不稳定试井双对数曲线对应的常见模型、测试总结报告及测试名词、数据单位、符号的解释等六个附录；（2）以现场作业工作程序为主线，系统梳理作业管理与技术规范要求，补充、完善测试监督工作细则内容；（3）完善螺杆泵及气举作业、高温高压测试、深水测试、资料验收与总结等内容；（4）新增验船、测试地质设计编写、现场资料解释、测试现场取样报告等内容；（5）增加射孔器材、人工举升设备、连续油管、动力油嘴、数据钢丝、单相取样器等新设备工艺的相关内容；（6）根据现行勘探技术标准和规范完善附录。

在分册修订过程中，编写组克服了新冠肺炎疫情的严重影响，组织了多轮次的函审、视频审查及三次线下专家审查会，圆满完成了本次修订任务。

分册共分为7章和6个附录。第1章由赵启彬、张兴华、高科超、刘境玄、陈光峰、杜连龙编写；第2章由吴木旺、关利军、孟文波、姜洪丰、梁豪、魏安超、马磊、颜帮川、李祝军、徐斐、魏青涛、刘境玄、李纪智、江华、张自印、赵幸滨、李小凡、李舜水、冯大龙、黄伟、胡科、韩成、王应好、梅明阳编写；第3章由李三喜、高科超、魏安超、马磊、颜帮川、韩成、王应好、梅明阳编写；第4章由孟文波、李祝军、徐斐、杜连龙、关利军、李纪智、张自印、李艳飞、李小凡、李舜水、冯大龙、黄伟、吴健编写；第5章由吴木旺、姜洪丰、梁豪、胡科、魏超、李祝军、徐斐、许峰、林炳南、左翊寅、辛小军、徐杨编写；第6章由赵启彬、吴木旺、梁豪、姜洪丰、胡科编写；第7章由关利军、吴木旺、李纪智、张自印、周涛、魏剑飞、吴轩、田向东、许峰、林炳南、左翊寅、辛小军、徐杨、刘强、盛廷强、徐太保、谢伟编写；附录A由赵启彬、吴木旺、姜洪丰、梁豪、胡科、刘强编写；附录B由吴木旺、姜洪丰、梁豪、胡科、刘强、李艳飞、李小凡、李舜水、冯大龙、黄伟、吴健、张兴华、高科超、刘境玄、陈光峰、杜连龙编写；附录C由孟文波、魏安超、马磊、颜帮川、魏超、李祝军、徐斐、刘境玄、陈光峰、杜连龙、周涛、魏剑飞、吴轩、田向东编写；附录D由吴木旺、许峰、林炳南、左翊寅、辛小军、徐杨编写；附录E由吴木旺、姜洪丰、梁豪、赵辛滨、李艳飞、李小凡、李舜水、冯大龙、黄伟、吴健、胡科、刘强编写；附录F由吴木旺、姜洪丰、梁豪、胡科编写；全书由吴木旺统稿。

在分册的编写修订过程中，中国海油勘探开发部与天津、上海、深圳、湛江、海南各分公司的勘探（开发）部、工程技术作业中心，以及中海油田服务股份有限公司油田技术事业部、中海油能源发展股份有限公司、中法渤海地质服务有限公司、中海艾普油气测试（天津）有限公司、中联煤层气有限责任公司勘探开发部等有关专家参加了编写、修订和审查，付出了大量的辛勤劳动，在此表示衷心感谢。最后，向参加分册审查给予大量宝贵意见的专家表示崇高敬意。

由于编著者水平所限，书中难免有疏漏和不足之处，恳请读者批评指正。

目 录

1 测试管理 ·· 1
　1.1 测试监督职责及要求 ··· 1
　1.2 测试工作界面 ·· 3
　1.3 QHSE 管理要求 ··· 4
　1.4 资料保密要求 ·· 5
2 测试设计 ·· 6
　2.1 测试地质设计 ·· 6
　2.2 测试工程设计 ·· 23
3 测试准备 ·· 90
　3.1 验船 ·· 90
　3.2 测试动员及人员资质核查 ··· 94
　3.3 测试设备工具核查 ·· 95
4 测试现场施工 ·· 112
　4.1 测试现场准备 ·· 112
　4.2 测试施工程序及要求 ··· 123
　4.3 测试结束后的工作 ·· 225
5 测试资料录取 ·· 230
　5.1 资料录取主要内容 ·· 230
　5.2 储层流体取样要求 ·· 239

  5.3 现场资料解释 ··· 242

6 测试资料验收与总结 ··· 262
  6.1 测试资料验收 ··· 262
  6.2 测试报告编写 ··· 263
  6.3 资料归档 ·· 263

7 测试设备 ··· 264
  7.1 井下测试工具 ··· 264
  7.2 水下坐落管柱 ··· 274
  7.3 地面测试设备 ··· 278
  7.4 射孔器材 ·· 286
  7.5 试井设备 ·· 304
  7.6 人工举升设备 ··· 316

附录 ·· 321
  附录 A 地层流体 PVT 参数计算方法 ································· 321
  附录 B 规范性附录 ·· 343
  附录 C 资料性附录 ·· 357
  附录 D 不稳定试井双对数曲线对应的常见模型 ······················ 367
  附录 E 测试总结报告 ··· 372
  附录 F 测试名词、数据单位、符号的解释 ····························· 378

1 测试管理

1.1 测试监督职责及要求

1.1.1 测试监督岗位职责

测试监督是中国海油派驻测试作业现场的代表，是地层测试现场作业的组织者，全面负责测试设计的编写及测试作业现场的健康、安全、环保、质量、成本、进度、井控等工作。其主要职责包括：

（1）编写测试地质设计和测试工程设计。

（2）测试作业陆地准备工作：检查验收新平台或长期不测试平台，制订测试运行计划，动员人员及设备，确认测试作业人员资质，检查关键测试设备及工具，召开动员会，报备和办理相关手续及文件等。

（3）测试作业现场准备工作：确认井筒条件，检查调试测试设备及工具，连接及试压地面流程，确认危险品及火工品，技术交底等。

（4）测试作业现场工作：全面负责现场施工的组织、指挥、协调、检查和验收工作；充分了解测试合同内容，按作业的实际完成工作量依据合同规定进行确认并签字，对服务商的服务进行评价；根据资料录取要求及标准，负责测试取得的各项工程和地质资料的验收及质量把控，并及时传回基地；现场测试监督直接对中国海油负责，按要求及时向基地汇报等。

（5）作业结束后工作：复员人员及设备，送验测试所获样品，整理、归档和移交资料，核查服务工单，进行作业总结，编写地层测试成果报告（参见中国海油企业标准Q/HS 1074—2016《探井地层测试成果报告编写规范》的相关要求）等。

1.1.2 测试监督素质要求

1.1.2.1 应具备的基本条件

（1）具有大专及以上学历。

（2）具有地层测试相关工作经验，并取得本专业监督相关执业资格证。

（3）身体健康，并取得出海所需的各种证件，能适应海上作业环境。

1.1.2.2　应具备的基本技能

（1）熟悉经济合同法和海洋环境保护法及其他相关的体系、石油行业标准及法律法规要求，正确理解和执行合同条款。

（2）掌握石油地质、试井、地下流体力学、油藏工程及钻采工程等专业及学科的基础理论知识。

（3）熟悉常用测井、录井知识，能综合利用测井、录井资料判断油层、气层、水层。

（4）能够根据平台类别、作业井况、地质要求等，设计合适的测试工艺方案。

（5）能够完成测试设计、测试资料分析和总结报告编写。

（6）熟悉分离器的操作规程和油气水流量计算方法原理，熟悉地面流体常规取样及PVT取样的操作规程和方法，熟悉井下PVT取样条件及样品鉴定方法，熟悉原油BSW分析、原油及天然气相对密度测定和水的氯离子滴定等基本操作。

（7）能够组织实施常规测试作业，以及酸化、压裂等增产措施作业。

（8）掌握测试作业的资料录取技术及标准，具备验收服务商提供的资料的能力。

（9）熟悉作业区域对火工品、原油、化学药品、气体容器等具有易燃、易爆、有毒、有害和放射性危化品的运输、存放、使用的管理规定。

（10）掌握健康安全环保知识，具备较强的健康安全环境管理能力。

1.1.3　测试监督的 QHSE 要求

（1）熟悉国家安全生产相关的方针、政策、法律法规，并严格执行。

（2）掌握企业内部 QHSE 管理规定、标准规范，并严格执行。

（3）掌握本岗位涉及的 QHSE 风险及防控措施，具备测试作业安全生产风险辨识及制订防范措施的能力。

（4）应取得安全员资格证、健康证、"五小证"❶、防硫化氢证、井控证等海上作业相关证书。

1.1.4　测试监督的配置与组织架构

每个测试作业点需要配置不少于 1 名测试工程总监、2 名测试工程监督（或副监督）、1 名测试地质总监、1 名测试地质监督（或副监督）。高难度或者复杂探井测试作业，根据需要增加 1 名高级总监。

1.1.5　现场测试监督的汇报制度

（1）每天 08:00 前将前一天的作业日报、阶段测试数据发回基地。

（2）正常情况下每天 08:00、16:00 向基地汇报作业动态。

（3）作业期间，现场监督应将测试重点数据实时传回基地。

---

❶ "五小证"指海上石油作业安全救生培训证书，包括海上消防、海上急救、海上逃生、直升机水下逃生、救生艇筏操作五项。

1.1.6 测试监督交接班内容要求

（1）测试井基本情况。
（2）测试作业进度情况。
（3）资料录取情况。
（4）资料整理情况。
（5）测试人员、物料、船舶及飞行计划。
（6）存在问题。
（7）下一步工作计划和要求。
（8）其他相关事项。

1.2 测试工作界面

1.2.1 测试决策管理

（1）探井决定进行测试作业后，勘探（开发）部应至少在预计测试作业开始前 3 天，以书面形式通知工程技术作业中心，开展测试相关准备工作。
（2）由测试监督向各相关服务商提出人员及设备要求，并负责检查服务商人员资质、设备配置及状况能否满足作业要求。
（3）测试作业前，应按照相关要求对测试工程和地质设计进行审查。

1.2.2 与钻井的界面及工作交接

1.2.2.1 测试作业前

（1）裸眼中途测试井：钻进至测试深度或者将裸眼回填至测试深度并候凝探塞合格后，循环调整钻井液，起钻完成后，转入中途测试作业。
（2）裸眼完钻测试井：完钻后按测试要求进行井眼处理，起钻完成后，转入测试作业。
（3）套管测试井：套管固井候凝结束后，经测井确认固井质量合格，并按照测试要求对套管试压，合格后转入测试作业；如果固井质量不满足测试要求或井筒试压不合格，需要采取补救措施时，相关作业时间不计入测试作业。

1.2.2.2 测试结束后

（1）裸眼中途测试井、裸眼完钻测试井：测试压井结束，起出裸眼测试管柱后，转入钻井或弃井作业。
（2）套管测试井：起出测试管柱，并按照测试工程设计对射孔段进行封层并试压合格后，转入弃井作业。

1.2.2.3 工作交接

（1）测试监督提前将第一测试层口袋长度要求及压井液性能要求提交钻井监督。

（2）测试人员及设备应至少在测试作业开始前2天抵达平台并开展准备工作。

（3）钻井监督应将井口装置、在船人员及设备状况以书面形式交接，并将井口装置、井身结构图、套管记录表、钻具记录表、固井质量测井图及井斜数据等相关资料交予测试监督。

1.2.3　与测井的界面及工作交接

（1）测井监督应向测试监督移交全井测井解释成果表、地层出砂预测、电缆地层测试结果表及压力剖面图、固井质量测井结果图等相关资料。

（2）测试期间的校深、射孔、生产测井及下桥塞工作由测试监督负责，测试期间的测井服务合同由测试监督执行。

1.2.4　与地质的界面及工作交接

（1）地质监督应向测试监督移交全井地质日报、综合录井图等资料，并做好短套管及放射性记号所在位置交接。

（2）测试期间的录井服务合同由测试监督执行。

1.2.5　与服务商的界面

（1）测试监督根据测试设计对现场服务商下达作业指令，服务商应严格遵照执行。

（2）测试监督负责作业现场的管理与协调，服务商负责提供详细的作业程序并在监督审核之后进行实际操作。

1.3　QHSE管理要求

1.3.1　测试监督管理QHSE要求

（1）认真贯彻落实国家有关法律法规，执行中国海油QHSE管理体系，落实岗位安全生产职责，按照法律法规、标准、QHSE管理体系等组织现场作业并确保作业合规合法进行。

（2）积极参加QHSE教育培训，认真学习安全生产相关的方针、政策、法律法规及标准规范，并在作业现场组织宣贯。

（3）贯彻落实中国海油安全环保核心价值理念，践行中国海油安全标志行为，开展"五想五不干"（一想安全风险，不清楚不干；二想安全措施，不完备不干；三想安全工具，不配备不干；四想安全环境，不合格不干；五想安全技能，不具备不干）行为安全观察，组织服务商开展安全隐患排查，并监督完成隐患治理工作。

（4）严格按照《中华人民共和国海洋环境保护法》和中国海油《健康安全环境管理体系》中项目服务商管理的有关规定对服务商进行管理。

（5）熟练掌握应急预案，履行岗位应急处置职责，及时、如实地报告QHSE事故/

事件。

（6）按照中国海油井控管理实施细则完成现场井控工作。

1.3.2 测试作业 QHSE 管理架构

测试工程总监作为现场 QHSE 管理第一责任人，全面负责作业现场 QHSE 管理工作，并按照图 1.1 所示的管理架构开展现场具体的 QHSE 管理工作。

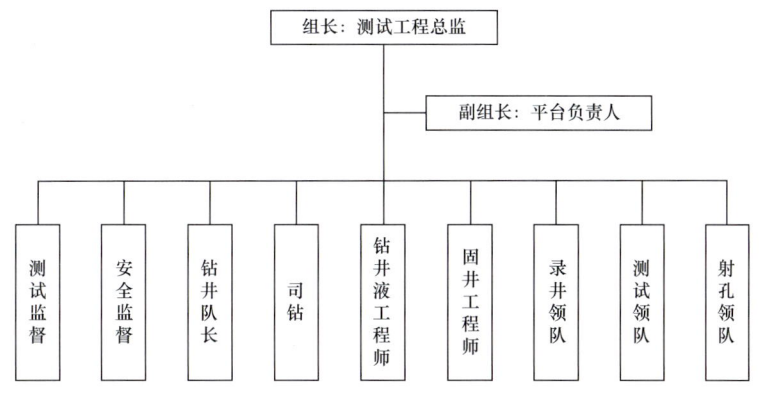

图 1.1 测试作业 QHSE 管理架构图

1.3.3 QHSE 管理文件

测试作业期间，测试监督按照中国海油 QHSE 管理体系文件开展作业现场 QHSE 管理工作，并执行测试设计中的应急预案及安全环保要求。

1.4 资料保密要求

严格遵守国家保密法律、法规和中国海油各项保密规章制度，履行保密义务。

2 测试设计

地层测试指钻井中途和建井之后，沟通地层到井底的通道，将地层流体诱流到地面，按一定的程序进行测试，搞清地层流体产能、性质、地层压力、温度及动态特征的整个工艺过程。其目的在于，为油气层评价和科学制订油气田开发方案提供可靠的资料和参数，以进一步加快勘探开发速度，提高勘探成功率，降低成本，提高经济效益。

地层测试可以直接取得地层产能、地层压力及温度、压力恢复曲线及地层流体样品等四项资料。通过地层测试可以达到以下目的：

（1）证实所钻构造是否存在商业油气层。
（2）探明油气田的含油、含气面积以及油水或气水边界。
（3）结合电缆地层测试资料探明气层、油层、水层的纵向分布及水动力系统。
（4）搞清油层、气层的产能、压力、温度及渗透率等动态特性参数。
（5）搞清地层流体在地层条件及地面标准条件下的性质。
（6）观察地层压力衰减，探明油（气）层连通范围，估算单井控制储量。
（7）观察边界显示，计算边界距离。
（8）搞清油气层受损害的程度，计算理想产能。
（9）搞清地层水性质为测井解释提供参数。

海上测试是一项系统工程，这项工程的完成情况不但与测试阶段的工作有关，而且与测试前的钻井和完井作业质量有关，如钻井期对油气层保护较好、井身较规则、固井质量好、测试层段无窜槽现象等，这些都是测试成功的前提条件。

就测试作业而言，有如下四个紧密相关的环节：测试设计、工艺施工、资料录取和资料解释，每个环节都关系着测试质量。其中测试设计是首要的工作，一个优秀的测试设计（包括工艺设计和测试方案设计）应该是善于针对不同地层、测试层段、井身条件和测试目的，采取有效的工艺方法和测试方案，使测试既能满足录取资料要求，又能达到安全、快速施工并降低成本。精心设计是至关重要的环节；精心组织施工是测试成功的保障。

2.1 测试地质设计

2.1.1 各个勘探阶段的测试目的及选层原则

不同勘探阶段，测试目的不同，选层原则也不同，应以经济效益为中心优化测试方案，统筹测试层位，原则上不进行合试；若单层较薄，可将隔层不厚而岩性、物性又相差不大的邻层进行合试，隔层厚度以不超过 20m 为宜。

2.1.1.1 预探井

以证实和发现商业性油气流为目的。选层原则：
（1）测试可能有商业发现的油气层。
（2）测试对勘探有指导意义的潜在商业油气层。

2.1.1.2 评价井

以评价已证实的含油气层系为重点，通过整体测试获取油气藏类型、面积、油水系统、油（气）水边界、产能及有关的油气藏评价资料，为计算油气藏储量和编制油气田开发方案提供依据。选层原则：
（1）整体考虑测试方案，根据评价井的数量和分布合理选择测试层位，确定测试层数。
（2）重点测试已证实的含油气层系。
（3）测试可能扩大储量的油气层及物性界限层。
（4）根据油气田开发需要，对开发层系进行单试或合试，取得评价资料，确定出砂压差及底水锥进压差。
（5）测试油气藏边（底）水层，取得水层资料。

2.1.2 测试程序

2.1.2.1 试井方法

试井方法可分为产能试井和不稳定试井两大类，产能试井包括稳定试井、等时试井和修正等时试井。

稳定试井是通过系统改变油气井的工作制度，测量出每一个工作制度下的产油量、产气量、产水量、含砂量、气油比及井底稳定流动压力、井口稳定压力等，评价油气井产能、合理工作制度、渗透率等。由于每次改变工作制度后，都要求产量、井底流动压力达到稳定，因此又称为系统试井或产能试井。

不稳定试井是通过改变油气井的工作制度，引起地层中压力重新分布，测量井底压力随时间的变化，结合产量等资料，研究油气井控制范围内的地层参数和完善程度，计算地层压力，判断油气井附近断层的位置等。不稳定试井可分为压力恢复试井、压力降落试井、探边试井、干扰试井和脉冲试井等。

不同的试井方法的作用和实现方法不同，适用条件也各有差异。由于海上进行试井作业安全风险高且费用昂贵，选择试井方法时需综合考虑试井目的、油气储层特征和油气储层类别。海上探井测试常采用压力恢复试井方法，而探边试井、干扰试井和脉冲试井等在生产井中应用较多。

测试程序是指试井作业中人为控制的工作程序，即开井流动和关井恢复的次数、强度及时间分配，以实现试井目的。

2.1.2.2 油气储层分类

为了使现场测试程序和录取资料方案与测试储层更为适配，在储层有效厚度20m、压降30%情况下，将海上测试油气储层进行分类。

2.1.2.2.1 油层

测试油层分类见表2.1。

表2.1 测试油层分类表

测试油层分类	油流量 Q_o / m³/d	储层有效厚度 / m	压降 / %
Ⅰ类油层	$Q_o \geq 200$	20	30
Ⅱ类油层	$50 \leq Q_o < 200$		
Ⅲ类油层	$5 \leq Q_o < 50$		
Ⅳ类油层（含油干层）	$Q_o < 5$		

2.1.2.2.2 气层

测试气层（含凝析气层）分类见表2.2。

表2.2 测试气层分类表

测试气层分类	气流量 Q_g / m³/d	储层有效厚度 / m	压降 / %
Ⅰ类气层	$Q_g \geq 200000$	20	30
Ⅱ类气层	$50000 \leq Q_g < 200000$		
Ⅲ类气层	$2000 \leq Q_g < 50000$		
Ⅳ类气层（含气干层）	$Q_g < 2000$		

2.1.2.3 油层测试程序

油层一般采取三次开井流动、两次关井恢复的测试程序（表2.3）。

表2.3 油层"三开二关"测试程序

测试程序	目的
初开井	卸掉泥浆柱对储层的附加压力
初关井	测取储层原始压力
二开井	求产测试流动期间获取产能和样品等资料
二关井	测取压力恢复资料
三开井	小压差流动获取井下PVT样品

2.1.2.3.1 初开井

初开井目的是卸掉泥浆柱对储层的附加压力。流动时间分配一般为 5~10min，但对钻井液侵入深的中、低渗透储层，适当延长初开井流动时间，以便储层流体上流到井下测试阀以上。

2.1.2.3.2 初关井

初关井目的在于测取储层原始压力。恢复时间应以测得储层静止压力为标准。在不使用直读电子压力计时，初关井恢复时间应为初开井流动时间的 8~10 倍。若测井阶段电缆地层测试已录取到代表性储层压力资料，可考虑取消初开、初关井求取储层原始压力程序，开井直接进入求产测试流动期。

2.1.2.3.3 二开井

二开井流动即求产测试流动期，在这个流动期间要测取油层产能资料，采集代表性储层流体样品，同时为二关井测取压力恢复资料打下基础。求产测试根据不同的流动特点，录取资料有不同的要求。

Ⅰ类油层、Ⅱ类油层：要求达到稳定流动，在设备和安全环保满足的条件下，宜取得从小到大 1~4 个油嘴的稳定流量资料。

Ⅲ类油层：宜使用人工举升手段，取得 1 个油嘴的稳定流量资料。

Ⅳ类油层（含油干层）：若使用人工举升手段，宜取得 1 个油嘴流量资料。若无人工举升手段，为了测取恢复资料，要求液面到达静止之前关井恢复（最好是流动液面上升到静液面 2/3 左右高度），以避免"自然关井"现象发生。

2.1.2.3.4 二关井

二关井恢复时间应以测得合格的压力恢复曲线为标准，在不使用直读电子压力计时，二关井恢复时间宜不少于二开井流动时间的 2 倍。

2.1.2.3.5 三开井

三开井进行钢丝或电缆作业获取井下 PVT 样品，用小油嘴控制流动，要求取样深度处的原油是新产出原油并处单相状态，无井下取样计划的井可不进行三开井。

2.1.2.4 气层试井程序

气井试井与油井试井的基本原理一致，但由于气体的黏度小、气体在地层中的流动能力强、压缩性强、流动状态变化大等特点，气井的试井在操作程序和解释方法上都有其特殊性。气井试井应取得 3~5 个油嘴的流量数据，以建立准确气流方程式，求取无阻流量，评价气井产能。条件允许时，宜进行多次开井流动、多次关井恢复的测试来求取真表皮系数。气井试井方法又分为回压试井法、等时试井法、修正等时试井法，不同方法其测试程序有所不同。

2.1.2.4.1　Ⅰ类气层、Ⅱ类气层

采用回压试井法，需要取得多个油嘴制度下的相对稳定流动数据，适宜在渗透率较

高、流动容易达到稳定的气层中。为了测得真表皮效应系数，可执行三开井流动、三关井恢复的测试程序（表2.4）。

表2.4 气层"三开三关"测试程序

测试程序	目的
初开井	清井
初关井	测取储层原始压力
二开井	获取一个油嘴的稳定流动数据
二关井	测取压力恢复资料
三开井	求产测试流动期，获取产能和样品等资料
三关井	测取压力恢复资料

初开井：初开井流动赋有清井任务，时间以排完液垫、封隔器以下井段测试液及井壁污物为标准。末期粗测一个流量，作为二开井、三开井流动油嘴选择的依据。

初关井：初关井目的在于测取储层原始压力。如果清井期短可用测静压的方法求取储层原始压力，如果清井期长，可通过压力恢复曲线外推方法求得。关井时间应满足压力恢复分析需要，宜为流动时间的8~10倍。若测井阶段电缆地层测试已录取到代表性储层压力资料，则可考虑取消求取储层原始压力的程序。

二开井：测得一个油嘴的稳定流动数据，时间分配以流动到达稳定流态为标准。

二关井：测取对应于二开井的压力恢复资料。时间分配应服从压力恢复曲线解释的需要，如不使用直读电子压力计，关井时间应不少于二开井时间的2倍。

三开井：求产测试流动期，为获取产能和样品等资料，应测得3~4个油嘴的稳定流动数据。

三关井：测取对应于三开井的压力恢复资料，时间分配原则同二关井。

2.1.2.4.2　Ⅲ类气层

宜采用回压试井法的"二开二关"测试程序或修正等时试井法程序。

"二开二关"测试程序：初开井往往难于将井清干净，开井时间宜确保井下测试阀以下充满储层流体；二开井继续清井，测得1~2个油嘴的相对稳定流动数据后，二关井测取压力恢复资料。

修正等时试井法程序：在较致密的低渗透气藏中，采用回压试井法需要非常长的生产时间，对于海上测试成本压力较大，为了缩短试井时间，低渗透气藏可以采用修正等时试井法。清井流动完成后，关井恢复测取储层原始压力，然后产量从小到大进行4次开井流动和关井的测试，前3次开井流动时间和关井时间相等，前3次流动不要求达到稳定，但最后1次流动要求达到稳定。

2.1.2.4.3　Ⅳ类气层（含气干层）

宜采用回压试井法的"二开一关"测试程序。初开井喷势弱，观察15min左右初关井。二开井流动12h左右，或采用人工举升方法确认气井产能较低，则可结束测试。

2.1.2.5 高温高压气层测试程序

高温高压气层测试对井筒、井下工具、地面设备等要求高，安全隐患多，风险大。在取得基本评价资料基础上，宜尽量缩短测试时间，减少井下工具操作，降低作业风险，故测试程序有所精简。对于接近工具极限条件的超高温高压（或极高温高压）气层，为了降低作业风险，提高测试成功率，宜减少开关井次数，采用一次开井流动、一次关井恢复的"一开一关"测试程序，以获取产能、流体、储层基本参数为主要目的。

首次钻遇的Ⅰ类气层、Ⅱ类气层，宜采用"一开一关"测试程序，测得一个合适油嘴的稳定流动数据。若电缆地层测试未取得可参考储层压力资料，可考虑增加初开井和初关井录取储层原始压力。

已证实的Ⅰ类气层、Ⅱ类气层，宜采用回压试井法的"二开二关"测试程序，第二次开井测取3～4个油嘴的稳定流动数据或用修正等时试井法测取产能资料。

高温高压的Ⅲ类气层和Ⅳ类气层（含气干层），测试要求同常规的同类气层。

高温高压气层测试流动油嘴选择要考虑储层岩石破坏风险和储层渗透特征的变化（水侵、反凝析），同时不要造成地面流程、仪表和井下管柱工具的损坏。

2.1.2.6 压裂、酸化作业测试程序

在探井中对储层实施压裂、酸化增产改造等作业，若使用一趟管柱完成改造前后的测试，改造前应进行一次开井流动，求取自喷产能，如能求得相对稳定的产能则进行一次关井。改造后，应求得可与改造前类比的一个油嘴的产能资料，求产时间宜大于72h，求产结束关井测取压力恢复资料。若改造前后使用不同管柱，改造前采用"二开二关"程序，如无法求取产能，可取消第二次关井；改造后采用"一开一关"程序。

2.1.3 射孔工艺

2.1.3.1 射孔器材选择原则

射孔是建立套管井油气从储层到井筒流动通道的重要手段，孔深、孔密、孔径是影响油气层产率比的主要因素，射孔器材选择原则如下：

（1）在安全条件下，射孔枪和油气层套管的间隙越小越好。

（2）对中高渗透率、疏松储层，流动能力强，伤害解除较容易，宜选择高孔密、大孔径射孔器材。

（3）对于致密低孔隙度、低渗透率、伤害程度高储层，宜选择深穿透射孔器材，并且可配合适当的增效射孔工艺，如爆燃压裂射孔、自清洁射孔、后效射孔等。

（4）气层受气体非达西流动影响，井壁附近的流动阻力比油层大，因此在孔深超过污染带后，提高孔密或孔径可更有效地提高产能。

（5）宜采用射孔优化设计软件，并基于实钻及测录井资料进行储层伤害评价、射孔性能模拟、射孔效果敏感性分析、射孔安全分析，以进一步优选射孔参数，提高射孔有效性和安全性。

（6）为确保射孔的安全性和有效性，火工品的耐温时间宜大于射孔器材入井到引爆射孔枪的时间间隔的3倍。

2.1.3.2 射孔负压值确定

2.1.3.2.1 负压设计原则

（1）对于渗透性好的疏松储层，负压值不宜大，以避免流动初期出砂，但也要保证顺利诱流。

（2）对于渗透性差的致密储层，负压要大，以促使顺利诱流，但要保证套管和测试工具、管柱的安全。

2.1.3.2.2 最小负压值的确定

最小负压值的计算：

$$\Delta p_m = 24.13/K^{0.37} \text{（油层）} \tag{2.1}$$

$$\Delta p_m = 17.24/K^{0.17} \text{（气层）} \tag{2.2}$$

式中　Δp_m——TCP射孔最小负压值，MPa；
　　　K——储层渗透率，mD。

2.1.3.2.3 最大负压值的确定

（1）致密储层最大负压值，取套管、井下工具及管柱破坏强度最小值的80%。

（2）非致密储层的最大负压值按下式计算，即

$$\Delta p_x = 24.82 - 0.1379 \cdot \Delta t \text{（油层）} \tag{2.3}$$

$$\Delta p_x = 32.75 - 0.1724 \cdot \Delta t \text{（气层）} \tag{2.4}$$

或

$$\Delta p_x = 16.13 \cdot \rho_b - 27.58 \text{（油层）} \tag{2.5}$$

$$\Delta p_x = 20 \cdot \rho_b - 32.40 \text{（气层）} \tag{2.6}$$

式中　Δt——声速测井曲线上下围岩Δt平均值，μs/ft；
　　　ρ_b——放射性测井曲线储层体积密度，g/cm³。

（3）选用值的确定：求出最小负压值和最大负压值后，先计算两者的中值，然后再根据钻井液滤液侵入深浅、储层岩石力学参数及经验来确定选用值。

2.1.4 资料录取要求

2.1.4.1 产能资料

产能资料是油气井测试最主要录取的资料，包括油嘴尺寸，油、气、水稳定流量，地面各测点流动压力、流动温度、井底流动压力、流动温度（地面直读或储存式压力计录取），含油、含水、含砂等资料。

2.1.4.2 储层原始温压资料

获取储层原始压力的方法有两种：第一种是通过短时间开井（卸掉钻井液柱对储层的附加压力）后立即关井，由于产出流体量很少，储层补充速度快，关井静压即可认为是储层原始压力，此种方法可以通过设置初开井、初关井来录取；第二种是借助不稳定试井的关井压力恢复资料进行外推计算，可以得到理论上恢复无限长时间的恢复压力，对于探井此压力也可认为是储层原始压力。

储层温度录取测试开关井期间井底的最高温度（由于人工干预得到的最高温度除外，如管柱移动、注入热流体等）。

储层原始压力宜录取储层中部深度的原始压力。海上测试大多采用测试射孔联作管柱，压力计位于射孔段上部几十米，压力计测点处温度和压力与储层中部温度和压力有差异；为了录取到储层中部压力，可在管柱上安装两组压力计，上下间隔一定距离，根据压力梯度折算储层中部压力。

若测井测压取样作业已获得储层有代表性的压力和温度资料，则测试期间可弱化本项资料的录取。

2.1.4.3 储层压力恢复资料

储层压力恢复资料是分析测试层动态特征，解释储层参数的重要资料，通过试井解释可以进行流动性、储层伤害、非均质性、边界、有效厚度、流体性质等方面的评价；不同的关井压力恢复可获得不同的资料，短时间开井后关井压力恢复可获得储层原始压力，稳定流动后关井压力恢复可获得有效渗透率、表皮系数等参数，长时间关井压力恢复可以获得远井地带的边界特征。设计不同的开关井制度可达到不同的地质目的。

储层压力恢复资料的获取主要有以下几点要求：

（1）流动稳定，满足要求后应立即关井，关井动作要迅速、有效。
（2）无特殊情况下，应进行井下关井，且关井深度点距离储层越近越好。
（3）关井期间避免井下或者钻台作业，以免影响数据精度。
（4）关井时间要满足资料录取要求，确保压力恢复资料中出现需要的特征曲线。

2.1.4.4 样品及样品分析资料

样品资料主要包括地面样品和井下样品。地面样品是指在地面取得的常规样品、地面PVT样品、工业样品以及其他样品。井下样品是指采用钢丝（或电缆）作业、管柱携带取样器或其他方式在井下位置取得的样品。

2.1.5 测试工艺要求

测试工艺要求是指为了达到测试目的取全、取准各项测试资料，对测试方法、管柱、地面设备等提出的要求。

2.1.5.1 测试方法要求

在测试地质设计制订过程中,根据地质条件、工况和测试目的等,针对性提出测试方法要求:

(1)针对低孔隙度、低渗透率储层,提出压裂、酸化、复合射孔、水力扩容等测试方法要求。

(2)针对稠油储层,提出热采测试方法要求。

(3)针对深水储层,提出深水测试方法要求。

(4)针对高温高压储层,提出高温高压测试方法要求。

(5)针对潜山储层,提出潜山测试方法要求。

(6)针对中途测试,提出中途测试方法需求。

(7)针对无法下套管储层,提出裸眼测试方法要求。

(8)针对不同环保等级要求海域储层,提出环保测试方法要求。

2.1.5.2 测试管柱要求

根据地质资料录取需要,对管柱的功能提出要求。包括但不限于引流、求产、井控、射孔工艺、开关井、压力计、水合物防治、井下取样、人工举升、增产工艺、非烃气体防护、承压耐温等级、数据直读等。

2.1.5.3 测试工作液要求

根据地质资料录取需要,对测试液、液垫、射孔液、储层改造液等测试工作液提出要求。包括但不限于传压性、水合物防治、射孔负压、相对密度、离子含量、黏度、储层保护、储层改造、井控等。

2.1.5.4 地面设备要求

根据地质资料录取需要,对油嘴管汇、分离器、除砂器等地面流程设备提出要求。包括但不限于传感器数量及位置、油嘴管汇配置、应急关断功能、数据传输、水合物防治、管线降温、产量测取等。

2.1.6 测试地质设计编写

2.1.6.1 地质概况

地质概况主要包括如下内容:

(1)简述探井所在区域及周边油气勘探情况,以及与周边含油气构造关系等,并在设计附录部分附上相应的图件。

(2)简述探井周边油气井的测试工艺与结果,测试遇到的复杂情况。

(3)简述本井油气钻探情况、录井显示、测井结果、钻后初步评价。

2.1.6.2　测试井基本数据

测试井基本数据格式见附录 B 中的表 B1.1，包含内容如下。

（1）井名、井别、合同区块（合作勘探）、合作者（合作勘探）。

（2）作业者、钻井船。

（3）井位，包括地理位置、构造位置、测线位置、井口坐标、坐标系统（CGCS2000 系统）、投影系统（UTM）、经度和纬度、坐标（X，Y）。

（4）深度数据，包括深度零点、水深、补心海拔、设计井深、完钻井深、完钻人工井底。

（5）实际完钻层位。

（6）主要目的层、次要目的层、测试层位。

（7）钻井液数据，包括钻开测试油气层钻井液体系、密度、黏度、总矿化度、固相含量、氯离子含量。

（8）井涌、井漏情况。

（9）时间数据：

① 开钻日期、钻开测试层日期、完钻日期。

② 时间划分按中国海油《勘探监督手册·地质分册（第二版）》执行。

（10）钻头程序数据。

（11）套管程序数据。

2.1.6.3　测试层基本参数

测试层基本参数如下：

（1）测试层层位。

（2）测试层岩性及油气显示情况。

（3）测试井段斜深、垂深及斜厚、垂厚、储层压力、储层温度，测井解释得到的储层孔隙度、渗透率、含水饱和度、泥质含量、自然伽马、电阻率、密度、声波时差等，格式见附录 B 中的表 B1.2。

（4）测试井段电缆地层测压结果、取样数据，格式见附录 B 中的表 B1.3、表 B1.4。

（5）测试井段及其上下井段的固井质量，格式见附录 B 中的表 B1.5。

2.1.6.4　测试目的

简述测试原因、主要目的及意义。

2.1.6.5　试井设计

2.1.6.5.1　基础参数

试井设计基础参数主要包括如下内容。

（1）测试储层井段、垂厚、斜厚、孔隙度、含水（含油、气）饱和度、测井渗透率、储层压力、储层温度等，格式见附录 B 中的表 B1.6。

（2）流体性质参数。

① 气体性质包括录井、测井获取储层的天然气气体组分，格式见附录 B 中的表 B1.7；

通过室内实验测定或软件计算的天然气相对密度、天然气偏差因子、天然气体积系数等天然气高压物性参数，格式见附录B中的表B1.8。

② 原油性质包括录井、测井获取储层的气油比、原油相对密度、原油体积系数、原油黏度、原油压缩系数、储层综合压缩系数，格式见附录B中的表B1.8。

③ 流体压缩系数、黏度、体积系数等高压物性参数取值原则：测试层有高压物性数据，取实际数据；没有高压物性数据，则利用地面油、气、水化验结果，查表或用经验公式计算求取高压物性数据；未取得高压物性又无地面油、气、水化验结果，则借用同一区块、邻井同一层位的高压物性数据。

2.1.6.5.2 试井参数选取

试井参数选取主要包括如下内容。

（1）确定有效渗透率：根据邻井试井渗透率、区域测井和试井渗透率关系公式、测压取样流度、岩心实验分析等结果综合确定储层有效渗透性。

（2）确定井筒储集系数：可根据设计井筒和管柱结构结合流体参数计算井筒储集系数，或根据同类型井测试结果进行类比确定。

（3）确定表皮系数：可根据钻井液相对密度和性能、浸泡时间、储层物性、射孔方案等参数结合同类型井测试经验，确定表皮系数。

（4）确定井筒内径：可根据设计井身结构得到测试井段井筒内径，裸眼井以实际井眼内径为井筒内径，套管井以套管内径为井筒内径。

（5）确定气井紊流系数：可根据经验公式进行预测。

2.1.6.5.3 储层模型的选取

储层模型的选择主要依据测试层岩性、地质构造、测井资料、岩心分析及测试各小层之间的物性差异等因素来确定。

（1）对于岩性较均一、储层边界距离较远的砂岩储层，可选择均质储层模型。

（2）对于碳酸盐岩、火成岩、花岗岩等储层，可选择双重介质储层模型。

（3）对于多层测试，且各层渗透率差异较大的储层，可选择双渗储层模型。

（4）对于需要探边测试或者边界较近的储层可根据实际地质情况选择边界模型，或者建立地质数值模型进行数值模拟设计。

（5）对于气井试井，考虑到气体非达西流效应较大，选用变表皮模型。

2.1.6.5.4 产能试井设计

产能试井设计包括如下内容。

（1）测试层产能预测。

结合测试井型及储层渗流特征，预测不同生产压差下的流量。

（2）测试工作制度设计。

合理的测试工作制度需确定极限生产压差和流量范围，内容主要包括：

① 出砂压差计算，可根据测井资料、岩心资料结合各种方法计算结果综合确定，设计流动压差不可超过出砂压差。

② 求产油嘴的选择要求，油井流动压差不宜超过储层压力的 50%，气井流动压差不宜超过储层压力的 35%。
③ 计算在试井参数及允许条件下最大流动压差对应的最大测试流量。
④ 根据设计管柱结构计算最小携液（气井）、携砂（油井）流量。
⑤ 确认测试设备最大处理流量，格式见附录 B 中的表 B1.9。
（3）产能试井设计。
① 通过临界流量分析确定合理测试流量范围，以均匀拉开测试压差为原则，按照测试程序要求设计 1~4 个工作制度，格式见附录 B 中的表 B1.10。
② 选取合理的油藏模型，根据设计的测试工作制度，模拟流量—井底流动压力数据。若为气井，计算二项式和指数式产能方程及其对应的无阻流量，格式见附录 B 中的表 B1.11，并在附录部分附上二项式产能方程 IPR 曲线图、指数式产能方程 IPR 曲线图。若为油井，计算采油指数和比采油指数，格式见附录 B 中的表 B1.12，并在附录部分附上油井流入动态曲线。

2.1.6.5.5　压力恢复试井设计

压力恢复试井设计内容主要包括：
（1）选取合理的油藏模型，模拟不同关井时间下的压力波及范围，在附录部分附上压力—压力导数双对数曲线图、流量—井底流动压力模拟曲线图。
（2）根据资料需求确定合理的关井压力恢复时间。

2.1.6.5.6　测试实时试井调整

测试现场结合第一手测试资料实时分析储层、流体参数，选取合理的试井参数及油藏模型进行实时试井设计，指导下一步测试参数优选。

2.1.6.5.7　设计风险分析

设计风险分析主要包括如下内容：
（1）试井基础参数不确定风险。
（2）裂缝、溶洞风险。
（3）设计流量对测试求产的安全风险及需要采取的措施。

2.1.6.6　测试程序设计

2.1.6.6.1　测试程序优化

根据海上储层类别的分类及测试程序要求，不同类型储层测试程序如下。
（1）Ⅰ类油气层、Ⅱ类油气层测试程序。
① 油层。
a. 若测井取得准确油层压力，可采用"二开一关"测试程序。一开井直接求产，当原油气油比大于 $50m^3/m^3$，用 1~4 个油嘴稳定求产，当原油气油比小于 $50m^3/m^3$，可用 1 个油嘴稳定求产，各油嘴求产稳定时间 4~6h；二开井获取井下 PVT 样品。
b. 若测井没有取得油层准确压力，则采用常规"三开二关"的测试程序，求产油嘴个数及求产稳定时间同上。

② 气层。

a. 若测井取得准确气层压力,可采用"一开一关"测试程序。用3~4个油嘴稳定求产。如需求取前期作业的伤害系数,则可采用"二开二关"测试程序,一开井为主求产期用3~4个油嘴稳定求产,二开井求产期用1个油嘴稳定求产,以上每个油嘴求产稳定时间4~6h。

b. 若测井没有取得准确气层压力,则采用常规"二开二关"的测试程序;如需求取前期作业的伤害系数,则采用"三开三关"测试程序,开井期求产油嘴个数及求产稳定时间同上。

③ 关井恢复时间:有直读压力计时,恢复曲线出现径向流后,延续半个对数周期即可结束关井;无直读压力计时,可类比该区域同类储层的恢复时间或试井设计模拟径向流出现时间等确定。若有探边需求可适当延长关井时间。

(2) Ⅲ类油气层测试程序。

① 油层:采用"二开二关"测试程序,初开井时间需确保井下测试阀以下充满储层流体,二开井采用人工举升手段取得1个油嘴的稳定流动数据,然后关井测压力恢复资料。

② 气层:采用"二开二关"测试程序,初开井时间需确保井下测试阀以下充满储层流体,二开井继续清井,测得一个油嘴的相对稳定流动数据后,然后关井测压力恢复资料。

(3) Ⅳ类油气层测试程序。

① 油层(含油干层):采用"二开二关"测试程序。二开井若无人工举升,要求液面到达静止之前关井恢复;若使用人工举升,取得一个油嘴的产能资料。二关井测压力恢复资料。

② 气层(含气干层):采用"二开一关"测试程序。初开井喷势弱,观察15min左右初关井;二开井流动12h左右,若无法测得产能资料,结束测试。

(4) 进行压裂、酸化等改造的储层测试程序。

① 若使用一趟管柱完成改造前后测试:改造前进行一次开井流动,求取自喷产能,如能求得相对稳定的产能则进行一次关井;改造后,应求得可与改造前类比的一个油嘴的产能资料,求产时间宜大于72h,求产结束后关井测压力恢复资料。

② 若改造前后使用不同管柱:改造前采用"二开二关"测试程序,如无法取得产能,可取消第二次关井;改造后采用"一开一关"测试程序。

2.1.6.6.2 测试程序设计格式

测试程序设计格式见附录B中的表B1.10,内容主要包括:

(1) 开关井程序。

(2) 拟用油嘴大小。

(3) 计划求产或关井时间长度。

(4) 目的等。

2.1.6.6.3 流动、求产相关要求

流动、求产相关要求主要包括:

(1) 流动稳定标准。

(2) 流动压差要求。

(3) 根据测试储层实际产能调整测试程序要求。

2.1.6.7 录取资料要求

2.1.6.7.1 地面录取资料要求

根据设计的测试程序录取地面资料。

（1）初开井：开井时间及操作过程、流动情况、油嘴尺寸及变更时间、井口压力温度等。

（2）初关井：关井时间及操作过程，井口压力温度。

（3）二开井：开井时间及操作过程、清井流动情况、油嘴尺寸及变更时间、井口压力温度、分离器压力温度，油、气、水流量，现场油、气、水样分析数据等。

（4）二关井：同初关井。

（5）三开井：开井时间及操作过程，求产过程录取资料要求同二开井。

（6）三关井：同初关井。

（7）数据采集系统按最快频率录取各项资料，每30min计算油、气、水流量，每1h分析一次流体样品。

2.1.6.7.2 井下录取资料要求

井下录取资料要求主要包括：

（1）储存式压力计的精度、分辨率、量程等要求。

（2）储存式压力计采样率要求。

（3）储存时间要求。

（4）储存式压力计数量及在管柱上的位置要求。

2.1.6.7.3 进行人工举升时录取资料要求

人工举升作业与开井流动求产相伴随，增加如下资料录取内容。

（1）螺杆泵。

① 录取资料项目主要包括：

a. 螺杆泵、抽油杆、加热电缆的型号及参数。

b. 定子下入深度。

c. 起、下转子时间，防冲距大小，起、下加热电缆时间。

d. 启泵、停泵时间。

e. 泵抽频率、转速及对应的电动机电流。

f. 加热方式、加热起止时间、加热柜功率及电压、加热电流、井口温度。

② 录取资料要求主要包括：

a. 求产时保持工作制度稳定，即定频率、定转速、定油嘴尺寸，同时保持加热电流不变。

b. 清井结束后，至少求取一个工作制度的相对稳定流量，每个工作制度的相对稳定时间不少于4h，且流量1h内波动不超过20%。

c. 泵抽期间，每15min记录泵抽频率、转速及电动机电流等参数，特殊情况时加密记录。

d. 结束泵抽时，应先井下关井，再停泵。

（2）射流泵。

① 录取资料项目主要包括：

a. 射流泵的型号及参数。

b. 泵筒深度。

c. 喷嘴直径、喉管尺寸。

d. 投泵心时间、泵心到位时间。

e. 启泵、停泵时间。

f. 动力液类型、参数、温度，注入泵压、排量。

g. 回收泵心方式、时间。

② 录取资料要求主要包括：

a. 应从小到大逐级升高地面泵压，待储层流体产出稳定后进行求产。

b. 求产时应保持工作制度稳定，即定喷嘴、定油嘴尺寸并保持泵压、排量稳定。

c. 清井结束后，至少求取一个工作制度的相对稳定流量资料，每个工作制度的相对稳定时间不少于 4h，且流量 1h 内波动不超过 20%。

d. 求产期间，每 15min 记录注入泵压、排量、注入液量、排出液量等参数。

（3）氮气气举。

① 录取资料项目主要包括：

a. 气举方式。

b. 连续油管型号、内径、外径，气举管柱结构及各部分的内径、外径、长度，气举阀的型号及参数、级数。

c. 连续油管下入深度、气举阀下入深度及打开压力。

d. 氮气注入时间、泵压、排量、累计量。

e. 停注氮气时间、起连续油管或气举阀时间。

② 录取资料要求主要包括：

a. 求产时应保持工作制度稳定，即定深度、定油嘴尺寸并保持泵压、排量稳定。

b. 清井结束后，至少求取一个工作制度的相对稳定流量资料，每个工作制度的相对稳定时间不少于 4h，且流量 1h 内波动不超过 20%。

c. 气举期间，每 15min 记录连续油管下入深度、注氮压力及排量等参数。

d. 气举结束时，应先井下关井，然后停止注氮气。

2.1.6.7.4 进行储层改造时录取资料要求

压裂、酸化、热采改造井在转入正常测试录取资料前，需录取以下资料并满足相应要求。

（1）酸化。

① 录取资料项目主要包括：

a. 酸化层号、层位、井段、厚度、岩性。

b. 岩心或岩屑溶蚀实验结果。

c. 井口装置以及入井各工具的名称、型号、内径、外径、长度、下入深度等。

d. 工作液（清洗液、前置液、处理液、后置液、顶替液）名称、性质、浓度、用量及泵注程序。

e. 泵注起止时间，泵注过程中的泵压、排量、套压。

f. 关井反应时间、返排方式、总液量，残酸浓度、pH 值及氯离子含量。

② 录取资料要求主要包括：

a. 挤注结束后，宜停泵测压降 15min，关井反应后应及时返排。

b. 返排过程中应注意判断地层是否产水。

c. 酸化后应及时返排残酸，待产出流体基本稳定后，至少求取一个工作制度的相对稳定流量资料，每个工作制度的相对稳定时间不少于 4h，且流量在 1h 内波动不超过 20%。

（2）压裂。

① 录取资料项目主要包括：

a. 压裂层号、层位、井段、厚度、岩性。

b. 岩石力学参数、储层敏感性分析、岩心伤害分析、储层破裂压力梯度及预测施工压力。

c. 压裂液（前置液、携砂液、顶替液）名称、性质、用量及泵注程序。

d. 支撑剂名称、类型、参数。

e. 施工时间、泵压、套压、排量、液体密度、阶段砂液比或砂浓度、累计砂量、阶段液量、累计液量、破裂压力。

f. 停泵压力、关井扩散压力变化及时间。

g. 压裂液返排方式、工作制度、返排时间、返排总液量、pH 值、氯离子含量、黏度及含砂量的变化。

② 录取资料要求主要包括：

a. 压裂后宜关井 1h 测压降或根据工况条件确定关井时间。

b. 开井后应用油嘴控制返排。

c. 监测出砂情况，及时检查更换油嘴。

d. 监测产出流体的 H_2S、CO_2 等气体的含量及变化情况。

e. 返排过程中宜分别于 1h、4h、8h、16h、24h 后取样，测返排压裂液的黏度、pH 值和含砂量及氯离子含量，并判断地层是否产水。

f. 待产出流体基本稳定后，至少求取一个工作制度的相对稳定流量资料，每个工作制度的相对稳定时间不少于 4h，且流量在 1h 内波动不超过 20%，求产时间宜不少于 24h。

（3）热采。

① 录取资料项目主要包括：

a. 测试管柱中主要工具的类型、规格及下入深度，隔热方式、隔热管类型及规格、隔热介质及用量。

b. 注入热流体前的地层压力、温度。

c. 注入热流体的成分及含量。

d. 注入日期、时间、压力、温度、套压、干度、速率、累计注入量。

e. 焖井时间及焖井期间的井口压力、温度变化。

f. 自喷或泵抽期的日产油量、日产水量，累计油产量、累计水产量。

② 录取资料要求主要包括：

a. 注热流体期间，每 5min 记录井口注入压力、温度、干度，每 30min 记录注入速率、累计注入量。

b. 焖井期间，每 5min 记录井口压力、温度。

2.1.6.8 样品录取要求

样品录取要求主要包括：
（1）常规分析样品取样条件、数量及要求。
（2）地面 PVT 样品取样条件、数量及要求。
（3）工业分析样品取样条件、数量及要求。
（4）井下 PVT 样品取样条件、数量及要求。

2.1.6.9 测试工艺要求

2.1.6.9.1 射孔要求

射孔要求主要包括：
（1）射孔方案，包括选用的射孔枪尺寸、射孔弹型号、孔密、相位角、水泥靶穿深及孔径等。
（2）点火方式要求。
（3）耐温耐压等级要求。
（4）负压射孔负压值要求。
（5）特殊工艺（射孔液、液垫类型等）要求。

2.1.6.9.2 测试管柱要求

测试管柱要求主要包括：
（1）测试管柱类型要求。
（2）测试管柱需要实现的功能。

2.1.6.9.3 测试工作液要求

测试工作液要求主要包括：
（1）需要满足的地质要求。
（2）测试液类型及氯离子含量。
（3）测试液垫类型及诱喷压差。

2.1.6.9.4 地面测试设备要求

地面测试设备要求主要包括：
（1）油气产量处理要求。
（2）流动和地面测试资料录取要求。
（3）除砂要求。
（4）其他要求。

2.1.6.10 附图

在测试地质设计的最后应根据油气井类型及测录井录取资料的实际情况附上下列相应的图件：
（1）井位位置示意图。
（2）砂体含油气面积图。

（3）测试井段固井质量图。
（4）二项式产能方程 IPR 曲线。
（5）指数式产能方程 IPR 曲线。
（6）油井流入动态曲线。
（7）压力—压力导数双对数曲线。
（8）流量—井底流动压力模拟曲线。

2.2 测试工程设计

2.2.1 常规工艺测试工程设计

2.2.1.1 资料收集

（1）所在海域作业期间的气象和海况。
（2）探井钻井地质设计：包括该井的地理位置、构造位置、设计井深与目的层深度、预测温度和压力、预测流体性质、风险提示、测井项目、邻井地质资料及测试结果等。
（3）测试地质设计：包括测试层基本参数、测试目的、测试程序、工作制度、录取资料及样品要求、对测试工艺的要求等。
（4）钻井工程设计及钻井装置资料：包括井身结构设计、钻井液设计、固井设计、材料及进度计划、设备能力、井控能力等。
（5）邻井资料：包括邻井井身结构、测试工艺、测试工作制度、问题统计及总结等。
（6）钻井实钻数据：包括井身结构、套管磨损情况、测录井资料、钻井液性能、固井资料等。

2.2.1.2 设计原则

（1）井筒准备：套管封固质量及井筒试压合格，满足测试作业要求。
（2）资料录取：按照测试地质设计要求执行，在安全的前提下取全、取准地质资料。
（3）测试环境：及时掌握气象资料，避免在台风等恶劣天气或海况下进行测试作业。
（4）QHSE：执行中国海油质量健康安全环境管理体系的相关规定。
（5）器材要求：装备、工具、材料及测试工艺应满足预测井眼温度和最大地层压力条件下测试作业的要求，装备、工具和材料的关键技术指标和抗温参数应在设计中明确。
（6）应急计划：设计中应包含作业风险分析及应急计划和应急程序。

2.2.1.3 设计内容

自升式钻井平台常规井地层测试工程设计应至少包括以下内容：
（1）测试目的。
（2）基础数据。
（3）方案概述，包括测试主要难点分析、测试工作制度、测试方案整体概述等。
（4）测试作业程序，包括作业准备、施工步骤及特殊作业程序等。
（5）测试液设计，包括测试液体系选择（加重材料选择等）、测试液密度选择、测试液性能要求等。

（6）测试管柱设计与安全校核，包括测试管柱优化、测试井下工具选择、测试封隔器选型、钻杆/油管及封隔器受力分析、测试管柱冲蚀分析、工具操作压力设计等。

（7）射孔设计，包括射孔方式选择、射孔管柱设计、射孔器材耐温耐压能力分析等。

（8）测试设备优选及地面流程优化，包括常规测试设备、出砂监测设备、流程安全监测及控制设备的性能参数优选及测试设备固定方案及地面流程温控措施、热辐射分析、硫化氢等有毒气体燃烧扩散分析等。

（9）环空压力管理，应根据 API RP 90-1-2021《海上油井的环形套管压力管理（第二版）》和井筒实际试压值确定各层套管最大允许工作压力，优化环空泄压及相关监测与管理制度。

（10）油气层封隔方案，按照封隔油气层标准 Q/HS 2025—2010《海洋石油弃井规范》执行。

（11）井控设计，包括井控设备、人员要求、操作要求及压井材料储备等。

（12）作业风险及对策，包括但不限于火灾、溢油、管柱刺漏、地面流程泄漏、封隔器不能解封等。

（13）极端天气应对方案，针对不同测试工况进行防台等撤离时间倒排，制订不同工况下的防台等撤离时间。

（14）材料计划。

（15）工期计划及费用预算。

半潜式钻井平台地层测试工程设计除上述内容外，还应增加水下测试树设计，包括水下测试树性能参数、与平台防喷系统匹配性分析、防喷器剪切能力分析及水下测试树管柱设计等。

2.2.1.4　测试液设计

包括测试液体系选择、测试液密度选择、测试液性能要求等内容。

（1）根据目的层压力系数、温度、防腐及防水合物等要求选择测试液体系，确定测试液密度，具体密度可根据实际情况调节。

（2）满足作业安全及环保要求。

（3）测试液用量计算（表2.5）。

表 2.5　测试液用量计算

名称	体积/m^3
隔水管内容积（自升式钻井平台不考虑此项）	
套管内容积	
地面循环系统容量（沉砂池、循环池、地面管汇）	
50% 附加	
测试液用量合计	

2.2.1.4.1　诱喷液垫设计

常规诱喷液垫的选择主要考虑以下因素：

（1）能够提供合适的诱喷压差，诱喷压差应小于储层出砂压力或坍塌压力。
（2）液垫与储层流体配伍性良好。
（3）液垫应为无腐蚀或低腐蚀性流体。

2.2.1.4.2　压井液设计

一般采用测试液或完钻钻井液作为压井液，密度视现场实际情况进行调整。现场应备有不少于1.5倍井筒容积的压井液，并备用适量的加重剂、堵漏剂、除硫剂、提黏剂和烧碱等。

2.2.1.4.3　工作液配方

根据实际需要提供工作液配方，主要包括下列类型：
（1）套管清洗液。
（2）诱喷液垫。
（3）测试液。
（4）射孔液。
（5）增产液。
（6）压井液。
（7）堵漏液等。

2.2.1.5　水下测试树设计

2.2.1.5.1　水下测试树管柱设计原则

水下测试树是半潜式钻井平台探井测试过程中井控风险控制的关键设备，在应急条件下具有关闭测试管柱、快速解脱上下部测试管柱、隔离测试管柱内油气的作用。

2.2.1.5.2　水下测试树管柱设计要求

管柱结构尽量简单、可靠，水下测试树工具性能满足作业温度及压力要求，使用控制面板液压操作。

水下测试树结构满足平台防喷系统井控要求。

2.2.1.5.3　水下测试树管柱配置

水下测试树 + 承留阀 + 承压短节 + 剪切短节 + 化学药剂注入短节 + 防喷阀 + 扶正器（根据实际情况选用不同型号的工具）。

常规半潜式钻井平台水下测试树配置见表2.6。

2.2.1.6　测试管柱设计

常规油井测试，考虑钻杆作为测试管柱，如果是气井或气油比较高（170m³/m³以上）的油井宜考虑选择合适尺寸的气密扣油管作为测试管柱。无论采用钻杆或气密扣油管作为测试管柱，都要进行全部工况下的强度校核。

2.2.1.6.1　测试管柱设计原则与目标

（1）有效封隔储层，建立地层流体流动保障和循环压井通道。
（2）保障流体在井下处于可控状态，并满足储层产能、压力、温度、流体样品等地质资料录取要求。

表 2.6 常规半潜式钻井平台水下测试树配置

名称	扣型	外径 /mm	内径 /mm	长度 /m	底深 /m
地面测试树					
钻杆					
防喷阀					
钻杆					
变扣					
扶正器					
剪切短节					
水下测试树					
承压短节					
悬挂器（上部）					
悬挂器（下部）					
变扣					

注：表中重复的内容表示入井工具的连接顺序。

（3）满足安全和地质要求的前提下，宜尽量简化管柱结构。

（4）半潜式钻井平台上部管柱还应具备井下开井、关井、管柱剪切和应急解脱功能。

2.2.1.6.2　测试油管选择及强度校核

（1）油管选择的基本原则。

从经济、安全有利于施工等角度选择油管，设计时综合考虑抗外挤、抗内压及抗拉强度，能够满足下入深度、油管全部掏空工况、防腐、井控安全及测试期间操作相关工具等要求。

（2）油管尺寸的确定。

应选择满足本井测试油气产能要求的油管，综合考虑油管的气体流速、携液能力及冲蚀比。

（3）油管强度校核。

在强度校核时，宜采用如下安全系数：抗拉系数大于 1.6，抗外挤系数大于 1.125，抗内压系数大于 1.20，三轴应力系数大于 1.25。

考虑的力学因素包括：封隔器坐封力、解封过提力（允许最大过提力宜不少于 60klbf）、油管内掏空时环空外挤力、油管内试压值、生产关井最大井口压力、套管内下放摩阻等。

（4）油管选择结果见表 2.7。

表 2.7 油管选择结果表

油管尺寸 /in	磅级 /lb/ft	抗外挤强度 /MPa	抗内压强度 /MPa	抗拉 /kN	内径 /mm	扣型	上扣扭矩 /ft·lb

2.2.1.6.3 常用测试管柱配置

根据不同的平台类型（如自升式钻井平台或者半潜式钻井平台）、测试方式（如裸眼测试或者套管射孔测试）、井型（如油井或者气井）、生产方式（如自喷或者人工举升）等，并结合不同海域作业特点，列举了以下六种常用测试管柱配置（表 2.8 至表 2.13），实际作业中，针对具体井测试实际需要，进行优化完善。

表 2.8 常规自喷油气井射孔测试管柱（自升式钻井平台）

编号	名称	扣型	外径 /mm	内径 /mm	长度 /m	底深 /m
1	地面测试树					
2	钻杆/油管					
3	伸缩接头					
4	钻铤					
5	放射性接头					
6	钻铤					
7	RD 循环阀（无球）					
8	RD 安全循环阀（有球）					
9	泄压阀					
10	LPR-N 阀					
11	液压旁通阀					
12	压力计托筒					
13	RD 取样器					
14	液压震击器					
15	安全接头					
16	RTTS 封隔器					
17	$2\frac{7}{8}$in 油管					
18	玻璃盘接头					
19	$2\frac{7}{8}$in 油管					
20	减振器					
21	$2\frac{7}{8}$in 油管					
22	玻璃盘接头					
23	$2\frac{7}{8}$in 油管					
24	压力延时点火头					
25	射孔枪					
26	压力延时点火头					

注：表中的编号表示入井工具的连接顺序。

表2.9 常规自喷油气井环空加压射孔测试管柱（自升式钻井平台）

编号	名称	扣型	外径/mm	内径/mm	长度/m	底深/m
1	地面测试树					
2	钻杆/油管					
3	伸缩接头					
4	RD循环阀（无球）					
5	钻铤					
6	放射性接头					
7	钻铤					
8	RD安全循环阀（有球）					
9	泄压阀					
10	压力计中继站					
11	LPR-N阀					
12	压力计托筒					
13	压力计托筒					
14	液压旁通阀					
15	取样阀					
16	液压震击器					
17	安全接头					
18	环空加压装置传压接头					
19	封隔器					
20	环空加压筛管装置接头					
21	$2\frac{7}{8}$in油管					
22	减振器组					
23	$2\frac{7}{8}$in油管					
24	压力延时点火头					
25	盲枪和枪头					
26	射孔枪					
27	枪头+压力延时点火头					
28	玻璃盘接头					

注：表中的编号表示入井工具的连接顺序。

表2.10 常规稠油螺杆泵射孔测试管柱（自升式钻井平台）

编号	名称	扣型	外径/mm	内径/mm	长度/m	底深/m
1	地面测试树					
2	保温油管					
3	螺杆泵泵筒					
4	保温油管					
5	钻杆/油管					
6	伸缩接头					
7	钻铤					
8	放射性接头					
9	RD循环阀（无球）					
10	RD安全循环阀（有球）					
11	泄压阀					
12	LPR-N阀					
13	变扣接头					
14	液压旁通阀					
15	压力计托筒					
16	取样阀					
17	液压震击器					
18	安全接头					
19	封隔器					
20	$2\frac{7}{8}$in 油管					
21	减振器					
22	玻璃盘接头					
23	$2\frac{7}{8}$in 油管					
24	点火头					
25	射孔枪					
26	点火头					

注：表中的编号表示入井工具的连接顺序。

表 2.11　常规自喷油气井裸眼测试管柱（自升式钻井平台）

编号	名称	扣型	外径/mm	内径/mm	长度/m	底深/m
1	地面测试树					
2	钻杆/油管					
3	伸缩接头					
4	钻铤					
5	RD 循环阀（无球）					
6	钻铤/钻杆					
7	RD 安全循环阀					
8	泄压阀					
9	LPR-N 阀					
10	液压旁通阀					
11	压力计托筒					
12	单相取样器					
13	液压震击器					
14	安全接头					
15	RTTS 封隔器					
16	压力计托筒					

注：表中的编号表示入井工具的连接顺序。

表 2.12　常规自喷油气井测试管柱（裸眼+半潜式钻井平台）

编号	名称	扣型	外径/mm	内径/mm	长度/m	底深/m
1	地面测试树					
2	钻杆/油管					
3	防喷阀					
4	钻杆/油管					
5	扶正器					
6	剪切短节					
7	水下测试树					
8	承压短节					
9	悬挂器					
10	钻杆					

续表

编号	名称	扣型	外径/mm	内径/mm	长度/m	底深/m
11	伸缩接头					
12	RD取样器					
13	RD安全循环阀（带球）					
14	钻铤					
15	RD安全循环阀（带球）					
16	RD试压阀					
17	压力计托筒					
18	液压震击器					
19	安全接头					
20	扶正器					
21	XHP封隔器					
22	扶正器					
23	压力计托筒					
24	钻杆					
25	引鞋					

注：表中的编号表示入井工具的连接顺序。

表2.13 常规自喷油气井射孔测试管柱（半潜式钻井平台）

编号	名称	扣型	外径/mm	内径/mm	长度/m	底深/m
1	地面测试树					
2	钻杆/油管					
3	防喷阀					
4	钻杆/油管					
5	扶正器					
6	剪切短节					
7	水下测试树					
8	承压短节					
9	悬挂器					
10	钻杆/油管					

续表

编号	名称	扣型	外径/mm	内径/mm	长度/m	底深/m
11	伸缩接头					
12	钻铤					
13	放射性接头					
14	RD 循环阀（无球）					
15	RD 安全循环阀（有球）					
16	泄压阀					
17	LPR-N 阀					
18	RD 取样器					
19	压力计托筒					
20	RD 取样器					
21	RD 试压阀					
22	液压震击器					
23	安全接头					
24	插入式可回收封隔器					
25	压力计托筒					
26	玻璃盘接头（不带玻璃）					
27	$2\frac{7}{8}$in 油管					
28	减振器组					
29	$2\frac{7}{8}$in 油管					
30	盲堵加压接头					
31	玻璃盘接头（不带玻璃）					
32	$2\frac{7}{8}$in 油管					
33	压力延时点火头					
34	盲枪和枪头					
35	射孔枪					
36	枪头+压力延时点火头					
37	玻璃盘接头					
38	脉冲压力计（可选）					

注：表中的编号表示入井工具的连接顺序。

2.2.1.6.4 井下测试工具选型

（1）井下测试工具通用要求：

① 海上测试宜用压控式、压力脉冲式及无线遥控式井下测试工具。

② 对于含有氮气腔结构工具，应对氮气纯度进行检测，氮气纯度不低于99%为合格。

③ 工具"O"形环材质依据实际作业温度进行选择，此外还应考虑"O"形环与其接触介质的兼容性，"O"形环硬度一般根据工作压力确定。

④ 井下工具额定工作压力应不低于预测的最高地层孔隙压力的1.2倍；若已获得实际最高地层孔隙压力，则按实际最高地层孔隙压力的1.2倍配置，工具抗拉强度安全系数应达1.6~1.8或以上。

⑤ 所有下井工具都应进行试压检验，并具有磁粉探伤等证书；部分工具应进行功能试验。

⑥ 所有工具下井前都应测量确认内外径、长度数据，并检查通径情况。

（2）根据测试地质设计明确的地层温度、压力条件选择合适的井下测试工具。

① 封隔器。

包括封隔器的型号、温度、压力等级、内外径和坐封/解封方式等。常规测试作业中的常用 RTTS 封隔器，通过上提、正转、下放操作程序实现坐封，通过胶筒将储层与测试环空封隔，封隔器坐封时的旋转圈数根据实际井况确定。

② 测试阀。

测试阀是测试管柱主体工具，可进行井下开关井实现不同测试程序，同时可作为井控安全屏障。常用的 LPR-N 测试阀由球阀机构、动力机构和计量机构组成。工具入井前应进行球阀开关试验、球阀下部密封试验、球阀上部密封试验，检查油室活塞是否到位以确认油室是否充满硅油，调整确认氮气腔压力，检查确认球阀的开/关状态，检查确认是否安装销钉。对于 5in LPR-N 测试阀，销钉剪切值约为 280psi/个。工具入井前应调整确认氮腔压力并检查确认球阀的开/关状态。LPR-N 测试阀球阀上部试压不宜超过 21MPa；若管柱试验压力高于 21MPa，宜配置专用试压工具。LPR-N 测试阀球阀开启压差不宜超过 21MPa，最大不能超过 35MPa；对于更高的球阀开启差压，要求有更高的操作压力及更快的加压速度。操作环空压力应在 30~60s 内加至最高值。

③ 泄压阀。

用于释放测试管柱两个球阀之间的圈闭压力，在测试管柱拆卸前，释放管柱内部压力，同时也可根据需要将流体收集作为样品。

④ RD 循环阀。

RD 循环阀是通过环空压力操作的单次循环工具，可以建立测试管柱与环空的连通通道。

⑤ RD 安全循环阀。

RD 安全循环阀的操作原理与 RD 循环阀一致，除建立测试管柱与环空的连通通道外，该工具还能够用于关井。

⑥ 安全接头。

安全接头又称为 RTTS 安全接头,它作为封隔器的必要辅助工具,在封隔器遇卡且震击器无法震击解卡时,可通过 RTTS 安全接头脱开其上部管柱。RTTS 安全接头脱开首先给管柱施加过提力,拉断张力套,然后上下活动管柱,并保持正转扭矩,从而实现管柱脱手。7in RTTS 安全接头张力套破断拉力为 25klbf;$9\frac{5}{8}$in RTTS 安全接头张力套破断拉力为 40klbf。7in RTTS 安全接头每松螺纹一圈需上下运动两个行程;$9\frac{5}{8}$in RTTS 安全接头每松螺纹一圈需上下运动三个行程。7in 及 $9\frac{5}{8}$in RTTS 安全接头松开时均需要转动 12 圈。

⑦ 液压震击器。

液压震击器是测试管柱中用于震击解卡的工具,可以实现反复多次震击动作。

⑧ 液压旁通循环阀。

液压旁通循环阀能够实现测试管柱内外连通,在封隔器坐封及解封期间提供旁通通道。

⑨ 伸缩接头。

伸缩接头用于补偿测试作业过程中因不同因素导致的测试管柱伸长或收缩变化。

⑩ 井下取样器。

井下取样器是一种用于套管井内靠环空压力操作的全通径工具,主要用于全通径地层测试作业中,获取地层流体样品。测试常用井下取样工具有 RD 取样器和单相取样器(表 2.14)。

表 2.14　井下工具性能参数表

名称	扣型	外径/mm	内径/mm	长度/m	抗拉/tf	工作压力/psi	工作温度/℃

2.2.1.6.5　管柱安全分析

按测试环境条件对测试管柱进行三轴强度校核,对测试期间可能遇到的各种工况管柱变形(伸长或缩短)进行计算(表 2.15)。

表 2.15　泥线以下伸缩量计算

伸长量/生产方案	管柱内加压射孔	小产量/m³/d	中产量/m³/d	大产量/m³/d	井下关井(井口放空)
胡克形变/m					
温度效应/m					
弯曲效应/m					
鼓胀效应/m					
共同作用/m					

2.2.1.6.6　井下测试管柱冲蚀及携液能力校核

（1）冲蚀校核。

依据《含固相清井指南》并参考国内外冲蚀流速标准，选取固相含量较高时临界冲蚀速度进行校核，计算并评价设计管柱是否满足设计产量测试要求。

（2）携液能力校核。

计算并评价测试管柱能否满足设计产量下的携液要求。

2.2.1.7　地面流程设计

2.2.1.7.1　地面流程设计要求

（1）满足设计产量的测试要求。
（2）油嘴管汇上游采用匹配压力等级的设备。
（3）配备除砂器、捕屑器等装置满足地面防砂除屑需要（根据需求选择）。
（4）配备化学注入泵组和加热器满足水合物防治需要（根据需求选择）。
（5）分离器下游流程配备计量罐或缓冲罐，满足原油、液垫、钻井液及水的分流和存储要求。
（6）根据需要配备 ESD 紧急关断系统。

2.2.1.7.2　地面测试设备主要流程（根据实际需要选配）

（1）测试主流程：地面测试树—井口安全阀—井口化学药剂注入泵组—除砂器—油嘴管汇—加热器—三相分离器—计量罐/缓冲罐—燃烧系统。
（2）三相分离器流程：三相分离器—分配管汇—燃烧臂天然气及原油管线。
（3）缓冲罐流程：缓冲罐—输油泵组—燃烧臂原油管线/外输流程。
（4）加热器泄压流程：加热器安全阀—高架槽/燃烧臂/舷外。
（5）分离器泄压流程：三相分离器安全阀—高架槽/燃烧臂/舷外。
（6）缓冲罐泄压流程：缓冲罐安全阀—高架槽/燃烧臂/舷外。

2.2.1.7.3　地面流程冲蚀校核

地面流程冲蚀计算表见表 2.16。

表 2.16　地面流程冲蚀计算表（高产井）

管线	温度/℃	压力/MPa	最小内径/mm	流相	最大允许速度/m/s	最大允许流速参考标准	实际速度/m/s
井口到除砂器入口							
除砂器下游到油嘴管汇入口							
油嘴管汇下游到加热器入口							
加热器下游到分离器入口							
分离器出口到燃烧臂进口							
燃烧臂出口到燃烧头							

2.2.1.8　弃井设计

封井、封层参照《海洋石油安全管理细则》(即国家安全生产监督管理总局令第25号)及 Q/HS 2025—2010《海洋石油弃井规范》要求执行。

2.2.1.9　井控设计

2.2.1.9.1　井控设计要求

井控设计应满足以下规范：GB/T 31033—2014《石油天然气钻井井控技术规范》、SY/T 7453—2019《海洋钻井井控技术要求》、SY/T 6432—2019《浅海石油作业井控规范》、Q/HS 2028—2016《海洋钻井井控规范》，以及《海洋钻井手册》《常规钻井作业指南》。

2.2.1.9.2　最大关井井口压力计算

根据以下公式计算气层最大关井井口压力：

$$p_{\text{Wh max}} = p_b / e^{(0.000111549 \times \gamma_g \times L)} \tag{2.7}$$

式中　$p_{\text{Wh max}}$——气层最大关井井口压力，MPa；
　　　p_b——井底压力，MPa；
　　　γ_g——天然气相对密度；
　　　L——气层中部深度，m；
　　　e——自然对数（e=2.718）。

2.2.1.9.3　防喷器试压要求

根据 SY/T 7453—2019《海洋钻井井控技术要求》，若测试作业前14天内防喷器组未进行功能试验和试压作业，则按以下试压标准试压：

（1）在不超过套管抗内压强度80%的前提下，环形防喷器（封闭钻杆）应做额定压力70%的密封试验，闸板防喷器、防喷管汇、节流管汇、压井管汇应做额定压力密封试验（表2.17、表2.18）。

（2）防喷管线、排气管线连接后应试压检查连接密封情况。

（3）上述压力试验稳压时间不少于15min，低压试验压降不超过0.07MPa，高压试验压降不超过0.7MPa，密封部件无渗漏为合格；试压的时间间隔不超过14天。根据目的层地层最大压力值对闸板防喷器试压，必须满足作业要求。

表 2.17　防喷器组试压标准

设备	尺寸	压力等级/psi	试压标准/psi	试压时间/min
上万能防喷器				
下万能防喷器				
剪切/盲板防喷器				
钻杆闸板防喷器				
可变闸板防喷器				
钻杆闸板防喷器				

表 2.18 管汇及阀门试压要求

设备		压力等级 /psi	试压标准 /psi	试压时间 /min
压井阻流管汇	低压部分			
	高压部分			
立管管汇				
防喷阀				
顶驱系统				
密封总成				

（4）以上试压标准参考 Q/HS 2028—2016《海洋钻井井控规范》。

2.2.1.9.4 测试作业井控措施

（1）防喷器闸板压力级别、万能防喷器压力级别应大于地层最高压力。
（2）防喷器抗温能力应满足测试期间井口温度需求。
（3）测试管柱尺寸在可变闸板关闭范围内。
（4）水下测试树应具备应急解脱、关井和剪切连续油管及电缆的能力。
（5）如有水合物生成可能，可定期通过阻流压井管线向防喷器注入水合物抑制剂。

2.2.1.10 环空压力管理

参考 Q/HS 14005—2017《海上高温高压井钻井、完井及测试指南》规定：应根据 API RP 90-1-2021《海上油井的环形套管压力管理（第二版）》、Q/HS 14031—2017《海上油气井完整性要求》和井筒实际试压值确定各层套管最大允许工作压力（表 2.19），优化环空泄压及相关监测与管理制度。根据模拟情况分析，液产量越高，相同气产量求产时间对 B 环空、C 环空影响越大，因此需要控制求产时间，防止环空压力升高损坏套管及井口。

测试期间环空压力管理方法：采用水下井口时，B 环空、C 环空不能泄压，也无法观察到环空压力情况，可通过及时调整测试求产工作制度来降低测试期间环空带压。

表 2.19 按照 API RP 90-1-2021 规定计算各环空压力允许值

推荐以下压力值中最小值作为油管环空的最大许可工作压力			
7in 套管抗内压强度的 50%	$9\frac{5}{8}$in 套管抗内压强度的 50%	$3\frac{1}{2}$in 油管抗外挤强度的 75%	15K 油管头工作压力的 60%
推荐以下压力值中最小值作为 $9\frac{5}{8}$in 套管环空的最大许可工作压力			
$13\frac{3}{8}$in 套管抗内压强度的 50%	$9\frac{5}{8}$in 套管抗外挤强度的 75%		套管头工作压力的 60%
推荐以下压力值中最小值作为 $13\frac{3}{8}$in 套管环空的最大许可工作压力			
20in 套管抗内压强度的 50%	$13\frac{3}{8}$in 套管抗外挤强度的 75% 及环空液柱压力		套管头工作压力的 60%

2.2.2 酸化测试

2.2.2.1 酸化测试原理和分类

酸化测试的基本原理是通过测试管柱向地层注入酸液，解除近井地带可能的储层伤害或溶解储层岩石矿物，改善或提高储层的渗透率，实现油气层产能充分释放。酸化测试前，需下入酸化专用测试管柱或一体化酸化测试管柱。按照工艺特点，酸化可分为酸洗、基质酸化和酸压；按照储层岩性不同，主要可分为碳酸盐岩储层酸化和砂岩储层酸化。

本节主要介绍了3种基本的酸化工艺方法，其特点和适用范围见表2.20和表2.21。

表 2.20　三种酸化工艺特点和适用范围

酸化工艺	特点	适用范围
酸洗	① 地层孔隙压力小于作用于目的层的压力小于地层漏失压力； ② 不改变储层孔渗条件； ③ 测试管柱具有循环通道	溶解井筒和储层表面结垢物及其他影响产能释放的杂质、射孔孔眼堵塞物
基质酸化	① 地层漏失压力小于作用于目的层的压力小于地层破裂压力； ② 在近井地带形成树状裂缝和分支裂缝面； ③ 测试管柱具有正挤或正替通道	溶解近井地带储层矿物和污染物，恢复和提高渗透率； 砂岩酸化中酸液用量取决于砂岩渗透率、黏土含量、污染物的量、地层温度等； 碳酸盐岩酸液类型与浓度取决于碳酸盐岩渗透率、方解石/白云石含量、污染物的量、地层温度等
酸压	① 作用于目的层的压力大于地层破裂压力； ② 通过水力压裂形成裂缝，再将酸液泵入裂缝，刻蚀和溶解裂缝壁面，形成不均匀的酸蚀裂缝，创建导流通道； ③ 裂缝起裂及扩展与水力压裂类似，但储层破裂和裂缝导流能力与水力压裂有本质区别；酸压是通过酸蚀创建导流通道，水力压裂是通过裂缝和支撑剂创建导流通道	主要应用于碳酸盐岩地层和少量天然裂缝发育的砂岩地层；泥质含量增加，会增加酸压的破裂压力

表 2.21　砂岩酸化用酸指南（以土酸为例）

环境或矿物	酸强度
盐酸溶解率>20%	仅用盐酸
高渗透率（>50mD）	
高石英（>80%），低黏土（<5%）	12% 盐酸—3% 氢氟酸
高长石（>20%）	13.5% 盐酸—1.5% 氢氟酸
高黏土（>10%）	10% 盐酸—1% 氢氟酸
高铁/绿泥石，黏土（<15%）	10% 醋酸—1% 氢氟酸
低渗透率（<10mD）	
黏土（<10%）	6% 盐酸—1% 氢氟酸
黏土（>10%）	6% 盐酸—0.5% 氢氟酸

2.2.2.2 常用酸液体系

2.2.2.2.1 盐酸体系

配方：HCl+ 缓蚀剂 + 表面活性剂 + 铁离子稳定剂 + 其他添加剂。

盐酸体系基质酸化解堵，是利用盐酸溶蚀胶结物、无机堵塞物（如铁垢、二次沉淀物等）、有机堵塞物，解除近井地带的伤害，达到保持油气通道畅通的目的。

（1）体系特点。

① 对碳酸盐岩溶蚀能力强、反应速度快。

② 配套使用缓速剂如有机酸、胶凝剂，可降低反应速度，实现深部处理。

③ 配套使用水伤害处理剂，可防止水伤害。

④ 酸液滤失大，酸岩反应速度快，有效酸蚀作用距离短。

（2）适用条件。

① 碳酸盐岩储层。

② 高石灰质（石灰质含量≥20%）砂岩储层。

2.2.2.2.2 氟硼酸体系

典型配方：6%～8%HBF4+8%～10%HCl+ 缓蚀剂 + 铁离子稳定剂 + 其他添加剂。

适用于砂岩（非高温）酸化，解除钻井液伤害。利用体系自身产生的缓速剂和高效添加剂的作用，在地层深部缓慢释放氢氟酸，从而对砂岩储层进行刻蚀，达到砂岩储层的增产目的。

（1）体系特点。

① 利用体系自身产生的缓速剂和高效添加剂的作用，能够在储层深部缓慢释放氢氟酸，从而解除储层深部伤害，改善储层渗透性能。

② 对储层骨架破坏小，对黏土矿物有钝化作用，可有效防止黏土膨胀和微粒分散运移。

③ 氟硼酸酸化水解反应速度受温度影响较大，不适用于高温储层酸化。

（2）适用条件。

① 疏松砂岩储层。

② 解除钻井过程中造成的油气层伤害。

③ 适用于温度小于 90℃储层酸化。

④ 可作为前置液或后置液和土酸联合使用。

2.2.2.2.3 多氢酸体系

典型配方：3%～5%HCl+3%～6% 多氢酸 1+2%～6% 多氢酸 2+ 缓蚀剂 + 助排剂 + 铁离子稳定剂 + 其他添加剂。

适用范围：泥页岩、砂岩的缓速酸化或酸压。在储层环境的作用下，多氢酸中的 H^+ 逐级电离，释放出无机阴离子或有机阴离子基团，实现对储层中不同矿物的有效溶解。尤其适合高温储层的缓速酸化。

（1）体系特点。

① 分步电离出氢离子，与氟离子结合生成氟化氢，延缓与储层岩石的反应速度。

② 对黏土的溶解能力有限，但对石英的溶解能力较强。
③ 具有显著的吸附和水湿特性，催化氢氟酸和石英的反应。
④ 能延缓或抑制近井筒地带沉淀物生成。
⑤ 磷酸络合物能络合金属离子，具有消除沉淀物的能力。
（2）适用条件。
① 砂岩储层。
② 高温环境。

2.2.2.2.4　胶凝酸体系

典型配方：20%～28%HCl+酸液增稠剂+缓蚀剂+表面活性剂+铁离子稳定剂+其他添加剂。

适用范围：高温储层酸压。由于胶凝酸体系有较高的黏度，酸压过程中可在储层中形成水力裂缝，创建导流通道，同时具有较好的高温稳定和耐高温剪切性能，常用于高温储层的酸压增产。

（1）体系特点。
① 在盐酸中加入胶凝剂，使酸液黏度增加，降低了氢离子向岩石壁面的传递速度，从而起到缓速作用。
② 缓速效果好，黏度高，滤失小，降阻率高。
（2）适用条件。
① 孔隙、裂缝、溶洞发育的碳酸盐岩储层。
② 高灰质（灰质含量≥20%）砂岩储层。
③ 适用于温度小于140℃储层酸化。

2.2.2.3　常用酸液及添加剂性能指标

2.2.2.3.1　常用酸液类型和浓度指标

常用的酸液类型和适用条件见表2.22。

表2.22　常用酸液类型、特点和适用条件

酸液类型	特点	适用条件
盐酸	溶解力强，反应速度快，腐蚀性强	用于碳酸盐岩储层酸化和碳酸盐含量高的砂岩储层酸化
土酸	溶解力强，反应速度快，腐蚀性强，易产生二次沉淀	黏土含量高的砂岩储层酸化
氟硼酸	反应速度慢，水解速度受温度影响较大，处理范围大	砂岩储层深部酸化
多氢酸	通过多级电离缓慢释放出氢离子，具有良好的缓速性和二次沉淀抑制性	砂岩储层深部酸化
有机酸—盐酸	适用温度范围广，可保证较强的溶蚀力，又可较好地实现深部酸化	碳酸盐岩储层深部酸化
有机酸—土酸		砂岩储层深部酸化
无机酸—土酸		

续表

酸液类型	特点	适用条件
胶凝酸	缓速效果好，滤失量小，残酸不易返排	碳酸盐岩储层酸化
乳化酸	缓速效果好，腐蚀性弱，摩阻大，排量受限	碳酸盐岩储层酸化
交联酸	缓速效果好，滤失量小，若未破胶对储层伤害严重	碳酸盐岩储层酸化
转向酸	缓速效果好，滤失量小，黏度可调，可实现选择性酸化	碳酸盐岩储层酸化

根据酸液适用条件确定酸液类型后，需要明确酸液和储层配伍性关系，要求酸液对储层无酸敏伤害，采用表2.23酸敏伤害的评价指标来评价酸液和储层的配伍性。

$$D_{ac} = \frac{K_i - K_{acid}}{K_i} \times 100\% \quad (2.8)$$

式中 D_{ac}——酸敏指数，%；

K_i——初始渗透率（酸液和储层反应前实验流体所对应的岩样渗透率），mD；

K_{acid}——酸液和储层矿物反应后实验流体所对应的岩样渗透率，mD。

表2.23 酸敏伤害评价指标

酸敏指数（%）	酸敏伤害程度
$D_{ac} \leq 5$	无
$5 < D_{ac} \leq 30$	弱
$30 < D_{ac} \leq 50$	中等偏弱
$50 < D_{ac} \leq 70$	中等偏强
$D_{ac} > 70$	强

酸液浓度一般根据矿物成分和污染物组分进行选择。

针对矿物成分，可先依据表2.24砂岩酸化用酸指南初步确定酸液浓度，之后根据室内实验选择溶蚀率较优的酸液浓度。

表2.24 砂岩酸化用酸指南

渗透性	砂岩成分	酸液
—	盐酸溶解矿物含量>20%	只用盐酸即可
渗透率>100mD	石英含量>80%，黏土含量<5%	12%HCl+3%HF
	长石含量>20%	13.5%HCl+1.5%HF
	黏土含量>10%	6.5%HCl+1%HF
	铁绿泥石含量高	3%HCl+0.5%HF
渗透率<100mD	黏土含量<5%	6%HCl+1.5%HF
	绿泥石含量高	3%HCl+0.5%HF

首先通过钻井资料，分析可能的伤害类型（钻井作业中常见的伤害类型包括：外来固相颗粒堵塞、钻井液滤液堵塞、微粒运移、黏土膨胀、无机垢堵塞、有机垢堵塞等），再通过室内实验，定量化判别各伤害类型对目的层的伤害程度，从而确定主要伤害类型和伤害程度，据此确定酸液浓度。

2.2.2.3.2 常用添加剂性能指标

酸液常用添加剂包括缓蚀剂、黏土稳定剂、铁离子稳定剂、助排剂、稠化剂、互溶剂等。

（1）缓蚀剂。

缓蚀剂的作用是抑制并延缓酸液对井口设备、钻杆、油管、井下测试工具及其他金属设备的腐蚀，按照表2.25和表2.26评价。海上酸化用缓蚀剂一般要求满足评价指标中的二级及以上，目的层温度大于150℃时要求满足评价指标中的三级及以上。

（2）黏土稳定剂。

黏土稳定剂的作用是防止酸化过程中酸液引起储层中黏土膨胀、分散、运移，造成对储层二次伤害，评价技术指标见表2.27。海上酸化用黏土稳定剂要求满足评价指标中的所有技术指标。

（3）铁离子稳定剂。

铁离子稳定剂的作用是为了减少氢氧化铁沉淀堵塞储层，酸化用铁离子稳定剂技术指标见表2.28。海上酸化用铁离子稳定剂要求满足评价指标中的所有技术指标。

（4）助排剂。

助排剂的作用是帮助残酸从储层返排出来，要求其具有很低的界面张力，对储层的吸附力尽可能低，与其他添加剂不发生作用，同时对储层不产生伤害。实验室内通过对助排剂的表面张力或界面张力的直接测定来评价其效果，具体技术指标见表2.29。海上酸化用助排剂要求满足评价指标中的所有技术指标。

表 2.25　常压静态腐蚀速度测定条件及缓蚀剂评价指标

酸液类型	实验温度/℃	反应时间/h	酸液质量分数/%		缓蚀剂质量分数/%	缓蚀剂评价指标/g/(m²·h)		
			盐酸	氢氟酸		一级	二级	三级
盐酸	60	4	15		0.3～1.0	2～3	3～4	4～5
			20			3～4	4～5	5～8
	90		15		0.5～1.0	3～4	4～5	5～10
			20			3～5	5～10	10～15
土酸	60		7.5	1.5	0.3～0.5	0.5～1.0	1～3	3～8
			12	3		2～3	3～5	5～10
	90		7.5	1.5	0.5～1.0	2～3	3～5	5～10
			12	3		3～5	5～10	10～15

表 2.26 高温高压动态腐蚀速度测定条件及缓蚀剂评价指标

酸液类型	实验温度 /℃	试验压力 /MPa	搅拌速度 /r/min	反应时间 /h	酸液质量分数 /%		缓蚀剂质量分数 /%	缓蚀剂评价指标 / g/(m²·h)		
					盐酸	氢氟酸		一级	二级	三级
盐酸	100	16	60	4	15		1.0~2.0	3~5	5~10	10~15
					20			5~10	10~15	15~20
	120				15		1.0~2.0	10~20	20~30	30~40
					20			20~30	30~40	40~50
	140				15		2.0~3.0	30~40	40~50	50~60
					20			40~50	50~60	60~70
	160				15		3.0~4.0	70~80	80~90	90~100
					20			60~70	70~80	80~100
	180				15		4.0~5.0	70~80	80~100	100~120
					20			70~80	80~100	100~120
土酸	100				7.5	1.5	1.0~1.5	3~5	5~7	7~15
					12	3		4~7	7~12	12~20
	120				7.5	1.5	1.5~2.0	10~15	15~25	25~30
					12	3		15~20	20~30	30~40
	140				7.5	1.5	2.0~3.0	20~25	25~30	30~40
					12	3		25~30	30~40	40~50
	160				7.5	1.5	3.0~4.0	30~40	40~50	50~60
					12	3		35~50	50~60	60~70
	180				7.5	1.5	4.0~5.0	50~70	70~80	80~100
					12	3		60~80	80~90	90~110

表 2.27 黏土稳定剂技术指标

项目	技术指标
溶解性	易溶于水和酸液
配伍性	在酸液中加入黏土稳定剂无沉淀、无浑浊现象
防膨率 /%	≥85
岩心伤害率 /%	≤10

表 2.28 酸化用铁离子稳定剂技术指标

项目		技术指标		
		固体	液体	
外观		自由流动粉末及颗粒	均为液体	
溶解性		溶于水、土酸、盐酸和其他添加剂,溶液澄清、无沉淀、无分层、无浑浊等现象		
稳定铁离子能力保持率/%		≥80		
稳定铁离子能力	固体/(mg/g)	≥100	一级品	≥90
	液体/(mg/mL)		二级品	≥60
			三级品	≥30

表 2.29 酸化用助排剂技术指标

项目		技术指标
外观		均匀溶液
溶解性		水溶、酸溶
表面张力（0.3%水溶液）/(mN/m)		≤30
界面张力（25℃,0.3%水溶液）/(mN/m)		≤5
润湿性		水润湿
热稳定性（0.3%水溶液,150℃,3d）	表面张力/(mN/m)	≤32
	界面张力/(mN/m)	≤5
返排性能提高率/%		≥15
配伍性		加样品后的酸液无分层、无沉淀、无乳化和无悬浮现象

为调节酸液性能及处理效果,可根据需要选择添加互溶剂、降阻剂、分散剂、防乳剂等其他酸液添加剂。

2.2.2.4 酸化测试设计

2.2.2.4.1 选井选层原则

（1）目的层具有酸化增产潜力。
（2）目的层近井地带在作业过程中受到伤害。
（3）目的层油气水边界清楚。
（4）固井质量满足酸化要求。

2.2.2.4.2 酸化设计原则

（1）酸液体系满足储层改造要求。

(2)酸化工艺应考虑井筒完整性、测试管柱和井口装置安全性。

(3)酸液的配制、施工和残酸处理应满足健康、安全与环境保护相关要求,并符合国家危险化学品与海洋环境保护法规的要求。

(4)所有酸化设备满足海上安全作业要求。

2.2.2.4.3 资料收集

应根据酸化地质设计要求编制酸化施工设计,收集相关资料。

(1)地质油藏资料。

① 构造资料,包括油气井所处构造部位、断层分布及封闭性、油气分布特征等。

② 录井资料,包括目的层段及上下隔层的岩屑及气测录井资料。

③ 测井资料,主要包括常规测井和特殊测井数据和解释结果。

④ 目的层基础数据,主要包括层位、厚度、中部深度、中部静压和温度、渗透率、孔隙度、岩性和组分、泥质含量和类型、裂缝状况等。

⑤ 岩心资料,主要包括目的层及上下隔层的物性分析、薄片鉴定、矿物组成、黏土含量、胶结类型、胶结物成分、微观结构、敏感性实验、相渗特征、岩石力学及地应力参数、伤害类型等。

⑥ 地层流体资料,包括主要目的层油气水的黏度、密度、组分、气油比、水型、矿化度、蜡含量、硫含量、胶质含量及沥青质含量等。

(2)钻井资料。

① 基础资料,主要包括井名、井型、井眼轨迹、井身结构、人工井底等,套管的钢级、材质、外径、壁厚、抗内压强度、试压数据,以及目的层段套管固井质量等。

② 入井液资料,包括钻井液和其他入井液体的化学组成和检测报告。

③ 邻井资料,包括周边及邻井的酸化作业参数和效果等。

(3)作业环境资料。

① 海洋气象和水文环境资料。

② 海上平台资料,主要包括甲板面积、载荷、单位面积载荷、装备设施、吊装能力、钻井液池容积等。

2.2.2.4.4 酸液体系选择和评价

首先选择酸液的类型和浓度,再选择添加剂,最终通过室内实验和性能评价来确定。

(1)酸液体系选择的原则。

① 能够实现酸化解堵增产目的。

② 体系用量应满足平台安全载荷要求。

③ 应满足经济效益要求。

④ 应满足管柱和设备的防腐要求。

⑤ 应满足对海洋环境保护和人身安全保障要求。

(2)酸液体系的评价。

酸液及添加剂类型和浓度确定后,还需要对酸液体系开展评价。

① 配伍性评价。

主要为常温或储层温度条件下配伍性观察实验，按照实际需求时间在相应温度下静置酸液体系，观察并记录酸液体系的沉淀、分层、颜色等情况变化。

a. 酸液和添加剂配伍性评价：酸液和各添加剂能够互溶，且溶液在静置4h（若有特殊需求可延长静置时间）后澄清、无沉淀、无分层、无浑浊等现象。

b. 酸液体系和储层配伍性评价：参照本节前面叙述的酸液和储层岩石配伍性评价，评价酸液体系和储层配伍性。

c. 酸液体系和储层流体配伍性评价：酸液体系和储层流体接触4h（若有特殊需求可延长静置时间）后，应无沉淀、无乳化、无酸渣。

d. 酸液体系和入井液体配伍性评价：酸液体系和入井液体接触4h（若有特殊需求可延长静置时间）后，应无沉淀、无乳化、无酸渣。

② 溶蚀率评价。

通过对储层的溶蚀率实验，确定酸液体系的溶蚀率。一般海上砂岩采用土酸体系基质酸化时，溶蚀率为10%～35%。根据需要对固井水泥石等进行溶蚀性评价。

③ 腐蚀速率评价。

通过对所接触金属的腐蚀实验，评价酸液体系的腐蚀速率。根据需要对井下工具的密封件进行腐蚀性评价。

④ 岩心流动实验评价。

应根据需要，对酸液体系进行岩心流动实验评价。

⑤ 残酸分析。

对处理后的残酸进行pH值、黏度、界面张力、生物毒性等方面的室内分析实验，根据实验结果设计酸化后返排液处理方案。

2.2.2.4.5 酸化管柱和注入方式

探井酸化可用钻杆、油管或连续油管等方式注酸，注入方式分为循环和挤注。

设计的施工管柱应满足酸化作业要求。首先根据酸化工艺选择注入方式，再根据注入方式设计施工管柱。注入参数要满足测试管柱受力分析结果的安全要求。

2.2.2.4.6 酸化作业参数设计

酸化作业参数主要包括入井液量、最大施工排量和最大施工压力等。

（1）入井液量。

在确定酸液体系后，先按照注液程序确定各程序的入井液量。

① 前置液：为处理液溶解储层矿物成分和解除储层伤害做准备，一般用量为处理液的50%～100%。

② 处理液：溶解储层矿物和污染物，常用的处理半径为2m以内。

③ 后置液：将处理液顶替入储层，进一步改善近井地带储层伤害，减少或消除可能产生的二次沉淀，一般用量为处理液的50%～100%。

④ 顶替液：将井筒中的酸液顶替入储层，按照井筒容积确定。

再根据每米酸液用量来计算各程序入井液量。每米酸液用量根据酸化处理半径和储层有效孔隙度来确定，计算公式如下：

$$Q = \pi (r_e^2 - r_w^2) \phi \tag{2.9}$$

式中　Q——每米酸液用量，m³；
　　　r_e——酸化处理半径，m；
　　　r_w——井眼半径，m；
　　　ϕ——储层有效孔隙度，%。

（2）最大施工排量。

根据储层破裂压力确定最大施工排量。为确保安全，施工时控制排量不高于最大施工排量的90%。

$$q_{max} = 3.77 \times 10^{-4} \frac{K \cdot h \cdot (p_F - p_S)}{\mu [\ln(r_e / r_w) + S]} \tag{2.10}$$

式中　q_{max}——最大施工排量，m³/min；
　　　K——储层平均渗透率，mD；
　　　h——储层厚度，m；
　　　p_F——储层破裂压力，MPa；
　　　p_S——储层压力，MPa；
　　　μ——流体注入的黏度，mPa·s；
　　　S——储层表皮系数。

（3）最大施工压力。

最大施工排量确定后可确定最大施工压力。

$$p_{max} = K \cdot p_F + p_{ft} - p_H \tag{2.11}$$

式中　p_{max}——最大施工压力，MPa；
　　　K——安全系数，取0.85；
　　　p_{ft}——最大施工排量下的沿程摩阻，MPa；
　　　p_H——液柱压力，MPa。

若测试管柱已入井，要先对已入井测试管柱进行受力分析，根据受力分析结果反算出最大施工排量和最大施工压力。

2.2.2.4.7　酸化设备选择

海上酸化设备主要包括井口装置、酸化泵、数据采集系统、配液酸罐、加碱罐和残酸回收罐等。

根据设计的酸化作业参数初步选择出合适的酸化设备，并记录各设备的尺寸、重量和数量。

（1）井口装置的选择。

酸化井口装置的额定工作压力应大于设计的最高施工压力。

（2）酸化泵的选型。

主要为酸化作业提供动力。根据计算的最大施工水马力，考虑应急余量，按照1.2倍配备酸化泵。

$$HHP_{max} = p_{max} \cdot q_{max} \cdot K \tag{2.12}$$

式中　HHP_{max}——最大施工水马力，hp；

　　　p_{max}——最大施工压力，MPa；

　　　q_{max}——最大施工排量，m³/min；

　　　K——换算系数，取22.4。

海上酸化作业常用的酸化泵参数见表2.30。

表2.30　海上常用酸化泵参数

酸化泵型号	最大工作压力/MPa	最大工作排量/m³/min	柴油机功率/hp	外形尺寸（长×宽×高）/m	质量/t
HT-400	77.0	1.71	490	5.8×2.4×3.3	9.0
BSC500	76.2	1.75	500	3.65×2.43×2.56	9.9
PSS490-210A	44.2	2.12	490	5.6×1.9×2.8	9.3
PSS-511A 分体泵	76.2	1.52	540	前橇3.5×2.1×2.9 后橇2.6×2.1×2.9	5.9+5.4
PSS-911A	73.1	1.28	490	5.93×1.8×2.7	8.5
SFS1000A 分体泵	70.0	2.22	1000	柴油机橇4.3×2.5×2.4 泵橇2.6×2.5×2.4	7.8+6.9
SSH1250-250A 分体泵	70.0	2.54	1250	柴油机橇2.4×2.4×3.3 泵橇2.4×2.4×3.3	8.8+7.8
PGS-1050A 分体泵	54.9	2.70	1050	8.1×2.4×3.56 4.21×2.4×3.16	8.9+7.9
PGS-2250 分体泵	79.0	2.38	2000	柴油机橇5.5×2.5×3.3 泵橇3×2.9×2.5	15.7+9.8
FS-2251SS 分体泵	97.6	1.92	2250	6×2.5×3.5	15.3+16.4

（3）配液酸罐。

用于配制和储存酸化药剂，内表面要有防腐涂层，根据设计的酸液用量来确定配液酸罐的规格和数量；结构分为立式和卧式两种，根据平台空间大小进行选择，如果平台空间过小，可采用立式。

（4）加碱罐。

用于酸化返排，中和返排出来的残酸液。

（5）残酸回收罐。

用于回收中和处理后的残酸液。

提前上平台调研，落实各酸化设备具体的摆放。通过平台结构设计图纸、部分区域改装后结构图纸等资料，取得平台甲板面积、平台甲板各区域承重和吊机等相关数据。按照设备摆放面积和过道面积小于施工甲板可用面积、吊机能满足最大酸化设备的吊装需要和湿重工况下的甲板单位面积载荷不超过额定值的原则，优选出满足在平台吊装和摆放的酸化设备。

按照酸化设备摆放应保证平台结构强度不受影响、划分高（低）压区域、预留安全通道和酸化泵尽量布置在甲板大梁等高强度结构之上的原则，设计出酸化设备摆放图。

（6）数据采集系统。

实时显示和采集酸化作业的各项施工参数，海上常用的数据采集系统为防爆集装箱式。

2.2.2.4.8 泵注程序设计

首先应进行小型挤注测试，然后依次泵入前置液、处理液、后置液、顶替液，并对泵注液量、排量、泵压进行优化设计。

小型挤注测试的主要目的和作用是为了判断酸化管柱挤注通道是否畅通及井筒和储层之间是否连通，更准确地评估酸液挤注压力。

2.2.2.4.9 酸后返排设计

酸化作业结束后，停留在储层中的残酸如果不及时返排可能会产生二次沉淀，对储层造成伤害，最终影响酸化效果，应在酸化前做好酸化后排液和求产的准备，并制订残酸返排预案。

（1）返排方式选择。

返排方式分为自喷排液和人工举升排液，人工举升排液有电潜泵举升、连续油管气举等。根据实际井况选择返排方式，返排初期宜采用自喷排液，不能自喷排液应采用人工举升排液。

（2）返排工作制度。

① 酸化施工结束后先关井，关井时间应根据酸液体系的反应时间确定。

② 关井结束后，立即开井放喷返排。为防止返排期间储层出砂，利用油嘴控制返排速率。初期宜采用小油嘴返排，每 15min 记录油套压力、流量、液量及砂量数据，每 30min 检查油嘴；返排中后期逐步增大油嘴，以放喷管线出口不见沙粒为控制原则；如果出砂则调小油嘴排液。

③ 返排开始后每 30min 记录数据，直到返排结束，应取样化验返排液黏度、氯离子含量、pH 值、含砂量、油（气、水）产量及井口油（套）压等数据。

（3）返排液处理。

酸化后的返排液应中和处理，一般采用碳酸钠粉末进行中和，处理后的返排液 pH 值应接近 7，污染物、生物毒性物浓度须满足属地海域或陆地环境保护排放限值。检测方法参照 GB/T 18420.2—2009《海洋石油勘探开发污染物生物毒性 第 2 部分：检测方法》；检测结果符合 GB 4914—2008《海洋石油勘探开发污染物排放浓度限值》要求。

连续监测返出液 pH 值。

2.2.2.4.10 健康安全环保管理及应急预案

酸化测试施工作业应根据健康安全环保的相关要求，充分识别施工过程中的风险，加强 QHSE 管理，并制订应对可能发生复杂情况的应急预案。内容主要包括：

（1）酸化设备及材料健康安全环保相关证书复核确认。

（2）作业前设备设施安全检查与管理。

（3）作业风险的识别和应急处置方案。

（4）作业过程中可能发生的复杂情况及应对措施。

2.2.2.4.11 设计编写要求及格式

酸化测试施工设计内容主要包括基础资料、施工依据及地质要求、施工安全技术标准、作业计划及工期安排、施工设计、施工准备、施工程序、资料录取、分工与协作、应急预案、酸化施工用料清单、酸化施工配液表等，编写要求及格式见附录 B.2。

2.2.3 压裂测试

2.2.3.1 原理

利用地面高压泵组，通过井筒向地层注入大排量、高黏液体，在井底憋起高压，当该压力超过地层承受能力时，便会在井底附近地层形成裂缝，继续注入携带支撑剂的液体，裂缝逐渐向前延伸，支撑剂起到支撑裂缝作用，形成具有一定尺寸的高导流能力的填砂裂缝，从而提高油气层的渗流能力和泄流面积，以达到增加产能的目的。

海上探井压裂以水力压裂为主，可以利用"射孔—压裂—测试"一体化管柱完成单个目的层压裂测试，也可以先射孔再下入分层压裂—测试管柱完成多个目的层的压裂测试。

海上探井压裂测试作业主要依靠钻井平台等载体，具有作业区域面积小、设备摆放复杂、工艺选择受限、安全环保要求高等特点。

2.2.3.2 压裂设计

2.2.3.2.1 设计原则

根据勘探发现的油气藏地质特征和海上施工条件，选择可行的压裂工艺、性价比高的材料和合理的压裂参数，达到释放油气层产能的目的，为油气藏评价及后续开发方案编制提供依据。

2.2.3.2.2 基础资料

（1）区域资料：油气层岩性、岩相、应力场、断层分布等。

（2）储层特征：厚度、砂体展布特征、纵向组合特征、沉积相、岩性特征、物性参数、油气饱和度、敏感性特征、岩石力学参数等。

（3）油气藏特征：分布特征、油气藏类型、温度、压力、流体性质参数等。

（4）工程资料：目标井信息，包括井眼轨迹、井身结构、地层漏失试验数据/井口装置规格、井筒耐压等级、固井质量/水泥力学性能等；邻井信息，包括井眼轨迹、地层漏失试验数据、射孔参数、测试/压裂资料等。

（5）载体资料：作业装置参数（甲板面积及载荷能力、储液罐体积、供液管线能力、消防安全要求等）。

（6）环境资料：海况条件（地理位置、水深、环境温度、风向、风速、浪高、潮汐等）、海水资料（温度等）。

（7）测录井资料：录井资料包括岩屑录井、荧光及气测录井、钻井液综合录井等；测井资料包括自然伽马、电阻率、补偿中子、孔隙度、岩性密度、声波时差、电成像、核磁等。

2.2.3.2.3 压裂选层

应综合考虑各因素进行压裂选层，宜满足以下条件：

（1）物性条件：油层，孔隙度大于10%、渗透率大于5mD；气层，孔隙度大于8%、渗透率大于0.5mD。

（2）含油气性：含水饱和度不高于50%。

（3）遮挡条件：上/下隔层厚度不小于10m，储/隔层应力差大于4MPa。

（4）固井质量：在7in套管内实施压裂时，目的层上下固井质量合格段长度不低于20m，$9\frac{5}{8}$in套管内不低于30m，具体参照Q/HS 14026—2015《海上压裂井固井要求》执行。

（5）距断层及边水距离：距断层端部、边水边缘的距离不小于50m。

2.2.3.2.4 压裂载体选择

探井压裂载体一般分为自升式钻井平台、半潜式钻井平台及支持船三类，其选择应考虑以下因素：

（1）吊机能力、甲板面积、甲板承重能力、钻井液池容积等；

（2）半潜式钻井平台还应考虑平台固定、抛锚、连接、应急解脱等因素；

（3）支持船：当平台条件不满足现场施工作业要求需采用压裂船等支持载体时，应进行作业海域的海况、天气等因素评价。

2.2.3.2.5 裂缝参数、施工参数设计

利用专业软件模拟不同裂缝条数和裂缝几何特征下的压裂后生产动态。根据设定的产能目标，优化裂缝条数、支撑缝长和导流能力等。

以最优裂缝参数为目标，利用压裂设计软件建立模型，结合施工条件对压裂施工参数进行优化，得到最优的排量、压裂液量、砂量、加砂强度等施工参数。

2.2.3.2.6 压裂液优选

压裂液种类较多，主要包括水基压裂液、油基压裂液、乳状压裂液、酸基压裂液、醇基压裂液等。海上压裂主要使用水基压裂液。

（1）优选原则。

配伍性：与储层及入井流体配伍性好，不产生不利于油气渗流的反应及物质。

稳定性：具有热稳定性及抗机械剪切稳定性。

携砂能力：具有良好的携砂性能。

低残渣：破胶彻底，低残渣，低伤害。

低摩阻：在保证携砂性能等指标的前提下尽量降低压裂液摩阻。

（2）添加剂的优选。

① 稠化剂：提高压裂液的黏度，降低压裂液滤失，便于悬浮、携带和输送支撑剂。国内外常用的稠化剂主要有植物胶、聚合物、清洁压裂液三种，海上常用的稠化剂为植物胶中的瓜尔胶，具体技术指标见表2.31。

表2.31　压裂用瓜尔胶技术指标

序号	项目	技术指标	
		一级品	二级品
1	外观	白色（淡黄色）粉末	
2	$\phi200\times50-0.125/0.09$ 筛余量 C_1/%（质量分数）	≤1	
3	$\phi200\times50-0.071/0.05$ 筛余量 C_2/%（质量分数）	≤10	≤20
4	含水率 W/%（质量分数）	≤20.0	
5	pH 值	6.5～7.0	
6	表观黏度 μ（30℃，170s^{-1}，0.6%）/（mPa·s）	≥110	
7	水不溶物 η/%（质量分数）	≤16.0	≤20.0
8	交联性能	能用玻璃棒挑挂	
9	流动性	一般	

② 交联剂：交联压裂液形成三维网状结构，使压裂液具备较好的黏弹性和耐温耐剪切性能，具体技术指标见表2.32。

表2.32　交联剂技术指标

外观	淡黄或棕红色均一液体
密度/（g/cm³）	1.0～1.3
pH 值	≥7
可控制交联时间/s	≥60
耐温抗剪切性/℃	储层温度

③ 破胶剂：降解稠化剂分子，降低压裂液黏度，防止返排过程中支撑剂回流。常用瓜尔胶类压裂液的破胶剂为过硫酸铵等，具体技术指标见表2.33。

④ 黏土稳定剂：防止压裂过程中压裂液滤液引起储层中黏土膨胀、分散、运移，造成对储层二次伤害，具体技术指标见表2.34。

表 2.33 破胶剂（过硫酸铵）技术指标

外观	无色单斜结晶或白色粉末结晶
过硫酸铵含量 /%	≥98
Fe 含量 /%	≤0.001
水分含量 /%	≤0.25
氯化物（以 Cl 计）含量 /%	≤0.002
重金属（以 Pb 计）含量 /%	≤0.002
锰（Mn）含量 /%	≤0.0002

表 2.34 黏土稳定剂技术指标

项目	技术指标
溶解性	易溶于水和压裂液
配伍性	在压裂液中加入黏土稳定剂无沉淀、无浑浊现象
防膨率 /%	≥85

⑤ 助排剂：助排剂的作用是实现压裂液从储层快速返排，要求其具有很低的界面张力，对储层的吸附力尽可能低，不与其他添加剂发生作用，同时对储层不产生伤害。具体技术指标见表 2.35。

表 2.35 助排剂技术指标

项目		技术指标
外观		均匀溶液
溶解性		水溶、酸溶
表面张力（0.3% 水溶液）/（mN/m）		≤30
界面张力（25℃，0.3% 水溶液）/（mN/m）		≤5
润湿性		水润湿
热稳定性（0.3% 水溶液，150℃，3d）	表面张力 /（mN/m）	≤32
	界面张力 /（mN/m）	≤5
返排性能提高率 /%		≥15
配伍性		加样品后的压裂液无分层、无沉淀、无乳化和无悬浮现象

（3）性能评价。

压裂液性能满足 SY/T 7627—2021《水基压裂液技术要求》要求，具体配制和选用压裂液标准见表 2.36 至表 2.38。

表 2.36 滑溜水压裂液技术指标

序号	项目		技术指标
1	运动黏度/（mm²/s）		≤5
2	降阻率/%		≥60
3	降阻变化率/%		≤5
4	增黏速率/%		≥80
5	破胶液性能	表面张力/（mN/m）	≤32
		界面张力/（mN/m）	≤3
		防膨率/%	≥60
		与储层流体配伍性	无沉淀，无絮凝

表 2.37 线性胶压裂液技术指标

序号	项目		技术指标
1	基液表观黏度/（mPa·s）		≤32
2	增黏速率/%		≥70
3	耐温耐剪切能力/（mPa·s）		≥20
4	破胶液性能	运动黏度/（mm²/s）	≤5
		表面张力/（mN/m）	≤32
		界面张力/（mN/m）	≤3
		防膨率/%	≥60
		与储层流体配伍性	无沉淀，无絮凝

表 2.38 冻胶压裂液技术指标

序号	项目		技术指标
1	基液表观黏度（120℃≤t＜180℃）/（mPa·s）		≤100
2	交联时间（120℃≤t＜180℃）/s		60~300
3	增黏速率/%		≥80
4	耐温耐剪切能力	表观黏度/（mPa·s）	≥50
5	黏弹性	储能模量/Pa	≥1.5
		耗能模量/Pa	≥0.3
6	静态滤失性	滤失系数/（m/$\sqrt{\min}$）	≤1.0×10⁻³
		滤失速率/（m/min）	≤1.0×10⁻⁴

续表

序号	项目		技术指标
7	岩心基质渗透率伤害率 /%		≤30
8	破胶性能	运动黏度 /（mm²/s）	≤5
		表面张力 /（mN/m）	≤28.0
		界面张力 /（mN/m）	≤2.0
		残渣含量 /（mg/L）	≤600
		防膨率 /%	≥60
		与储层流体配伍性	无沉淀，无絮凝
9	降阻率 /%		≥50

2.2.3.2.7 支撑剂优选

支撑剂（俗称砂）可分为天然与人造两大类型，前者以石英砂为代表，后者主要为陶粒和覆膜砂。

一般根据储层闭合压力和设计裂缝导流能力等选择支撑剂，评价主要参数包括粒度、圆度/球度、酸溶解度、密度、抗压强度、浊度等。

粒径：不大于射孔孔径的 1/6 和裂缝动态缝宽的 1/3，我国海上常用的支撑剂粒径范围分为 0.425～0.85mm（20/40 目）、0.30～0.60mm（30/50 目）、0.25～0.425mm（40/70 目）。

圆度/球度：陶粒平均球度/圆度不低于 0.8，石英砂平均球度/圆度不低于 0.7。

酸溶解度：盐酸与氢氟酸混合溶液中最大溶解度，陶粒不大于 5%、石英砂不大于 7%。

密度：分为体积密度和视密度，根据密度的大小可分为高密度、中密度和低密度（表 2.39）。

表 2.39　20/40 目陶粒密度划分推荐值

支撑剂类型	高密度陶粒	中密度陶粒	低密度陶粒
体积密度 /（g/cm³）	＞1.80	1.65～1.80	≤1.65
视密度 /（g/cm³）	＞3.35	3.00～3.35	≤3.00

最大破碎率：支撑剂的最大破碎率以支撑剂试样在不同破碎应力下破碎而产生的碎屑量来确定。不同类型支撑剂的破碎应力级别和不同应力条件下支撑剂 9% 破碎等级分类见表 2.40 和表 2.41。

2.2.3.2.8 管柱设计

压裂施工管柱可使用钻杆、油管等，注入方式一般为正挤，需遵循以下原则：

（1）单层压裂宜采用"射孔—压裂—测试"一体化管柱（表 2.42）。

表 2.40　不同支撑剂破碎应力分级参照表

支撑剂	破碎应力级别 /MPa	
	最小	最大
陶粒和树脂覆膜陶粒	35	103
石英砂	14	35

表 2.41　支撑剂 9% 破碎等级分类表

9% 破碎等级	应力 /MPa	应力 /psi
2K	14	2000
4K	28	4000
5K	35	5000
7.5K	52	7500
10K	69	10000
12.5K	86	12500
15K	103	15000

表 2.42　"射孔—压裂—测试"一体化管柱结构

压裂管柱类型	主要结构设计（从下至上）	设计要点
射孔压裂测试一体化管柱	射孔枪＋自动丢枪装置＋点火头＋玻璃盘接头＋纵向减振器＋厚壁油管＋封隔器＋安全接头＋震击器＋压力计托筒＋LPR-N 阀＋泄压阀＋RD 循环阀＋放射接头＋伸缩接头＋钻杆等	① 双水力锚封隔器，满足压裂工况要求；② 外置式压力计托筒，防止支撑剂在托筒内沉积；③ 伸缩接头倒置下入，调整管柱深度及压缩距离，并减少砂卡的可能

（2）管柱强度应满足压裂注入工况要求。

（3）管柱应气密性好，满足压裂及测试需求。

（4）管柱通径应满足所有入井仪器外径要求。

2.2.3.2.9　射孔参数优化

应根据储层厚度、裂缝设计高度、隔层厚度及地应力差、上/下煤/水层距离、施工参数等综合确定射孔位置、长度、孔密等。

（1）射孔位置。

选择储层物性、含油气性较好的层段射孔，当储层靠近水层、煤层时，应避射，避免裂缝沟通水层、煤层。

（2）单孔流量。

在设计施工排量下，综合考虑射孔长度、孔密、孔径的组合，并优化压裂液黏度，确保单孔流量满足压裂液携砂要求。

（3）孔眼尺寸。

单孔孔径应与支撑剂粒径和浓度相匹配。海上常规射孔弹孔径在支撑剂浓度较低时基本能满足施工要求，当支撑剂浓度大于 916kg/m³ 时，单孔孔径至少为支撑剂直径的 6 倍（表 2.43）。

表 2.43　不同孔眼尺寸的推荐单孔流量关系

孔径 /mm	流量 /（L/min）	孔径 /mm	流量 /（L/min）
8	110～130	14	260～360
9	145～180	16	280～405
9.5	159～199	18	305～455
10	175～225	19.1	318～477
12	225～300	20	325～490
12.7	239～318	22	345～520

（4）相位角。

若不能准确判断地应力方位，宜采用多相位（不大于 60°）射孔，减少早期脱砂的可能。夹角越小，损失的炮眼数量越多。

在地应力方向已确定的情况下，可以采用定向射孔，射孔方位宜与最小主应力方向垂直。

2.2.3.2.10　泵注程序及参数

（1）小型压裂。

包括阶梯泵注试验、注入—关井试验。

阶梯泵注试验宜采用主压裂时的压裂液基液，以相同阶梯增量逐次改变泵注排量，阶梯增量不大于 1m³/min，每次排量变化稳定时间 2～5min。

注入—关井试验宜采用与主压裂前置液相同的液体作为工作液，注入应选取阶梯泵注试验最末次排量；关井时应求取储层破裂压力、延伸压力、闭合压力、闭合时间、压裂液滤失系数、压裂液效率等参数。

（2）主压裂。

以设计裂缝缝长及对应的加砂规模为基础，结合小型压裂的结果优选施工排量。根据储层闭合压力、射孔孔眼摩阻、裂缝内净压力、井筒摩阻等参数优化井口施工压力。

① 前置液量。

根据模拟不同的前置液量对延伸压力和裂缝几何形态变化规律来确定。宜利用小型压裂压降分析获得的液体效率数据进行前置液量校正。

② 顶替液量。

一般根据注入管柱内容积、压裂储层射孔段中部至注入管柱底部间的套管内容积、地面注入管线内容积、混砂橇搅拌罐容积之和来确定。

③ 泵注程序。

应根据压裂规模、压裂液性能、设计的铺砂浓度及优化的导流能力等因素确定，宜采用低砂比起步，小台阶、楔形加砂设计泵注程序。

常规施工泵注程序设计方法为，前置液和携砂液采用交联液，提高压裂液造缝和携砂效率；前置液可增加小粒径支撑剂段塞，打磨射孔孔眼，降低其射孔摩阻；携砂液采用设计粒径的支撑剂，低砂比起步（5%～7%），判断储层加砂难易程度，稳步提高砂比，减小砂堵风险，尾追高砂比段，提高缝口导流能力；采用基液或清水顶替，严格控制顶替量。

2.2.3.2.11 设备摆放要求

应预留连接压裂管线流程空间、设备操作维修空间和逃生通道，宽度不小于80cm。压裂橇、混砂橇应靠近压裂液罐，摆放在同一区域，设备和井口保持一定安全距离。严格划分高压区和低压区，数采房应避开高压区。某平台压裂设备摆放如图2.1所示。

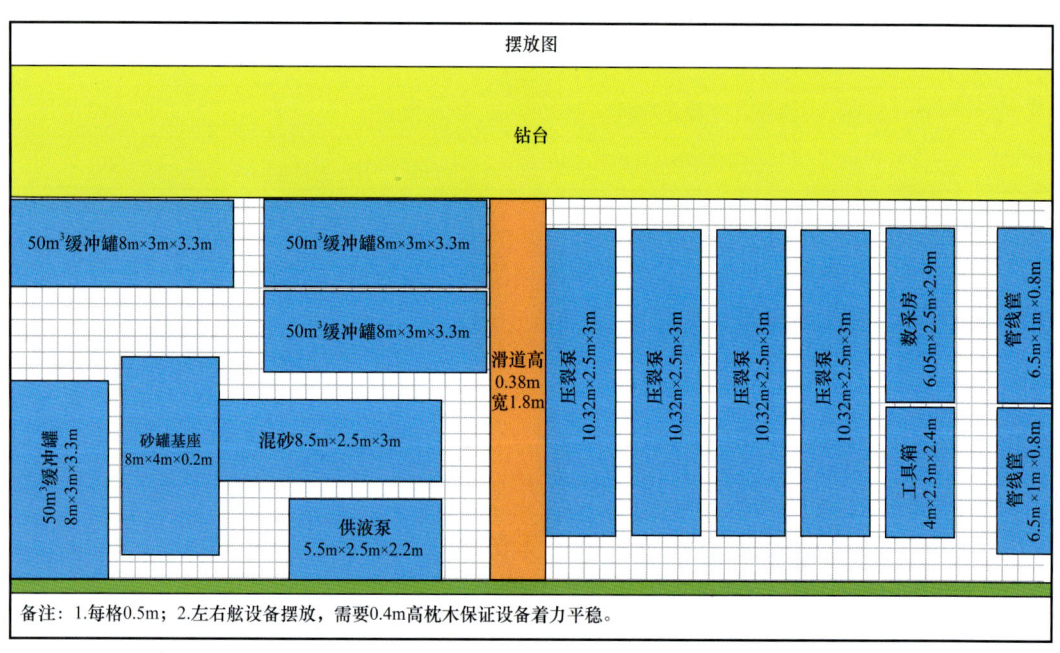

图2.1 某平台压裂设备摆放图

高压流程：泵与压裂管线之间需要安装隔离阀、截止阀或单流阀，在离井口较近的高压管汇处安装单流阀。泵与泵之间需要用单流阀和截止阀隔开，以免单台泵故障影响其他压裂泵的正常泵注。压裂管汇上留有放压管线，放压三通出口应与地面测试树压裂侧连接。考虑平台浮动距离，用高压软管或活络管汇连接。

低压流程：从储液罐连接管线到混砂橇，从混砂橇到压裂泵上水口之间的管线考虑备用。

背压要求：为减少压裂施工期间作业风险，考虑环空打背压。

2.2.3.2.12 返排设计

海上常用的压后返排流程包括地面测试树、除砂器、油嘴管汇、加热器、分离器、计量罐等，具体如图2.2所示。

压裂结束后宜尽快返排，设置合理的返排制度，防止储层出砂并满足安全、环保要求。

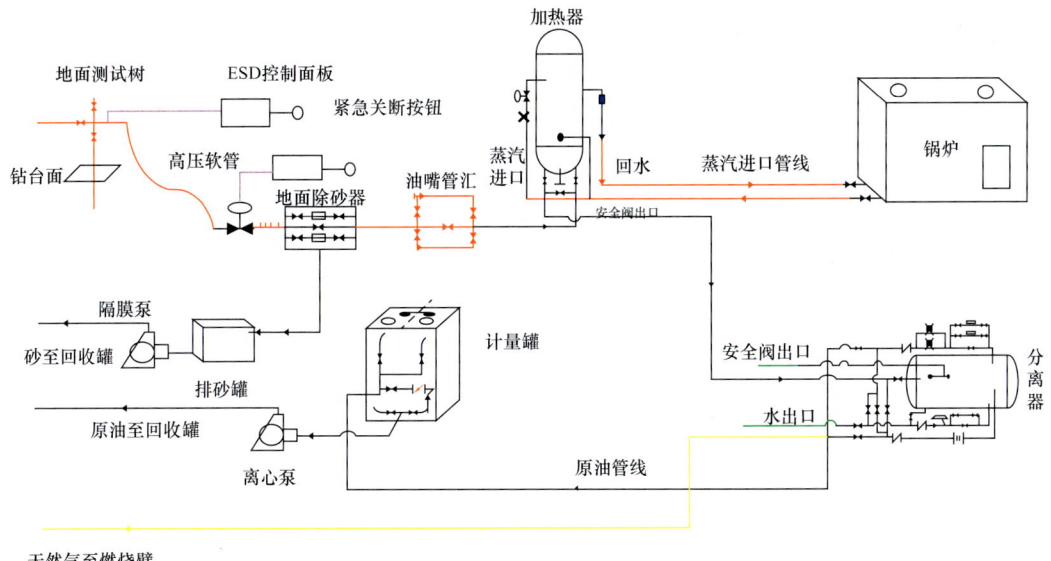

图 2.2 压裂后返排流程图

关井时间根据压裂液破胶时间确定，确认压裂液破胶后开始返排。初期采用小油嘴返排，建议选用 2~4mm 油嘴；裂缝闭合后快速返排，并根据井口压力及排液情况等选择合适的排液油嘴和制度；如果不能持续自喷返排，则考虑采用连续油管等人工举升方式辅助返排。

2.2.3.2.13 应急预案

针对压裂施工过程中可能发生的复杂情况应采取合理的应对措施，制订相应的应急预案。

复杂情况包括但不限于：砂堵、管线刺漏、井下工具失效、有毒有害气体防护、台风等。

2.2.4 螺杆泵、水力射流泵及气举作业

2.2.4.1 螺杆泵

2.2.4.1.1 螺杆泵原理

螺杆泵（Progressing Cavity Pump，PCP）是容积式转子泵，它依靠由螺杆和衬套形成的密封腔的容积变化来吸入和排出液体。

螺杆泵系统由地面、井下两部分组成，地面部分由电控箱、电机、驱动系统等组成，井下部分由抽油杆、抽油杆扶正器、泵体、定子、转子等组成（图 2.3a）。

电机通电后旋转，带动抽油杆正向旋转，抽油杆带动螺杆泵的转子转动，转子与定子配合将液体抽汲进入螺杆泵内，沿螺杆泵内腔，在转子外表面与定子橡胶衬套内表面间形成多个密封腔室；随转子转动，吸入端处的转子与定子橡胶衬套内表面间不断形成密封腔室，并向排出端推移，最后在排出端消失，液体被吸入泵内，随腔室连续向上移动，经油管或钻杆流至地面，实现对井下液体的举升（图 2.3b）。

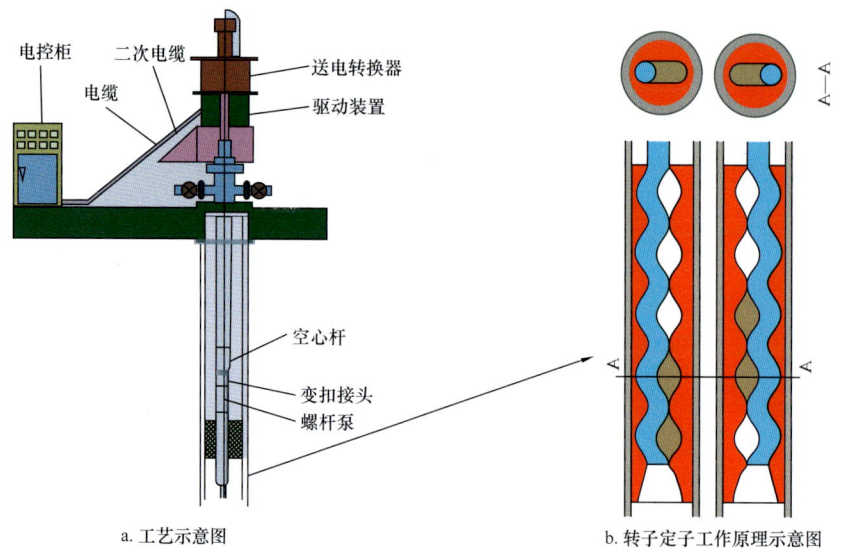

a. 工艺示意图　　　　　　　　　b. 转子定子工作原理示意图

图 2.3　螺杆泵工作原理示意图

螺杆泵型号表示方法如图 2.4 所示。

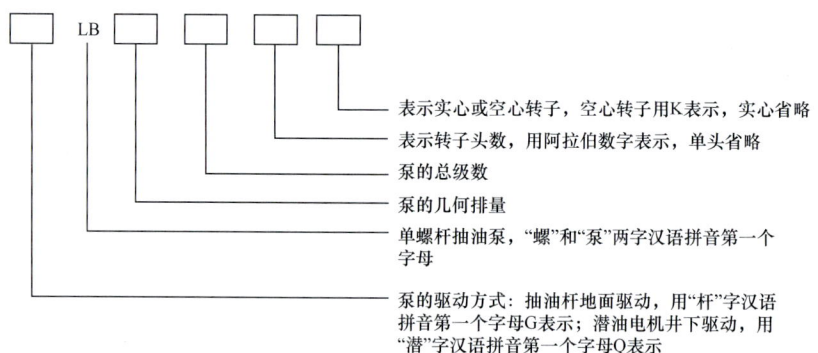

图 2.4　螺杆泵型号表示方法

2.2.4.1.2　设计需收集资料

螺杆泵设计所需要收集的资料应包括区块位置、勘探背景、地质油藏资料（构造特征、沉积特征、物性特征、相渗特征、流体性质等）、邻井测试概况、螺杆泵必要性等内容。除此之外，还应收集井名/井型、作业平台、构造位置、水深及补心海拔、地理位置、设计井深、完钻井深及层位、直角坐标和大地坐标、钻头及套管程序、开钻日期及完钻日期、人工井底、测试层基本参数（如射孔井段和厚度、套管参数、全井段固井质量、温压系统、预测原油黏度、凝固点、含蜡量等）。

2.2.4.1.3　螺杆泵的选井要求

（1）油井原油黏度一般不超过 5000mPa·s（50℃）。

（2）油井含砂量应不大于 3%，否则应加防砂管。

（3）油井井下温度应不大于 90℃。

(4)油井硫化氢气体含量不大于 2.5%。
(5)井斜角大于 10°时应加扶正器。
(6)安装螺杆泵的油井套管应无严重损坏及变形。

2.2.4.1.4　螺杆泵作业方式和施工管柱

(1)适应于各种套管完井的油井作业。
(2)适应于各种油管、钻杆测试管柱。
(3)适应于中途测试和完井后常规测试。
(4)适用于稠油等测试时需井筒加温的测试。
(5)适用于各类钻井平台作业。

2.2.4.1.5　螺杆泵的设计选型

根据施工油井的井深,预计测试层的产能及液性,泵下所连接测试工具情况、油管(或钻杆)内径、套管内径、扬程等选择合适的泵型。选型注意事项如下:

(1)泵的最大外径应小于套管内径。
(2)泵的扬程、最大排液能力和下深等要根据作业需要确定。
(3)油管(或钻杆)的通径必须大于转子的投影直径,且定子以上内径应大于转子的旋转直径,能保证转子和抽油杆下入定子筒,如果不能适应可更换油管(或钻杆)或换适应油管(或钻杆)内径的泵型。
(4)定子的最小内径应大于钢丝作业工具的最大外径,保证能顺利通过。
(5)泵体的抗拉强度应大于泵下载荷 +1.5 倍解封封隔器所需拉力。
(6)泵体的上下连接扣型应能与测试油管(钻杆)相连接,如不能则选择与其能匹配的变扣,选变扣时要注意内径和抗拉强度。
(7)检查所选泵的泵效、合格证和试压记录。

2.2.4.1.6　螺杆泵测试工艺及适应性

螺杆泵可以与 APR、PCT 等测试工具联作,管柱实现全通径化,既不影响测试工具的开关井操作,测试期间还可以进行酸化、钢丝、加热等作业。适应性包括以下几点:

(1)适用于油、水、钻井液介质,因其可下加热电缆加温降黏。
(2)对储层出砂井,其性能优于其他的举升工艺(如电潜泵)。
(3)对酸化施工后残酸液 pH 值大于 4 的介质,也可以进行排液。

2.2.4.1.7　螺杆泵补偿系统

半潜式钻井平台螺杆泵井口补偿连接装置使得螺杆泵能够有效应用于半潜式钻井平台,解决了半潜式钻井平台上井口装置伸缩补偿问题,并提供吊装动力。

2.2.4.2　水力射流泵

2.2.4.2.1　基本原理

射流泵(Jet Pump)又称喷射泵或水力泵,是一种利用湍射流的紊动扩散作用来传递能量和质量的流体混合反应设备。

射流泵的工作是基于能量守恒原理,高压动力液通过喷嘴将其势能(净液柱高度加上地面泵压产生的压力减去管柱摩阻）转化为高速动力液的动能，在能量转换过程中，流体速度增加但压力减小，由此产生相对于地层压力较大的流动压差，可以将地层流体吸入喉管；在喉管内高速动力液与地层流体充分混合，并将其动能传递给地层流体，使地层流体速度增加，流到扩散管内；扩散管内流动面积如图2.5所示逐步增加，随着流动面积的增加，混合流体速度减小但压力增高，其动能重新转化为势能，通过地面泵压的调节和喉管/喷嘴的配比选择可以克服净液柱静压，将地层流体与动力液举升至地面流程。

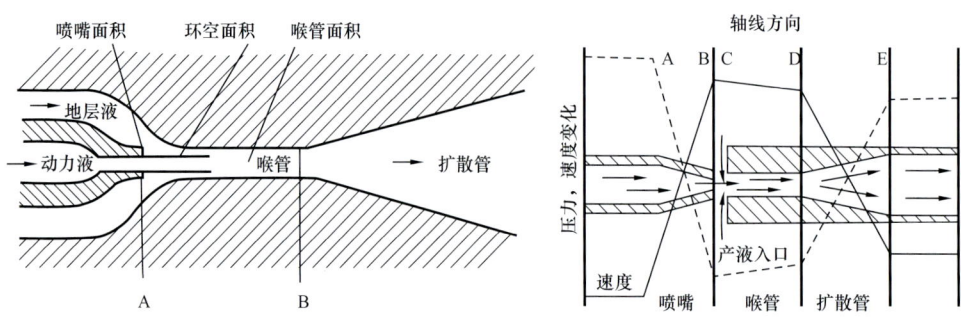

图 2.5 射流泵原理示意图

射流泵主要应用于大埋深的低孔渗油层及高凝固点原油油层的人工举升，经改造后的管柱内循环式射流泵（虎鲸—热举高效排液技术）可与传统 APR 工具兼容，结合动力液加热技术可实现对该类储层更加良好的评价（表 2.44）。

表 2.44 射流泵基本数据表

序号	技术参数	内容	
1	泵筒材质	35CrMo/ 常规井况	718/ 压裂、酸化井况
2	泵芯密封材质	氟醚耐热橡胶	
3	柱塞泵参数	排量 15m³/h，WP 35MPa/55MPa	
4	柱塞泵配电	功率 185kW/ 电压 380V	
5	加热系统配电	功率 200kW/ 电压 380V	
6	连续油管选型	内径 1.25~1.75in	
7	与连续油管连接扣型	50.8mm（2in）1502 活接头	
8	最大负压值	15~30MPa	
9	防爆性能	满足 I 区防爆	
10	理论下深	3000~3500m	

2.2.4.2.2 设计需收集资料

射流泵作业设计需收集资料包括测试井的基本参数，如区块位置、勘探背景、地质油藏资料（构造特征、沉积特征、物性特征、相渗特征、流体性质等）、邻井测试概况、预期最大产量等内容。服务商收集齐资料后应尽快提供签字版施工设计，以作为现场喷嘴选型、泵压控制等实际操作的施工依据（表2.45）。

表2.45 射流泵作业设计所需收集的资料

项目		序号	名称	单位	备注
储层性质		1	储层压力系数	—	
		2	地温梯度	℃/100m	
		3	海水深度	m	
		4	海底温度	℃	
		5	井深	m（MD）	
		6	井深	m（TVD）	
		7	补心高度	m	
		8	预测储层压力	MPa	
		9	预测储层原始温度	℃	
		10	孔隙度	%	
		11	渗透率	mD	
		12	饱和度	%	
流体性质	动力液/海水	13	密度	g/cm^3	
		14	黏度	mPa·s	
	原油	15	流度	mD/(mPa·s)	
		16	密度	g/cm^3	
		17	储层条件下黏度	mPa·s	
油管/测试管柱		18	钻杆内径	mm	
		19	钻杆长度	m	
		20	隔热管内径	mm	
		21	隔热管长度	m	
		22	连续油管内径	mm	
		23	连续油管外径	mm	
		24	射流泵泵筒深度	m（MD）	
		25	射流泵泵筒深度	m（TVD）	
		26	连续油管总长度	m	
		27	连续油管滚筒半径	m	

续表

项目	序号	名称	单位	备注
施工参数上限	28	地面最大泵压	MPa	
	29	地面最大排量	m³/h	
	30	出砂压差	MPa	
	31	连续油管工作压力	MPa	
射流泵参数	32	喷嘴直径	mm	
	33	喉管直径	mm	
	34	扩散管内径	mm	

2.2.4.2.3 适用井况

海上测试用射流泵工艺主要是指虎鲸—热举高效排液技术，其技术特点和适用条件如下：

（1）产量与流体温度。

测试原油产量可兼容 0～100m³/d；动力液返出井口温度可加热至 50℃，可覆盖大部分高凝固点原油的求产排液需求。

（2）泵筒下入深度与钻井装置。

与补偿吊装系统配合使用，能够满足自升式和半潜式钻井平台的使用要求，泵筒下入深度可达 3000～3500m，下入深度与生产压差正相关，根据泵压模型计算及储层出砂压差综合考量，理论最大生产压差可达 15～30MPa。

（3）作业工况。

可应用于酸化、压裂等联作测试作业（718 材质泵筒），测试层温度低于 150℃。

2.2.4.2.4 地面及井下工具选型

（1）泵筒及泵芯。

① 压裂及酸化工况应选择 718 材质泵筒，常规井况视实际作业需要选择 718 或 35CrMo 材质泵筒。

② 泵芯中喷嘴、喉管及扩散管的选型应依据施工设计进行选择，根据理论模型选择人工举升生产压差值后，确定射流泵泵筒下入深度，泵芯做到一用一备。

（2）连续油管。

① 应优选外径 1.75in 的连续油管，若无可选择外径 1.5in 的代替。

② 1.5in 外径连续油管应配合水溶性减阻剂使用。

③ 在连续油管 BHA 下部与泵芯连接部应加装刚性扶正器。

④ 连续油管 BHA 下部与泵芯连接部应选择抱卡式、铆钉式或其他耐高压接头，严禁使用 Roll-on 接头。

⑤ 连续油管地面应提供 800kW 以上发电机以作为动力液加热电源使用。

（3）管柱结构。

① 主管柱选型（油管/钻杆）应考虑内径要求，一般 $9\frac{5}{8}$in 套管的管柱内径不得低于3in。

② 射流泵作业时泥面上下应设置合理长度的保温管。

③ 主管柱（钻杆、油管或保温管）应优选无内涂层或无严重内涂层剥蚀型号。

（4）地面设备选型。

① 采用常规地面设备即可，油嘴管汇前应增加捕屑器或除砂器等装置。

② 地面罐应具备加热功能，并具备"U"形管看窗。

③ 分离器应具备入口单流阀及小气量计量装置。

④ 地面传输泵应采用隔膜泵，同时循环动力液时应具备过滤功能。

2.2.4.2.5 射流泵工艺流程设计

（1）地面返排流程/注入流程连接。

注入流程：动力液罐→过滤器→柱塞泵→极速加热器→连续油管盘管入口。

返排流程：地面测试树→立管→安全阀→捕屑器/除砂器→油嘴管汇→加热器→分离器→计量罐→油水分离装置→动力液罐。

连接完毕后需对全流程试压，对注入流程需要进行开端全流程冲洗，并确认动力液（海水）浊度满足使用要求（小于30NTU）。

（2）常规测试工艺。

未确定进行人工举升前，泵筒随测试管柱下入，下入时检查泵筒，确保连接螺纹紧固，泵筒无弯曲、无变形、内无污物，丝扣涂好螺纹脂。

若储层自喷，按照本分册中的相关规定执行常规地层测试。

（3）射流泵人工举升工艺。

若测试产能不理想，则采用射流泵人工举升方式助排，主要作业流程如下：

① 连续油管盘管进口连接固井泵，地面流程导至燃烧臂，流体排海（需提前准备 $15m^3$ 高黏度液体）。

② 泵入 $12m^3$ 高黏液，对连续油管内部及注入流程进行最大排量清洗，泵入压力宜小于3000psi，之后用海水顶替2周（$10m^3$），确认返出全部为海水后，停泵泄压。

③ 安装连续油管BHA，连接泵芯（泵芯表面涂抹润滑油），做拉力试验15000lb，之后用固井泵进行试压：300psi/5min、5000psi/15min。

④ 连接连续油管注入器与地面测试树，打开地面测试树清蜡阀，下入泵芯至地面测试树主阀上部；打开压井翼阀，通过固井泵泵入海水至油嘴管汇，关闭油嘴管汇，确认下主阀关闭后进行试压：500psi/5min、3000psi/15min，试压完成后通过油嘴管汇进行泄压。

⑤ 打开地面测试树生产翼阀和主阀，关闭压井翼阀，连续油管盘管进口改为连接柱塞泵，对注入流程（至连续油管滚筒进口旋塞阀处）试压：500psi/5min、7000psi/15min，合格后进行泄压。

⑥ 按 $1m^3$/min 排量泵入海水，打开油嘴管汇，保持2in可调油嘴开度，流程导至计量罐。

⑦ 连续油管保持1m³/min排量，以10m/min速度下入，下至泵筒设计位置以上50m位置，提高排量至2m³/min，打开地面极速加热器，进行循环约15min（注意事项：连续油管下放期间，每300m做一次上提下放，测悬重并记录）。

⑧ 边泵入流体边下入泵芯至泵筒深度以上10m，上提下放三次，之后以最大下压力3000lb进行下压至泵筒深度，根据悬重表变化情况及泵注压力变化情况对插入状态进行确认，确认插入成功，锁紧注入器位置管线，盘管位置管线夹持块处于自由状态。

⑨ 缓慢启泵控制阶梯式升压至设计压力，记录注入量与井口返出量；逐步提高急速加热器加热功率，缓慢升至45℃以上。

⑩ 泵抽期间每30min记录加热及注入压力，并随时观察井口、电流变化及出液情况；每次调整之后至少观察半小时，停泵时要缓慢操作（紧急情况除外），发现异常后立即停泵并及时排除；储层出砂，停泵后要马上将连续油管上提10m以防砂卡发生。

⑪ 通过返出量与注入量差值计算储层产液量。

⑫ 求产结束，保持低泵速上提连续油管6~7m，井下关井，继续保持低泵速上提连续油管至井口，测试管柱内压力通过油嘴管汇放压后，将泵芯提出管柱。

⑬ 上提连续油管至清蜡阀以上，关闭清蜡阀，拆卸注入器，取出连续油管BHA。

⑭ 遇堵情况发生后，现场操作执行顺序为增大泵压，无效后进行上提下放。

⑮ 如遇到无法上提的情况，利用马达头进行打压解脱。

2.2.4.3 气举作业

2.2.4.3.1 基本原理

气举作业通常分为连续油管气举作业和多功能气举作业，多功能气举作业是在下入常规测试管柱测试求产时，若自喷产能不能满足要求，通过从测试管柱内下入由$2\frac{3}{8}$in小油管＋多级气举阀（入井前设计各气举阀的打开压力）组成的气举管柱入井，将气举管柱插入气举密封筒（随测试管柱下入），通过地面注气系统注入气体至小油管与测试管柱环空，经过多级气举阀进入小油管内，将小油管内气举阀以上的流体举出井口。各级气举阀下入深度不同，打开压力不同，对储层产生的流动压差不同，因此通过控制注入气体压力打开不同气举阀工作，实现对储层不同流动压差控制。必要时可在小油管内进行钢丝作业取样等。

2.2.4.3.2 适应性

多功能气举管柱具有安全、快捷、优质、高效率、低成本特点。
（1）适应于储层埋深大的低产井。
（2）适应于造大负压以满足求产需求的井。
（3）适应于高气油比井、定向井和井液中有腐蚀介质的井。
（4）不适应于稠油油井和含乳化液的油井。

2.2.4.3.3 设计需收集资料

设计所需要收集的资料包括区块位置、地质油藏资料（构造特征、沉积特征、物性特征、相渗特征、流体性质等)、邻井测试概况等内容。此外,还应收集井名/井型、作业平台、水深及补心海拔、钻头及套管程序、测试层基本参数(如射孔井段和厚度、温压系统、预测原油黏度、凝固点、含蜡量等)等。

2.2.4.3.4 多功能气举设计

(1)核算气举能力,确定合理的气举排量和压力。
(2)根据储层条件制订多级气举阀下入深度需求。
(3)小油管强度校核及形变量分析。
(4)测试管柱内径应大于多功能气举井下工具外径,保证顺利通过。
(5)多功能气举插入密封与密封筒匹配性满足要求。
(6)地面气举专用井口便于气举管柱下入。
(7)地面注氮设备性能满足最大举升功率要求。

2.2.5 稠油热采

稠油热采是一种采用热力学方法提高储层温度,改善稠油在地下的流动状态,以实现稠油开采的一种采油方法。稠油热采作为非常规稠油开发的主要技术手段,已在国内外陆上稠油油田开采中广泛应用。海上平台由于环境特殊,热采作业安全环保要求高、开发成本高等诸多因素导致起步较晚,配套的热采工艺技术尚处于试验阶段。

在中国石油行业稠油分类标准的基础上,结合海上稠油开发经验,对参数进行优化(表2.46),将地下原油黏度大于350mPa·s稠油统称为非常规稠油。非常规稠油通过常规冷采不能获得经济产能,需要采用热力采油技术进行有效改善。

表2.46 中国石油行业稠油分类标准

稠油分类		陆上油田主要指标	陆上油田开发方式	海上油田主要指标	海上油田开发方式
名称	类别	黏度/(mPa·s)		黏度/(mPa·s)	
普通稠油	I-1	50*~150*	注水、化学驱	50*~150*	注水、化学驱
	I-2	150*~10000	蒸汽吞吐、蒸汽驱	150*~350*	水平井、弱凝胶驱
				350*~10000	热采试验
特稠油	II	10000~50000	蒸汽吞吐、蒸汽驱、蒸汽辅助重力泄油	10000~50000	
超稠油	III	>50000	化学辅助蒸汽吞吐、蒸汽辅助重力泄油	>50000	

* 指油层条件下的原油黏度。

稠油热采测试即地层测试过程中进行热采作业。热采测试的目的是根据不同的地质情况、储层厚度、测试目的、船舶及海况等条件,选择不同的注入量、温度、压力及防砂方法等,将热流体注入井下对地层加热,使稠油降黏,流动性增加,提高油井产能,从而为准确评价勘探区块的储量提供可靠的数据支撑，同时为后续的开发方案制订提供依据。

常用热采工艺方法有热力吞吐（蒸汽吞吐、多元热流体吞吐等）、热力驱（蒸汽驱、热水驱等）、SAGD（蒸汽辅助重力泄油技术）、火烧油层、电磁（或脉冲）加热法、热化学法等。

海上热采主要采用蒸汽吞吐和多元热流体吞吐工艺。它与常规采油的主要区别在于：（1）由于高温会导致沙粒间胶结物受到破坏，加上注采流体对岩石骨架的冲刷，使热采井出砂问题趋于严重，即对热采防砂测试提出更高的要求；（2）热力采油通常需要注入温度高、热能大的介质，对地面设备、井筒及测试器材等要求具备更高的耐温等级；（3）注入过程中对井筒保温，降低热损失，要求采用更高效的隔热工艺。

2.2.5.1 设计需收集资料

设计需收集的资料应包括：

（1）区块位置、勘探背景、地质油藏资料（构造特征、沉积特征、物性特征、相渗特征、流体性质等）、邻井测试概况、热采必要性等内容。

（2）井名/井型，作业平台，构造位置，水深及补心海拔，地理位置，设计井深、完钻井深及完钻层位，直角坐标和大地坐标，钻头及套管程序，开钻日期及完钻日期，人工井底等。

（3）测试层基本参数：射孔井段和厚度、套管参数、全井段固井质量、温压系统、岩性、泥质含量、孔隙度、含水饱和度、测井解释结论、预测原油黏度等。

2.2.5.2 热采井防砂

海上稠油油田多属于砂岩油藏，一般埋深较浅，胶结疏松易出砂。稠油在开发过程中需对地层原油加热降黏，增加其流动性；但高低温交变会导致沙粒间胶结物受到破坏，注入流体高速冲蚀也会加剧出砂现象，因此热采井大多需防砂作业。海上热采防砂作业除常规要求外，还需考虑器材的密封性、热应力强度、腐蚀冲蚀，砾石充填层的稳定性等因素。

2.2.5.2.1 防砂方式

稠油热采测试推荐采用优质筛管砾石充填防砂工艺。由于热采井的注热、返排及求产过程中可能会造成蒸汽注入点附近充填砂的重新排列，导致局部充填层变薄甚至缺失，因此在砾石充填防砂井中，同时使用具有独立挡砂能力的筛管，起到双重挡砂效果。

2.2.5.2.2 防砂器材

非常规稠油在热采测试过程中对防砂工具、器材在高温腐蚀冲蚀、应力变形、密封可靠性以及砾石充填层的稳定性等方面提出更高的要求。

海上热采井防砂筛管主要包括优质筛管和复合筛管。金属网布优质筛管主要由基管、双层泄流网、双层过滤网和双层保护套组成。外保护套具有侧向导流槽，减小了生产过程中生产流体直接对过滤层的冲击风险。复合筛管是在金属网布优质筛管的基础上增加一层绕丝，旨在提高筛管的强度和稳定性。

2.2.5.3 防砂工具选型

2.2.5.3.1 热采防砂封隔器

热采防砂封隔器的主要用途是用来进行充填、悬挂或在层与层之间形成封隔，对于 0~300℃工况下的层间封隔，一般采用 AFLAS 或全氟醚橡胶实现密封；对于 300~370℃ 工况下的层间封隔，一般采用金属、石墨、高分子或特殊复合材料实现密封，不同密封材料的耐温、耐腐蚀等级不同，因此在进行热采封隔器选择时需要结合热采井的注采工况，选择封隔器的耐温等级，以避免高温导致封隔器密封失效。

热采顶部封隔器的结构形式和坐封方式与常规顶部防砂封隔器类似，其主要位于防砂管柱的顶部，起到悬挂防砂管柱的作用，还可代替沉砂封隔器起承托作用。

热采防砂封隔器的特点：根据目标工况温度优选合适的密封材料和优化金属结构的有效承载能力，如 370℃工况时，其密封机构可更换为预氧丝和石墨互融的高弹性密封组合，其内部静密封可采用金属"O"形密封圈或"C"形密封圈组合，其金属材质考虑高温下约 20% 的强度衰减值影响，故在产品详细设计过程中可通过材料优选或增加壁厚等方式，进一步提高封隔器各工作状态下的许用安全系数。

2.2.5.3.2 悬挂封隔器

悬挂封隔器用于悬挂井下筛管管柱，常用悬挂封隔器如 GY245-210 型悬挂封隔器，主要由上接头、坐封机构、锚定机构、丢手机构和下接头等组成（图 2.6）。

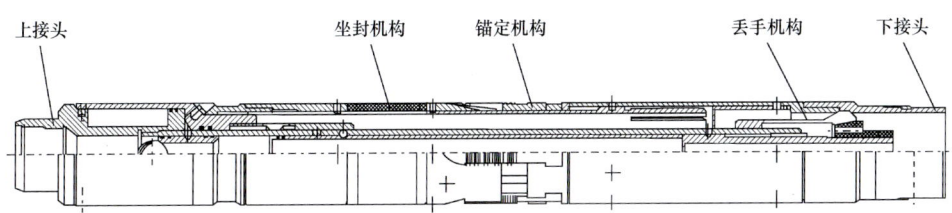

图 2.6　GY245-210 型悬挂封隔器结构示意图

当下入到设计位置后，通过投球打压完成在井下的坐封及丢手；解封时，下入专用打捞工具，在打捞工具与悬挂封隔器留井部分对接后上提管柱完成悬挂封隔器的解封及回收。

图 2.7 为 GY245-210 型悬挂封隔器打捞锚结构。

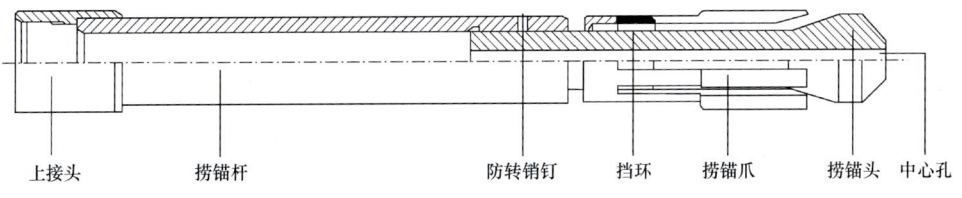

图 2.7　GY245-210 型悬挂封隔器打捞锚结构示意图

GY245-210 悬挂封隔器特点：采用石墨与金属丝复合胶筒，从而提升了悬挂封隔器整体的耐温等级。

2.2.5.3.3 热应力补偿器

从陆上热采井防砂管柱失效分析来看,热应力容易导致筛管失稳破坏,致使管柱断裂或破损。如图 2.8 所示,为了减少热应力的影响,除了优选热稳定性较好的管材外,还需在筛管之间增加热应力补偿器,对管柱的微量伸缩进行补偿,达到保护管柱的目的。

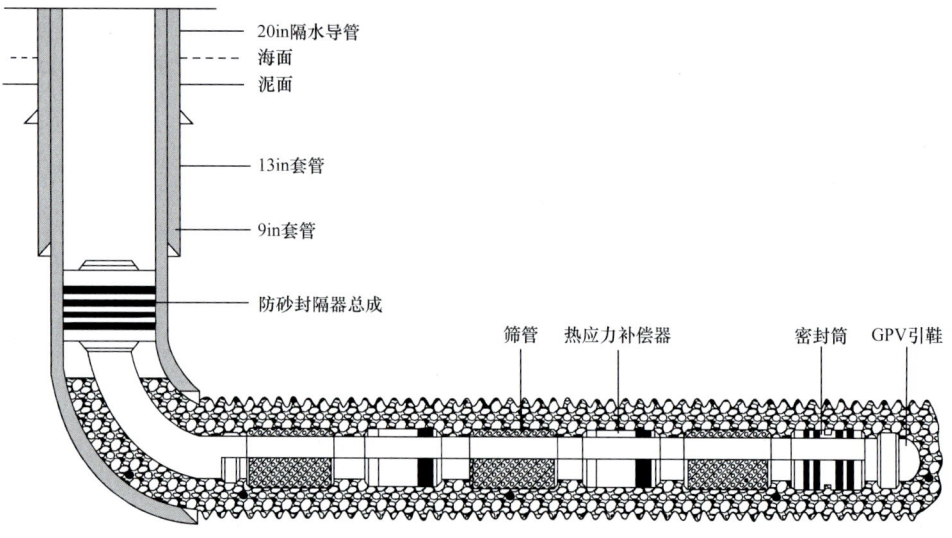

图 2.8 热采防砂管柱结构示意图

热应力补偿器结构如图 2.9 所示。材质可根据热采工况条件选用耐高温材质如 10H 或 35CrMo 合金钢。热应力补偿器可在 350℃和 15MPa 压力条件下工作 500 次以上,其主要技术特点如下:

（1）作为防砂管柱的一部分,具有与所选管柱一致的强度性能。
（2）内径与配合使用的管柱内径一致,外径与井眼尺寸相适应。
（3）具有良好的气密性,保证注热和测试过程中不会发生泄漏。
（4）具有热化学稳定性和耐腐蚀性,以保证油井的使用寿命。

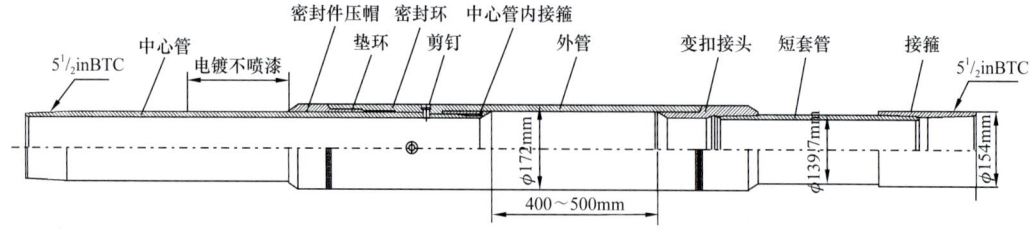

图 2.9 热应力补偿器结构示意图

2.2.5.4 注采管柱

注采管柱设计原则:应综合考虑安全、隔热、防漏失、注热效率等需求,选择配套工具;注采管柱宜采用隔热油管,且油管及配套工具在材质、尺寸等方面宜保持一致;油管及配套工具材质选择时应考虑注入介质的腐蚀防护要求;应根据隔热要求及油藏特点选择环空注氮方式,包括不注氮、间歇注氮、连续注氮三种,其中环空注氮纯度应高于99.9%。

2.2.5.4.1 管柱类型

热采井中的注采功能可以通过一趟管柱实现,也可以通过注热和生产两趟管柱实现。主要取决于注热温度和井下工具耐温之间的关系。如果油井在注热后无须人工举升即可实现持续自喷,或者举升方式所用设施的最高耐温可以满足注热过程中的井筒最高温度,可以采用注采一体化管柱;反之,则需要采用两趟管柱,注热期间下入隔热油管,注热后焖井、开井至自喷结束,井液温度降低,下入满足井温条件的举升管柱生产。

2.2.5.4.2 井下工具

(1)注热封隔器。

注热封隔器主要由隔热自补偿机构、坐封机构、密封机构、锁定机构和解封机构组成,采用了耐温等级较高的高温胶筒,用于应急情况下的油套环空通道关断。其主要技术特点如下:

① 高低温交变下具备承压能力。
② 采用管柱内加压坐封,操作方便。
③ 隔热自补偿机构可以在一定范围内对其上部管柱的热伸长进行补偿。
④ 通过上提管柱实现解封。

(2)高温井下安全阀。

高温井下安全阀主要由本体、液压组件、增程机构、动力弹簧、中心管和阀板阀座组件组成,用于应急情况下的油管通道关断。其技术特点如下:

① 采用整体全金属结构设计,耐温等级高。
② 设有增程机构,液压组件所需行程小,开关阀时进入及返出流体体积小。
③ 采用耐高温合金弹簧,高低温交变过程中性能稳定。

(3)均衡配注阀。

工作原理:由注热管柱携带均衡配注阀下入到设计位置;在注热过程中,蒸汽/热流体通过均衡配注阀中心管上的配注孔进入到中心管与外套的环空,流向改变,沿着中心管方向流出,进入筛管,通过筛管进入油层。

现场应用时应结合地质油藏资料、注热参数进行配注阀位置、数量设计及选型,已经形成4种产品规格(表2.47)。其主要技术特点如下:

① 结构紧凑,利于工具的下入。
② 高温流体通过配注阀后,流动方向改变为沿管柱轴线方向,避免了对筛管的冲击。
③ 换向通道过流面积比较大,可减小生产时油流的沿程阻力。

(4)高温液压油。

液压油是控制井下安全阀和放气阀所必需的传压介质。根据海上油田稠油热采的实际情况,要求所使用液压油的工作温度范围为 $-30\sim380℃$,且为无腐蚀性、无毒、无刺激性气味的低黏度液体。

表 2.47　海上常用均衡配注阀技术规格

参数	O 型	S 型	O-I 型	S-I 型
长度 /mm	450	620	355	530
最大外径 /（mm/in）	93/3.66	93/3.66	80/3.15	80/3.15
最小内通径 /（mm/in）	52/2.047	52/2.047	52/2.047	52/2.047
最高耐温 /℃	350	350	350	350
耐压 /MPa	30	30	30	30
两端连接螺纹	$2^7/_8$in EUTBG	$2^7/_8$in EUTBG	$2^7/_8$in EUTBG	$2^7/_8$in EUTBG
主体材料	42CrMo	42CrMo	42CrMo	42CrMo

2.2.5.4.3　隔热油管

热采井在注入过程中，为了降低注入流体在井筒中的热量损失及高温对套管、水泥环及防砂封隔器等器材的影响，必须采取隔热措施。常用的隔热措施主要有两种：一是采用高热阻的隔热管；二是降低油套环空流体的导热系数。海上热采采用真空隔热油管和环空注氮隔热的方式进行隔热。为避免注入氮气中含有氧气对井下管材造成腐蚀，要求环空注氮气纯度在 99.9% 以上。

将隔热油管的隔热层内的以导热、对流和辐射 3 种方式传递的热量视为与其隔热厚度相同的以纯导热方式传递热量的一种"假想固体"，该"假想固体"的导热系数称为"视导热系数"。其隔热等级分为 5 个等级（表 2.48）。

表 2.48　隔热油管的隔热等级

隔热等级	A	B	C	D	E
视导热系数 λ	0.08>λ≥0.06	0.06>λ≥0.04	0.04>λ≥0.02	0.02>λ≥0.06	0.06>λ≥0.002

海上热采主要使用国产隔热油管，根据其隔热材料、隔热方式大致分类情况见表 2.49。

表 2.49　隔热油管主要分类

型号	隔热方式	型号	隔热方式
Ⅰ型	珍珠岩粉	Ⅱ型	铝箔 + 硅酸铝纤维 +Ar
Ⅰ型改进	铝箔 + 硅酸铝纤维	Ⅲ型	铝箔 + 硅酸铝纤维 +Kr+ 吸气剂

2.2.5.5　多元热流体发生器

当出口温度为 240℃时，常规多元热流体发生器（拖一型）的排量仅为 5.37t/h，这势必造成施工作业周期长、成本高，而简单的两套设备并联不能满足设备摆放的要求和大排量注入的需求。为提高注入排量，在充分考虑整个控制系统安全高效运行的前提下，把供油、供水和供电系统由两组改为一组，把燃烧系统由一组改为并联两组，结合吊装要求进行高度集成，实现控制系统的整合，形成拖二型多元热流体设备。其注入能力比拖一型设备可提高一倍，而占地仅增加了一个空压机组舱面积，能够满足平台吊装及摆放的要求。另外，拖二型多元热流体设备压力、温度和流量等多种参数可调，并可实现自动和手动控制方式的在线切换，以及现场全过程自动控制、远程监控和诊断等功能。

2.2.5.6 注热参数优化

注汽干度的参数应根据原油黏温性质、设备注入能力、井筒隔热水平及注汽成本等确定；注汽速度应根据水相（汽相）相对渗透率、油层厚度、原油黏度、油层压力、吸汽能力及设备注入能力等确定；注入温度应根据原油黏温性质、井下工具耐温、设备注入能力确定；注汽量应结合油层厚度、原油黏度、油层非均质性等，综合考虑注汽成本、经济效益及油藏需求确定；焖井时间应根据热能利用率、周期增油量及产液温度确定。

防膨、防腐、降黏方案要求如下：

（1）防膨：油层黏土矿物含量高（大于8%）、黏土矿物易分解、膨胀、运移、堵塞严重，注蒸汽前应采用防膨预处理措施并采取加助排剂及其他强排措施。

（2）防腐：热采井在进行防腐设计时，除了考虑储层气体中原始 H_2S 和 CO_2 浓度外，还需结合储层条件次生腐蚀流体的影响，将两者分压叠加后进行防腐设计；次生腐蚀气体生成过程比较复杂，由其产生的分压一般无法通过计算获得，通常采用试验方法确定；另外，多元热流体组分中的 CO_2 及少量氧气会对管材造成腐蚀；实验研究表明，低温区段腐蚀以 CO_2 腐蚀为主，高温区段腐蚀以 O_2 或高温水腐蚀为主，不同温度下 CO_2 和 O_2 的腐蚀有一定的相互促进作用，腐蚀规律较为复杂；现场实践表明，采用耐高温高效缓蚀剂腐蚀速率可降至 0.1mm/a 的水平，起到较好的防腐作用。

（3）降黏：为适当降低原油向井底流动的渗流阻力，促进多元热流体前沿的推进，在注热前向储层注入高温降黏剂，对井筒近井地带原油进行降黏预处理。

2.2.5.7 井口装置设计

海上热采测试井口装置主要用于注汽、焖井、自喷求产，当自喷能力不足时，拆掉热采井口装置，起出注汽管柱，下入举升管柱，更换热采井口装置。当热采井口装置及电缆穿透装置耐温高于注热温度条件，也可采用注采一体化井口装置。

井口装置应满足热采过程中的压力温度要求；应设置套管受热伸长补偿装置；应设置远程控制安全装置，宜在主通径及侧翼安装安全阀；注热及焖井期间井口装置宜采取隔热保温措施。热采井口装置因为对耐温要求高，主要承压件一般推荐采用 ZG20CrMo 或 ZG1Cr13 合金材料。

2.2.5.7.1 热采井口装置结构

海上稠油热采测试井口装置中，井口表层套管底部连接方式为卡瓦式或者螺纹式。采油树平板阀的一翼与注汽流程相连，作为热流体的入口；另一翼为可调式节流阀，与测试流程相连，原油从这一端进入测试流程。油管四通的一翼，可以根据需要用来向油套环空注氮气，用以隔热提高注热效率和平衡储层压力。其结构示意图如图 2.10 所示。

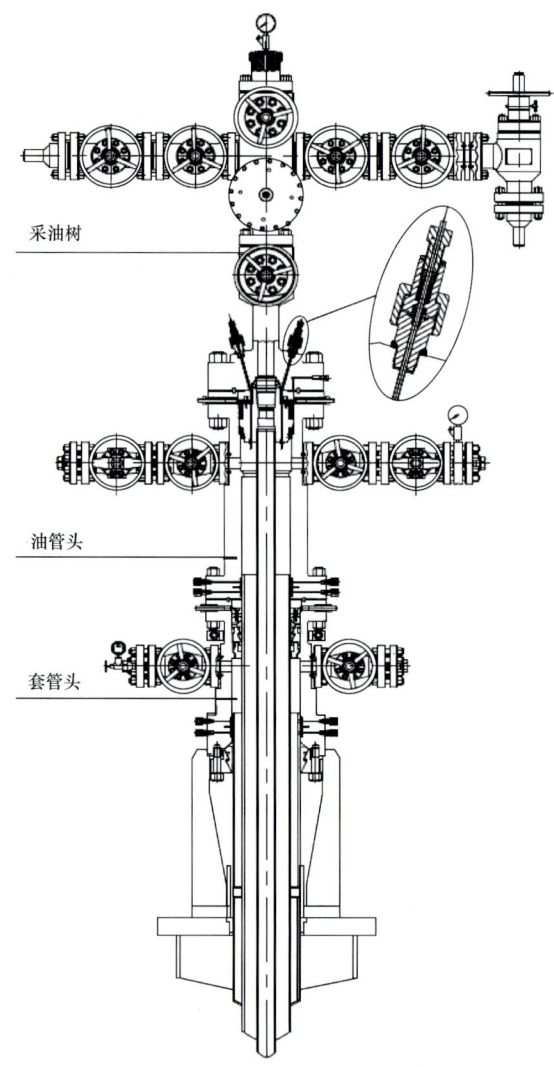

图 2.10　海上热采井口装置结构示意图

2.2.5.7.2　海上常用稠油热采测试井口装置的技术特点

（1）采油树注汽翼采用双阀，延长使用周期，增加可靠性。

（2）主通径配安全阀，阀门采用特殊结构设计，并使用耐高温密封件，以保证整套采油树的安全性。

（3）油管四通侧翼注氮气端双阀，可满足热采间歇、频繁注氮的需求。

（4）注汽用采油树下法兰处液控管线穿越采用两级密封，第一级为金属卡套式密封，第二级为填料式非金属密封，提高了液控管线高温井口穿越密封的可靠性。

（5）耐压等级：高温 370℃下耐压 3000psi。

（6）采用特殊结构套管头，套管可自由伸长，实现一定长度的补偿空间。

（7）设计选用两种结构的上法兰和悬挂器，注采均可实现。

（8）所有的阀门要求符合 API PR2 标准。

2.2.5.7.3 井口升高及补偿

热采测试井套管受热伸长是不可避免的，而套管伸长会带动井口装置同步上升，易产生井口翼阀与地面相关连接管线错位等安全问题。在井口设置升高补偿装置，可实现套管受热上升，井口高度维持不变。

海上采用在套管顶端和套管头之间留出一定空间供套管抬升的方式来实现升高补偿。升高补偿高度与套管自由段长度成正比，高度计算可以参照QH/HS 14022—2014《海上稠油热采井套管和油管设计要求》执行。理论上，固井水泥返高至泥面以下，自由段很短，但由于注热过程中套管受热和水泥环受热后膨胀系数不同，可能导致发生剥离，导致自由段长度变长，因此海上热采井口补偿一般留有余量。根据已生产井的套管抬升经验，一般采用330.2mm（13in）套管伸长按200mm留高、228.6mm（9in）套管伸长按600mm留高。

2.2.5.8 地面工艺流程设计

2.2.5.8.1 注热地面管线

注热管线预置：50.8mm（2in）无缝管，耐温380℃、耐压25MPa，外包硅酸铝岩棉保温；要求充分考虑并留有张力弯最大间距、管线固定支点等；注汽前要对管线进行探伤。

2.2.5.8.2 流程设计

注热流程：海水提升泵→海水淡化系统→恒压供水→火箭动力热力发生器→注热管线→热采采油树（图2.11）。

注氮流程：空气压缩机→膜分离制氮机→氮气增压机→注氮管线→油管四通。

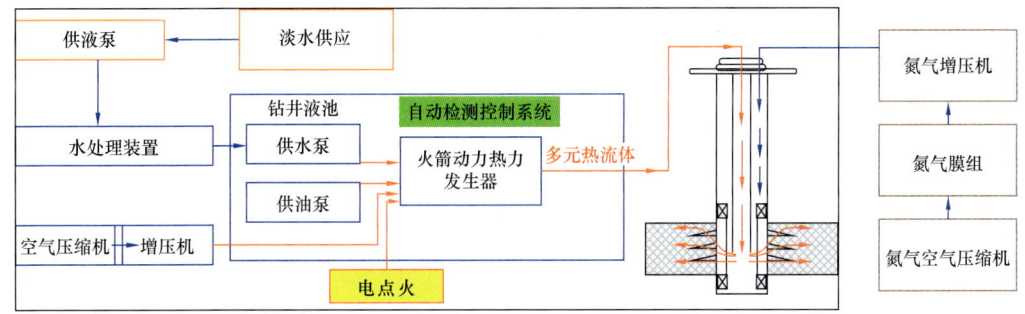

图2.11　注热地面流程图

2.2.5.8.3 水供给及处理工艺

水源选择：根据前期研究成果采取淡化海水为多元热流体提供水源，同时采用钻井船钻井液池备用淡化水措施。

水处理流程：海水→海水提升泵→海水淡化系统→恒压供水→水箱→火箭动力发生器。

2.2.5.8.4 管柱配套功能设计

伸缩补偿功能：应根据井筒高效注热、油管受热伸长等需求设计。

分段注热功能：应根据测试井段长度、油层非均质性等需求设计分段注热功能，并对每段内配注阀数量及位置、扶正器数量及位置等进行设计。

2.2.5.9 热采设计内容概要

（1）前言。

（2）测试井的基本数据。

（3）拟测试层基本参数。

（4）测试目的及原则。

（5）勘探目的。

（6）测试整体方案。

（7）测试液。

包括测试液的类型、性能、配方、相对密度等。

（8）射孔工艺。

包括射孔方式、射孔管柱结构、射孔枪型号、孔密、相位、射孔弹型号、穿深、孔径、增效射孔方式等。根据整体工艺要求优选射孔弹，以获取更高产能。

（9）防砂方式。

如采用砾石充填防砂，应附有《砾石充填防砂施工设计》（包含设计方案依据、施工方案、风险分析等）。

（10）人工举升手段。

如采用螺杆泵泵抽、射流泵排液、连续油管气举等，应附有具体操作规程。

（11）储层改造措施。

如采用热采吞吐方式进行储层改造，之后进行热采测试作业，附《热采施工设计》。

（12）开关井制度。

常规储层测试按照本分册中的相关规定执行。

注热后测试放喷应以防止储层激动出砂、保障地面生产流程稳定为原则，生产期间应控制产液、产气速度，并逐级缓慢调整。制订油层出砂、井口生产参数超限值等应急措施，宜采取降低产液、产气速度控制储层出砂，宜采取井口掺液方式降低井口产液温度，满足流程耐温要求。

（13）地面流程设计。

地面测试工艺，包括常规地面流程、注热流程、注氮流程；测试井口，包括常规地面测试树、热采井口、安全控制系统及检测系统、地面设备技术规范、流程安装要求等。

（14）井下管柱设计。

包括井下管柱结构（放喷管柱、注热管柱），井下钻具及工具技术规范，管柱、套管强度校核及伸缩量计算（注热期间）等。

（15）取样设计。

取样、资料录取等相关工艺均按照本分册中的相关规定执行。

（16）压井液。

根据钻井及实际测试情况，采用测试液或原钻井液作为压井液。井场要备有不少于1.5倍井筒容积的原钻井液，并备用适量的加重剂、堵漏剂、除硫剂、提黏剂和烧碱。

(17)井液处理。

产出液体全部回收处理，天然气全部走燃烧臂舷外燃烧。对井液处理严格执行健康、安全、环保的作业需求。

(18)井控设计。

包括井控设备、井口示意图（包括常规测试井口、热采井口）、井控技术要求等。

(19)注热参数设计。

包括热采工艺方案、注热参数优化、地面及井筒热参数模拟，制订防膨、缓蚀、降黏方案等。

(20)井口装置设计。

包括注热地面流程、设备参数、水供给方案、注热地面管线设计等。

(21)注热管柱设计。

(22)管柱配套功能设计。

(23)施工步骤。

包括详尽的施工方案，如前期准备（井口准备及甲板准备）、设备连接及调试方案、注热程序、焖井及放喷方案、人工举升设计等。

(24)测试作业进度计划。

(25)测试作业风险分析及预案。

包括热采作业风险分析、其他作业风险分析、应急预案。

(26)安全和环保要求。

(27)热采测试施工设计封面格式参见附录 B.3。

2.2.6 延长测试

延长测试，通常指针对特定的油气藏，为进一步获得地质油藏信息，评价拟定的开发方案而进行的有别于常规测试的长周期油气井测试。目的在于取得油气田开发决策所需要，而常规 DST 测试所不能全部获取的资料。主要目的包括：

(1)了解底水油气藏底水锥进情况：锥进时间、锥进生产压差、见水后含水率上升速度、推导油气层垂向渗透率等。

(2)观察储层压力衰减规律，计算弹性产率及单井控制储量。

(3)观察油气井产能递减规律。

(4)探测油气藏边界。

延长测试的方式取决于油气田地质、测试目的及海况等条件，因此测试方法有着极大的差异，很难形成统一的标准。本节仅概述一些普遍性做法。

2.2.6.1 延长测试组织机构

延长测试是一个系统工程，它牵涉多种技术和工种，需要许多部门协作配合才能完成。因此，通常成立一个专门的项目组来组织领导，项目组对中国海油主管部门负责，即由其测试主管领导牵头。延长测试项目组设经理 1 人、安全总监 1 人和测试作业总监 2

人，下设若干子项目组，子项目组对项目组负责，子项目组设置如下：

（1）钻井子项目组，负责井位海底调查及钻井工程。

（2）油藏工程子项目组，负责油气田地质研究、延长测试油藏方案的设计及测试资料的分析。

（3）海上工程子项目组，负责延长测试海上工程的设计、施工、测试期的设备管理及应急措施。

（4）测试子项目组，负责测试的全面工作。包括服务商、井下工具、井口装置及油气处理设备的选择，技术服务合同签订，测试方案的设计，井下作业的实施及地面流程设备的安装调试，诱喷、测试及录取资料等。

（5）油轮子项目组，负责管理储油轮及原油外输。

2.2.6.2 管柱设计

管柱设计的基本原则应满足井控安全、资料录取及其他工艺要求；无论是已完井还是未完井，设计应包含管柱的基本结构，描述管柱功能及相应工具，明确井下工具、油管、井口装置的参数。对于已完井，还应简单总结完井工艺，如射孔、防砂、人工举升、完井液等情况；对于未完井，除设计延长测试管柱外，还应包含优选测试液体系、选择合适的射孔器材和防砂方式，以及如何满足延长测试多次长时间开关井的要求。

2.2.6.2.1 管柱设计要点

（1）上部工具通径不小于下部工具通径，上部油管的通径不小于下部油管的通径。

（2）井下安全阀的下入深度应在海床面30m以下，结合析蜡、结垢和形成水合物的风险，综合确定实际下入深度。

（3）循环滑套应尽量靠近封隔器顶部。

（4）若生产中存在析蜡、结垢和形成水合物的风险，可考虑下入化学药剂注入阀，下入深度应在风险点以下100m。

（5）带孔管的过流面积应不小于油管过流面积的两倍。

（6）校核计算生产管柱由于温度、压力变化产生的伸缩量，必要时下入伸缩短节。

（7）防腐要求：若储层含有CO_2和H_2S等腐蚀性气体，应根据其含量和分压值，选择油管及井下工具的防腐材质。

2.2.6.2.2 延长测试常用管柱类型

（1）自喷合采管柱：管柱需下入封隔器和井下安全阀，保证油气井安全和环保要求；NO-GO型坐落接头一般下在油气层顶部以上15m以内，管柱不宜正对储层；底部一般使用带内倒角的引鞋，管柱通径根据需要满足生产测井、连续油管等作业；大斜度井可采用自动导向引鞋或带孔圆堵。其结构示意图如图2.12所示。

（2）自喷分采管柱：上部封隔器密封筒的内径不得小于下部封隔器密封筒内径；隔离密封长度应考虑温度、压力变化等因素引起管柱伸缩的影响，满足层间封隔；正对射孔层位的油管宜采用厚壁油管；生产滑套下入位置一般应在射孔段以上3～6m，其开关方向和开关方式的选择应综合考虑井斜和产油、产气等因素。其结构示意图如图 2.13 所示。

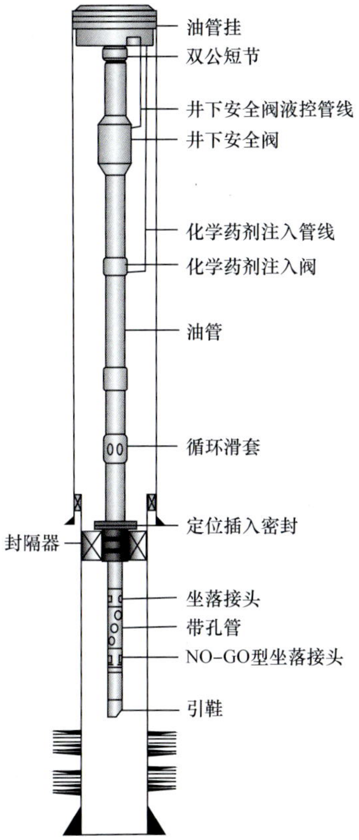

图 2.12　自喷合采管柱结构示意图 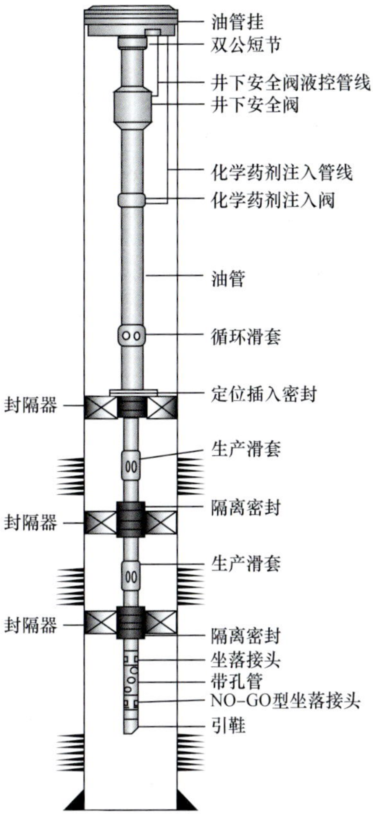　　图 2.13　自喷分采管柱结构示意图

（3）射孔联作自喷管柱：该管柱宜考虑自动丢枪装置或者在射孔枪上部增加机械脱手装置，管柱结构应考虑射孔冲击能量的影响，其结构示意图如图 2.14 所示。

（4）电潜泵分采管柱：电潜泵管柱可带"Y"形接头或不带"Y"形接头，带"Y"形接头的优势是可通过钢丝作业调节滑套的开关实现测试层位调整，而不带"Y"形接头必须起出电潜泵管柱后才能进行测试层位的调整，其结构示意图如图 2.15 所示。

2.2.6.3　地面流程设计

根据延长测试实施平台的实际情况，合理设计地面流程，包括平台固有设施及可移动油气处理设施；明确地面流程结构及主要设备技术规范；明确流程安装要求，包括合理规划设备摆放，做好设备及流程固定等。

2.2.6.3.1　井口装置及地面安全控制系统设计要求

（1）采油树/地面测试树的压力级别应不低于预测最高井口压力的 1.2 倍，温度级别应不低于预测的最高井口温度。

（2）节流降压宜采用地面油嘴管汇，生产油嘴宜使用固定式油嘴。

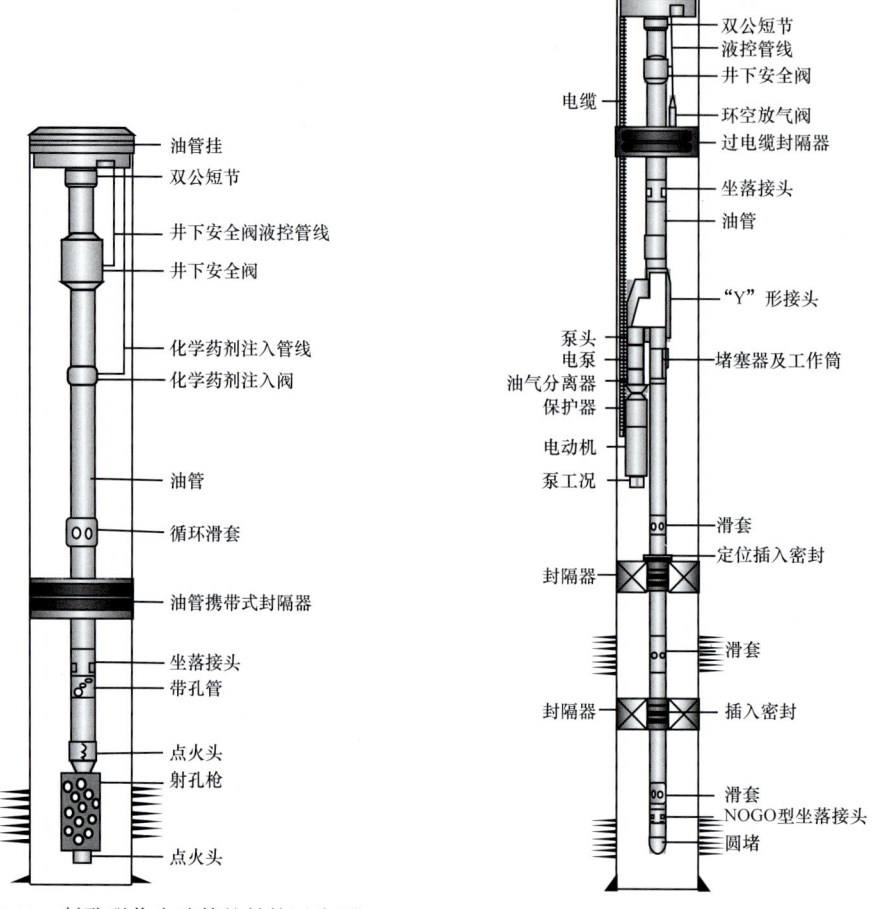

图 2.14 射孔联作自喷管柱结构示意图　　图 2.15 电潜泵分采（"Y"形接头）管柱结构示意图

（3）对改造后的储层，测试时宜在生产油嘴前端设计远程控制动力油嘴。

（4）地面流程高压端应设置应急关断阀，其控制点应不少于4个，应设置在易操作的工作区、生活区和逃生通道等区域。

（5）井下安全屏障、地面应急关断阀等井下及地面安全控制系统，宜接入生产设施的应急控制系统或能够实现独立应急关断功能。

（6）地面管线连接时应考虑因温度变化造成的井口装置抬升风险。

2.2.6.3.2　地面油气处理系统设计要求

地面流程油气水处理能力满足预测最高产能，设备参数可参照表2.50。具体要求如下：

（1）根据储层压力、流体性质、油气产量选用相应压力级别和处理能力的地面流程，地面油气处理系统的最大处理量应满足设计要求。

（2）井口高压硬管组合部分及挠性软管组合应符合 SY/T 5323—2016《石油天然气工业钻井和采油设备节流和压井设备》的要求，若计划连续作业时间超过一个月，宜采用法兰连接或其他金属密封连接方式。

表 2.50 常用油气处理设备参数

所属系统	设备名称	设备参数
单井计量系统	测试加热器过滤器	处理能力：100000m³/d（气），400m³/d（油），250m³/d（水），500m³/d（液）； 设计 P/T：1000kPa（表压）/250℃； 操作 P/T：700kPa（表压）/40℃
单井计量系统	测试加热器	功率：830kW； 管程设计 P/T：1000kPa（表压）/250℃； 壳程设计 P/T：1000kPa（表压）/250℃； 管程操作 P/T：700kPa（表压）/40℃（入口）-75℃（出口）； 壳程操作 P/T：450kPa（表压）/220℃（入口）-150℃（出口）
单井计量系统	测试分离器	处理能力：100000m³/d（气），400m³/d（油），250m³/d（水），500m³/d（液）； 外观尺寸：400mm（I.D）×3600mm（T/T）； 设计 P/T：1000kPa（表压）/100℃； 操作 P/T：600kPa（表压）/75℃
原油生产处理系统	原油/合格原油换热器前过滤器	处理能力：200000m³/d（气），800m³/d（油），500m³/d（水），1000m³/d（液）； 设计 P/T：1000kPa（表压）/100℃； 操作 P/T：600kPa（表压）/40℃
原油生产处理系统	原油/合格原油换热器	功率702kW； 管程设计 P/T：1000kPa（表压）/250℃； 壳程设计 P/T：1000kPa（表压）/250℃； 管程操作 P/T：250kPa（表压）/120℃（入口）-82℃（出口）； 壳程操作 P/T：600kPa（表压）/40℃（入口）-75℃（出口）
原油生产处理系统	气液分离器	处理能力：200000m³/d（气），800m³/d（油），500m³/d（水），1000m³/d（液）； 外观尺寸：600mm（I.D）×3400mm（T/T）； 设计 P/T：1000kPa（表压）/100℃； 操作 P/T：500kPa（表压）/70~74℃
原油生产处理系统	高效分离器	处理能力：6000m³/d（气），800m³/d（油），500m³/d（水），1200m³/d（液）； 外观尺寸：3000mm（I.D）×9000mm（T/T）； 设计 P/T：1000kPa（表压）/130℃； 操作 P/T：50kPa（表压）/76~96℃； 热媒油换热管设计 P/T：1000kPa（表压）/250℃； 热媒油换热管操作 P/T：300kPa（表压）/220~150℃
原油生产处理系统	电脱增压泵前过滤器	流量：50m³/h（单台）； 设计 P/T：1000kPa（表压）/130℃； 操作 P/T：50kPa（表压）/96℃
原油生产处理系统	电脱水器加热器	功率750kW； 管程设计 P/T：1000kPa（表压）/250℃； 壳程设计 P/T：1000kPa（表压）/250℃； 管程操作 P/T：450kPa（表压）/96℃（入口）-120℃（出口）； 壳程操作 P/T：300kPa（表压）/220℃（入口）-150℃（出口）

续表

所属系统	设备名称	设备参数
原油生产处理系统	电脱水器	处理能力：800m^3/d（油），255m^3/d（水），1000m^3/d（液）； 外观尺寸：2600mm（I.D）×7800mm（T/T）； 设计 P/T：1000kPa（表压）/150℃； 操作 P/T：350kPa（表压）/120℃
	原油冷却器	功率 365kW； 管程设计 P/T：1000kPa（表压）/120℃； 壳程设计 P/T：1000kPa（表压）/120℃； 管程操作 P/T：300kPa（表压）/32℃（入口）–40℃（出口）； 壳程操作 P/T：150kPa（表压）/82℃（入口）–60℃（出口）
	左原油舱 1	容量：510m^3
	左原油舱 2	容量：510m^3
	左原油舱 3	容量：505m^3
	右原油舱 1	容量：510m^3
	右原油舱 2	容量：510m^3

（3）地面流程应至少设计两级分离，并满足油、气、水分别同时计量。

（4）每级分离器或具有缓冲作用的容器应设置应急关断装置并接入应急控制系统。

（5）流程连接完毕后，应进行水压试验；对于高压气井作业，应同时进行气密试验。

（6）如预测储层有出砂风险，地面流程中增加除砂装置并安装实时含砂监测装置。

（7）宜在原油处理流程前端设计化学药剂注入位置，根据井况确定加入化学药剂的种类、浓度和用量。

（8）根据需要，在原油进入容器前设计相应的加温装置；供热能力应满足设计要求，加热流程应确保原油温度保持在凝固点以上。

（9）流程中应设置有毒有害气体及可燃性气体监测装置。

（10）应根据延长测试实际需要选择是否选用电脱水系统；如需要通过燃烧处理产出物，应选择匹配的燃烧头类型、助燃设备和喷淋设备，宜对燃烧物进行热辐射及扩散物分析。

2.2.6.4 系泊系统

海上油田现有的外输系泊方法常用栈桥靠泊码头辅助靠泊、"两点系泊"及"单点系泊"来辅助原油外输（图 2.16），但是栈桥靠泊码头辅助靠泊及"单点系泊"系统造价费用高。综合考虑费用成本及实用性等因素，传统外输系泊方案对于延长测试具有较大的局限性。经过大量调研和综合论证，现场采用大抓力锚配合两条系泊缆绳即"单锚双缆"的方式辅助外输，随输随靠，输完即离。该方式采用一个大抓力锚固定外输油轮艏部，外输油轮艉部用双缆系泊于试采平台上，从而将外输油轮艏艉系泊，形成"单锚双缆"系泊系统；该系泊系统能够为外输油轮提供足够的锚定力，保障外输油轮输泊的安全性，并提高了外输操作的灵活性和对海况的适应性，满足了延长测试期间外输频率高的要求，而且简便易操作、节约成本。

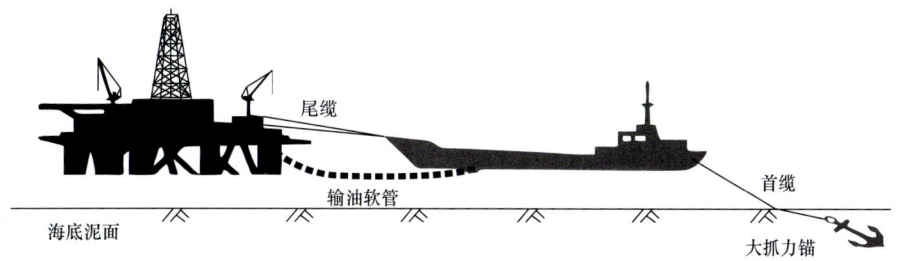

图 2.16 "单锚双缆"系泊示意图

图 2.16 中的系泊浮体是渤海油田某井延长测试作业所用的外输油轮"单锚双缆"系泊示意图,通过大抓力锚固定于海底,由钢缆连接,再经摩擦链、尼龙缆环连接于外输油轮艏部。

主要构成部件:

(1)船端尼龙缆环,连接于外输油轮船艏与摩擦链之间。

(2)船端摩擦链,连接于钢缆与尼龙缆环之间。

(3)卸扣,连接于钢缆与摩擦链之间和摩擦链与尼龙缆环之间。

(4)水下钢缆,连接于摩擦链与大抓力锚之间。

(5)大抓力锚,将系统固定于海底(技术规格见表 2.51)。

表 2.51 大抓力锚系统技术规格

序号	名称	规格型号	单位	数量
1	大抓力锚	AC-17:H.H.P ANCHOR	个	1
2	有档焊接锚链	1ϕ95mm×4.9m,三级:ANCHOR CHAIN	节	1
3	6级螺栓销轴式弓形卸扣	SWL=120t:SHACKLE	个	1
4	6级螺栓销轴式弓形卸扣	SWL=85t:SHACKLE	个	3
5	浮标圆球	ϕ200,泡沫:BUOY BALL	个	1
6	钢丝绳	ϕ60mm×400000mm,ZBB,6×37(a)+IWR-1960,两端为压制软环:STEEL WARE ROPE SLING	根	2

系泊系统的优点:

(1)工程造价低,可重复利用。

(2)有效利用现有油轮资源,不需要对被系泊油轮进行较大的改装。

(3)系泊方式方便快捷,由辅助拖轮协助外输油轮连接好首缆和尾缆后,即可连接外输软管进行原油外输。

2.2.6.5 原油外输系统

原油外输系统主要包括储油舱、原油外输泵、外输滚筒、外输软管、203.2mm(8in)破断阀、应急脱钩装置等。在原油外输作业前,提前采用高压氮气对外输软管进行试压,试验压力不小于 0.6MPa,压力稳定时间不少于 15min,试压合格后方可进行原油外输作业。

2.2.6.5.1 原油的存储保温

海上油田部分储层产出的原油含蜡量高、凝固点高,且冬季作业环境温度低,原油到达地面后易凝固,影响其流动性能。平台储油舱存储的合格原油需要定期使用原油外输系统输送至外输油轮,应对油气处理流程进行加热和保温,储油舱内也设置加热盘管,降低冬季作业环境温度过低对原油温度降低的影响。油舱顶部装配有惰性气体保护系统进行氧气隔离,同时舱室外部装有可燃性气体探头实时监测保证油舱的安全。

2.2.6.5.2 外输泵及外输软管

原油外输泵设在试采平台上,它把试采平台上生产的原油通过海底管线或者外输软管输送至外输油轮。外输软管的选取主要是其直径和长度的选取,直径的大小取决于外输泵的排量,软管长度则取决于外输油轮和试采平台的相对位置及外输油轮在设计海况下的移动幅值。外输结束后利用平台氮气对软管进行吹扫,将外输软管快速接头拆开,利用外输油轮的吊机将外输软管吊至拖轮上,再由拖轮缓慢送回平台,过程中外输滚筒以适当的速度回收软管。

2.2.6.5.3 外输应急解脱

为满足平台系泊外输油轮时系泊缆能够快速解脱,宜在外输油轮就位侧主甲板处设置两个平台应急脱钩装置。外输作业期间,对整个外输系统采用"两端三点"控制,保障外输安全。"两端三点"即将外输油轮前端及外输软管前端定义为两端,配合平台应急脱钩装置构成三点,当拉力达到限定值时应急脱钩装置将自动释放。在外输期间遇恶劣天气等应急状态下,实现外输油轮与试采平台及大抓力锚三者之间的即时脱离。

2.2.6.5.4 资料录取系统

资料录取系统,可采用泵工况或钢丝投捞压力计等方式实时监测井下压力和温度变化。地面油气处理流程可通过采用外接测试流程配合平台固有生产流程的方案解决多口井的流量资料录取。

2.2.6.6 原油外输方案

(1)评估周边生产设施是否具备油气管线外输条件,如果具备,则优先考虑油气管线外输。

(2)应至少设置两台原油外输泵对原油进行倒舱和外输,每台原油外输泵的排量和扬程应满足设计要求。

(3)应考虑环境对原油外输的影响,例如外输油轮与作业机具的连接和解脱环境、波浪条件等。

(4)原油外输软管在输油和受油端口的连接处应设置至少一个应急解脱点以保证外输作业安全。

(5)原油外输软管或相应装置宜具备加温及保温功能,对于无加温功能的外输软管或相应装置应在外输前进行试验分析,保证原油外输作业安全。

(6)原油外输泵应根据外输软管的承压值设定防止超压的闭式释放系统(释放后排入

吸入端）及其他必要的检测仪表。

（7）应在安全地点设置原油外输控制装置，对原油外输、外输关断及解脱进行控制。

（8）原油外输应经过计量装置，其精度应符合国家计量标准。

（9）原油舱的压力低时应能自动停止原油外输泵。

（10）外输软管入口端应装设故障安全型隔离阀，当软管被拆或破断时能自动关断油流。

（11）软管终端连接处应有相应的措施收集可能的漏油。

2.2.6.7 应急预案

（1）应成立以延长测试总监为组长的现场应急领导小组，成员应包括测试监督、安全监督、平台经理、外输油轮船长、服务项目经理及工程项目经理等。为保障作业过程中人员及设备安全，避免环境污染，高效开展应急工作，应制订安全应急预案，主要包括：

① 火灾、爆炸专项应急预案。
② 硫化氢泄漏专项应急预案。
③ 油气泄漏专项应急预案。
④ 井喷、井涌专项应急预案。
⑤ 海底/漂浮管缆破裂专项应急预案。
⑥ 海上交通事故或与平台相撞专项应急预案。
⑦ 人员落水专项应急预案。
⑧ 人员伤害专项应急预案。
⑨ 传染病、食物中毒专项应急预案。
⑩ 台风灾害专项应急预案。
⑪ 反恐防范专项应急预案。
⑫ 地震灾害专项应急预案。
⑬ 撤离平台和弃平台专项应急预案。
⑭ 外输油轮作业应急预案。

（2）根据风险分析结果，还应将高风险事件处理措施纳入专项应急预案，主要包括：

① 平台油田工艺系统油气泄漏。
② 外输系统油气泄漏。
③ 井口平台与自安装采油平台连接区域油气泄漏事故。
④ 服务商发生安全、环保事故的应急现场处置方案。
⑤ 船舶作业事故。
⑥ 试采平台船体事故。

（3）应急预案及现场处理措施的编写，主要包括：

① 事故风险分析。
② 组织机构及职责。
③ 预防与预警。
④ 信息报告程序。

⑤应急处置。

2.2.6.8 延长测试设计内容概要

（1）背景：应包括勘探背景、地质油藏资料（构造特征、储层岩性及储集类型、储层物性、油藏流体性质、油气藏类型）、测试概况（常规测试产能情况）等内容。

（2）延长测试的目的及要求：以油气藏评价为目标，依据常规DST测试结论，结合作业机具和工程的实际特点制订延长测试设计及方案，实现本次延长测试的主要目的；满足油藏方面的整体要求（录取资料要求）、满足施工作业安全环保要求、井液应急储存和外输及转驳等要求、外输系统应急解脱要求，并兼顾经济效益。

（3）基本数据：井型/井位，地层分层数据，地层压力温度，地层流体性质，天然气组分，测试层位（射孔井段）录井、测井等地质资料；完井管柱参数，井口采油树设计，录取资料要求（根据需要设计井下压力录取方式及开关井模式），建井期间工作液漏失情况，储层改造措施，产能预测（根据测试情况优化延长测试产能）。

（4）延长测试管柱设计（未完井）：包括管柱类型、选材依据、工具参数、强度校核等。

（5）地面流程设计。

（6）原油外输方案：包括外输方式、作业流程、风险分析等。

（7）作业程序（具体可参照4.2.4延长测试）。

（8）延长测试作业质量、安全及环保要求：包括测试过程中环境保护管理及要求、延长测试安全管理规则、服务商作业管理、特殊作业管理要求。

（9）应急预案。

（10）延长测试施工设计封面格式参见附录B.4.1。

2.2.7 高温高压测试

2.2.7.1 基础资料收集要求

（1）所在海域作业期间的气象和海况。

（2）探井地质设计：包括该井的地理位置、构造位置、设计井深与目的层深度、预测温度和压力情况、预测流体性质、风险提示、测井项目、邻井地质资料等。

（3）测试地质设计：包括测试层基本参数、测试目的、测试程序、工作制度、录取资料及样品要求、对测试工艺的要求等。

（4）钻井工程设计及钻井装置资料：包括井身结构设计、钻井液设计、固井设计、材料、进度计划、钻井装置设备能力、井控设备能力等。

（5）邻井资料：包括邻井井身结构、测试工艺、测试工作制度、问题统计及总结等。

（6）钻井实钻数据：包括井身结构、套管磨损情况、录井资料、测井资料、钻井液性能、固井情况等。

2.2.7.2 设计原则

高温高压井的测试设计应坚持安全第一原则，在安全前提下满足测试地质录取资料的要求。

2.2.7.3 设计内容

高温高压测试设计应至少包括以下内容：

（1）基本数据：包括所在海域作业期间的气象和海况、探井地质设计、测试地质设计、钻井工程设计及钻井装置资料、邻井资料及钻井实钻数据。

（2）测试目的与施工原则。

（3）测试方案概述：包括测试主要难点分析、测试工作制度、测试方案整体概述。

（4）测试液设计：包括测试液体系、加重材料、测试液密度、测试液性能要求等内容。

（5）水下测试树设计（半潜式钻井平台）：包括水下测试树性能参数、与平台防喷器匹配性分析、防喷器剪切能力分析、水下测试树管柱设计等内容。

（6）地面流程及设备选择：包括地面测试设备陆地保养要求、测试设备性能参数、测试设备固定、出砂监测设备、地面流程温控措施、热辐射分析、硫化氢等有毒气体燃烧扩散分析等内容。

（7）测试管柱设计与安全校核：包括测试油管优选、测试井下工具设计、测试封隔器设计、油管及封隔器受力与变形量分析、测试管柱冲蚀分析、井筒试压及工具操作压力设计等内容；管柱设计安全系数选取如下：

① 抗拉安全系数：1.6。
② 抗外挤安全系数：1.125。
③ 抗内压安全系数：1.20。
④ 三轴应力安全系数：1.25。

（8）射孔设计：包括射孔枪参数、配套射孔器材参数、射孔弹抗温能力及耐高温时间分析、射孔弹的穿深与孔径及相位等内容。

（9）环空压力管理：应根据 API RP 90-1-2021《海上油井的环形套管压力管理》确定各层套管最大允许工作压力、环空卸压阀及相关监测与管理系统与制度，制订井口抬升的监测与管理方案。

（10）油气层封隔方案：按照封隔油气层标准及相关弃井标准封隔油气层。

（11）测试作业程序。

（12）防极端天气方案：针对不同测试工况进行防台时间倒排。

（13）井控设计：包括设计设备要求、人员要求、操作要求、材料储备等内容。

（14）作业风险及对策。

（15）工期费用。

2.2.8 深水测试

2.2.8.1 测试设计要求

（1）需在测试地质设计中提供以下内容：
① 地质构造和储层描述。

② 邻井或本区域测试资料。

③ 测试主要目的。

④ 测试层位描述。

⑤ 产能预测。

⑥ 诱喷压差。

⑦ 开关井工作制度：为了防止水合物以及析蜡堵塞，保障流动安全，开关井制度应尽可能简单。

⑧ 井下取样要求：在取样流动阶段宜采用井下 PVT 取样装置获取。

⑨ 地面取样要求：在取样流动阶段，应从分离器处或油嘴管汇取地面样，在确保不产生水合物时减少或停止化学药剂的注入。

⑩ 储层产出流体含有硫化氢等有害气体的风险提示。

⑪ 储层岩心分析资料。

⑫ 储层流体分析资料。

（2）需在钻井设计中提供以下内容：

① 井身结构设计应考虑：完井方式，有利于测试工作的完井方式及特殊情况下转为生产井对生产套管、井口装置等所提出的基本要求。

② 套管强度、气密性及测试期间因温度变化对环空圈闭压力的影响等。

③ 固井质量的要求。

④ 钻井液选型。

⑤ 储层保护措施。

⑥ 口袋长度等。

（3）设计需要考虑的因素：

① 水文气象因素：台风、季风、海浪、海流（包括内波流）等。

② 测试作业时间窗口。

③ 测试平台的作业能力（包括可变载荷、稳性、钻井装置最大允许的漂移量、燃烧臂的放喷能力等）。

④ 井控。

⑤ 地面设备的处理能力。

⑥ 完善的材料、人员和后勤保障机制。

⑦ 测试管柱安全校核（考虑管柱气密性及强度校核等）。

⑧ 水合物防治。

⑨ 储层出砂防治。

⑩ 测试工作制度。

⑪ 人工举升方法。

⑫ 增产措施。

⑬ QHSE 及风险管理。

2.2.8.2 设计原则

以地质设计为依据，以钻井工程设计为基础，以钻井平台为载体，并结合工程的实际特点制订出操作性强、效率高的测试方案。规范和指导深水测试作业，在测试准备和测试作业期间保障人员、设备安全和环保的同时取全、取准资料。

2.2.8.3 设计内容

（1）设计要点包括但不限于以下内容：

① 基础资料（包括对钻井过程中的钻井液漏失量统计）。

② 作业机具要求。

③ 射孔设计。

④ 射孔液、测试液及液垫设计。

⑤ 井下及水下测试管柱设计。

⑥ 地质资料的录取设计。

⑦ 地面流程设计。

⑧ 井下和地面防砂设计。

⑨ 井下、水下和地面防水合物设计。

⑩ 井控和压井设计。

⑪ 数据录取传输。

⑫ 风险评估及应急预案等。

（2）专题研究包括但不限于以下内容：

① 井筒温度场分析。

② 水合物预测与防治。

③ 储层敏感性及流体配伍性分析。

④ 出砂预测与防治。

⑤ 完井方式。

⑥ 管柱设计与校核。

⑦ 地面流程模拟。

⑧ 热辐射分析。

⑨ 作业期间平台漂移及水下测试树的选型分析。

3 测试准备

3.1 验船

3.1.1 检验要求

探井测试的验船工作应在测试作业开始前完成,并留有足够的整改时间。在出现下列情况之一时,应对钻井装置(自升式钻井平台、半潜式钻井平台等)进行检验:
(1)新建钻井装置。
(2)首次使用钻井装置。
(3)与相邻作业合同涉及工程作业内容存在重大差异。
(4)钻井装置实施重大维修、改造后。
(5)钻井装置冷停 6 个月以上首次恢复作业。
(6)作业者要求。

3.1.2 检验内容

3.1.2.1 钻台及井架

3.1.2.1.1 钻台空间尺寸

查阅资料和现场测量,落实该区域可利用空间,应根据测试需求选择摆放设备,包括但不限于:
(1)地面测试树及其控制面板。
(2)地面安全阀及其控制面板。
(3)地面油气处理及存储设备。
(4)连续油管井口及注入器。
(5)螺杆泵驱动头及电缆绞车。
(6)试井防喷管及注脂泵。
(7)半潜式钻井平台使用的连续油管提升架。
(8)压裂井口装置。

3.1.2.1.2　设施及流程

查阅现有资料和现场检查，核实相关设施、工具及管线流程的规格参数或图纸满足测试要求，包括但不限于：

（1）井架提升高度。
（2）人字梁。
（3）指梁及钻具盒。
（4）钻机顶驱载荷及扣型。
（5）补偿系统。
（6）气动绞车。
（7）转盘补心。
（8）钻台仪表。
（9）专用吊笼或液压举升臂。
（10）水下测试树脐带缆滑轮悬挂点。
（11）压井/阻流管汇。
（12）测试高压立管。
（13）水龙带及高压软管。
（14）液压大钳、"B"形钳。
（15）吊卡、卡瓦及安全卡瓦。
（16）逃生通道。

3.1.2.2　钻井装置动力系统

核实钻井装置主机的总功率、电压、频率等参数及电力分布图。

3.1.2.3　固井系统

核实固井泵的工作压力、最大排量及固井管线规格参数。

3.1.2.4　循环及固控系统

核实钻井泵的工作压力、最大排量、钻井液池容积等规格参数。

3.1.2.5　甲板设施

3.1.2.5.1　测试区域面积

核实甲板测试区域面积，应根据测试需求选择摆放设备，包括但不限于：地面测试设备、水下测试树、井下工具及设备、钢丝设备、电测设备、其他特殊作业设备等。

3.1.2.5.2　甲板载荷

核实测试区域甲板安全载荷，测试区域甲板载荷能力应满足测试设备动载荷1.2倍的要求。

3.1.2.5.3 固定测试流程

核实内容包括：

（1）测试高压立管、测试分配管汇及管线的图纸、证书、无损检测报告、试压记录等资料文件，材质、尺寸、压力及温度级别等规格参数。

（2）测试高压立管进/出口位置及扣型，进口位置应满足半潜式钻井平台井口连接及升沉要求，出口位置应满足模块设备安装要求。

（3）测试分配管汇进/出口位置及扣型、阀门类型及状态等。

3.1.2.5.4 压缩空气、电、水、柴油和蒸汽等的供应情况

核实内容包括：

（1）压缩空气的压力等级、气源接口位置和连接扣型，压缩空气供应压力范围应为0.55～0.85MPa。

（2）动力电源类型及配电箱的分布位置、功率、频率、电压及接口类型，测试甲板区域宜配备2个120kW配电箱，燃烧臂根部宜配备1个10kW配电箱。

（3）锅炉用水及燃烧臂喷淋用水接口的位置及连接扣型。

（4）海水提升泵排量、接口的位置及连接扣型。

（5）供柴油管线接口的位置及连接扣型，柴油供应能力应不小于3m^3/h。

（6）钻井装置锅炉的规格参数、蒸汽接口位置及扣型。

3.1.2.5.5 吊车及气动绞车

核实平台吊车及气动绞车配置是否满足测试作业要求，内容包括：

（1）吊车数量、位置、起重能力及覆盖范围。

（2）气动绞车的位置、数量及规格。

3.1.2.5.6 燃烧臂

核实内容包括：

（1）如钻井装置已配备燃烧臂，应确认燃烧臂底座、将军柱及水平固定点的材质、无损检测报告、校核报告及相关证书。

（2）如钻井装置未配备燃烧臂，应根据燃烧臂安装要求核实燃烧臂底座、底座平台及将军柱的位置和详细尺寸。

3.1.2.5.7 喷淋系统

核实内容包括：

（1）喷淋系统的布置情况。

（2）喷淋系统的运行状态，水帘喷射范围应满足对平台两舷的受热辐射影响设施及设备的覆盖。

3.1.2.6 井口装置

核实内容包括：

（1）井口参数及安装图。

（2）隔水管配置及参数。
（3）半潜式钻井平台应急解脱相关规定及要求。

3.1.2.7 防喷器系统

核实防喷器的工作压力、工作温度、剪切能力等规格参数及防喷器的组合图。

3.1.2.8 辅助设施

核实硫化氢及可燃气探测器的位置、水下机器人的数量和规格、应急释放架的位置等。

3.1.2.9 消防系统

核实消防器材的种类、规格及存放位置，消防泵的数量、工作压力及最大排量等。

3.1.2.10 救生及逃生系统

核实内容包括：
（1）防毒面具、正压式空气呼吸器、空气站的数量及存放位置；
（2）救生艇和救生筏的数量和位置。

3.1.2.11 平台相关设备

（1）应按照规范对防喷器组、压井阻流管汇进行全套功能测试及试压。
（2）确认钻台指重表、泵压表、扭矩表、泵冲计数器、阻流管汇压力表等工作正常。
（3）如平台设计有从钻台至测试甲板专用的固定高压测试管线，确认其工作压力等级不小于70MPa（10000psi）、内径满足设计最大产量要求、管线宜配备法兰连接的接口、满足高温高压及硫化氢测试作业需要。
（4）平台应具备从设备摆放区域至左右两舷燃烧臂的固定分配管汇及下游固定管线，压力等级不低于10MPa（1440psi），内径应满足设计最大产量要求。
（5）平台吊车的吊重及旋转半径应满足测试设备的吊装，尤其是分离器、锅炉、水下测试树和连续油管等。
（6）平台压缩空气输出接口可供化学注入泵、ESD系统、分离器、加热器、井下工具试压泵及水下测试树控制系统使用，压缩空气压力范围0.55~0.85MPa（80~120psi）。
（7）测试甲板设置柴油供应管线接口，满足压风机及锅炉的使用，柴油供应能力不小于$3m^3/h$。
（8）测试甲板设置淡水供应管线接口，满足蒸汽锅炉等设备使用，淡水供应能力不小于$3m^3/h$。
（9）测试甲板设置网络及电话接口，满足测试期间的数据实时传输及通信。
（10）平台两舷均应配备燃烧臂底座，满足测试燃烧臂收放。
（11）平台两舷燃烧臂配备独立的消防喷淋系统，平台钻井液泵满足平台喷淋系统的需要，喷淋系统水雾热辐射传导率宜小于0.25，喷淋系统的覆盖面积应满足平台易燃易爆设备（如高压气瓶、油罐等）、重点设备（如吊车、救生艇等）及易燃易爆区域的防护要求。

（12）压缩空气、蒸汽、水电线路畅通，处于备用状态。
（13）钻井液脱气器、钻井液池体积传感器等相关设备工作正常。
（14）平台吊卡及卡瓦满足测试管柱起下要求。
（15）循环系统，固井泵系统及提升系统工作正常。
（16）所有试压设备做好试压记录存档。

3.2　测试动员及人员资质核查

（1）组织召开出海前的测试作业交底会及安全风险分析会。
（2）根据地质要求及工艺方案编制《测试地质设计》及《测试工程设计》。
（3）审核相关测试服务商的人员资质及证书。
（4）出海作业前对相关测试服务商的设备进行检查、验收，包括但不限于：
① 按设计规定的工具、设备及材料的数量、规格和有关技术要求进行核实。
② 检查确认主要地面设备、试井设备、井下工具的功能试验，并且记录试验结果。
③ 检查确认主要承压容器、井口设备、井下工具、井下仪器的压力试验，收集所有的压力试验记录卡片。
④ 按照有关规定，审查有关承压容器、井下工具、接头的合格证书。
⑤ 审查地面仪表、防爆探头、压力和温度传感器、井下压力计、拉力计的校验结果及标定证书。
⑥ 对已经检查验收过的主要地面设备、井下工具、试井设备等注明标识。
⑦ 确认并记录已经检查验收过的主要井下压力计、地面仪表、火工器材的编号和相关的技术参数、生产或标定日期等。
（5）要求测试作业相关服务商，针对各自的作业项目，制订具体的海上作业安全、环保措施。
（6）按设计编写出海物资申请单，并提交给作业准备人员。
（7）应在探井测试开始前 3 个工作日之前填写探井测试报告，并提交健康安全环保部。
（8）对出海作业人员的资质进行核查，包括但不限于：
① 出海作业人员的"防硫化氢技术"培训合格证书。
② 特种作业人员的操作资格证书。
③ 现场总监、平台经理（高级队长）及安全监督应具有海油安办颁发的"海洋石油天然气开采安全生产管理人员资格证书"。
④ 现场作业人员具有"健康证"及《海洋石油安全管理细则》要求的"海上求生""救生艇筏操纵""船舶消防""海上急救""直升机水下逃生"海上石油作业安全救生培训合格证书。
⑤ 持井控证人员应包括作业经理、项目经理、总监、监督、副监督、平台经理、高级队长、队长、司钻、副司钻、安全监督、录井队长、录井联机工程师、固井工程师、钻井液工程师、电测工程师、油套管作业队领队、测试作业领队、射孔作业领队等及根据作业需要持有井控证书的其他人员。

3.3 测试设备工具核查

3.3.1 作业钻具

（1）作业钻具及变扣接头的强度、尺寸、扣型、耐腐蚀性等满足测试作业需要。
（2）钻具内壁无铁锈，螺纹完好，台肩面密封良好。
（3）配长短节满足调节井口方余、关防喷器（BOP）要求。

3.3.2 DST 工具

3.3.2.1 封隔器

检查封隔器各组成部件是否完好，及时更换磨损或损伤的部件，确保各部件功能正常。对水力锚本体试压合格后安装在封隔器本体上，然后对封隔器通径试压，稳压 15min 合格。

3.3.2.2 安全接头

通径试压至额定工作压力的 80%，稳压 15min 合格。

3.3.2.3 震击器

对震击器注硅油后进行拉力功能实验，延时完毕后，对震击器进行复位，使震击器完全回到压缩状态，将试验程序重复 10 次，第 10 次延时计量时间 1~2min 为合格，然后通径试压至额定工作压力的 80%，稳压 15min 合格。

3.3.2.4 液压旁通阀

对液压旁通阀连通孔打压至预定压力，等待芯轴收回，记录芯轴完全收回入本体时间，然后通径试压至额定工作压力的 80%，稳压 15min 合格。

3.3.2.5 LPR-N 测试阀

对 LPR-N 测试阀的油室注满硅油，再对氮室注氮气至实验要求值，最后对测试阀本体模拟井下开关井并进行功能试验。功能试验正常后对 LPR-N 测试阀球阀上部试压 21MPa，稳压 15min 合格；对 LPR-N 测试阀球阀下部试压至额定工作压力的 80%，稳压 15min 合格。

3.3.2.6 选择性测试阀

对选择性测试阀的油室注满硅油，再对氮室注氮气至实验要求值，最后对选择性测试阀本体模拟井下常规开关井、锁开和解锁动作并进行功能试验。功能试验正常后在锁开状态下通径试压至额定工作压力的 80%，稳压 15min 合格；在球阀关闭状态下对球阀上部试压 21MPa，稳压 15min 合格；对球阀下部试压至额定工作压力的 80%，稳压 15min 合格。

3.3.2.7 油管试压阀

对油管试压阀蝶阀上部试压至额定工作压力的 80%，稳压 15min 合格。

3.3.2.8 OMNI 多次循环阀

对 OMNI 多次循环阀模拟井下循环孔开关及功能试验。功能试验正常后使工具处于测试位置，通径试压至额定工作压力的 80%，稳压 15min 合格。使工具的球阀和循环孔同时处于关闭位置，对球阀下部试压 21MPa，稳压 15min 合格；对球阀上部试压至额定工作压力的 80%，稳压 15min 合格；对泄流阀试压至额定工作压力的 80%，稳压 15min 合格。

3.3.2.9 RD 循环阀

通径试压至额定工作压力的 80%，稳压 15min 合格。

3.3.2.10 RD 旁通试压阀

通径试压至额定工作压力的 80%，稳压 15min 合格。

3.3.2.11 旁通替液阀

通径试压至额定工作压力的 80%，稳压 15min 合格。

3.3.2.12 RD 取样器

通径试压至额定工作压力的 80%，稳压 15min 合格。

3.3.2.13 单相取样器

对单相取样器托筒进行击发装置承压及功能实验，对单相取样器进行击发实验，然后通径试压至额定工作压力的 80%，稳压 15min 合格。

3.3.2.14 伸缩接头

使伸缩接头处于全拉伸、半拉伸、全压缩状态，分别试压至额定工作压力的 80%，稳压 15min 合格。

3.3.2.15 FAST-Link

确保 FAST-Link 压力计的压力温度监测正常，信号传输系统正常，数据回放正常。对工具通径试压至额定工作压力的 80%，稳压 15min 合格。

3.3.2.16 智能工具

对智能工具发送压力脉冲指令，模拟测试阀（TV）与循环阀（CV）开关功能试验，电池供电正常。操作测试阀（TV）关闭、循环阀（CV）关闭，对工具球阀上下端分别试压至额定工作压力的 80%，稳压 15min 合格；操作测试阀（TV）开启、循环阀（CV）关闭时对工具通径试压至额定工作压力的 80%，稳压 15min 合格。

3.3.2.17 水下坐落管柱

（1）检查确认坐落管柱配长、承压短节、剪切短节尺寸与防喷器匹配。

（2）检查确认悬挂器尺寸与坐挂位置匹配。

（3）分别检查确认坐落管柱各工具内外径、抗压、抗拉、抗扭强度、工作温度满足作业要求。

（4）根据操作程序技术参数，检查储能器氮气压力是否为规定值。

（5）分别对水下测试树（SSTT）、承留阀（RV）、防喷阀（LV）的球阀进行开关功能试验合格。

（6）对水下测试树（SSTT）球阀下部、承留阀（RV）球阀上部、防喷阀（LV）球阀上下部分别试压至最大预测测试层孔隙压力或施工压力的 1.2 倍，且不超过额定工作压力，稳压 15min 合格。

（7）对坐落管柱整体通径试压至最大预测测试层孔隙压力或施工压力的 1.2 倍，且不超过额定工作压力，稳压 15min 合格。

（8）检查确认备用解脱破裂盘值设定是否满足作业要求。

（9）检查确认剪切销钉数量是否满足作业要求。

（10）检查确认扭矩销钉是否完全安装并且安装到位。

（11）吊装前检查确认剪切短节、水下测试树脱扣部分保护框架是否安装到位。

井下工具核查表见附录 C.1。

3.3.3 地面测试设备

3.3.3.1 地面测试树

3.3.3.1.1 主阀试压

（1）关闭主阀，从地面测试树底部试压，低压 2.1MPa，稳压 5min 合格，高压至额定工作压力的 80%，稳压 15min 合格。

（2）放压至 0，操作主阀全开全关 2 次以上。

（3）再次关闭主阀，从地面测试树底部试压，低压 2.1MPa，稳压 5min 合格，高压试压至额定工作压力的 80%，稳压 15min 合格。

3.3.3.1.2 清蜡阀和两个翼阀试压

（1）打开主阀，关闭清蜡阀和两侧的翼阀，从地面测试树底部试压，低压 2.1MPa，稳压 5min 合格，高压至额定工作压力的 80%，稳压 15min 合格。

（2）放压至 0，操作清蜡阀和两侧的翼阀分别全开全关 2 次以上。

（3）再次关闭清蜡阀和两侧的翼阀，从地面测试树底部试压，低压 2.1MPa，稳压 5min 合格，高压至额定工作压力的 80%，稳压 15min 合格。

3.3.3.2 活络管线

对作业中需要使用的所有活络管线低压试压 2.1MPa，稳压 5min 合格，高压试压至额定工作压力的 80%，稳压 15min 合格。

3.3.3.3 应急关断（ESD）

3.3.3.3.1 地面安全阀检查

（1）地面安全阀两端接头完好无损坏。

（2）地面安全阀触动器顶部快速释放阀完好无损坏。

3.3.3.3.2 ESD 控制面板检查

（1）控制面板各接口无损坏，压力仪表完好。

（2）液压管线及其变扣应在合适的压力等级范围内，且完好无损坏。

（3）液压油液位高度在 1/2～3/4 之间。

3.3.3.3.3 辅助系统检查

（1）远程按钮的数量及毛细管的长度是否满足要求，远程按钮完好。

（2）高 / 低压报警器的数量及压力范围是否满足要求，使用静重仪对其进行校验标定，并做好相应的标识和记录。

3.3.3.3.4 功能测试

（1）ESD 控制面板连接压缩空气，启动气动泵，运转无异常。

（2）地面安全阀与控制面板相连接，打开及关闭安全阀，测试液压触动阀状态良好。

（3）连接远程控制按钮及高低压报警器，模拟整个紧急关断系统，测试地面安全阀的关闭时间，使用远程按钮关闭地面安全阀，响应时间最长不应超过 10s。

3.3.3.3.5 压力试验

（1）井口应急关断阀处于关闭状态，对其上游试压至额定工作压力的 80%，稳压 15min 合格。

（2）井口应急关断阀处于开启状态，对其试压至额定工作压力的 80%，稳压 15min 合格。

3.3.3.4 数据头

3.3.3.4.1 检查

（1）拆开丝堵检查，确认螺纹完好。

（2）检查是否有活接头垫子并确认其状态。

（3）检查数据头的安装角度。

（4）每个连接头要安装符合压力等级的两个旋塞阀，一用一备，距安装孔近端的旋塞阀保持常开状态。

3.3.3.4.2 压力试验

试压至额定工作压力的 80%，稳压 15min 合格。

3.3.3.5 油嘴管汇

3.3.3.5.1 检查

（1）检查油嘴管汇所有阀门的操作是否灵活自如。

（2）逐个检查固定油嘴是否尺寸齐全、规格统一、完好无损。

（3）检查可调油嘴的针形阀杆、针形阀座是否完好无损。

（4）油嘴专用工具是否配套。

（5）检查所有阀门注脂口及注黄油嘴是否能够正常注入。

（6）检查所有旋塞阀安装位置的螺纹是否完好。

3.3.3.5.2 压力试验

（1）对上游两个阀门和旁通阀试压：

① 打开下游两个阀门，关闭上游两个阀门和旁通阀，对油嘴管汇上游试压至额定工作压力的80%，稳压15min合格。

② 放压至0，操作上游两个阀门和旁通阀分别全开全关2次以上。

③ 再次关闭上游两个阀门和旁通阀，从油嘴管汇上游再次试压至额定工作压力的80%，稳压15min合格。

（2）对下游两个阀门试压：

① 打开上游两个阀门，关闭下游两个阀门和旁通阀，从油嘴管汇上游试压至额定工作压力的80%，稳压15min合格。

② 放压至0，操作下游两个阀门分别全开全关2次以上。

③ 再次关闭下游两个阀门，从油嘴管汇上游再次试压至额定工作压力的80%，稳压15min合格。

④ 放压至0，保持下游两个阀门和旁通阀关闭，对下游两个阀门反向试压，低压2.1MPa，稳压5min合格，高压至额定工作压力的80%，稳压15min合格。

3.3.3.6 动力油嘴

3.3.3.6.1 检查

（1）检查泄压口螺纹是否完好。

（2）检查控制面板储能器压力是否为500psi左右。

3.3.3.6.2 功能试验

调零步骤如下：

（1）检查动力油嘴连接是否正确，压缩空气是否处于打开状态。

（2）往左方向推动开关油嘴按钮，直到液压打不动为止，确保油嘴全部打开。

（3）按下动力油嘴控制面板的油嘴百分比读数器后面的调节按钮，确认读数器显示为100。

（4）往右方向推动开关油嘴按钮，直到液压打不动为止，确保油嘴全部关闭。

（5）按下动力油嘴控制面板的油嘴百分比读数器后面的调节按钮，确认读数器显示为0。

（6）再次全开启动力油嘴，确认百分比读数器显示为100；再次全关闭油嘴，确认百分比读数器显示为0。

（7）如果上一步操作读数器不能在全开启时显示 100 或全关闭时显示 0，重复最开始的步骤，直至全开启和全关闭动力油嘴时读数器显示正确为止。

3.3.3.6.3 储能器功能测试

开启储能器，对储能器功能进行功能测试。

3.3.3.6.4 压力试验

打开动力油嘴至 100%，对动力油嘴本体试压至额定工作压力的 80%，稳压 15min 合格。

3.3.3.7 蒸汽换热器

3.3.3.7.1 检查

（1）检查可调节流通阀是否完好，所有阀门的操作是否灵活自如。
（2）检查安全泄压阀是否处于良好工作状态。
（3）检查疏水器是否处于良好工作状态。
（4）检查温度计校验记录及结果，换热器温度计应每年至少校验一次。
（5）检查接地点和地线状态，罐体或底座至少有两个接地点，使用专用欧姆表检测确认接地点电阻值应小于 30Ω；接地线宜采用镀锌扁钢制成，扁钢厚度不小于 4mm、宽度不小于 40mm，采用镀锌圆钢时直径不小于 10mm。
（6）检查控制阀、温度控制器的功能测试结果和仪表校验结果是否符合要求。

3.3.3.7.2 压力试验

压力试验：试压 10MPa，稳压 15min 合格。

3.3.3.8 分离器

3.3.3.8.1 检查

（1）检查所有阀门的操作是否灵活自如，对所有气动薄膜阀进行功能试验，并检查气动薄膜阀的动作是否灵活自如。
（2）检查校验天然气记录仪的量程、灵敏度、精度和与之相对应的测量天然气的流量范围是否符合要求。
（3）检查测气孔板数量及配套孔眼尺寸是否齐全。
（4）确认油（水）流量计符合要求。
（5）检查分离器顶部的破裂盘是否与分离器设定的安全压力值相匹配。
（6）检查看窗排泄阀是否流畅，检查取样针阀是否流畅。
（7）检查看窗液位显示是否正常。
（8）检查内部浮子的扭矩传动杆动作是否灵活。
（9）检查油（水）出口管线控制阀的动作是否灵活可靠。
（10）检查油（气、水）管线是否畅通。

（11）检查天然气出口阀动作是否灵活可靠。

（12）检查压力控制器波纹管的灵敏度是否满足要求。

（13）检查接地点和地线状态，罐体或底座至少有两个接地点，使用专用欧姆表检测确认接地点电阻值应小于30Ω；接地线宜采用镀锌扁钢制成，扁钢厚度不小于4mm、宽度不小于40mm，采用镀锌圆钢时直径不小于10mm。

（14）校对巴顿记录仪。

（15）校验压差行程。

（16）校验静压行程。

（17）试验分离器上的安全阀是否正常工作。

3.3.3.8.2 压力试验

（1）对分离器的管汇试压7.7MPa，稳压15min合格。

（2）打开分离器天然气管线阀门，关闭其油管线阀门，向分离器内灌满水后关闭相关阀门，试压7MPa，稳压15min合格。

3.3.3.9 计量罐

3.3.3.9.1 检查

（1）检查所有阀门的操作是否灵活自如。

（2）检查计量罐内的左右两舱有无窜通现象。

（3）检查计量罐液位计是否符合要求。

（4）检查看窗液位显示是否正常。

（5）检查呼气阀是否完好。

（6）检查接地点和地线状态，罐体至少有两个接地点，使用专用欧姆表检测确认接地点电阻值应小于30Ω；接地线宜采用镀锌扁钢制成，扁钢厚度不小于4mm、宽度不小于40mm，采用镀锌圆钢时直径不小于10mm。

（7）检查放空口的火焰抑制器工作状态是否正常，排风口滤网是否清洁，火焰抑制器的对接法兰应使用截面积不小于28.27mm^2的铜质导体跨接；检查观察孔盖子是否使用铝制材料，是否符合防爆标准。

3.3.3.9.2 量罐方法

（1）常规过程：将流程导入计量罐一侧后，根据要求对产液量进行计量，主要根据看窗内的液面高度来计算产液量；在一侧液位达到看窗的高度极限范围前，提前将流程导入另外一侧，然后将装满液体的一侧舱室由输油泵泵至燃烧臂燃烧或储油罐回收。

（2）特殊情况：在液体为稠油或者重质原油的情况下，计量罐配备的透明看窗会出现液位无法分辨、看窗堵塞等问题，应及时做好看窗的清洗和加热工作，避免计量错误。

3.3.3.9.3 压力试验

对计量罐内的加热盘管试压1MPa，稳压15min合格。

3.3.3.10 压风机

3.3.3.10.1 检查

（1）检查电瓶电解液是否符合要求。
（2）检查燃油油量是否符合要求。
（3）检查润滑油油量是否符合要求。
（4）检查发动机冷凝剂含量是否符合要求。
（5）检查是否满足防爆要求。

3.3.3.10.2 试运行

（1）启动压风机，连续运转 12h。
（2）满负荷运转 1h 检查其工作效果。

3.3.3.11 燃烧器

检查内容包括但不限于：
（1）检查阀门开关是否灵活自如。
（2）检查单流阀是否完好、工作正常。
（3）检查燃烧喷头是否完好、工作正常。
（4）检查水环雾化喷嘴是否完好、工作正常。
（5）检查气管线是否畅通。
（6）检查油管线是否畅通，并检查燃烧头有无堵塞。
（7）检查是否具备向计量罐扫线的功能。
（8）检查点火系统：
① 检查电源线有无破损。
② 检查电子打火器功能是否符合要求。
③ 检查电打火棒有无腐蚀或者破损。
④ 检查电打火线有无腐蚀或者破损。
⑤ 检查防风罩有无腐蚀或者破损、缺失。
⑥ 检查隔热管有无腐蚀或者破损、缺失。
⑦ 检查电打火开关密封是否良好。
⑧ 检查液化气管线有无堵塞或者破损。

3.3.3.12 燃烧臂

3.3.3.12.1 检查

（1）检查燃烧头与燃烧臂连接管线是否处于良好状态。
（2）检查隔栅板有无变形或损坏。
（3）检查基座销孔有无变形或缺损。
（4）检查护栏钢丝绳及卡子是否完好紧固。

（5）检查吊点及吊索有无变形或损坏。
（6）检查将军柱是否匹配、支点和旋转点是否垂直排列。

3.3.3.12.2 压力试验

原油管线试压 1000psi、柴油管线试压 300psi、配气管线试压 300psi，均稳压 15min 合格。

3.3.3.13 输送泵

3.3.3.13.1 检查

（1）核实使用电动机是否防爆。
（2）核实使用的电缆是否防爆。
（3）确定电机电压与平台提供的动力电源一致。
（4）检查电缆状态，是否有老化、裸露和起包现象。
（5）检查启动器、配电盘的密封性是否良好。
（6）检查电动部分应有接地等防静电措施。

3.3.3.13.2 密封试验

泵送清水，确认输送泵无泄漏现象。

3.3.3.13.3 试运行

启动并运转输送泵两次，每次 5min。

3.3.3.13.4 其他泵

应对测试期间所用的其他泵按照相应规程进行调试、运转，确保设备完好，如化学药剂注入泵、库米泵、隔膜泵。

3.3.3.14 数据采集系统

3.3.3.14.1 检查

（1）逐个检查、确认所有的压力传感器、温度传感器是否按照有关规定标定。
（2）确认油嘴管汇至地面测试树之间设备的额定工作压力均不小于 70MPa。
（3）检查 UPS 是否正常运行。
（4）在工控机开机之前检查输出电压及频率是否符合设备要求。
（5）开机检查系统是否能够正常运行。
（6）检查传感器、接头及信号线防爆等级是否满足作业要求。
（7）检查核实电源电压、接电、送电是否符合要求，并测试增压防爆系统是否工作正常。

3.3.3.14.2 传感器校验

（1）压力传感器校验。
（2）温度传感器校验。

（3）压差传感器校验。
（4）流量计传感器校验。

3.3.3.15 蒸汽锅炉

3.3.3.15.1 检查

（1）核实锅炉防火帽是否具备防火效果。
（2）核实锅炉接电所用电缆及其接头是否防爆。
（3）防水门是否密封。
（4）油水看窗状态是否完好。
（5）检查蒸汽供给系统、水供给系统和燃烧系统：

① 蒸汽供给系统检查：检查主蒸汽阀和其他蒸汽阀是否完好，检查蒸汽锅炉出水阀、热水锅炉循环水泵出气阀是否处于关闭状态；检查炉体外接件是否渗漏；检查排污阀是否工作正常。

② 水供给系统：检查水供给泵上水是否正常，打开上水系统的各个阀门（包括水泵前后及锅炉的上水阀门），检查水供给自动控制系统工作是否正常；检查高低水位指示器灯是否工作正常，水位计器及水位色塞是否处在打开位置、高低水位报警器是否工作正常。

③ 燃烧系统：检查鼓风机和柴油泵的运转情况，油泵及过滤器是否正常过油，压力是否正常（控制在 1.0~1.2MPa 之间）；检查柴油喷嘴和点火系统是否处于良好状态；检查风油比装置是否完好；检查蒸汽压力控制系统，压力管道上的阀门是否打开，烟道上的挡风板是否全部开启；检查控制柜上的各个旋钮是否均处于正常位置，试运转 4h（条件允许情况下）。

3.3.3.15.2 试运转

确认上水管线畅通，试运转时间不少于 2h，并确认锅炉蒸汽压力、蒸汽排量满足测试要求。

3.3.3.16 质量流量计

（1）标定：按要求对流量计进行校验。
（2）检查流量计外壳上的流向标志，与变送器内部组态的流量方向是否一致。
（3）检查变送器/传感器是否正常。
（4）检查核心处理器是否正常。
（5）检查流量计报警状态是否正常。
（6）质量流量计调零：

① 接通流量计电源，预热约 20min。
② 使被测流体通过传感器，直到传感器温度接近正常工作温度。
③ 关闭传感器下游的截止阀。
④ 确保传感器达到满管状态。
⑤ 确保被测流体已经完全停止流动。

3.3.3.17 聚结式过滤器

3.3.3.17.1 检查

（1）检查聚结式过滤器仪表是否损坏。
（2）检查聚结式过滤器滤芯数量是否符合要求。
（3）检查聚结式过滤器阀门开关状态是否符合要求。
（4）检查压差表上下游阀门开关状态是否正常。
（5）检查所有的聚结式过滤器是否配置接地螺栓及电缆。
（6）打开聚结式过滤器压盖，拆除滤芯，检查其是否有堵塞。
（7）检查压差表指示是否正常。

3.3.3.17.2 压力试验

对设备试压 1000psi，稳压 15min 合格。
注意：设备试压时，需要取出过滤桶内的滤芯。

3.3.3.18 精密气体计量管汇

3.3.3.18.1 检查

（1）检查气体涡轮流量计电池电量是否满足要求。
（2）检查阀门开关是否灵活自如。

3.3.3.18.2 压力试验

（1）使用压缩空气对流量计及设备整体进行试压。
（2）对 DN25 流量计及设备整体试压 50psi，稳压 15min 合格，然后关闭进出口阀门。
（3）对 DN50 流量计及本体试压 80psi，稳压 15min 合格，然后关闭进出口阀门。
（4）对 DN80 流量计及本体试压 100psi，稳压 15min 合格，然后关闭进出口阀门。

3.3.3.19 除砂器

3.3.3.19.1 检查

（1）检查阀门开关是否灵活自如。
（2）检查滑车吊链、吊柱是否完好。
（3）检查所有的砂筒是否符合要求。
（4）检查除砂器是否配置接地螺栓及电缆，设备对角两个。

3.3.3.19.2 压力试验

对其本体及阀门试压至额定工作压力的 80%，稳压 15min 合格。

3.3.3.20 硫化氢在线监测装置

（1）标定：用标准的 H_2S 样瓶气校对监测仪。
（2）检查正压防爆系统是否正常。
（3）检查进气管线是否畅通，状态是否正常。

（4）检查氮气吹扫系统是否正常。
（5）检查伴热系统是否正常。

3.3.3.21　输油接驳装置

对设备试压 300psi，稳压 15min 合格。

3.3.3.22　缓冲罐

3.3.3.22.1　检查

（1）检查所有阀门开关是否顺畅。
（2）检查接地点和地线状态，罐体或底座至少有两个接地点，使用专用欧姆表检测确认接地点电阻值应小于 30Ω；接地线宜采用镀锌扁钢制成，扁钢厚度不小于 4mm、宽度不小于 40mm，采用镀锌圆钢时直径不小于 10mm。
（3）检查缓冲罐看窗，用柴油清洗看窗，确保看窗内液位清晰可见。
（4）检查安全阀外观是否完好及安检日期是否符合要求。
（5）检查高（低）液位报警器是否工作正常。
（6）检查压力控制系统是否工作正常，对压力控制器进行校验。
（7）打开看窗排泄阀检查水流是否流畅。
（8）打开取样针阀查看水流是否流畅。

3.3.3.22.2　压力试验

对盘管试压 1MPa，稳压 15min 合格；对缓冲罐试压至工作压力，稳压 15min 合格。

3.3.3.23　可燃性气体监测系统

（1）确认可燃性气体监测系统符合防爆标准。
（2）检查确认所有可燃性气体监测探头和报警装置是否具有出厂合格证书。
（3）检查确认所有可燃性气体监测探头是否具有标定合格证书。
（4）检查可燃性气体监测探头的数量能否满足要求。
（5）对报警装置进行功能试验。

3.3.3.24　坐落管柱地面控制系统

（1）审查地面电控面板、液压控制面板、脐带缆绞车、脐带缆滑轮的技术参数是否符合要求。
（2）检查确认脐带缆长度满足作业水深。
（3）检查确认脐带缆绞车马达、刹车系统试运行正常。
（4）根据操作程序技术参数，检查电磁阀、传感器、UPS 的运行参数在正常范围内。
（5）检查确认地面控制系统整体连接后功能测试正常。
（6）检查确认脐带缆滑轮状态良好，悬挂点满足作业要求。

地面设备核查表见附录 C.2。

3.3.4 试井设备及工具

3.3.4.1 试井绞车

（1）审查试井绞车系统的技术参数是否符合要求。
（2）检查深度计数器是否合格。
（3）根据服务商提供的技术参数，对使用的电缆、滑环电阻值进行测定核实。
（4）检查电缆头，测定电缆头至滑环之间的电阻值应不小于200MΩ。
（5）要求服务商启动试井绞车发动机，连续运转2h以上。
（6）检查、核对拉力器是否按照有关规定标定。

3.3.4.2 井口防喷系统

（1）井口防喷系统应包括井口装置（地面测试树）、防喷器、防喷管、钢丝防喷盒及电缆注脂密封装置等防喷设备，确认防喷设备应具有相应的合格证书及检验报告。
（2）核对井口防喷系统额定工作压力应不小于井口最高作业压力值的1.2倍。
（3）核对井口防喷系统材质及密封件与井内流体性质相匹配。
（4）确认防喷器为双闸板或多闸板防喷器，防喷管应满足作业工具串长度和外径要求。
（5）确认钢丝作业井口为采用钢丝防喷盒（密封盒）密封或采用密封填料加注脂密封；电缆作业井口为采用注脂系统进行密封。
（6）确认防喷设备连接处无外伤及杂物，密封圈及密封槽完整无损。

3.3.4.3 电子压力计及托筒

3.3.4.3.1 电子压力计

（1）确认压力计温度量程不低于测试层预测温度，压力计压力量程高于测试层最大预测孔隙压力或施工压力的1.2倍。
（2）核对同一层位测试应选择相同型号的电子压力计，压力计应在有效标定期内；电子压力计标定周期：石英晶体电子压力计的标定期为2年，应变式电子压力计的标定期为1年，在井中连续工作30天以上的从井下取出后立即进行标定。
（3）核查电子压力计性能参数：产品型号、产品编号、测量范围、标定日期、测量精度、探头类型、存储容量、外筒材料等是否符合要求。
（4）核查电子压力计的技术指标要求：压力精度应在±0.02%（满量程）以内、温度精度应在±0.5℃以内、压力分辨率不低于0.02psi、温度分辨率不低于0.005℃、数据存储容量及电池容量满足资料录取要求。

3.3.4.3.2 电子压力计托筒

核查压力计托筒及变扣接头是否满足作业要求；将存储式电子压力计安装在压力计托筒上，对电子压力计托筒试压至最大预测测试层孔隙压力或施工压力的1.2倍，且不超过电子压力计托筒额定工作压力，稳压15min合格。

3.3.4.4 数字钢丝

（1）审查数字钢丝系统的技术参数是否符合要求。
（2）检查数字钢丝的外观是否完好。
（3）根据服务商提供的技术参数对服务商使用的数字钢丝、滑环电阻值进行测定。
（4）检查地面数据采集系统是否正常运行。
（5）检查电子深度记录仪是否正常。
（6）检查电子拉力器是否正常。
（7）检查电池电压是否符合作业要求。
（8）检查相关配套井下仪器功能是否工作正常。

3.3.4.5 取样转样系统

3.3.4.5.1 取样系统

（1）检查取样器外筒有无腐蚀、"O"形圈配件等是否齐全。
（2）时钟取样器检查机械时钟计时是否准确，触发功能是否正常。
（3）直读取样器检查时钟马达能否正常运行，串联触发机构功能是否正常。
（4）置换式取样器检查空气室梭阀机构"O"形圈及其他配件是否完好，取样室"O"形圈及配件是否完好，取样腔室是否干净。
（5）单相取样器检查空气室梭阀机构"O"形圈及其他配件是否完好，取样室"O"形圈及配件是否完好，取样腔室是否干净，氮气室高压"O"形圈及配件是否完好，锁紧机构功能是否正常。

3.3.4.5.2 转样系统

（1）确认取样瓶压力试验合格、密封性能合格。
（2）确认转样泵功能正常、"O"形圈等配件齐全。
（3）确认压力表显示压力准确。
（4）确认转样系统压力试验合格、加热器功能正常。

3.3.5 井下温压监测系统

（1）核查通信试验正常：将"系统"试井装置的信号接收部分与试井绞车电缆连接起来，对其发射装置进行通信试验。
（2）核对电子压力计是否符合要求（精度等），并且按照有关规定标定。
（3）确认压力试验合格：
①"系统"外挂托筒：将发射线圈、电子压力计装在外挂托筒上，试压至最大预测测试层孔隙压力或施工压力的1.2倍，且不超过电子压力计托筒额定工作压力，稳压15min合格。
②"系统"储存式电子压力计托筒：将储存式电子压力计装在托筒上，对托筒试压至最大预测测试层孔隙压力或施工压力的1.2倍，且不超过电子压力计托筒额定工作压力，稳压15min合格。

3.3.6 射孔器材

检查射孔器材是否满足作业需求：工具类器材如减振器、油管、点火头等，需检查产品的螺纹及配合面是否有碰伤、锈蚀；检查"O"形圈外观是否有凹陷、切口、断裂等缺陷。检查火工类器材的包装箱是否密封良好、包装袋型号标识是否清晰等。检查所有射孔器材耐温时间是否大于3倍正常作业时间。

射孔器材其余检查项目及参数具体如下。

3.3.6.1 射孔枪

射孔枪的参数包括尺寸、批次号、孔密、相位、耐压、抗拉强度、质量、数量等。

3.3.6.2 射孔弹

射孔弹的参数包括生产厂家、批次号、型号、药型、药量、穿深和孔径等，检查是否符合 API RP19B—2006《油气井射孔器评价的推荐作法（第二版）》的打靶数据。

3.3.6.3 导爆索

导爆索参数包括生产厂家、批次号、型号、药型、药量、耐温性能、尺寸等。

3.3.6.4 传爆管

传爆管参数包括生产厂家、批次号、型号、药型、药量、耐温性能、尺寸等。

3.3.6.5 撞击雷管

撞击雷管参数包括生产厂家、批次号、型号、药型、耐温性能、尺寸等。

3.3.6.6 延期火药管

延期火药管参数包括生产厂家、批次号、型号、药型、耐温性能、尺寸等。

3.3.6.7 安全机械点火头

安全机械点火头参数包括生产厂家及部件号、最小起爆压力、扣型、抗拉强度、耐压、耐温、尺寸等。

3.3.6.8 压力延时点火头

压力延时点火头参数包括生产厂家及批次号、耐压、耐温、扣型、尺寸、抗拉强度、延期时间等。

3.3.6.9 压力延时自动丢枪装置

压力延时自动丢枪装置参数包括生产厂家及批次号、耐压、耐温、扣型、尺寸、抗拉强度、延时时间、最小释放重量等。

3.3.6.10 纵向减振器

纵向减振器参数包括生产厂家及批次号、扣型、外径、内径、长度、耐压、抗拉强度、阻尼孔数量等。

3.3.6.11 玻璃盘接头

玻璃盘接头参数包括生产厂家及批次号、扣型、外径、内径、长度、抗拉强度、玻璃片尺寸、流通孔面积等。

3.3.6.12 减振油管

减振油管参数包括生产厂家及批次号、油管材质、磅级、扣型、外径、内径、长度、耐压、抗拉强度等。

3.3.7 封层器材

3.3.7.1 桥塞

（1）核对桥塞规格、材质、耐温、耐压等是否满足井况要求。
（2）检查产品的上下卡瓦外齿处是否有碰伤、锈蚀等痕迹。
（3）检查橡胶筒外观是否有凹陷、切口、断裂等缺陷。
（4）检查投入使用的桥塞与送入工具是否匹配。

3.3.7.2 水泥倾倒筒

将清水装入水泥倾倒筒内进行密封试验，确认是否符合要求。

3.3.8 过滤装置

（1）核实电动机是否防爆。
（2）确认泵是否工作正常，启动并运转泵抽水实验5min。
（3）核实电缆是否防爆。

3.3.9 防砂器材

（1）核实防砂管外径尺寸与套管内径尺寸是否相匹配。
（2）核实变扣接头和丝堵能否与防砂管、DST工具相连接。
（3）确认是否根据《测试地质设计》要求，选择防砂管的类型和参数。

3.3.10 螺杆泵

（1）确认井口四通试压合格：试压10MPa、稳压15min合格。
（2）确认井口防喷器（BOP）试压合格：试压10MPa、稳压15min合格。
（3）核实电动机是否防爆。
（4）核实电缆是否防爆。
（5）检查螺杆泵定期检测证书是否符合要求。
（6）核实抽油杆符合要求：每使用4个井次更换一次。

（7）如果在半潜式钻井平台上进行螺杆泵测试，还需核查以下事项：

① 检查海上半潜式钻井平台螺杆泵测试井口补偿连接装置与井口操作台是否完好并工作正常；检查各种吊索具是否有检测合格证书；检查各种连接螺钉是否锈蚀；检查小游车钢丝绳是否有定期检测合格证书，并且无损伤；检查小游车液压控制柜的液压油量、液压管线是否完好及小游车运转是否良好；对操作台进行升降操作试验，检查操作台液压系统是否良好。

② 确认每次出海之前，抽油杆进行无损探伤。

③ 确保螺杆泵转子回转直径小于螺杆泵工作涉及的测试管柱的最小内径（尤其是水下测试树下部承压短节的内径）。

3.3.11 电潜泵

（1）检查下井用的动力电缆，应绕在有足够强度的铁制滚筒上，外层与滚筒的外缘要有150mm以上的距离。

（2）检查与机组相配套的小扁电缆及电缆插头是否完好。

（3）核实电缆与小扁电缆是否符合要求，分别用2500V兆欧表测三相绝缘电阻值应满足在20℃时已丙胶绝缘不小于1150kΩ（1km），检查完成后要充分放电。

（4）检查并试运转电缆收放机是否工作正常。

（5）检查电泵机的电机、保护器、分离器、泵的排量、泵的名牌标记是否与设计相吻合。

（6）核实机组的验收报告。

（7）确认与机组配套的专用吊卡，并备足常用消耗件、易损件。

（8）检查电机油及注油泵是否满足要求，并转动注油泵检查其工作性能。

（9）检查电缆与油管相配套的大（小）扁电缆护罩和不锈钢绑带是否满足要求。

（10）检查下泵用电工用具，如万用表、钳形电流表、测电仪等是否满足要求。

3.3.12 连续油管、酸化、压裂设备等检查

根据测试工艺的要求对连续油管、酸化、压裂设备等进行检查。

3.3.13 海外部分

对于海外作业，作业前除上述准备外，测试监督可参照如下执行：

（1）熟悉业主制订的海外作业应急预案及突发事件应急预案等文件。

（2）了解项目属地国政府对作业方式或者测试工艺的要求，了解对于送入测试工具的器具（钻具/油管）特殊要求等，了解属地国政府对火工器材（射孔弹、炸药、雷管等）的运输规定和保存、销毁规定。

（3）协助业主帮助服务商完成设备进出口的报关、清关工作并关注设备动态。

4 测试现场施工

4.1 测试现场准备

4.1.1 组织准备

转入测试作业后,测试总监负责组织平台经理(高级队长)及各服务商领队等召开测试工作交底会,会议内容包括但不限于:

(1)对测试方案、测试目的及测试周期进行交底。
(2)针对测试方案的各阶段,提出具体工作要求。
(3)明确各方的安全环保责任,并检查具体实施措施。
(4)明确在测试期间,测试总监是安全环保的第一责任人。

4.1.2 井筒及平台测试相关设备准备

需按以下要求进行准备:

(1)确认固井质量,常规测试应满足射孔井段上下10m固井质量合格的要求,具体标准见表4.1。

表 4.1 固井质量合格标准

评价标准			固井质量结论
声幅测井	扇区水泥胶结测井	其他	
CBL≤7.5%	SBT≥2000psi	固体填充度≥90%且无窜槽或微环空间隙	优
7.5%<CBL≤15%	2000psi>SBT≥1000psi	固体填充度≥90%但液体窜槽宽度<10%套管圆周,长度<1m	良
15%<CBL≤25%	1000psi>SBT≥500psi	固体填充度70%~90%但液体主窜槽宽度<20%套管圆周,长度<2m	中
CBL>25%	SBT<500psi	固体填充度<70%且液体主窜槽宽度>20%套管圆周,长度>2m	差

（2）确认已对井筒试压，试压值满足井筒试压标准、工具井口操作压力及射孔操作压力。

（3）确认套管放射性记号设置满足要求。

（4）以上条件合格后转入测试作业。

（5）确认压井液符合测试设计要求，平台上常用压井加重材料储备量不少于80t，高压气井加重材料储备量不少于150t，满足测试井1.5倍井筒容积且钻井液密度提高至少0.20g/cm³的需要。

（6）确认完井套管程序、钢级、磅级等技术参数。

（7）确认人工井底满足作业要求，人工井底到射孔段底部距离应大于10m，如丢枪需满足射孔丢枪要求。

（8）宜采用专用喷射冲洗工具对防喷器组、隔水管进行冲洗。

（9）选用适合套管磅级的刮管器，并宜带有吸附磁铁，在射孔井段和封隔器坐封位置上下30m范围内上下清刮至少3次，如采用无固相测试液洗井，需监测返出液浊度，直至返出液的浊度值连续半小时监测NTU值小于30，要求检测时间间隔不小于10min。

4.1.3 测试现场设备准备

4.1.3.1 设备就位

（1）根据测试设计提前对设备及流程摆放区域进行确认，制订相应的地面流程设备摆放图。

（2）平台甲板面积应满足设计所需的地面测试主流程、水下测试树系统及辅助系统设备摆放，甲板强度应满足地面设备的选型要求，地面测试主流程所需的甲板载荷宜大于2.72t/m²。

（3）按照危险性不同，将设施摆放区域划分为三个等级的危险区，在条件允许情况下，推荐区域划分为：

① 地面测试流程阀门及活接头管线1m范围内为2类危险区，即整个地面测试流程设备摆放区域都为2类危险区。

② 在井口半径3m范围内（转盘面以下）为0类危险区。

③ 在地面测试树半径3m范围内（转盘面以上）为1类危险区。

④ 在油嘴管汇及数据头（取样点）半径3m范围内为1类危险区。

⑤ 分离器（取样点）半径3m范围内为1类危险区。

⑥ 在密闭罐泄压管线出口半径3m范围内为1类危险区。

⑦ 在密闭罐半径7m范围内为2类危险区。

⑧ 在安全阀管线出口半径5m范围内为2类危险区。

⑨ 在燃烧头管线出口半径10m范围内为0类危险区。

（4）海上平台不同防爆等级的设备摆放在不同的危险区域。

（5）危险区域的面积及等级划分决定了地面测试设备的大致摆放区域。

（6）锅炉及压风机禁止摆放在0类危险区和1类危险区。

（7）危险设备（蒸汽换热器、三相分离器等）应尽可能远离安全区。

（8）实际设备摆放因受到甲板摆放面积等因素的限制，需要各方共同协商解决，并符合相关的安全条例和规定。

（9）设备之间应有足够的逃生通道及安全操作距离。

（10）在条件允许情况下，测试设备应在测试前两天到达平台。

（11）设备到位后，监督应立即组织相关人员，检查到位设备是否与委托相符，并确认其完好性。

（12）根据设备就位图，协调各服务商按设备摆放图就位设备并检查落实。

4.1.3.2 设备固定及接地

（1）设备就位后对所有流程设备进行固定。

（2）设备接地，各服务商对各自设备接地进行确认，确保接地有效。

① 油气集输装置中的立式和卧式金属容器（三相分离器、密闭罐等）至少应设两处放静电接地装置，接地端头分别设在卧式容器两侧封头支座底部及立式容器支座底部两侧地脚螺栓位置，接地电阻值应小于10Ω。

② 各种储罐顶部附件（呼吸阀、安全阀、阻火器等）的对应法兰应采用截面积不小于28.27mm^2（即直径不小于6mm）的铜质导体跨接。

③ 固定容器、设备、管道的防静电接地引线，宜选用厚度不小于4mm、宽度不小于25mm的镀锌扁钢或直径不小于10mm的圆钢制作。

④ 可供直接接地的接地端头有：

a. 设备支撑上预留的裸露金属表面。

b. 设备、管道的金属螺栓连接部位。

c. 采用专用的接地板或螺栓。

（3）现场监督组织平台安全监督、设备监督及服务商进行设备固定、接电、接地、火工品及危险品等联合安全检查。

4.1.3.3 地面测试设备试运转、试压

4.1.3.3.1 空气压缩机

（1）空气压缩机水平放置，检查电瓶电解液、燃油油量、润滑油油量、发动机冷凝剂含量是否满足要求。

（2）启动空气压缩机试运转。

（3）满负荷运转1h检查其工作效果是否良好。

（4）满足防爆要求，或采取相应措施。

4.1.3.3.2 燃烧系统

（1）对气管线大排量通压缩空气检查，确认管线畅通。

（2）对油管线进行大排量通水检查（水回收），确认管线畅通，并检查确认燃烧头无堵塞。

（3）柴油罐参考计量罐检查要求完成设备检查，按要求加注柴油并连接助燃管线。

（4）连接电打火系统并调试合格。

（5）燃烧臂吊缆及牵引受力符合工作要求。

（6）燃烧头—分配管汇整体试压合格（燃烧头测试压力为最大工作压力，稳压15min合格）。

（7）确认具备向计量罐扫线的功能。

（8）管汇的闸阀灵活好用。

（9）穿舱管线、栈桥底座、吊点、绷绳和分配管线按使用年限和作业需求进行检测，确认合格。

4.1.3.3.3　油嘴管汇

（1）检查可调油嘴是否完好。

（2）固定油嘴是否按要求备齐，并完好无损。

（3）数据头留有足够的接口，确认油嘴管汇上下游的数据采集系统传感器连接及信号正常。

（4）闸阀灵活好用。

（5）根据试压程序及要求对油嘴管汇进行试压，稳压15min合格。

4.1.3.3.4　蒸汽换热器

（1）确认蒸汽进出口阀门灵活好用。

（2）恒温调节器功能良好。

（3）高（低）压盘管及进口阀门按设计要求试压，稳压15min合格。

4.1.3.3.5　分离器

（1）安装分离器浮子、压力及液位控制器、涡轮流量计表头、巴顿记录仪、球阀及压力表等配件；确认分离器气动隔膜阀、油水看窗外观完好；确认分离器孔板流量计装置内部机械机构活动正常；确认分离器所有球阀开关正常。

（2）分离器气包连接平台压缩空气气源，并对开关进行锁开及标识，确保在作业期间分离器气包不间断供气。

（3）确认分离器上安装的数据采集系统传感器连接及信号正常。

（4）分离器液面、压力控制系统调试：

① 检查内部浮子的扭矩传动杆动作是否灵活。

② 打开压缩空气供给阀（也可使用氮气瓶，但严禁使用氧气），给油气水控制器供气，将液位控制输入压力调到0.14MPa（20psi）。

③ 检查油（水）出口管线控制阀的动作是否灵活可靠；调节液位控制器输出压力到0～14kPa（0～2psi）时，气控阀为关闭状态，当输出压力为21kPa或42kPa（3psi或6psi）时，气控阀应慢慢打开，当输出压力为0.10MPa（15psi）时，气控阀应完全打开。

④ 检查天然气出口阀动作是否灵活可靠；控制器压力为0～14kPa（0～2psi）时，气

控阀开始关闭；当输出压力为 0.10MPa 或 0.20MPa（15psi 或 30psi）时，气控阀完全关闭。

⑤ 检查压力控制器波纹管的灵敏度，卸开控制器压力入口管线，将它与静重仪相连接；将比例阀置于 100% 处，静重仪加压到波纹管额定压力时，阀应从关闭状态至全开状态，卸压后阀应关闭。

（5）冲洗分离器，直到目测排出的水干净为止，打开液位计排泄阀，检查水流是否通畅。

（6）确认看窗液位显示正常。

（7）确认流量计量程能够满足测试井设计产量要求，并利用计量罐进行校验，2次平均误差系数不得大于 ±0.05。

（8）巴顿记录仪需经满量程、半量程校验，归零。

（9）核实破裂盘明码，注明破裂压力，安全阀调试到起跳压力。

（10）检查确认自动控制部分功能良好。

（11）按设计要求进行分离器内试压，试压时充水可利用固井泵，但当水充满后改用库米泵试压，避免压力上升过快难以控制。

（12）要求提供流量计、巴顿记录仪及设备流程试压校验原始记录。

4.1.3.3.6　计量罐

（1）检查计量罐是否是 3 段式看窗、单室罐 1 组、双室罐 2 组，上下分布均匀、每段重叠 10cm。看窗内径通径 1in，配置 1in 不锈钢球阀、三通、透明视管，仔细检查看窗阀门是否开关灵活，检查透明视管的连接是否牢固、有无渗漏。

（2）检查放空口的火焰抑制器工作状态是否正常，排风口滤网是否清洁，火焰抑制器的对接法兰应使用截面积不小于 28.27mm^2 的铜质导体跨接，连接排空管线到舷外；检查观察孔盖子是否使用铝制材料，是否符合防爆标准。

（3）注意事项：

① 在计量罐测量过程中上罐计量或检查，则需提前做好各项安全防范措施。

② 确认计量罐接地良好。

③ 确认穿戴防静电劳保防护用品。

④ 佩戴呼吸面罩或者自给式呼吸器。

⑤ 确认所使用手电是否处于良好防爆状态。

⑥ 确认所使用的量杆材质不会因为和计量罐罐壁碰撞产生火花。

4.1.3.3.7　输送泵

（1）确认输送泵工作正常，符合防爆要求。

（2）电动部分应有接地等防静电措施。

（3）输送泵电机符合防爆要求。

（4）检查旁通减压阀是否正确安装。

4.1.3.3.8　储油罐

（1）输油流程管线闸门按设计要求试压。

（2）流程应具备分流扫线功能。

（3）储油罐宜为缓冲罐，但要具备测液面功能。
（4）核查伴生气体通过导管排放到安全区域，并加设火焰抑制器。
（5）输油时要求储油罐采取必要的安全措施固定输油管线。
（6）凡需原油回收，测试地面流程应增设可燃气体报警装置。

4.1.3.3.9 值班房及操作间

（1）平台电气师配合完成接电前的检查工作。
（2）启动操作间电源，将操作间内的电压、频率调整到与平台匹配，启动正压防爆系统，启动 H_2S 及火灾监控系统，运转空调、电暖气等电器设备。
（3）满足电器设备在满载的情况下，连续运转 4h。
（4）值班房及操作间符合防爆要求。
（5）操作间重点落实防火措施。

4.1.3.4 试井设备

4.1.3.4.1 井口防喷管系统

（1）防喷管、防喷器符合作业井承压要求，并按设计要求试压。
（2）落实防喷管长度是否满足作业要求。
（3）检查注入密封脂系统是否工作正常。
（4）落实地面测试树上短节变扣是否满足钢丝作业要求。
（5）核实夏季用油以 800 号范围内的齿轮油为标准，再与低标号或高标号的齿轮油进行调配而成；冬季用油以 680 号齿轮油为基础与低标号调配而成，注脂油要有抗压性能，并具有更好的抗磨性和热氧化稳定性，且适用于高温或低温下作业使用。

4.1.3.4.2 试井仪器间

（1）仪器间应具备防爆功能。
（2）落实压力计托筒工作压力、工作温度、内径、外径等是否符合设计要求。
（3）落实压力计托筒变扣是否符合测试管柱设计要求。
（4）压力计组装在压力计托筒上，并按设计要求试压合格。
（5）确认投入使用的仪器正常。
（6）落实压力计型号、电池等是否符合设计要求。
（7）检查是否配备了钢丝作业及相应的打捞工具。
（8）落实"井下关井地面直读系统"是否满足使用要求。

4.1.3.4.3 双滚筒绞车

（1）动力部分应具备防爆功能。
（2）落实电缆和钢丝长度、性能是否满足使用要求。
（3）检查确认绞车拉力计、计数器性能是否符合要求。
（4）检查确认电缆接头、滑环电阻值是否符合作业要求。

4.1.3.4.4 取样转样系统

（1）落实常规取样器、单相取样器、常规样瓶、单相样瓶等是否满足设计要求。

（2）组装取样器，并按设计要求试压合格。

（3）落实地面转样系统、加热装置是否齐备并符合要求。

（4）落实取样器数量及样瓶容量、数量是否符合设计要求。

4.1.3.5 射孔器材

（1）确认射孔器材相关技术参数，核对射孔器材型号和耐温压参数是否符合要求。

（2）检查射孔枪和配套器材质量：螺纹、密封面、密封圈和其他配件等外观是否完好，质量是否达到使用要求。

（3）检查确认射孔枪弹架是否完好，与弹型是否匹配，以及是否满足作业需求。

（4）检查 TCP 作业器材如射孔枪、射孔装置、配套密封圈、配件包、火工品等准备数量是否为设计数量的 200%。

（5）检查确认火工品的生产日期，确保其满足作业需求。

（6）检查同位素接头扣型是否匹配，检测同位素信号是否满足作业要求。

4.1.3.6 校深设备

（1）落实平台场地大小、吊装能力及水、电、气位置等，确认拖橇、工房、发动机、发电机等设备吊装、摆放及固定满足作业需求。

（2）检查拖橇、工房、发动机、发电机通电运行及动力运转测试结果，并检查各阀门、压力温度表开关是否正常。

（3）检查测井采集系统及绞车面板的深度、张力检查与刻度显示及功能是否正常。

（4）根据井况要求制作单芯马龙头弱点应遵循：（钢丝弱点拉断力 + 井深 × 单位长度电缆在井液中的重量）小于电缆拉断力值的 50%。

（5）检查 GR 校深工具串工具型号、尺寸、组合方式及耐温压等技术参数是否符合作业要求，并通过探头位置放置刻度架或放射性贴片检查 GR 仪器通信是否正常。

（6）如涉及使用电缆防喷系统或"Pack off"接头，需检查各阀门及功能开关是否正常，并提前对其密封系统、防喷管及变扣螺纹本体、密封面及螺纹进行外观检查及整体试压测试，试压压力要求大于作业时最高井口压力的 1.2 倍。

（7）如涉及半潜式钻井平台施工，则需准备校深专用方保接头及长吊环，并检查方保接头与顶驱扣型参数是否匹配，检查长吊环长度是否满足井口组装作业需求。

4.1.3.7 DST 工具准备

（1）检查测试工具是否符合设计要求。

（2）确认工具密封件及破裂盘是否满足井况要求。

（3）检查试压工具、氮气、密封件、破裂盘等是否齐全。

（4）对下井工具进行功能试验和压力测试，确认性能合格。

（5）检查压控工具是否满足作业要求，测试阀、OMNI 阀工具的氮气是否漏失。

（5）井下数据直读系统与测试阀进行联调联试，确认性能满足作业要求。

（6）销钉、破裂盘控制的工具，核查其相应试验数据。

（7）合理设置各井下工具的操作压力。

4.1.3.8 水下坐落管柱

（1）检查确认水下坐落管柱操作间内是否包含有水下测试树和防喷阀需要的所有备用配件、消耗品、专用工具、试压设备及变扣。

（2）设备就位后，检查连接脐带缆管线与控制面板，确认其满足作业要求。

（3）连接水下坐落管柱和防喷阀总成，连接过程中，检查螺纹和密封件是否有损伤，绘制水下坐落管柱及防喷阀总成示意图，并标注长度及内外径。

（4）按照水下坐落管柱及防喷阀操作程序和工作要求，对水下坐落管柱及防喷阀试压及功能试验。

（5）功能试压期间，记录球阀开始打开及完全打开所需要的时间及压力，确认时间和压力满足作业要求。

（6）根据管柱设计要求，检查并确认水下测试树总成为全通径。

4.1.3.9 螺杆泵现场准备

（1）预先划定甲板区域，区域内无杂物及油污，将螺杆泵及其配套设备平稳吊装至平台，整齐排放并固定。

（2）核实驱动泵头电动机是否防爆。

（3）核实电缆是否防爆。

（4）核查螺杆泵定期检测证书。

（5）检查简易地面测试树、转换器与短钻杆变扣是否备齐。

（6）检查异型吊卡与钻台短钻杆或者自备短钻杆是否配合良好，探伤报告是否有效。

（7）确认泵体的抗拉强度符合管柱要求。

（8）检查抽油杆吊卡、大小钩等尺寸是否符合要求，是否灵活好用。

（9）对抽油杆进行详细检查，确认无弯曲、腐蚀、螺纹损坏、密封圈破损等，清洗抽油杆。

（10）丈量并记录泵体和转子的长度、内外径。

（11）下加热电缆的井要对抽油杆、短节、光杆通径。

（12）检查确认所选泵的泵效、合格证、试压证是否符合要求。

（13）空心抽油杆提前安装胶圈，并在密封处涂抹密封脂。

（14）检查确认所需配长短节及配套工具是否齐备。

（15）测算转子在定子内转动时能够达到的最大扭矩，确认运转扭矩不会导致泵体和上部钻具之间脱扣，必要时采取锚定油管或反扣等防脱扣措施。

（16）按要求检查通电线路和用电设备，接通电源试运转，将电动机调整到需用转向，检查电动机、驱动泵头温度、驱动泵头油量、密封盒、驱动泵头紧固等是否符合要求，发现问题应及时调整。

（17）按要求检查电缆是否绝缘，有接头的电缆不得入井，绞车制动设备是否灵活可靠，发现问题及时调整。

（18）确认现场电源制式、功率等满足螺杆泵系统和加热系统需求；螺杆泵操作间到现场接线端距离不宜超过30m。

（19）如果在半潜式钻井平台上进行螺杆泵测试，则除了上述准备之外，还需要检查确认以下事项：

① 检查海上半潜式钻井平台螺杆泵测试井口补偿连接装置与井口操作台。

a. 检查各种吊索具的检测合格证书是否符合要求。

b. 检查各种连接螺纹是否锈蚀，如有锈蚀及时更换。

c. 检查小游车钢丝绳定期检测合格证书是否过期。

d. 检查小游车液压控制柜的液压油量是否满足需求、液压管线是否完好及小游车运转是否良好。

e. 对操作台进行升降操作试验，检查操作台液压系统是否良好。

② 确认抽油杆出海前已进行无损探伤。

③ 确保螺杆泵转子回转直径小于螺杆泵工作涉及的测试管柱的最小内径（尤其是水下测试树下部承压短节的内径）。

4.1.3.10 地面测试树及管线

（1）现场检查落实地面测试树与试井防喷管是否匹配。

（2）地面测试树应具备旋转头、主阀、清蜡阀和两个翼阀。

（3）检查管线本体及密封面有无损伤迹象，特别要注意活接头和管线卡箍。

（4）对地面测试树进行功能试验：液压闸板阀能够开启到位，用快速泄压阀泄压时能在规定时间内关闭，开关过程平稳；完全关闭时检查是否关闭到位。

（5）检查地面测试树控制面板及ESD系统是否符合要求并且状态良好。

（6）对地面测试树及管线进行试压，确认符合本井作业要求。

4.1.3.11 酸化设备试运转及试压

4.1.3.11.1 设备通电前的检查

（1）检查电源接线是否正确。

（2）检查配电箱内接线有无松动。

（3）检查配电箱内电器元件有无脱落松动及损坏。

（4）检查电器控制按钮、空气开关是否灵活、可靠。

（5）检查接地线是否接好且牢固可靠。

4.1.3.11.2 信号传输系统的检查

（1）检查各个信号线是否完好无破损。

（2）检查压力、温度传感器、流量计是否完好并工作正常。

（3）查看各仪表显示是否正常（在零点）。

4.1.3.11.3 供应系统的检查

（1）检查油（水、气）管线连接是否正确。
（2）检查油、水、气各个阀门开关是否灵活可靠。
（3）各设备润滑油油位是否正常。
（4）检查油（水）管线有无渗漏。
（5）检查水箱、油箱的液位是否满足作业条件。

4.1.3.11.4 地面测试树及酸化管线试压

（1）对设备之间气管线、水管线、油管线分别试压，以达到施工设计要求为合格，试压合格后用空气吹扫干净。
（2）地面测试树相关阀门及注酸管线整体试水压。
① 试压前，确认压力表和安全阀工作正常。
② 导通清水流程，由酸化泵对高压管线进行试压，确保管路中充满清水。
③ 按设计要求逐级试压合格，若试压不合格，泄压检查管线连接是否有滴漏，检查处理后重新试压直到合格为止。
④ 高压区域设置警示带，并进行全船广播通知，无关人员禁止进入高压区域。
（3）填写试压记录、存档。

4.1.3.11.5 配置酸液

（1）配液人员要了解所配酸液、添加剂等化学品的 MSDS，掌握防护措施和应急处理措施。
（2）严格按照工艺设计要求，依据配液表完成酸液的配制。
（3）现场配制酸液时，需要配备必要的劳保用品，应准备清水和碱水用于管线的清洗和酸液溅出后稀释。
（4）配液人员要注意站位，配液时设计人员应进行现场指导和监督。
（5）配液区域设置安全警示带，非作业人员禁止进入。
（6）配液过程中，进行酸液循环混合，确认合格方可使用。

4.1.3.12 压裂设备试运转及试压

4.1.3.12.1 压裂泵

（1）检查柴油机各路传感器连接线有无老化、破损，连接状况、接头是否灵活可靠。
（2）检查电控箱和操作面板状况，打开电源开关各仪表显示是否正常。
（3）检查传动部位有无异常、卡阻及障碍物，传动轴螺钉及螺母是否紧固；导链是否连接紧固，链条是否处在安全位置和无缠绕风险。
（4）检查紧急停车复位机构状况，开关打开是否到位。

4.1.3.12.2 混砂橇

（1）使所有手动开关、自动开关均处于手动状态。
（2）打开发动机总电源。

（3）将油门手柄调至怠速位置，旋转钥匙启动发动机，怠速运转 3～5min。

（4）检查并确保设备运转良好。

4.1.3.12.3　正压仪表橇

（1）检查电缆线是否有破损，电缆绝缘是否良好。

（2）检查漏电保护器与电源开关的动作机构是否完好。

（3）检查电源开关、室内其他电器开关是否关闭。

（4）检查进出入门、逃生门是否能正常开启。

（5）检查风机电源电缆绝缘线是否良好，风管是否完好。

（6）检查工控机、UPS、数据线、电源线、鼠标、键盘、显示器等是否正常。

（7）检查线缆舱中数据采集和视屏监控线滚子及接头是否完好，且无磨损。

（8）检查仪表橇内各部件固定是否牢固。

4.1.3.12.4　连续混配橇

（1）检查油（气、水、电）线路各接头是否连接到位，各线路是否存在磨损和老化。

（2）检查连接动力橇与主橇之间的油（液、气、电）线路是否正常。

（3）检查燃油（冬季检查燃油型号）、机油、液压油、冷却水、分动箱油、各部位润滑点的润滑是否符合要求。

（4）检查各滤清器外观及使用时间是否符合作业要求。

（5）检查各离心泵手动盘、低压上水阀、排水阀是否正常。

（6）检查散热器风扇皮带、充电电机驱动皮带是否合格。

（7）检查气瓶安全阀、气瓶放气阀、气瓶压力表是否完好和工作正常。

（8）检查蓄电池电压、开关及各控制开关位置是否满足要求。

（9）检查冷却水箱液位是否正常、水箱护盖是否盖好、溢流口是否堵塞、防冻液品质是否合格。

（10）检查外接电源是否匹配，电缆是否老化、破损。

4.1.3.12.5　高压管线试压

（1）将试压作业涉及的范围（拖轮到井口）等进行全平台广播，并隔离现场。

（2）设备启动后降怠速，对刹车、超压保护系统进行测试，确保灵活、可靠。

（3）导通储液罐到混砂橇上水流程、混砂橇排水流程、压裂泵上水流程、压裂泵通水流程，确认通水流程畅通。

（4）逐泵通水排尽主管线中的杂物及空气，出水口水流流量稳定为合格，关闭通水流程；领队通知井口负责人与助手打开井口主阀，领队同时与井口负责人、主操确认通水流程后，向井里通水。

（5）通水压力平稳后，领队通知井口负责人关闭钻台井口主阀门，按作业要求对压裂流程逐级试压，低压稳压 5min、高压稳压 15min 合格。

（6）在试压作业结束后首先要通过泄压流程进行泄压，泄压时要观察回流量和压力表/记录仪，确认已完全泄压。

4.1.3.12.6 压裂液现场配液

（1）根据配液指令进行配液，如采用钻井液池配液流程，则提前将杀菌剂加入配液用水中，开启混合泵和加料漏斗，缓慢均匀倒入稠化剂，稠化剂加完后，再采用隔膜泵按比例加入其他添加剂；关闭混合泵，开启搅拌器，直至钻井液池液体性能达标，转配下一个钻井液池。

（2）如采用连续混配配液，则提前将稠化剂加入干粉罐中，根据配方比例调节粉比和助排剂等液体添加剂，设定配液排量后按比例加入药剂，混配出口端进缓冲罐或钻井液池，并进行取样检测。

4.2 测试施工程序及要求

4.2.1 常规 TCP+DST 联作测试

4.2.1.1 下射孔枪

（1）应由专人负责按照《射孔管柱下入顺序表》核对射孔枪及井下工具的下入顺序。
（2）射孔工程师负责组装点火头，组装点火头的剪切销钉时必须由监督现场确认。
（3）把组装好的射孔枪放在甲板上，核对无误后方可下井。
（4）吊运射孔枪时防碰撞，要有射孔人员专门确认下枪顺序。
（5）应使用卡环或带有锁死装置的吊钩连接射孔枪。
（6）应使用井口卡瓦卡住射孔枪，并装安全卡盘、拧好锁销。
（7）应拧紧提升短节，在连接射孔枪时要注意观察提升短节是否倒扣脱扣。
（8）两支射孔枪连接前，要检查上（下）传爆管的情况；射孔枪要保持垂直并在一条直线上，防止损伤螺纹；禁止用黄油代替螺纹脂。
（9）连接射孔枪应使用管钳上扣，禁止使用井队大钳；下枪时，井口应有 2~3 个射孔人员负责连枪，上扣。
（10）点火头应在井口连接；点火头应首先和油管连接，然后再与射孔枪连接；组装液压点火头时管钳应打紧，禁止撞击，确认止退销钉上到位，防止倒扣。
（11）应由专人负责核对接头密封圈的使用数量。
（12）管柱入井前要通径，防止管柱内有脏物，确保管柱内通畅。
（13）连接负压阀或玻璃盘接头时，要先将下面油管里充满干净的液体后才能连接。
（14）同位素接头离负压阀要有一定距离，防止校深时仪器通过负压阀。
（15）同位素接头连接前应确认连接位置正确。
（16）螺纹脂应涂抹在油管的螺纹上，有数显油管钳的井场，油管紧扣均用数显油管钳。
（17）下放射孔枪时应操作平稳，防止猛刹猛放，下放速度应小于 0.2m/s。
（18）防止井下落物。

4.2.1.2 下 DST 工具

（1）DST 工具入井前确认工具长度、内外径符合要求且端面完好，组装工具时在外螺纹端涂抹少量螺纹脂。

（2）将下井测试工具在井口组装连接好，严禁使用铁钻工上卸扣；紧扣扭矩按厂家推荐扭矩值执行，由扭矩监测器监测，然后按管柱结构顺序依次下井；在紧扣过程中，防止上部紧扣，下部倒扣。

（3）封隔器与油管连接上扣时，注意做好保护，防止拉弯下部油管。

（4）下井速度不能超过 0.5m/s，要求操作平稳，严禁快放急刹。

（5）测试工具全部入井后，用干净的测试液对井下工具按设计要求试压，稳压 15min 合格。

4.2.1.3 下油管/钻杆

（1）对所有入井油管/钻杆通径，检查确认螺纹及端面完好，在外螺纹端涂抹少量螺纹脂。

（2）下放管柱要平稳，严禁猛刹猛放，若有遇阻或其他异常现象，不可强行下入。

（3）下管柱期间做好测试液排代量监测。

（4）按测试设计或现场监督指令要求的液垫类型及高度分段灌注液垫，最后一次灌液由监督确认。

4.2.1.4 下坐落管柱

4.2.1.4.1 下坐落管柱作业程序（以 3in10K 直液式水下测试树为例）

（1）模拟打印。

①组合模拟悬挂器，检查模拟悬挂器底部端面，确认悬挂器角度与抗磨补芯相匹配。

②用吊卡将模拟悬挂器垂直提起（防止碰撞及损坏模拟悬挂器）。

③连接模拟悬挂器到钻杆上并按要求上紧所有连接扣（5in Stub.Acme 推荐扭矩值为 6000lb·ft），为了使模拟悬挂器更好地坐在抗磨补心上，一般会在模拟悬挂器下部连接一柱钻杆。

④将悬挂器的底部端面刷白色油漆。

⑤在悬挂器上部第 1 个单根管柱刷白色油漆（不会被钻井液洗掉的油漆），继续下入直到模拟悬挂器坐落到补心位置。

⑥刷油漆时，可以根据防喷器尺寸估算需要刷油漆的长度。

⑦关闭防喷器下部及中部闸板进行打印；观察并记录闸板关闭时流量或冲数，确保闸板关闭到位。

⑧起出打印管柱，在钻台检查闸板关闭位置的印记，并测量相关的尺寸数据。

⑨调节可调悬挂器前，需要根据防喷器图纸并与平台水下师确认闸板宽度。

⑩不宜使用水下测试树进行打印作业，防止防喷器内部尺寸不正确损坏水下测试树；如果必须使用水下测试树管柱进行打印，应使用脐带缆（内含液、电控制线）确保球阀处

于打开状态，防止意外发生。

⑪ 如果使用水下测试树管柱进行打印作业，水下测试树起出转盘面，用清水冲洗干净，并脱开检查密封圈，如有破损等应进行更换。

（2）下入水下测试树。

① 将水下测试树连接到测试管柱上，按推荐值上扭矩；把水下测试树坐在井口转盘补心上，正确连接液压控制管线（注：连接控制管线前，需要对其充分排空）。

② 水下测试树功能试验：

a. 将管柱坐在井口卡瓦上，释放悬重。

b. 向解脱管线加压至21MPa，观察解脱活塞移动情况，活塞到位后，上提2～3in做解脱试验，记录加压需要的泵冲数及时间。

c. 解脱合格后，下放解脱总成到阀体上，释放重量；泄掉解脱管线压力，通过观察孔观察解脱活塞移动情况；活塞移动到位后，可以看到活塞上的观察线（注：如果未观察到观察线说明活塞未完全到位，需要向球阀打开管线加压120psi。），解脱活塞完全移动到位，锁块被锁住。

d. 向球阀助关管线加压21MPa，记录加压需要的泵冲数及时间，稳压5min，检查是否有漏失，合格后泄压。

e. 泄压后，控制面板上泄压阀处于长开状态。

f. 向球阀打开管线加压21MPa，记录加压需要的泵冲数及时间，稳压5min，检查是否有漏失。

③ 液压控制管线试压合格后，把球阀打开管线压力降至17MPa，入井时，每9m用塑料绑带及防水胶带绑定液压控制管线，使其牢牢地固定在测试管柱上。

④ 球阀打开管线的压力在测试开始后，根据管柱压力作相应调整。

⑤ 下入过程中注意不要让卡瓦损坏控制管线。

⑥ 水下测试树入井后，要保持打开球阀管线压力。

⑦ 下放测试管柱，把悬挂器下放到抗磨补心上，并关闭防喷器下闸板。

⑧ 在补偿器上任何时候都要保持10～15klb向上的拉力，以消除锁块的移动。

⑨ 当管柱试压时，应严格按照公式计算环阀打开管线压力：环阀打开管线压力＝试压压力/3+1500psi。

⑩ 开井期间根据井筒内部压力，计算环阀打开管线压力所需理论值。

⑪ 水下测试树系统入井直至作业结束起出期间，水下测试树工程师24h专人在钻台值班，保护好井口及液压控制管线，防止潮差引起的平台升沉拉伤液压控制管线，记录水下测试树球阀打开管线压力，有异常情况时及时汇报；记录钻台游车悬重及补偿器悬重，有异常情况时及时汇报；开井期间，悬重上提10klb。

（3）防喷阀入井程序。

① 防喷阀的下入深度，需根据钻台挠性接头的深度确定，防止下入深度不正确导致防喷阀与挠性接头发生碰撞。

② 将防喷阀安装在测试管柱上，按推荐值上扭矩（若需要）。

③ 把防喷阀坐在井口转盘补心上，正确连接液压控制管线。

④ 连接控制管线前，需要对其充分排空。

⑤ 向球阀关闭管线加压21MPa，稳压5min，检查是否有漏失。

⑥ 泄掉球阀关闭管线压力，向球阀打开管线加压21MPa，稳压5min，检查是否有漏失。

⑦ 防喷阀下井时，每9m用塑料绑带及防水胶带将液压控制管线绑定在测试管柱上。

4.2.1.1.4.2 复杂情况与应急作业程序

（1）井下泄漏。

① 水下测试树以下管柱泄漏，关闭测试阀，打开循环阀压井，汇报基地，讨论下一步措施。

② 水下测试树以上管柱泄漏，关闭测试阀及水下测试树，脱手水下测试树，起出上部管柱，检查更换后，下入回接继续测试。

（2）水下测试树应急操作程序。

① 常规液压解脱。

a. 记录此时水下测试树下入深度，并用油漆标记。

b. 按照甲方指令，关闭测试阀。

c. 通过地面油嘴管汇，将管柱内部压力泄至0。

d. 在水下测试树控制面板上，将环阀打开管线压力泄至0，并保持泄压阀处于常开状态（注：操作前，确认在水下测试树位置，钢丝或连续油管等已经取出）。

e. 释放管柱悬重。

f. 通过水下测试树控制面板，对解脱管线加压21MPa，等待2～3min，使解脱活塞运动到位。

g. 通过钻台补偿器上提管柱，将水下测试树解脱部分上提至挠性接头以上。

h. 确认水下测试树已提出挠性接头、循环球阀以上部分管柱后，关闭防喷器盲板。

i. 继续起出管柱。

② 机械解脱。

a. 如果水下测试树液压解脱功能失效，可以使用机械解脱方式。

b. 释放管柱悬重。

c. 用钻台大钳，顺时针旋转上部管柱，剪断水下测试树本体上的剪切销钉（注：每颗销钉扭矩值为1000lb·ft）。

d. 管柱顺时针旋转8圈，将解脱活塞从外筒中解脱出来。

e. 利用补偿器上提管柱，将水下测试树起出（注：机械解脱后，必须将解脱部分起出至钻台，检查设备状况）。

（3）水下测试树回接程序。

① 向解脱管线加压至21MPa。

② 打开盲板。

③ 调整补偿器到测试管柱的重量。

④ 下放管柱到距离球阀部分约3in的位置。

⑤ 用海水循环清洗阀体密封面（注：一旦下入到位或有任何压力时应停止循环）。
⑥ 顺时针缓慢旋转管柱，直到脱开总成上的固定块与阀体锁紧为止。
⑦ 泄掉解脱管线压力，使锁块啮合好。
⑧ 向球阀打开管线加压 21MPa，以保证锁紧活塞移动到正确位置（注：向球阀打开管线加压时，应平衡球阀上下的压力），泄压。
⑨ 向助关管线加压 21MPa，检验下部锁块密封性，稳压 5～10min 合格。
⑩ 释放助关管线压力，向球阀打开管线加压 21MPa，检验提升阀密封性，稳压 15min 合格。
⑪ 上提管柱约 30klb，检验是否回接成功。
⑫ 调整球阀打开管线压力至适当值，继续进行测试或其他作业。

4.2.1.5 电测校深

组下测试管柱至预定位置，上提状态坐卡瓦，丈量方余，第一次电测校深。

4.2.1.5.1 双同位素法

海上探井测试作业多采用此法，在封隔油气层套管上贴放射性记号源（一般在预计的测试层位顶界以上 80～120m 设置两处放置），通过测固井质量（如 SBT 测井）的自然伽马曲线，确定放射性记号源实际深度 d_1、d_2，测试期间则要在测试管柱上设计一个放射性记号源，深度 D_1；具体校深操作步骤如下：

（1）校深时，将小伽马仪器从测试管柱内下入，小伽马仪器下过放射性记号源后，上提测一段自然伽马曲线，测出此时套管放射性记号源深度 d_3、d_4 及管柱上放射性记号源的深度 D_2。

（2）校正电缆深度误差 $\Delta d = 1/2 \times (d_1-d_3+d_2-d_4)$。

（3）确定测试管柱上放射性记号源的实际深度 $D=D_2+\Delta d$。

（4）根据测试管柱上放射性记号源实际深度与设计深度的差值，调整管柱 $\Delta D=D-D_1$，从而确定射孔位置。

$$\Delta d = 1/2 \times (d_1-d_3+d_2-d_4) \quad (4.1)$$

$$D = D_2 + \Delta d \quad (4.2)$$

$$\Delta D = D - D_1 \quad (4.3)$$

式中　d_1、d_2——套管放射性记号源实际深度，m；
　　　D_1——测试管柱设计放射性记号源深度，m；
　　　d_3、d_4——电缆校正前所测套管放射性记号源深度，m；
　　　D_2——电缆校正前所测测试管柱放射性记号源深度，m。

4.2.1.5.2 自然伽马曲线对比法

国外和陆上油田 TCP 校深多采用此法，其管柱上也需下一个放射性记号源，但套管上没有放射性记号源标记。方法是将小伽马仪器下过放射性记号源后，上提测一段自然伽马曲线，出图后与 CBL（或 SBT）图上的自然伽马曲线进行对比，将两条 GR 曲线上明显的尖峰或拐点对准，用 CBL（或 SBT）上曲线的深度，推出小伽马仪所测管柱上放射性记号源的深度，然后按式（4.4）计算调整距离（ΔD）：

$$\Delta D = D_1 - D_2 \tag{4.4}$$

式中　D_1——测试管柱设计放射性记号源深度，m；

　　　D_2——为推出的管柱上放射性记号源的深度，m。

此法在自然伽马曲线平直无明显尖峰或拐点时将十分困难。

校深图上应标明放射性记号源设计深度、测量深度和测试管柱调整量，测试管柱校深结果应经过监督确认。

4.2.1.6　坐封封隔器，二次校深

（1）第一次电测校深结束后，配长，调整测试管柱，使射孔枪对准射孔井段，坐封封隔器。

（2）进行第二次电测校深，由现场测试总监确认射孔深度误差，要求：自升式钻井平台 ±20cm 之内、半潜式钻井平台 ±30cm 之内。

4.2.1.7　安装井口并试压

（1）安装地面测试树，连接地面流程，对地面测试树及地面流程按设计要求试压，稳压 15min 为合格。

（2）应对地面流程设备及管线进行固定，将蒸汽换热器、分离器、计量罐及油嘴管汇等设备摆放平稳，每侧至少应有一个固定点通过钢板或角钢与钻井装置甲板焊接固定。

（3）流动管线和连接弯头应摆平、垫稳，软管应采用安全绳固定。

4.2.1.8　引爆射孔枪

4.2.1.8.1　射孔前的准备

TCP+DST 联作的特点是射孔枪引爆后，初开井流动即开始，应在引爆射孔枪前按要求做好开井及射孔准备。关闭防喷器，确认开井流程并通水，环空加压至测试阀打开压力并保持稳定。

4.2.1.8.2　射孔

应根据井斜度、开井诱喷压差等合理选择点火头类型，优先推荐压力点火头。

（1）机械式点火头的引爆。

机械式点火头在引爆之前，准备好点火棒，棒头要装好铜印模，井斜角小于 40° 的井，点火棒可以不加滚轮，井斜角大于 40° 的井应使用带滚轮的点火棒，以保证其自由滑落；环空加压打开测试阀以后才能投棒。

（2）压力点火头的引爆。

① 环空加压点火头的引爆压力设计应高于打开测试阀的压力，低于打开循环阀的压力。

② 管柱正加压延时点火头的引爆通常是用密度较小的液垫或用液氮通过管柱加压，所加压力应高于设计的引爆压力，达到稳压时间后马上泄压，确保按照设计的负压值射

孔；如过了延时时间仍不见发射，则可重新加压。

③ 双点火头的引爆：机械和环空加压双点火头，任何一种方式先行引爆均可；机械和管柱正加压双点火头，是把管柱正加压延时点火头装在枪的尾部，先引爆机械式点火头，不成功再引爆管柱正加压延时点火头。

（3）TCP引爆监测。

井口引爆操作完成后，可通过多种方法判断射孔枪是否已发射：

① 可在井口手扶地面测试树，枪响时应有明显的震感和声感。

② 采用专用射孔监测装置进行射孔监测。

③ 观察环空压力表，由于引爆时射孔弹产生的金属射流和爆轰波作用于周围液体和测试管柱，使封隔器有向上的小距离移动，此移动可使环空压力有所增加。

④ 观察井口压力是否有变动或通过井口数据头观察是否有流动气泡显示。

（4）引爆情况不明的处理。

① 对于机械点火方式，棒在井内，应通过钢丝作业打捞点火棒，期间可在井下做棒击动作，以求再次引爆；此操作完成后仍不见引爆则捞棒出井，循环压井起测试管柱。

② 对于环空加压或管柱正加压延时的点火方式，均可提高压力再次引爆。

4.2.1.9 初开井流动

4.2.1.9.1 初开井前的准备

（1）井口试压完毕后立即卸掉压力。

（2）数据头安装好压力、温度传感器及所需压力表、温度表。

（3）调好可调油嘴，关闭地面测试树压井翼阀及清蜡阀，打开地面测试树主阀、生产翼阀，关闭油嘴管汇的左（右）油嘴阀门及旁通阀门。

（4）打开数据头的压力表旋塞阀；若采用投棒或环空加压点火引爆射孔枪，则可打开数据头的旋塞阀，观察流动显示。

（5）倒好油嘴管汇下游管线的各种阀门，保证流程畅通。

（6）井口应急关井装置检查合格。

（7）消防降温喷淋系统接通喷水，工作正常。

（8）压缩空气供气管线工作正常。

（9）通知值班船起锚至平台上风位置待命。

（10）点燃燃烧头火种。

（11）检查蒸汽加热管线，启动蒸汽锅炉。

4.2.1.9.2 初开井

（1）经井口流动观察，证实已经开井后，保持环空压力稳定，上下波动不超过0.5MPa。

（2）开井后，按设计或现场监督指令执行。

（3）通过井口观察，无任何流动显示时，应首先检查地面测试树及地面流程的各种阀门是否处于正确状态，如各种阀门所处状态无误，应重新进行开井操作。

（4）井口见液后，应做好井口取样监测，记录含砂、含水及产液情况；井口见气后，应加密监测有毒、有害及可燃性气体,并做好人员防护。

4.2.1.10 初关井恢复压力

(1)环空快速泄压至0,进行井下关井。

(2)通过压力监测确认测试阀关闭后,应关闭地面油嘴管汇或地面测试树主阀等阀门,进行地面关井,这样可保障一旦测试阀在关井期间失灵时仍可获得井口关井的恢复压力资料。

4.2.1.11 二开井流动

确认测试使用防喷器闸板处关闭状态,通水并确认开井流程,环空加压至设定压力开启测试阀,并保持环空压力稳定,二开井对地层进行求产作业。

(1)油嘴选择原则应考虑井下流体相变及地层稳定性,具体详见5.1.4.3。

(2)安全检查与监测:

① 每30min巡回检查测试流程有无刺漏情况发生,用手持式探测仪检查流程管线有无天然气泄漏,并测定井口、蒸汽换热器、三相分离器等工作场所的天然气浓度。

② 每30min监测、记录环空压力变化。

③ 每30min取样测定 H_2S、CO_2 含量。

4.2.1.12 二关井恢复

关井时间应以测试地质设计为基础,以保障获得双对数导数曲线的径向流动直线段或探边测试边界反映段的曲线全型为原则。若关井期观察不到井底压力变化时,则关井时间宜为二开井流动时间的2倍以上。

4.2.1.13 样品录取

具体内容参见5.2储层流体取样要求。

4.2.1.14 电缆(传导性钢丝)作业

4.2.1.14.1 防喷设备安装及入井仪器组装

(1)就位试井绞车,绞车应按要求固定,作业区域拉警示带和挂警示牌。

(2)组装防喷立管,其长度应满足作业要求,电缆(传导性钢丝)穿越防喷盒后打好绳帽。

(3)井口装置连接防喷系统,组装入井仪器工具串,其连接螺纹及密封圈应完好、清洁,电缆(传导性钢丝)及直读式压力计通信正常。

(4)电缆(传导性钢丝)计数器校零。

(5)井口防喷系统安装完毕后,将仪器工具串上提至防喷立管顶端,根据预测最高井口工作压力的1.2倍对井口防喷系统试压至合格。

4.2.1.14.2 电缆(传导性钢丝)作业下入压力温度监测装置

(1)缓慢打开井口装置阀门,观察5min,无异常后,慢速下放电缆(传导性钢丝)

并记录初始悬重。

（2）平稳下放电缆（传导性钢丝），下入深度在300m以内下放速度不宜超过20m/min，超过300m后可根据井况适当加快下放速度，但不宜超过60m/min，每下放500m记录上提/下放悬重，仪器工具串通过管柱缩径处时应适当放慢下放速度并记录悬重变化。

（3）直读式压力计监测位置应尽量接近测试层段，但不宜低于测试阀位置。

4.2.1.14.3　直读压力温度资料录取

（1）按测试设计要求准确测量井下压力、温度数据。

（2）直读期间应记录：时间、测量点深度、测量点压力、测量点温度、工作制度、井口压力、油（气、水）产量、含水等。

（3）应及时分析所录取的压力、温度资料，指导后续工作制度等选择。

4.2.1.14.4　电缆（传导性钢丝）作业起出压力温度监测装置

（1）起电缆（传导性钢丝）期间应保持匀速上提，最大上提速度不宜超过60m/min。

（2）仪器工具串通过管柱缩径处应控制上提速度，宜控制在10m/min以内。

（3）上提直读式压力计距井口100m时，适当放缓上提速度；距井口30m时，控制上提速度在5m/min以内，缓慢回收电缆（传导性钢丝），直至仪器工具串到达防喷管顶端。

（4）关闭井口装置阀门，放空防喷管内圈闭压力，拆甩防喷管及压力计工具串。

4.2.1.15　气举作业

连续油管是理想的气举作业设备，具有不动管柱、施工便捷、适用井型广，可以较为准确地控制流动压差等优点，在国内外运用广泛。但其设备体积和质量大，对平台吊车的吊运能力要求较高，同时使用氮气连续气举时会与天然气混合，影响气体组分分析结果，不宜用于对气组分分析结果要求较高的井，也不适用于稠油井。

4.2.1.15.1　目的和方法

连续油管及制氮膜组设备主要用于清井排液，增大流动压差。作业中先下入常规测试管柱进行射孔及测试作业，当测试井没有自喷能力时，安装连续油管井口，下入连续油管进行气举清井求产。

4.2.1.15.2　现场准备

（1）审查连续油管服务商的施工设计。

（2）审查连续油管维修检验报告。

（3）检查确保连续油管工具串外径小于管柱通径。

（4）检查落实连续油管防喷器底部扣型，确保能与井口相连接。

（5）检查落实设备电源接口与平台相匹配。

（6）就位连续油管设备。

（7）检查确认地面测试树清蜡阀已关闭。

4.2.1.15.3 施工步骤及要求

（1）吊装连续油管防喷器至钻台，连接鹅颈头和注入器并吊至钻台。

（2）连接所有连续油管设备及地面管线，启动动力源，升起控制房；对防喷器及注入头做功能测试。

（3）牵引连续油管至鹅颈头和注入器，连接注入器和防喷器。

（4）制作连续油管接头，对其进行抗拉试验，试验值不超过连续油管抗拉强度的80%。

（5）使用固井泵对连续油管通水至出口干净。

（6）连接连续油管工具串（一般为接头＋单向阀＋喷头）。

（7）连接连续油管注入器及防喷器至地面测试树上。

（8）对连续油管防喷器通水后，按照设计对地面管线、连续油管及防喷器半封试压，试压值不超过其承压能力的80%。

（9）打开地面测试树清蜡阀。

（10）开始下入连续油管，下入速度宜不大于15m/min，到管柱变径位置应提前至少50m将下放速度降到10m/min以下。

（11）根据井筒压力变化情况，适当调节连续油管防喷器压力。

（12）下至200～300m时做一次上提测试，准备注入氮气。

（13）下至500m(或按照设计要求深度）开始注入氮气，按照设计要求控制氮气排量，继续下入连续油管；下入过程中要密切关注返出流体情况，并根据返出流体情况调整氮气排量及下入速度。

（14）下放至设计深度后，注意观察返出流体情况。

（15）开始按照设计排量注入氮气，监测好返出流体情况。

（16）当返出液体稳定后，进行求产作业，求产结束后停止注入氮气。

（17）从井内起出连续油管，最大上提速度不大于20m/min，当计数器显示离地面50m时，将上提速度降至5m/min。

（18）关闭清蜡阀，拆甩连续油管防喷器及注入头等设备。

4.2.1.15.4 注意事项

（1）在下入过程中密切观察悬重变化，如遇异常情况立即停止下入，迅速上提至中和点。

（2）当连续油管计数器显示为零时，尝试关闭清蜡阀阀门，判断连续油管（或工具）是否起过清蜡阀。

（3）作业过程中注意观察井口测试设备，严防流体泄漏。

4.2.1.16 洗井解封，压井

（1）打开循环阀，用测试液反循环2倍管柱容积。

（2）若需要，井筒内替入压井液。

（3）打开防喷器，上提解封封隔器。

（4）正循环两周以上，第一周压井液走阻流管汇，经钻井油气分离器后返回钻井液池，期间检测压井液气测值，若气测全量小于10%，则打开防喷器，观察环空液面无异常后，继续正循环，直至返出压井液气测值达到设计要求；若为气井或高温高压等特殊井，则按规范决定是否进行短起下，计算气体上窜速度。

（5）根据井况，也可以采取以下压井方式：

① 环空加压开测试阀，用固井泵正挤测试液，将管柱内的油气挤入储层。

② 环空加压开RD循环阀，用压井液反循环出管柱内油气，替堵漏剂到RD循环阀循环孔处，解封封隔器，吊灌堵漏或环空加压正挤将堵漏剂挤入储层。

（6）停泵观察30min，确定井筒稳定后起管柱。

4.2.1.17 起测试管柱

4.2.1.17.1 起测试管柱前

（1）循环至压井液进出口密度差小于 $0.02g/cm^3$，油层气测全量值小于1%，气层气测全量值小于2%。

（2）停泵后宜观察井筒30min，检查并确认井筒液面稳定无溢流。

4.2.1.17.2 起甩射孔管柱

（1）在射孔枪起至井口时，应首先检查射孔枪的发射情况。

（2）拆枪时应使用管钳和气动钳。

（3）应使用井口卡瓦卡住射孔枪，并装安全卡盘、拧好锁销。

（4）拆卸射孔枪时应注意枪管憋压，特别是高压气井，释放枪管憋压时无关人员远离。

（5）特殊情况处理：

① 射孔枪憋压拆枪时应防止枪内有气压，发现夹层枪接头卸扣困难或密封圈出来后螺纹很紧时，证明枪内有气压，应先泄压：用起子从接头中心孔和传压孔放压，人员注意站在安全位置；接头密封圈出来后再多卸几扣，然后再上几扣，使压力完全放出；压力不大时，可用气动钳，人员要远离；如使用转盘，射孔枪要打安全卡瓦，钻杆大钳要卡在上枪管上，用毛毡将接头包住再转转盘；枪内压力较大时，在上枪管第一个盲孔处用钢锯锯开放气。

② 引爆情况不明，采用投棒引爆方式时，应先打捞点火棒，记录点火棒打捞深度。点火棒打捞不成功时，要制订相应的安全措施；射孔枪起出井口前，尽量减少钻台人员；射孔枪起至井口时，冷却至环境温度后先分离点火头和射孔枪；如果射孔枪在井下停留时间超过火工器材耐温安全时间时，应制订相应的起管柱、拆枪的安全措施。

4.2.1.17.3 注意事项

（1）压井液密度应根据循环阀的位置计算。

（2）半潜式钻井平台应计算起管柱过程中防喷器闸板的可关闭位置。

（3）应急压井所需转换接头和防喷阀应置于钻台随时可取用位置。

（4）起测试管柱应操作平稳，防止抽吸。
（5）应连续向井筒内灌入压井液并记录，发现溢流或者漏失立即执行应急计划。

4.2.1.18 封层

（1）确认井下测试工具正常，录取测试资料合格，可按设计要求进行封层作业。
（2）封层参照《海洋石油安全管理细则》（即国家安全生产监督管理总局令第25号）及 Q/HS 2025—2010《海洋石油弃井规范》要求施工。

4.2.2 电缆射孔测试

电缆射孔测试与常规 TCP+DST 联作测试的不同之处在于射孔输送方式，其他作业程序基本一致。

4.2.2.1 作业前准备

（1）确认射孔作业所需要的井下定位标志（短套管，放射性记号源）所在位置。
（2）确认井下射孔压井液符合设计要求。
（3）按设计要求装枪，并明确提出应采取的安全措施：
① 射孔工程师按照测试批复的射孔井段，绘出排枪图并根据作业进度组织装枪。
② 装枪作业前做好区域隔离和广播通知，装枪期间严禁明火、电气焊和敲击作业，避免在雷雨天进行装枪作业。
③ 射孔人员严格按装枪操作规程和安全规定进行操作，保障安全和质量。
④ 仔细检查导爆索，防止使用有接头、弯曲、打折或外壳损坏的导爆索。
⑤ 射孔工程师指导或操作切割导爆索、锁传爆管、丈量长度和安装点火头。
（4）运转电缆射孔绞车，确认 CCL/GR 校深仪器工作正常和电缆点火线路的通断合格。

4.2.2.2 电缆射孔作业程序

（1）安装井口电缆防喷器并试压合格。
（2）组装电缆射孔枪串。
（3）把射孔枪吊上钻台，在转盘面进行深度对零，一切就绪后入井。
（4）以匀速下入射孔枪到射孔深度；具体下入速度根据套管内径、枪外径、枪柱长度、井斜度、狗腿度、测试液性能而定。
（5）用 CCL/GR 进行射孔校深定位。
（6）按设计将射孔枪对准射孔井段后通过电点火引爆射孔枪。
（7）匀速起出引爆后的射孔枪到井口。
（8）射孔枪起到井口后，检查发射率，然后先卸压，再拆卸枪身，防止枪内密闭有压力造成伤害。
（9）重复上述（2）~（8）程序完成全部射孔任务。
（10）若出现哑炮，按哑炮程序处理。

4.2.2.3 电缆射孔校深

4.2.2.3.1 校深原理

射孔层位的深度由裸眼测井中的 GR 曲线或 SP 曲线确定，测固井质量时将套管接箍的深度标定为裸眼测井的深度，固井后套管与地层的相对深度不变。射孔时，以固井质量测井图上的套管接箍曲线作为标准曲线进行校深。电缆射孔校深通常使用 CCL；小 GR 仪也可用来校深定位，但因其探头是晶体材料容易损坏，一般较少使用。

为便于校深定位，通常在下油气层套管时，在靠近射孔井段顶界预先下一根短套管，射孔前进行固井质量测井或专项校深测井，以确定短套管与射孔井段的准确距离。

4.2.2.3.2 校深过程

（1）射孔枪串深度转盘面对零，入井后，首先测量标准接箍（即短套管）深度。

（2）校深时，测得曲线的深度比标准深度曲线浅时，其差值 D 大于 0；测得曲线的深度比标准深度曲线深时，其差值 D 小于 0。

（3）测完标准接箍后，与固井质量图上的曲线相比较，可标出 D，从而在测量仪器深度面板上，校得正确的深度 = 测量深度 $+D$。

（4）在特殊情况下也可用在电缆上做记号的方法确定射孔深度，此方法仅作为一种辅助手段。

4.2.2.4 电缆射孔哑炮的处理

（1）平稳操作电缆把射孔枪起到海底泥线时，无关人员离开危险区。
（2）关闭电缆绞车的电源安全开关并拿出钥匙。
（3）断开电缆控制面板和射孔面板的电源。
（4）继续起射孔枪出井口，操作时轻提慢放，防止剧烈碰撞。
（5）由射孔工程师或技术员负责拆下点火头雷管。
（6）检查哑炮的原因并妥善保管好哑炮枪身。

4.2.2.5 通井作业

电缆射孔作业结束后，必要时组下一趟通井刮管管柱至射孔井段底部以下，循环压井液，清除射孔作业遗留下来的固体碎渣，观察射孔后效，待压井液性能稳定，油层气测全量值小于 1%（气层气测全量值小于 2%），起出通井刮管管柱。后续作业程序基本与常规 TCP+DST 联作测试作业程序相同。

4.2.3 机采测试

4.2.3.1 螺杆泵测试

螺杆泵测试工艺就是在 TCP+DST 测试管柱上携带螺杆泵泵体（工作筒）入井，这种管柱可先进行常规 DST 自喷测试；当测试储层不能自喷或自喷能力不理想时，关闭测试阀，从测试管柱内下入抽油杆和螺杆泵转子进行机采测试，这种工艺可达到自喷和机采两种功效，减少了压井起下管柱和下泵过程。由于半潜式钻井平台具有升沉的特点，因此，在其上进行螺杆泵测试作业时，起下抽油杆、安装和拆卸螺杆泵驱动泵头、起下加热电缆等操作环节，必须使用"海上半潜式钻井平台螺杆泵测试井口补偿连接装置与井口操作台"来消除平台的升沉对作业的影响。

4.2.3.1.1　下泵前的准备

根据所试油井的井深、预计测试层的产能及流体特性、泵体以下所连接测试工具、管柱内径、套管内径、扬程等选择合适的泵型。

注意事项如下：

（1）泵体的最大外径必须小于套管的通径。

（2）如果在半潜式钻井平台上进行螺杆泵测试作业，应再次确认转子的回转直径小于水下测试树下部承压短节的内径。

（3）测试管柱的通径必须大于转子的回转直径，保证转子和抽油杆下入泵体的定子筒，如果不能适应则需更换管柱或更换适应管柱内径的泵型。

（4）泵体的抗拉强度必须大于泵下载荷1.5倍解封封隔器所需拉力。

（5）泵体的上下连接扣型必须能与测试管柱相连接，如不能则选择与其能配合的变扣，选变扣时要注意内径和抗拉强度。

（6）检查所选泵的泵效、合格证、试压记录。

4.2.3.1.2　下泵

下泵时检查泵体的连接丝扣是否紧固，确保泵体无弯曲、无变形、泵体内无污物后涂好螺纹脂下入井内，注意事项如下：

（1）丈量泵体的内（外）径、长度并做好记录。

（2）连接提升短节时扣要上紧，以防下泵时短节松扣造成管柱落井。

（3）上扣时根据扣型及其钢级、壁厚选择合理的扭矩，并告知司钻，确保其耐压、抗拉满足要求。

（4）上扣时打大钳的位置要明确并用笔作出标记。

（5）下泵过程中要匀速，严格按起下测试管柱操作规程。

4.2.3.1.3　装法兰井口

将螺纹清洗干净并涂少量螺纹脂，上扣扭矩为8000～20000N·m（根据扣型确定）。

4.2.3.1.4　起、下抽油杆准备工作

（1）下抽油杆前必须检查抽油杆吊卡、大钩等是否符合尺寸并灵活好用，场地无杂物及油污。

（2）对抽油杆进行详细检查，保证无弯曲、腐蚀、螺纹无损坏、密封圈完好；丈量、核对、记录长度，排放整齐，暂不下井的分开摆放。

（3）下加热电缆的井要对抽油杆、短节、光杆通径。

（4）在半潜式钻井平台上进行起、下抽油杆作业，还应注意以下几点：

① 管柱井口方余的预留必须考虑当时的风浪、潮差等天气情况。
② 安装好井口三通,并连接好相应管线。
③ 检查井口操作台完好后,吊上钻台,将其两部分连接安装完毕后调整至合适高度。
④ 在操作台上正对井口上方,安装好抽油杆支撑台。

4.2.3.1.5　起、下抽油杆

(1) 下转子前将转子用棉布清洗干净检查转子无弯曲、划痕后,连接抽油杆缓慢下入。

(2) 下抽油杆过程中,打好抽油杆吊卡,检查抽油杆无油污及弯曲、螺纹清洁无破损、密封圈完好,只许涂少量螺纹脂并避免将螺纹脂落入内壁,按推荐扭矩值紧扣,防止错扣硬上;匀速起下。

(3) 缓慢下入抽油杆至设计深度,观察指重表变化,转子下至限位器后,换光杆,计算并调整抽油杆长度(调整抽油杆短节长度=提出2根抽油杆的入井长度+方余-光杆长度)。

(4) 在半潜式钻井平台上进行起、下抽油杆作业,还应注意以下两点:
① 起、下抽油杆过程中,如遇天气明显变化,注意及时调整操作台高度。
② 起、下抽油杆过程中,随时注意控制柜液压及指重表变化情况。

4.2.3.1.6　调防冲距

(1) 抽油杆携带转子碰泵(转子下深至螺杆泵限位器)后,将抽油杆提至自由点悬重,碰泵三次确认无误上提0.4～0.6m。

(2) 提出抽油杆,配抽油杆短节连接光杆,使光杆方余为2.3m(配抽油杆短节长度=提出2根抽油杆的入井长度+2.3m-光杆长度)。

4.2.3.1.7　安装井口驱动泵头及防爆筒具体要求

(1) 安装井口时要将钢圈槽清洗干净并涂少量黄油。

(2) 将井口与底法兰大螺栓孔对齐穿好螺栓并对角上紧。

(3) 按要求检查通电线路和用电设备,接通电源试运转,将电机调整到正确转向,检查电机、驱动泵头温度、驱动泵头油量、密封圈(盒)密封、驱动泵头紧固等情况,发现问题应及时调整,正常后方可使用。

(4) 上提光杆6m,对井口驱动泵头及地面管汇试压10MPa,稳压15min为合格。

(5) 下放光杆6m,开井后,以30～60r/min转速试运转,出液正常为合格。

(6) 检查防爆筒密封圈完好后装防爆筒,上紧固定螺钉,连接压缩空气进、出管线。

(7) 在半潜式钻井平台上进行螺杆泵测试作业,还应注意以下几点:
① 抽油杆下完后,拆除井口操作台。
② 利用游车大钩将半潜式钻井平台螺杆泵测试井口补偿连接装置中的小游车吊起,并用长吊环或钢丝绳将其与异型吊卡连接。
③ 连接好小游车与控制柜的液压管线并固定好。
④ 上提半潜式钻井平台螺杆泵测试井口补偿连接装置至适当高度,用异型吊卡将测试管柱卡住并吊起,调节补偿器压力,使大钩吊起水下测试树以上管柱的重量,但须保证

悬挂器不提离水下抗磨补心。

⑤ 操作液压控制柜，利用小游车小钩将螺杆泵井口驱动泵头吊起、安装，注意整个安装过程中，必须一直采用小游车小钩吊装。

⑥ 选用合适长度的钢丝绳套，利用小游车小钩将螺杆泵驱动泵头和抽油杆同时吊起，卸下抽油杆上位于驱动泵头下部的卡子，将泵头坐于三通法兰盘之上，根据调整好的防冲距，安装好驱动泵头。

4.2.3.1.8 起、下加热电缆

（1）按要求检查电缆绝缘情况及制动设备是否灵活可靠，发现问题及时调整。

（2）下入过程中保持匀速，下入速度宜小于 20m/min。

（3）下入过程应注意观察下井电缆使用情况、检测接头绝缘情况、防止电缆打扭，发现问题及时调整；加热电缆下深较大时，宜采用中间无连接的加热电缆。

（4）在半潜式钻井平台上进行螺杆泵测试作业，还应注意利用小游车小钩吊起电缆滑轮，通过滑轮下入加热电缆。

（5）若原油凝固点较高，在求产结束后的关井期间仍要保持电缆加热，待循环压井结束后才结束加热，起出加热电缆。

4.2.3.1.9 启动螺杆泵

启动螺杆泵（如需加热，先接通加热电缆加温 30min），启动频率由 5Hz 开始，根据电机电流情况逐步提速至设计转速，进入正常测试；泵抽期间每 30min 记录井口温度及电机电流，并随时观察井口及电流变化情况和出液情况，发现异常后立即停泵并及时排除，防止电流超载、断杆等复杂情况发生；正常测试后停泵要缓慢操作。

4.2.3.1.10 注意事项

停泵后上提光杆使转子脱离定子筒，以防止抽油杆被砂卡，同时做好三防工作。三防工作具体内容如下：

（1）防止井口流体泄漏。

（2）防止有毒气体中毒。

（3）防止人身伤害及井下事故。

4.2.3.2 电潜泵测试

电潜泵是海上油田常用的人工举升设备，也适用于探井测试作业。电潜泵具有排量范围大、扬程高、井口占用空间小等特点。对于产液量较高、气油比相对较低的油层可采用电潜泵测试。测试管柱可以采用射孔—电潜泵联作测试管柱。

电潜泵系统主要由井下电泵机组、配套井下工具及仪器、地面控制系统三部分组成。其中，井下电泵机组包括潜油电动机、保护器、分离器、多级离心泵和潜油电缆等。地面控制系统包括变压器、变频器、接线箱等。配套井下工具及仪器包括电缆桥、悬挂器、扶正器、单流阀、泄油阀、电缆穿越器、电缆保护器、电泵工况监测仪、压力计托筒等。

4.2.3.2.1 电潜泵测试管柱设计

（1）适用范围。

电潜泵举升测试方式具有排液量范围广、井口占用面积小、适用于各类井型、技术相对成熟等优点，满足在气油比小于 350m^3/m^3 的探井油层测试中使用，电潜泵最大下深可达 3000m 以上且井斜度最大可达 60°。

（2）管柱设计。

对于自升式钻井平台电潜泵测试既可以采用射孔—电潜泵联作测试方式，大幅节约测试作业时间，管柱基本结构如图 4.1 所示；也可以采用先射孔，再下电潜泵测试管柱的方式，管柱基本结构如图 4.2 所示。

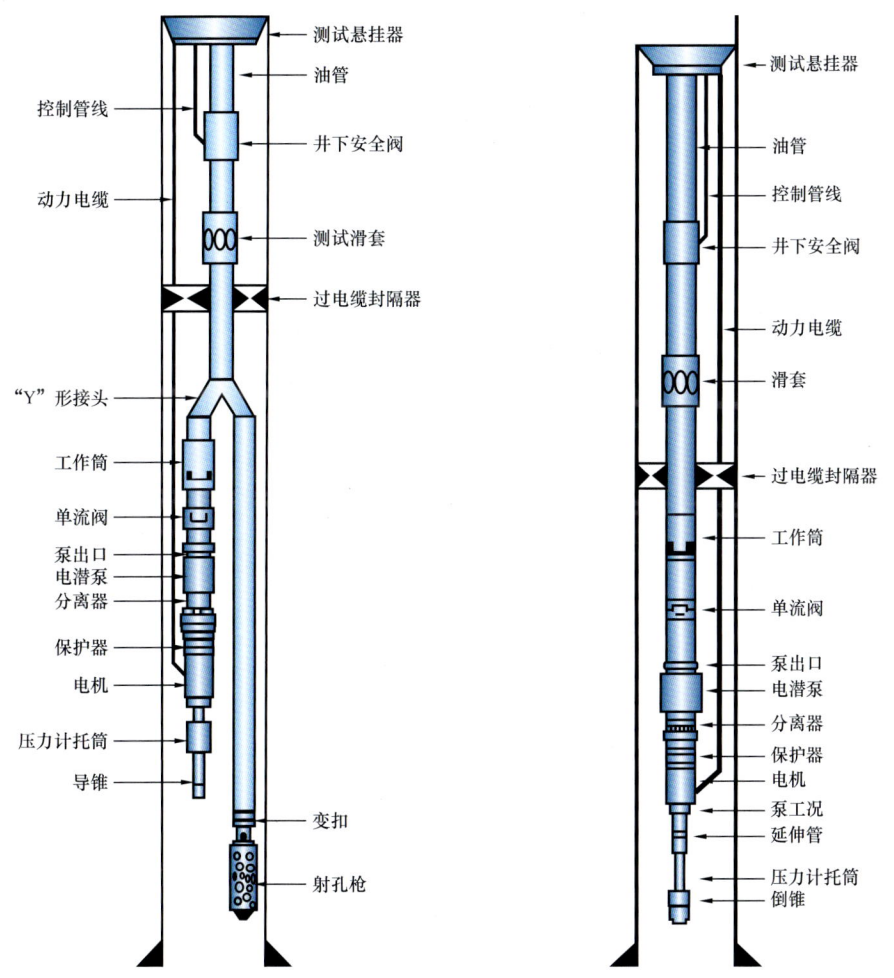

图 4.1 典型射孔与电潜泵联作测试管柱基本结构示意图

图 4.2 典型两趟式电潜泵测试管柱基本结构示意图

对于半潜式钻井平台电潜泵测试一般采用先射孔（电缆射孔或管柱输送射孔），再下电潜泵测试管柱的方式，管柱基本结构如图 4.3 所示。

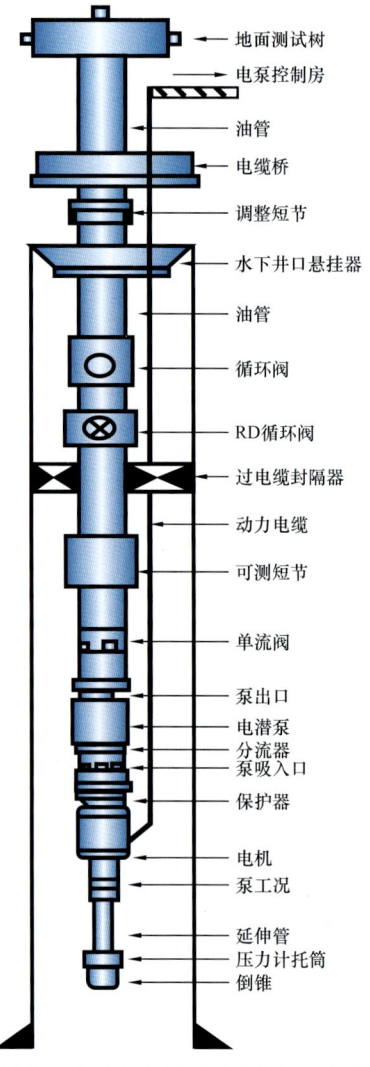

图 4.3 半潜式钻井平台电潜泵测试管柱基本结构示意图

4.2.3.2.2 测试电潜泵机组

电潜泵测试地面设备及管柱基本结构如图 4.4 所示。

（1）潜油电动机。

潜油电动机是鼠笼式三相异步电动机，定子绕组形式一般为两极同心式绕组。其主要部件有定子、转子、止推轴承及径向扶正支撑系统、油路循环系统等。

潜油电动机适用井温分为 90℃、120℃、150℃和 180℃四个等级，特殊设计的电动机适用井温可达 230℃。国内各电泵制造厂商生产的潜油电动机可分为英制、公制两种，英制潜油电动机主要有 375、456、540、562、738 等系列，公制系列潜油电动机主要有 114、116、138、143、187 等系列，每个系列按照不同的容量和电压、电流等级又可分为若干个规格。

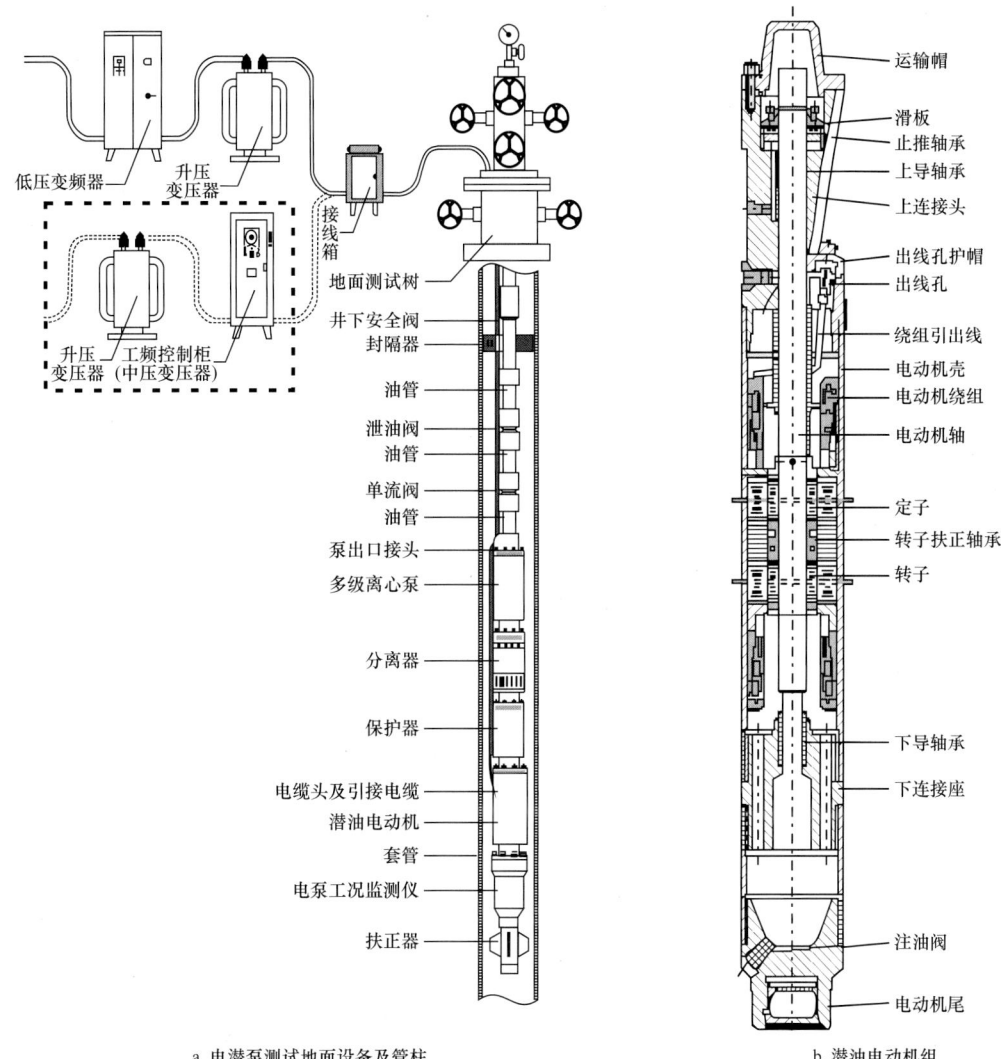

a. 电潜泵测试地面设备及管柱　　b. 潜油电动机组

图 4.4　电潜泵测试地面设备及管柱基本结构示意图

电动机油：电潜泵在工作状态时，电动机和保护器腔内必须充满电动机油，该电动机油主要作用是绝缘和润滑，不同耐温等级的电动机所配置的电动机油黏度各有差异。电动机油主要参数见表 4.2。

表 4.2　电动机油主要参数

项目		温度等级			
		90/120℃	150℃	180℃	230℃
运动黏度 / mm²/s	40℃	≤60	≤65	≤70	≤75
	100℃	≥5.5	≥8	≥10	≥3.5
介电强度 /（kV/2.5mm）		30	30	30	30

（2）保护器。

保护器是潜油电泵机组中的重要组成部分之一，在电泵机组中的安装位置是与潜油电动机的驱动轴输出端相连接，其作用有以下几个方面：

① 电动机与泵的外壳及轴相连接并传递电动机的扭矩。

② 承担泵工作时所产生的轴向力。

③ 密封电动机的驱动轴，防止井液进入电动机内部，实现电动机腔内油品与井液之间的软隔离，当潜油电动机运转时，电动机的温度升高使腔内的电动机油受热膨胀，而保护器能为其提供一个柔性的膨胀空间，当电动机停止工作以后，随着温度的下降，电动机腔内的电动机油就会收缩，而保护器又能为其提供足够的补充。

④ 平衡电动机腔内与环空之间的压力。适合海上平台油井使用的潜油电动机保护器主要有单胶囊单沉降与双胶囊单沉降组成的复合式保护器和由各自独立的胶囊腔与沉降腔组成的组合式保护器两种，其主要部件有壳体、连接座、止推轴承、护轴管、胶囊、机械密封、溢流阀等，其结构如图4.5所示，其主要参数见表4.3。

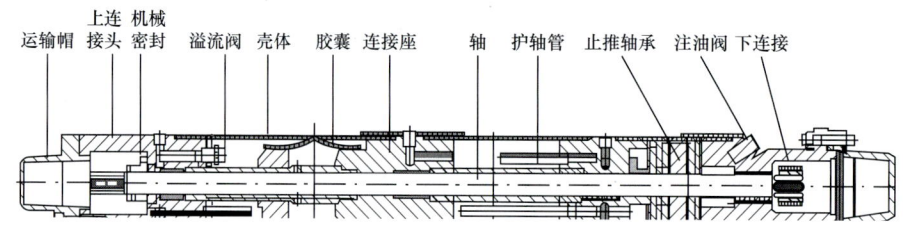

图4.5 复合式保护器的结构示意图

（3）分离器和气体处理器。

井液在进入泵之前，先通过分离器进行气液分离，分离器可将井液中的游离气体在进入泵前分离出一部分，使进入泵的井液中游离气体含量降低，以减少气体对多级离心泵工作性能的影响。分离器的主要部件有壳体、衬筒、诱导轮、分离轮、上连接头、下连接头，其结构如图4.6所示。

高含气井液进入气体处理器后，在高速旋转的叶轮作用下，井液沿轴向运动的同时，井液中的气体被强行压缩，使井液中的气体体积缩小，气、液的体积比例发生变化，使入泵井液中的气体体积缩小，减小气体对离心泵性能的影响，其结构如图4.7所示。

分离器的主要参数见表4.4。

（4）多级离心泵。

多级离心泵主要是由上连接头、下连接头、泵轴、泵壳、叶轮、导壳、轴承支架及压缩环等主要部件组成，每一级都由一个旋转的叶轮和一个固定的导壳组成，叶轮和导壳都串装在泵轴上，叶轮由方键在轴上径向定位，导壳则用压缩环轴向压紧在泵壳中，每节泵的两端各有一个轴承支架。其结构如图4.8所示。

多级离心泵的级数决定其扬程，叶轮的轮型决定其排量。叶轮分为浮动式、半浮动式和固定式三种。

表4.3 保护器公制/英制主要参数

系列	保护器形式	外径/mm(in)	长度/m(ft)	质量/kg(lb)	系列	保护器形式	外径/mm(in)	长度/m(ft)	质量/kg(lb)
86338	LSL	86(3.38)	1.8(5.9)	59(130)	130513	LSL	130(5.13)	1.9(6.5)	125(275)
	LSB					LSB			127(280)
	BSL			61(135)		BSL			
	BSB					BSB			131(290)
	LSLSL		2.5(8.2)	72(160)		LSLSL		2.7(8.9)	
	LSLSB			77(170)		LSLSB			
	LSBPB					LSBPB			168(370)
	LSBSB			82(180)		BSBSL			
	BPBSL					BPBSL			
98387	LSL	98(3.87)	1.8(5.9)	68(150)	130513	LSBSB	130(5.13)	2.7(8.9)	172(380)
	LSB					LSLSBPB		3.5(11.5)	202(445)
	BSL			70(155)		BPBSBPB			
	BSB				172675	MBBL	172(6.75)	2.89(9.5)	276(609)
	LSLSL		2.5(8.2)	86(190)		MBLL			
	LSLSB			91(200)		MLBB			
	LSBPB					MBLB			
	LSBSB			93(205)		BPBSL			
	BPBSL					LSBPB			

注：L=沉降，B=胶囊，S=串联，P=并联，M=组合。

表4.4 分离器规格参数

系列	外径/mm(in)	形式	长度/m(ft)	质量/kg(lb)
387	98(3.87)	旋转	0.82(2.7)	19.5(43)
387E	98(3.87)	旋转（双）	1.43(4.7)	62(137)
400	101.6(4)	旋转	0.82(2.7)	25(55)
540	130(5.13)	旋转	1.19(3.9)	70(154)
540E	130(5.13)	旋转（双）	2.1(7)	138(304)
675	172(6.75)	旋转	1.36(4.47)	95(209)

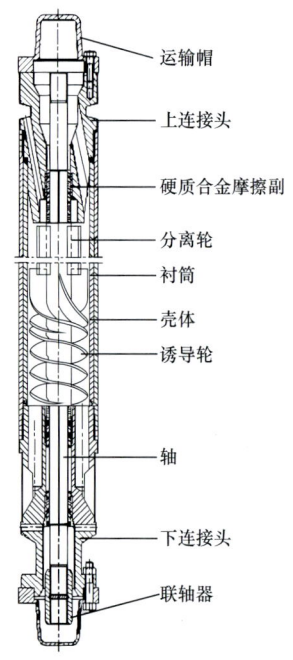

图 4.6 分离器结构示意图

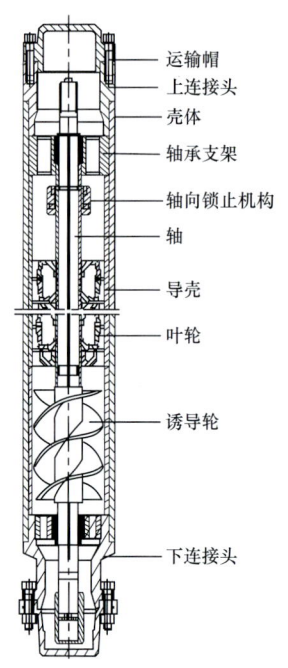

图 4.7 气体处理器结构示意图

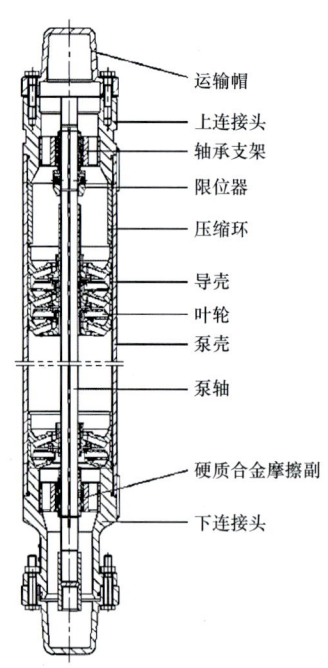

图 4.8 多级离心泵结构示意图

多级离心泵分为英制、公制两种，每种根据其直径不同分若干系列，每个系列又根据不同的排量范围分为若干个泵型，其排量范围可覆盖每天几十立方米至每天几千立方米。离心泵的主要规格型号见表 4.5、表 4.6。

表 4.5 英制系列多级离心泵的主要规格型号（50Hz）

系列	泵型	高效区排量范围/ m^3/d（BPD）	泵效/%	系列	泵型	高效区排量范围/ m^3/d（BPD）	泵效/%
338	A10	40~60（250~400）	42	387	D2000	200~300（1250~1850）	53
	A15	52~82（330~515）	45		D2200	200~300（1250~1850）	59
	A25	80~120（500~750）	52		D3000	250~450（1550~2800）	63
	A30	120~180（750~1100）	55		D4000	450~650（2800~4000）	56
	A45	160~240（1000~1500）	39		D4300	500~700（3100~4400）	62
387	D180	24~34（150~220）	40	513	G1600	200~260（1250~1600）	58
	D230	30~40（180~250）	42		G2000	220~310（1350~1950）	60
	D280	40~60（250~370）	44		G2500	250~370（1550~2300）	61
	D330	45~65（280~400）	48		G3100	330~450（2000~2800）	59
	D450	55~75（345~470）	44		G4000	400~600（2500~3750）	65
	D500	55~80（345~500）	51		G5200	600~850（3750~5300）	64
	D610	80~110（500~700）	55		G5600	650~950（4000~6000）	58
	D750	80~120（500~750）	53		G7000	700~1000（4400~6300）	62
	D980	100~150（630~940）	62		G10000	900~1250（5600~7800）	60
	D1000	90~150（560~940）	59		G12000	1000~1670（6300~10500）	64

续表

系列	泵型	高效区排量范围/m³/d（BPD）	泵效/%	系列	泵型	高效区排量范围/m³/d（BPD）	泵效/%
387	D1200	125～190（780～1200）	62	675	TN7500	850～1200（5400～7500）	68
	D1300	130～200（800～1250）	62		TN10000	920～1750（5900～11000）	71
	D1750	200～300（1250～1800）	62		TN12000	1000～1900（6666～12000）	71.4
	D1800	200～300（1250～1800）	68		TN16000	1600～2500（10000～16000）	65.5
					TN21000	2250～3250（14100～20500）	70.8

注：338系列—泵外径3.38in、675系列—泵外径6.75in。

表4.6　公制系列多级离心泵的主要规格型号（50Hz）

系列	泵型	高效区排量范围/m³/d	泵效/%	系列	泵型	高效区排量范围/m³/d	泵效/%
98	98-50	42～68	46	130	130-300	230～390	64
	98-70	60～90	46		130-450	350～600	66
	98-100	80～124	50		130-600	420～740	56
	98-150	120～180	57		130-700	600～880	69
	98-200	160～240	58		130-900	690～1100	67
	98-250	210～320	57		130-1200	920～1520	69
	98-300	220～340	58		130-1600	1160～1920	62
	98-400	300～450	59	172	172-1200	1080～1620	70
	98-500	450～650	55		172-2000	1600～2400	67
					172-2500	1950～2950	72

注：98系列—泵外径98mm、172系列—泵外径172mm。

（5）潜油电缆。

潜油电缆是电泵行业专用的配套电缆，每根电缆是由引接电缆和动力电缆两段组成，引接电缆从潜油电机出线孔到泵出口以上，常用扁电缆，其长度一般在15～25m不等。

潜油电缆的结构自内至外为：独股（或多股）圆形铜导体、绝缘体、护套层（公共护套层）、纤维布带垫层和钢带铠装保护层。动力电缆按横断面分为圆、扁两种形状（图4.9、图4.10）。圆电缆的制造成本稍高，占用空间相对较大，但由于三根芯线等距排布的结构有利于降低电损耗，过穿越时无需改变形态。扁电缆的制造成本相对较低，占用空间小，更适用于油套环空小的井。由于海上油田大部分的油井套管空间较宽，且多采用过电缆封隔器结构，因此多采用圆电缆。常用潜油电缆规格见表 4.7。当引接电缆位置附近的富余空间较小，只能采用扁电缆。

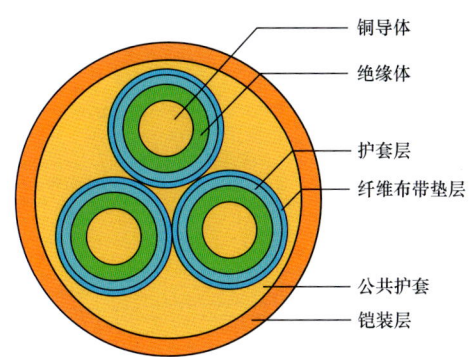

图 4.9 潜油电缆结构示意图（圆）

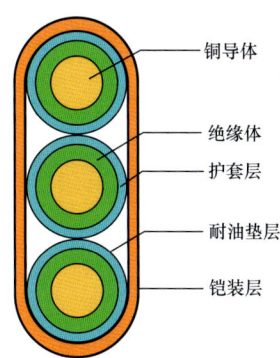

图 4.10 潜油电缆结构示意图（扁）

表 4.7 常用潜油电缆规格

电缆型号	AWG7#	AWG6#	AWG5#	AWG4#	AWG2#	AWG1#
导体标称截面 /mm²	10	13	16	20	33	42
其他参数						

电压等级 /kV	温度等级 /℃	绝缘层材料	护套层材料	铠装钢带
3/6	90	改性聚丙烯	丁腈橡胶	镀锌 蒙乃尔 不锈钢
	120	三元乙丙橡胶	丁腈橡胶/铅	
	150	聚酰亚胺 F-46/三元乙丙橡胶	乙丙橡胶/铅	
	204	聚酰亚胺 F-46/氟塑料	氟塑料	

电缆型号表示方法：

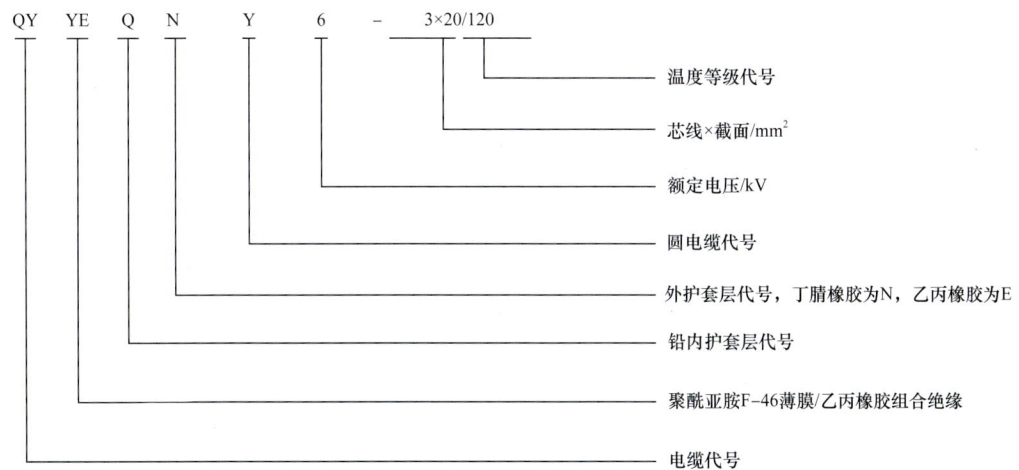

（6）电缆头。

电缆头是制作在引接电缆上与潜油电机绕组引出线相连的一种专用密封接头。电缆头与潜油电机绕组引出线连接有缠绕式和插接式两种形式。

它主要由壳体、引接电缆、橡胶密封垫、绝缘垫块、电缆插头、尾部锡封等构成。缠绕式电缆头与插接式电缆头的结构如图4.11、图4.12所示。

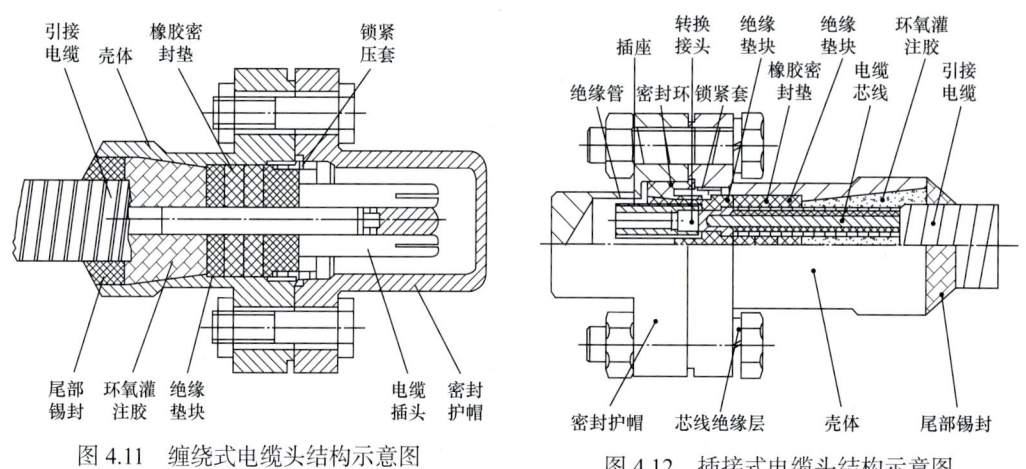

图4.11 缠绕式电缆头结构示意图　　　图4.12 插接式电缆头结构示意图

（7）井下配套工具及仪器。

① 单流阀。

单流阀的安装位置在泵出口以上，其作用是：为保障泵内始终有液体填充，只允许液体从下向上单向流动，防止液面降至泵以下，另外在停泵后可阻止管柱内井液中的沉积物进入泵内；此外，防止液柱回落引起泵内叶轮反向旋转，避免在液柱回落引起泵内叶轮反转情况下启动电泵可能导致的电机过载甚至断轴故障。因此在停泵后短时间内应避免重复启泵。

单流阀的种类较多，海上应用的结构如图4.13所示。

② 泄油阀。

泄油阀适用于斜度小于60°的普通合采管柱油井，一般安装在单流阀以上，与单流阀配合使用；其作用是在检泵作业洗井前，通过投棒将泄流销砸断，使油管和套管环空连通。泄油阀的结构是在垂直于金属阀体的中间部位，安装一个带环槽的金属泄流销。其结构如图4.14所示。

③ 扶正器。

扶正器安装在电泵机组最下端，其作用一是在电潜泵运行时确保机组居中，减少振动并保证机组散热；作用二是在电泵机组下井的过程中起导向扶正作用，其结构如图4.15所示。

应用于海上平台电泵井的扶正器主要有$\phi 150mm$、$\phi 190mm$两种规格。

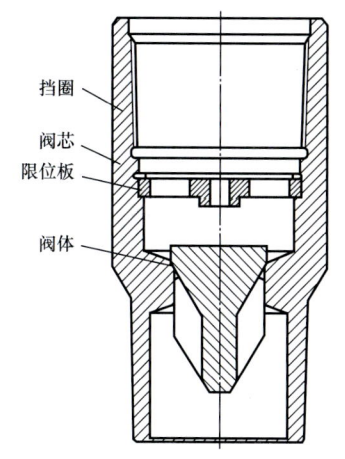

图 4.13 单流阀示意图

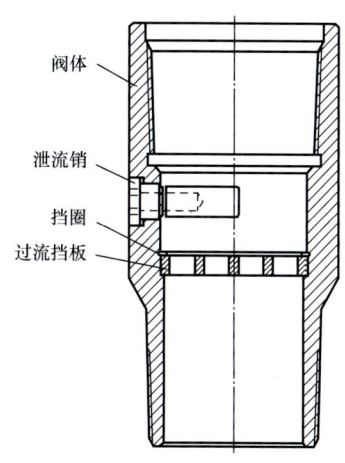

图 4.14 泄油阀示意图

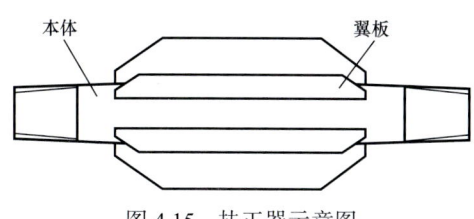

图 4.15 扶正器示意图

④ 电缆穿越。

电缆穿越是连接电缆并密封电缆穿越部位的装置。按照密封形式可分为整体式和填料函式。按照穿越位置不同，可分为井口电缆穿越和井下电缆穿越。整体式穿越是依靠整体式金属管和"O"形圈实现电缆的穿越密封；填料函式穿越是靠金属垫和橡胶垫轴向挤压，实现电缆穿越部位的径向密封。整体式电缆与填料函式电缆穿越结构如图 4.16、图 4.17 所示，对比见表 4.8。

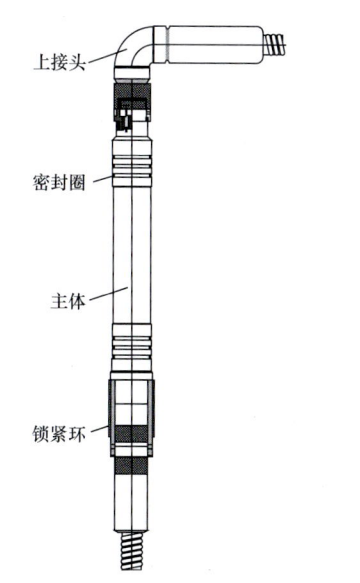

图 4.16 整体式电缆穿越示意图

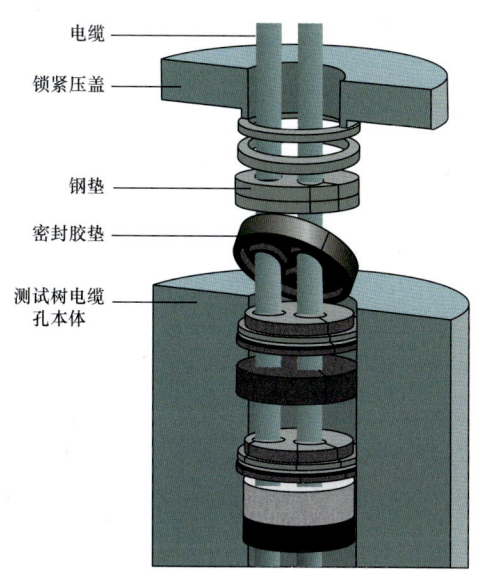

图 4.17 填料函式电缆穿越示意图

表 4.8 电缆穿越对比

类别		优点	缺点	耐压等级	适应性
填料函式	单孔	①成本低；②操作简便；③对绝缘层保护	①密封压力低；②不适用高气油比井	1000psi	适用于不含气油井，逐渐被淘汰
	三孔	①成本较低；②对绝缘层保护	①密封压力较低；②对安装工艺要求较高；③不适用高气油比井	3000psi	适用于低含气、低压油井
整体式	单孔	①密封压力高；②安装相对简单	①成本高；②会形成2个外在电缆连接点	5000psi、7000psi、10000psi	适用于高含气、套压高、含腐蚀性井液油井
	三孔	①密封压力高；②可以实现小空间电缆穿越密封	①成本高；②该工艺在国内推广度较低	5000psi、7000psi、10000psi	

⑤电泵工况监测仪。

电泵工况监测仪是一种能够对电泵运行及油井状态进行实时多参数监测的专用设备，能对电潜泵的入口压力、出口压力、入口温度、潜油电机绕组温度、潜油电机振动、泄漏电流等参数进行实时监测。其井下传感部分安装于潜油电机尾部，信号回路与电机绕组的星点引出线相连接，井下传感器将各种监测信号通过潜油电机绕组和动力电缆传到地面，地面仪表再将各参数信号解调分离，经显示单元处理后，可直观显示井下各种监测参数。同时可实现井下工况数据超限报警及保护功能。电泵工况监测仪井下传感器如图 4.18 所示，电泵工况监测仪典型参数见表 4.9。

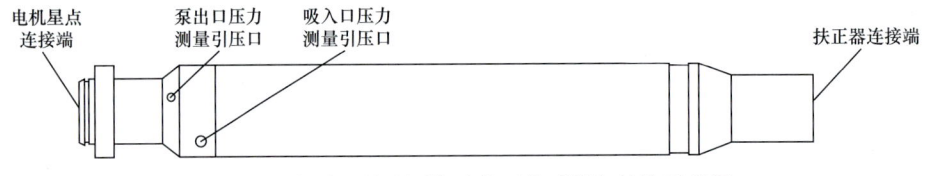

图 4.18 电泵工况监测仪（井下传感器）结构示意图

⑥井下安全阀。

井下安全阀是控制井中流体非正常流动的装置。在海上生产设施发生火灾、断电等非正常情况，遇到地震、冰情、强台风等不可抗力，或者遇到其他情况需要关井时，可人为通过控制系统关闭井下安全阀；当造成管线破裂、控制系统断电等情况时，安全阀可自动关闭，实现井中流体的流动控制。油管携带式井下安全阀较为常用。

a. 井下安全阀结构和工作原理。

常用油管携带式安全阀主要由上接头、活塞、弹簧筒、流动管、动力弹簧、扭簧、销、阀瓣和下接头等组成（图 4.19）。

表4.9 电泵工况监测仪典型参数指标

项目	指标	数值
吸入口压力 /psi	范围	0～5000
	测量精度	0.5%F.S.
泵出口压力 /psi	范围	0～5000
	测量精度	0.5%F.S.
井下温度 /℃	范围	0～150
	测量精度	1.0% F.S.
潜油电机温度 /℃	范围	0～175
	测量精度	1.0%F.S.
X轴、Y轴、Z轴振动	范围	0～5g
	测量精度	1.0%F.S.
漏电流 /mA	范围	0～20
	测量精度	0.05%F.S.
工作温度 /℃	最高值	150
工作压力 /MPa	最大值	40

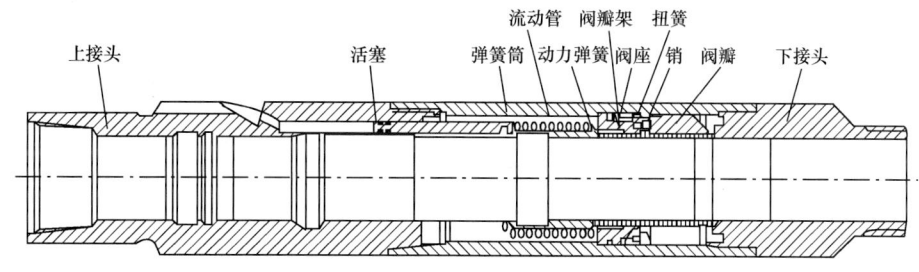

图4.19 油管携带式井下安全阀结构示意图

其工作原理是通过控制管线地面加压，推动活塞及流动管向下移动，动力弹簧被压缩，流动管克服扭簧弹力打开阀瓣，安全阀打开，保持控制管线压力，安全阀处于打开状态；地面泄压后，动力弹簧带动流动管向上移动，阀瓣在扭簧的作用下复位，安全阀关闭。

井下安全阀通常带有自平衡机构，其功能是在打开井下安全阀时沟通阀上下的压力，防止井底压力过高导致安全阀不易打开。

b. 井下安全阀主要技术参数。

安全阀主要技术参数包括尺寸、工作压力、温度、工作环境及下入深度等。

油管携带式井下安全阀的尺寸包括公称尺寸、最大外径及最小内径，公称尺寸一般为与其配合的油管尺寸，不同产品的最大外径略有不同，最小内径指其顶部接头内工作筒的内径。

井下安全阀的类型标志上通常带有 L、H 字母，分别代表常压和高压，一般常压指 35~42MPa（5000~6000psi），高压指 70MPa（10000psi）或以上，最大工作压力可达 105MPa（15000psi）。

常规井下安全阀的工作温度在 $-67 \sim 149$℃（$-89 \sim 300$℉）之间，全金属密封井下安全阀的最高温度可达 350℃（662℉）。安全阀附件的工作温度要与安全阀相匹配，如液压油温度等级等。

无腐蚀性介质环境，或有少量 H_2S 存在的环境，可选择 4140、4145、40CrMnMo 等材料，采用调质热处理，机械性能强度符合 API L80 钢级的性能；用于含 H_2S 环境的材料应执行 NACE MR0175 或 ISO15156-1、ISO15156-2、ISO15156-3 等标准。在 CO_2 腐蚀，且有少量 H_2S 存在的环境，可选择 9Cr、13Cr、17-4PH、超级 13Cr 等材料，屈服强度满足 560~770MPa。在 H_2S、CO_2 等腐蚀环境，可选择镍基合金 825、925、718 等材料，屈服强度不小于 770MPa；在 H_2S、CO_2 等腐蚀，且存在自由硫元素的环境，可选择镍基合金 625、725 等材料，屈服强度不小于 840MPa。

c. 下入深度。

井下安全阀的下入深度在最大允许下入深度范围内，应避开水合物生成和结垢、结蜡位置，要求至少要下在海底泥线以下 30m。安全阀实际下入深度必须考虑环空液体的密度，如果控制管线破裂，环空液柱压力须小于安全阀的初始开启压力。

d. 井下安全阀配件。

采用的液压控制管线满足美国材料试验协会 ASTMA-269 标准（或不低于该标准的同类标准）的要求，出厂时必须按要求进行试压，试压值应不小于工作压力的 150%。

控制液的选用一般可根据安全阀的实际下入深度，考虑温度对控制液的影响来进行选用；如果安全阀的工作温度较高，则要采用特殊的控制液。

⑦电缆桥。

电潜泵机组的动力是由地面动力电源通过电缆向井下机组提供的，动力电缆没有专门通道而仅是挂在生产管柱的外壁。当需要关闭防喷器进行环空打压操作 APR 或 PCT 测试工具时无论关闸板或万能都会损坏电缆，必须在管柱中特别设计一个起保护和密封作用的电缆桥确保电缆在防喷器组工作时得到保护；电缆桥外径通常为 $9\frac{5}{8}$in 适应关万能防喷器密封其与防喷器之间的环空；内部保留居中的油气流通通道和电缆穿越通道，电缆穿越通道必须承压密封可靠并便于电缆穿越和承压密封；整体设计成纺锤形便于通过防喷器，其示意图如图 4.20 所示。

⑧悬挂器。

使用悬挂器（简化水下测试树）坐于水下井口内，下部与油管连接，并能坐挂在高压井口头腔内，上部与电缆桥连接，悬挂器可保留油气流与电缆穿越通道，上下为锤形，起到引导作用，也可通过悬挂器上下调整长度后通过锁止块锁止，其示意图如图 4.21 所示。

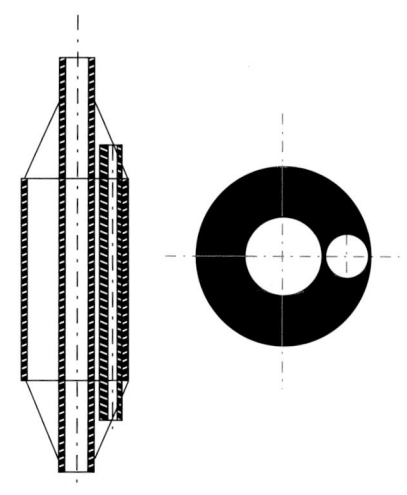

图 4.20 电缆桥示意图

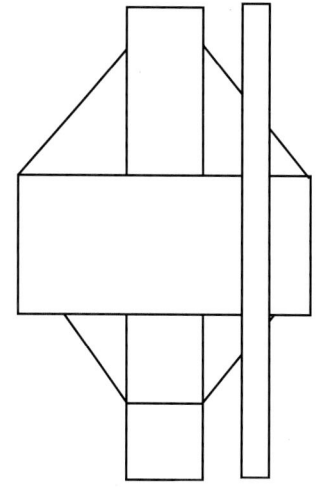

图 4.21 悬挂器示意图

（8）电潜泵系统的选型设计。

① 井下电泵机组选型。

为了合理地选择电潜泵，使其运行可靠又经济，在选型设计时，一般遵循以下原则：

a. 根据探井原油产能预测选择合适泵型，使泵尽可能在高效区运转。

b. 泵额定扬程应满足设计产量下油井总动压头的需要。

c. 电机的额定输出功率能够满足未来最高运行频率产量下举升液体所需的功率要求。

d. 动力电缆选择，在保证套管尺寸要求的情况下，电缆的耐压等级应满足电泵机组最高地面供电电压的要求，电缆的规格应满足负载在额定电流工况下长期运行的要求。

e. 应根据井况（如温度、腐蚀等）选择电泵机组及电缆的温度等级和防护类型。

② 选型基础数据。

a. 钻井数据。

井身结构、套管程序、井眼轨迹、井口装置。

b. 油藏物性及流体性质。

为优选电泵机组，尽可能多地搜集已有的油藏地质资料，特别对于延长测试井，具体包括油层静压、温度和深度，原油、天然气和水的相对密度、原油黏度、饱和压力和溶解气油比，产液含砂量，结蜡及腐蚀情况等。

c. 原油产能预测数据。

产液量、产气量、含水率、气油比、井底流压、井口回压和井口温度等。

d. 其他资料。

作业机具、供电电源等情况。

③ 电泵机组的选型。

a. 复核探井油层产能预测。

从地质获取产能预测数据后，利用数值模拟的结果进行复核，获得不同工作制度下的产能，如果未进行数值模拟，则利用达西定律计算采液指数或测试资料绘制流入动态曲线。

b. 泵吸入口气液比。

泵吸入口气液比是指泵吸入口处游离气体积占油、气、水三相总体积的百分数。计算公式如下：

$$\mathrm{GLR} = \frac{(1-f_\mathrm{w})(\mathrm{GOR}-R_\mathrm{sp})B_\mathrm{g}}{(1-f_\mathrm{w})B_\mathrm{o}+(1-f_\mathrm{w})(\mathrm{GOR}-R_\mathrm{sp})B_\mathrm{g}+f_\mathrm{w}} \times 100\% \qquad (4.5)$$

式中　GLR——泵吸入口气液比，%；

GOR——生产气油比，m^3/m^3；

R_sp——泵吸入口处溶解气油比，m^3/m^3；

B_g——泵吸入口处气体体积系数，m^3/m^3；

B_o——油的体积系数，m^3/m^3；

f_w——含水率。

根据上述公式，可计算出在不同泵吸入口压力下的泵吸入口处的气液比，并可以做出泵吸入口处流体压力与气液比关系曲线（图4.22）。

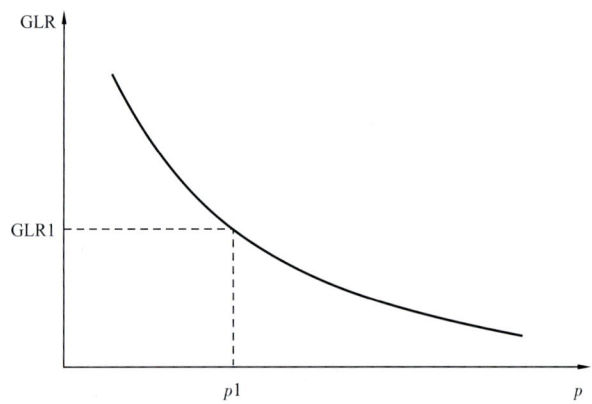

图 4.22　泵吸入口处流体压力与气液比关系曲线图

c. 泵额定排量计算。

$$Q_\mathrm{e} = \frac{V_\mathrm{o}+V_\mathrm{g}(1-\eta_\mathrm{s})+V_\mathrm{w}+\left(V_\mathrm{o}'+V_\mathrm{g}'+V_\mathrm{w}'\right)}{2} \qquad (4.6)$$

式中　Q_e——电泵额定排量，m^3/d；

V_o——泵吸入口原油体积流量，m^3/d；

V_g——泵吸入口气体体积流量，m^3/d；

V_w——泵吸入口水的体积流量，m^3/d；

V_o'——泵出口原油体积流量，m^3/d；

V_g'——泵出口气体体积流量，m^3/d；

V_w'——泵出口水的体积流量，m^3/d；

η_s——泵效，%。

d. 计算总动压头（即总扬程）。

如图 4.23 所示，油井的总动压头计算公式如下：

$$H = H_d + p_o + F_t = H_p + p_o + F_t - p \tag{4.7}$$

式中　H——油井总动压头，m；
　　　H_d——垂直举升高度，m；
　　　p_o——回压折算压头，m；
　　　F_t——油管摩阻损失压头，m；
　　　H_p——泵挂垂直深度，m；
　　　p——泵吸入口压力折算压头，m。

大多采用油管多相垂直管流软件计算总动压头。

e. 确定泵挂位置。

泵挂位置原则为满足探井油层达到测试求产液量，同时应考虑因素为：

• 根据井斜数据、测试管柱类型和机组系列及规格，一般情况下选择井斜角小于 70°，井斜全角变化率不大于 1°/30m 的斜直井段。

• 为避免测试求产过程中液面波动产生的气体影响，泵挂位置应保证有相对稳定的沉没度（垂深不小于 50m）。

• 对于稠油井，充分考虑黏温曲线的变化规律，选择合理泵挂位置，降低井液黏度对电泵效率及扬程的影响。

f. 泵的选型。

根据产液量和套管尺寸，选择设计产量在泵的最佳工作范围之内且最接近泵效峰值的泵型。

g. 确定离心泵级数。

根据以上选泵的排量在泵特性曲线上找到相对应的单级扬程，然后用计算的总动压头 H 除以单级扬程值，即可求出泵的总级数。

h. 电动机选型参数确定。

当多级离心泵的型号、扬程及所需的级数被确定以后，可用下式计算出电动机的功率：

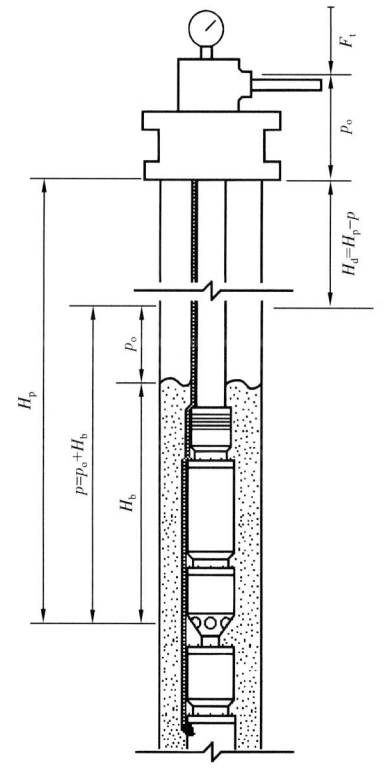

图 4.23　潜油电泵井总扬程
　　　计算示意图

$$P = \frac{QHr_l}{K\eta_p} C_p K' \tag{4.8}$$

式中　P——电动机输出功率，kW；

Q——泵额定排量，m³/d；

H——泵额定扬程，m；

r_1——井液平均相对密度；

K——常数，一般取值为8812.8；

η_p——泵效率，%；

C_p——功率黏度校正系数（见泵性能因黏度变化的校正系数）；

K'——安全系数（1.05～1.20）。

根据计算的功率和套管尺寸，以及要考虑保护器和油气分离器的功率损失，选择电动机规格型号，进一步确定出电动机的额定电压和电流。

英制、公制系列潜油电动机规格见表4.10、表4.11。

表4.10　英制系列潜油电动机（50Hz）

系列	额定功率/kW（hp）	额定电压/V	额定电流/A	长度/m（ft）	质量/kg（lb）	系列	额定功率/kW（hp）	额定电压/V	额定电流/A	长度/m（ft）	质量/kg（lb）
375	7.5（10）	410	18	2.2（7.1）	95（209）	456	25（33.5）	359 642 733 1116	59 33 29 19	3.8（12.3）	262（578）
	15（20）	402 485 570	36.6 30.5 26	3.6（11.8）	164（362）		31（41.5）	562 679 796 1158	47 39 33 23	4.5（14.7）	315（695）
	16（22）	440 535 625	36.6 30.5 26	3.9（12.7）	177（390）		37（50）	533 621 675 808 1108	59 52 47 39 29	5.3（17.5）	317.7（701）
	17.5（24）	480 583 680	36.6 30.5 26	4.2（13.6）	191（421）		43.6（58.5）	450 625 788 945	82.5 60 47 39	5.9（19.4）	401.5（886）
	19（26）	415 520 630 735	46 36.6 30.5 26	4.4（14.6）	205（452）		49.6（66.5）	529 717 904 1091	80 60 46 39	6.6（21.8）	451（995）
	22（30）	478 600 727 847	46 36.6 30.5 26	5（16.5）	235（518）						
	23.5（32）	510 775 905	46 30.5 26	5.3（17.4）	250（551）						

续表

系列	额定功率/kW（hp）	额定电压/V	额定电流/A	长度/m（ft）	质量/kg（lb）	系列	额定功率/kW（hp）	额定电压/V	额定电流/A	长度/m（ft）	质量/kg（lb）
375	26.5（36）	573 872 1018	46 30.5 26	5.9 （19.2）	282 （622）	456	56（75）	591 800 945 1017 1216 1635	81 59 50 46 39 29	7.4 （24.2）	505.8 （1116）
456	6.3（8.5）	363	15	1.6（5.1）	109 （240）						
	9.3（12.5）	363 546	23 16	1.9（6.3）	130 （288）		62（83.5）	658 767 895 1129 1837	80 70 59 46 28.5	8.1 （26.6）	560.2 （1236）
	12（16.5）	375 625	28.5 17	2.3（7.5）	156 （345）						
	15.6（21）	342 575	39 22	2.7（8.7）	182 （402）		68（91.5）	991 1982	60 30	8.8（29）	623.6 （1376）
	18.6（25）	355 625 1050	44.5 25.5 15	3（9.9）	218 （482）		74.6（100）	787 1079 1870	81 59 35	9.6 （31.4）	680.3 （1501）
	22（29.5）	321 563 654	57 33 28	3.4 （11.1）	236 （520）						
540	12.3（16.5）	367 629	29 17	1.8（6）	136 （300）	540	93（125）	895 1755	87 44	7.2 （23.6）	686.6 （1515）
	18.6（25）	362 591 1013	45 28 16	2.2（7.3）	177 （390）		99（133）	687 929 1820	122 88.5 46	7.7 （25.2）	735 （1621）
	25（33.5）	362 550 608 733 1104	60 40 36 30 20	2.7（8.7）	219 （483）		111.8（150）	787 1062 1620	120 89 59	8.5 （27.9）	831 （1834）
							124.5（167）	917 1783	115 54	9.3 （30.6）	915 （2019）
							139（187）	945 1862	127 84	9.3 （30.6）	915 （2019）
	31（41.5）	375 604 754 1146	72 45 34 22	3（10.1）	261 （576）	562	21（28）	430	39	1.8 （6.1）	136.7 （301.5）
							31.7（42.5）	640	39	2.3 （7.4）	177.4 （391.5）

续表

系列	额定功率/kW(hp)	额定电压/V	额定电流/A	长度/m(ft)	质量/kg(lb)	系列	额定功率/kW(hp)	额定电压/V	额定电流/A	长度/m(ft)	质量/kg(lb)
540	37(50)	354 538 725 808 1100	91 60 45 40 30	3.5(11.5)	308(679)	562	42(56.5)	710	48	2.7(8.8)	219.6(484.5)
							53(71)	890	48	3.1(10.2)	262(578)
							63(85)	1060	48	3.5(11.6)	308(680)
							73.8(99)	1250	48	3.9(12.9)	350.8(774)
	43.6(58.5)	629 845	60 45	3.9(13)	349(771)		84(113)	1430 1120	48 61	4.4(14.3)	392.5(866)
	49.6(66.5)	721 966	60 45	4.3(14)	391(863)		95(127)	1590 1260	48 61	4.8(15.8)	433.3(956)
	56(75)	1360 1083	34 45	4.8(15)	433(955)		106(142)	1780 1410 890	48 61 96	5.2(17)	477.2(1053)
	62(83.5)	591 696 891 1808	89 76 60 29	5.2(17)	475(1048)		116(156)	1920 1530 960	48 61 96	5.6(18.4)	519(1145)
	74.6(100)	712 858 1079 1803	88 73 59 33	6(19.7)	559(1233)		126.7(170)	2140 1690 1070	48 61 96	6(19.8)	561(1238)
	80.5(108)	770 938	88 67	6.4(21)	601(1327)		137(184)	2270 1800 1125	48 61 96	6.5(21.2)	603.2(1331)
562	147.6(198)	1950 1225	61 96	6.9(22.6)	646.3(1426)	738	130.5(175)	767 1312 1875 2175	133 78 55 48	4.4(14.5)	948(2092)
	158(212)	2100 1330	61 96	7.3(23.7)	688.9(1520)						

续表

系列	额定功率/kW（hp）	额定电压/V	额定电流/A	长度/m（ft）	质量/kg（lb）	系列	额定功率/kW（hp）	额定电压/V	额定电流/A	长度/m（ft）	质量/kg（lb）
562	169（227）	2220 1400	61 96	7.8（25.4）	736.5（1625）	738	149.1（200）	875 1192 1500 2125 2483	133 98.5 78 55 48	4.9（16.1）	1056（2328）
	180（241）	2350 1480	61 96	8.2（26.8）	778.6（1718）		167.7（225）	988 1675 2375 2792	133 78 55 48	5.4（17.8）	1154（2546）
	190（255）	2500 1575	61 96	8.5（28）	833（1838）		186.4（250）	1096 1875	133 78	5.9（19.4）	1256.7（2773）
	201（270）	2630 1650	61 96	9（29.4）	875.1（1931）		205（275）	1208 2042 2946	133 78 55	6.4（21）	1359.6（3000）
	211（283）	2800 1770	61 96	9.4（30.7）	918.2（2026）		223.7（300）	1317 2250	133 78	6.9（22.7）	1462（3226）
	224（300）	1415 1770 2125	129 103 86	8.5（28）	856.6（1890）		242.3（325）	1425 2417	133 78	7.4（24.3）	1565（3453）
	242（325）	1530 1730 1915 2300	129 114 103 86	9.1（30）	915.5（2020）		261（350）	1537 2600	133 78	7.9（26）	1667.8（3680）
	261（350）	1640 2065 2480	129 103 86	9.8（32）	929（2050）		279.6（375）	1646 2771	133 78	8.4（27.6）	1770（3907）
	279.6（375）	1770 2210 2650	129 103 87	10.4（34）	1033.3（2280）		298.2（400）	1758 2958	133 78	8.9（29.3）	1874（4134）
							316.9（425）	1875 3154	133 78	9.4（30.9）	1976.4（4361）

注：375系列—电机外径3.75in、738—电机外径7.38in。

表4.11 公制系列潜油电动机规格（50Hz）

系列	额定功率/kW	额定电压/V	额定电流/A	长度/m	质量/kg	系列	额定功率/kW	额定电压/V	额定电流/A	长度/m	质量/kg
114	15	315	43	2.64	150	138	55	1060	43	4.14	396
	20	441	43	3.35	220		60	1190	43	4.56	446
	35	744	43	4.76	325		65	1325	43	4.98	495

续表

系列	额定功率/kW	额定电压/V	额定电流/A	长度/m	质量/kg	系列	额定功率/kW	额定电压/V	额定电流/A	长度/m	质量/kg
114	40	850	43	5.47	378	138	70	1455	43	5.40	545
	45	945	43	6.18	431		75	1455	46	5.40	545
	50	1070	43	6.88	483		80	1590	43	5.82	594
	55	1134	43	7.24	510		85	1720	43	6.24	644
	60	1260	43	7.94	562		90	1855	40	6.66	693
	65	1323	43	8.30	595		95	1855	43	6.66	693
	70	1450	43	9.0	648		100	1988	43	7.08	743
	75	1575	43	9.71	680		105	2120	43	7.50	792
	80	1700	43	4.36+6.85	782		110	2120	44	7.50	792
	85	1765	43	4.36+7.2	809	143	16	315	44	1.74	110
	90	1890	43	6.13+6.14	862		24	470	44	2.18	161
	95	2016	43	6.13+6.85	914		32	625	44	2.61	212
	100	2142	43	6.83+6.85	966		40	785	44	3.05	263
	105	2205	43	6.83+7.2	978		48	940	44	3.48	314
	110	2268	43	7.19+7.2	1020		56	1100	44	3.91	365
138	14	265	43	1.67	102		64	1255	44	4.35	416
	20	400	43	2.09	150		72	1415	44	4.78	467
	25	530	43	2046	198		80	1570	44	5.22	518
	30	660	43	2.88	248		88	1725	44	5.65	569
	35	660	46	2.88	248		96	1885	44	6.09	620
	40	795	43	3.30	297		104	2040	44	6.52	671
	45	928	43	3.72	347		112	2200	44	6.96	722
	50	1060	40	4.14	396		120	2355	44	7.39	773
143	128	1940	57	7.83	824	187	44	880	39	1.99	246
	136	2065	57	8.26	875		66	1320	39	2.47	334
	144	2185	57	8.70	926		88	1760	39	2.95	422
	152	1635	80	4.74+5.22	979		110	2200	39	3.43	510
	160	1720	80	5.18+5.22	1030		132	1620	67	3.91	598

续表

系列	额定功率/kW	额定电压/V	额定电流/A	长度/m	质量/kg	系列	额定功率/kW	额定电压/V	额定电流/A	长度/m	质量/kg
143	168	1805	80	5.18+5.66	1081	187	154	1890	67	4.39	686
	176	1890	80	5.61+5.66	1132		176	2160	67	4.87	774
	184	1975	80	5.61+6.09	1183		198	2430	67	5.35	862
	192	2060	80	6.05+6.09	1234		220	1390	116	5.83	950
	200	2145	80	6.05+6.53	1285		242	1530	116	6.31	1038
	208	2230	80	6.48+6.53	1336		264	1670	116	6.79	1126
	216	1840	101	6.48+6.96	1378		286	1810	116	7.27	1214
	224	1910	101	6.92+6.96	1438		308	1950	116	7.75	1302
	232	1975	101	6.92+7.40	1489		330	2090	116	8.23	1390
	240	2040	101	7.35+7.40	1540		352	2230	116	8.71	1478
	248	2110	101	7.35+7.83	1591		396	2520	120	5.28+5.38	1717
	256	2180	101	7.79+7.83	1642		440	2800	120	5.76+5.86	1893
	264	2250	101	7.79+8.27	1693		462	2940	120	5.76+6.34	1981
							484	3080	120	6.24+6.34	2069

注：114系列—电动机外径114mm、187系列—电动机外径187mm。

i. 保护器选择。

对于海上定向探井，应根据套管规格、测试管柱类型、电动机系列、电动机功率及环境温度等因素，选择与之相配套的复合式或组合式保护器。

在选用的潜油电动机功率大于50kW的情况下，保护器常用的类型为双节复合式或组合式；在电动机功率小于50kW的情况下，常用类型为单节复合式或组合式。

j. 分离器选择。

可根据电泵机组系列和探井油层含气情况选用油气分离器，泵吸入口压力下气体占三相总体积10%以下可不装分离器，气体占三相总体积10%~30%的混合液环境中，可使用单节旋转式分离器；泵吸入口压力下气体占三相总体积30%~40%的混合液环境中，可使用双节旋转式分离器；泵吸入口压力下气体占三相总体积40%~70%的混合液环境中，可使用气体处理器。如果机组带有分离器，则过电缆封隔器装置必须加装放气阀。

④ 稠油油层井下机组选型。

常规黏度电潜泵选型如电潜泵特性曲线所示（图4.24）。当泵挂处井液黏度大时，就必须对泵的排量、扬程和效率进行校正，以保证电潜泵在最佳工作特性下运行。注意要将不含气的原油黏度值转化为井下含气原油黏度值，以及要考虑含水原油乳化对原油黏度的影响。泵性能因黏度变化的校正系数见表4.12。

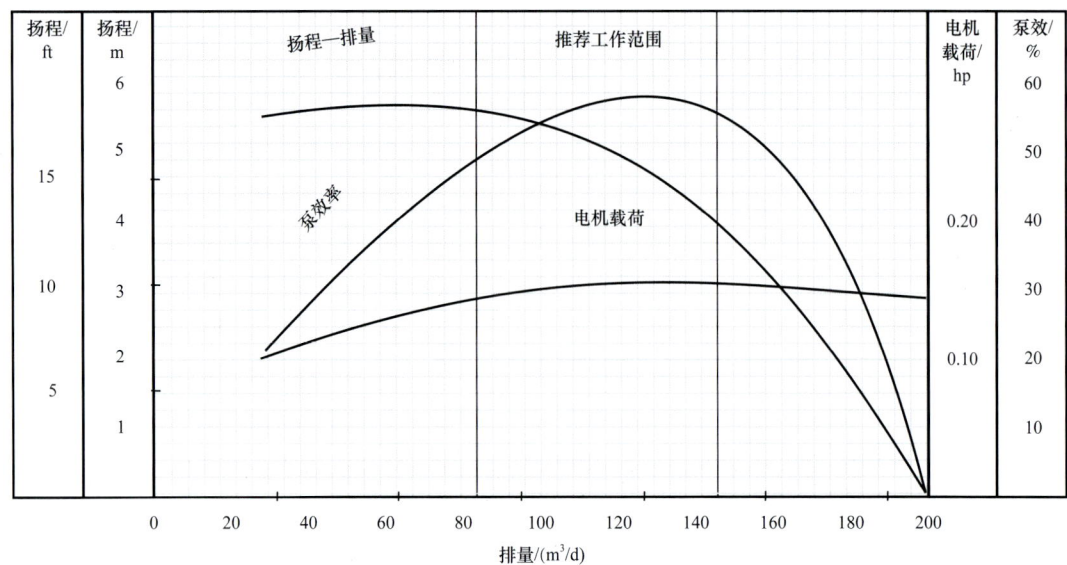

图 4.24 电潜泵特性曲线

表 4.12 泵挂处泵性能因黏度变化的校正系数

泵挂处黏度		排量系数	扬程系数	功率系数
SSU（塞氏黏度）	mm²/s			
50	7	1.00	0.995	1.04
80	15	0.985	0.985	1.08
100	20	0.980	0.980	1.11
150	32	0.960	0.960	1.16
200	43	0.940	0.940	1.19
300	65	0.910	0.910	1.24
400	88	0.880	0.880	1.27
500	110	0.850	0.860	1.28
600	132	0.830	0.845	1.30
700	140	0.805	0.825	1.30
800	176	0.790	0.810	1.31
900	198	0.770	0.800	1.32
1000	220	0.755	0.780	1.33
1500	330	0.690	0.725	1.36
2000	440	0.630	0.675	1.31

⑤ 动力电缆选择。

电缆选型包括：规格、类型、长度。

根据电动机额定电压和电缆压降选择电缆的电压等级，根据环境温度选择电缆的温度等级，根据设计泵挂斜深确定电缆的长度，根据井况选择电缆的铠装层材质。根据电动机额定电流选择电缆的规格，在实际使用中应留有适当的安全余量（表 4.13）。

表 4.13　环境温度 100℃时不同规格电缆的最大载流量（推荐值）

潜油电缆规格 （标称截面）	AWG1# （42mm²）	AWG2# （33mm²）	AWG4# （20mm²）	AWG5# （16mm²）	AWG6# （13mm²）
最大载流量 /A	110	95	75	65	55

根据井底温度、电动机功率、电压、电流及油管接箍与套管之间的间隙等综合因素选择压降小于 30V/305m（1000ft）的电缆规格。

由于电缆的压降损失和功率损失与电缆的截面积和长度有关，所以在选择电缆时要考虑电流的热效应和集肤效应，尽可能选用截面积稍大的电缆。

另外，电缆的压降损失也可以从电缆压降损失曲线上查得，如图 4.25 所示。

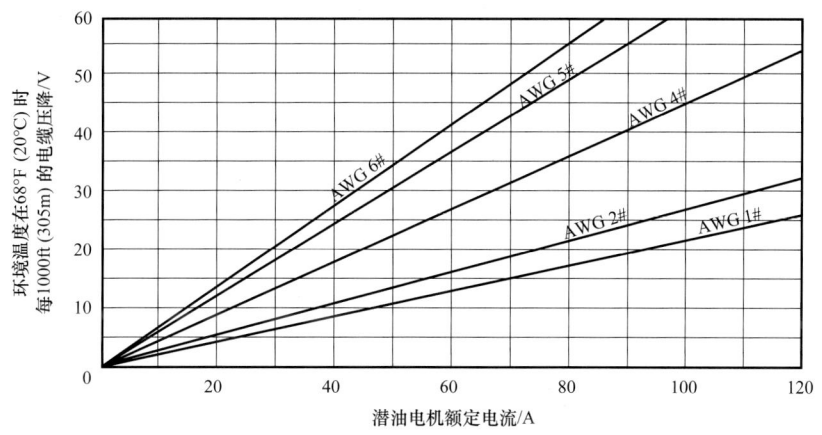

图 4.25　电缆压降损失

电缆压降损失和功率损失计算公式如下：

$$\Delta U = \sqrt{3} \times I \times L \times (\gamma \cos\varphi + \lambda \sin\varphi) \quad (4.9)$$

$$\Delta P = 3I^2 R \times 10^{-3} \quad (4.10)$$

式中　ΔU——电缆压降损失，V；

I——电动机额定电流，A；

L——电缆长度，m；

γ——导体有效阻抗，Ω/km；

$\cos\varphi$——有功功率因数；

λ——导体电抗，Ω/km；

sinφ——无功功率因数；

ΔP——功率损失，kW；

R——电缆的相电阻，Ω。

a. 电缆类型的选择。

根据管柱与套管环空尺寸确定选用圆电缆或扁电缆，根据环境温度和井液腐蚀等因素，选择电缆的耐温等级和防腐类型。在实际应用中，电缆的耐温等级应比环境温度高一个等级，井液腐蚀的环境应选用不锈钢铠装电缆，高含气的环境应选用铅护套电缆。

b. 电缆长度的选择。

满足泵挂斜深的前提下，为了使地面接点与井口保持安全距离，电缆长度应根据实际情况留出适度的余量（一般为30～50m）。

井口电缆余量需考虑半潜式钻井平台升沉距离，同时具备解脱后可对接要求。

4.2.3.2.3　地面控制系统

测试用电潜泵地面控制系统是实现井下机组的变频调节，满足测试作业需求的重要设备，其主要功能是对机组运行状态、运行数据进行记录、反馈，并对机组进行过流、欠载保护。油田生产井电潜泵地面控制系统需要安装在固定空间内，且安装施工周期长。但探井测试电潜泵运转周期短，可使用移动变频控制站。该设备将电泵地面控制系统集成于一体，解决电潜泵测试驱动设备的技术需求。

（1）主要功能。

移动变频控制站可根据需要实现对潜油电泵变频调速，并具有井下机组保护功能，如过流保护、缺相保护、过压保护、欠压保护、短路保护、过载保护、欠载保护、本地急停等。同时，移动变频控制站可以对机组数据采集并记录，内部还备用接口可采集平台井下传感器（泵工况）信号。

（2）工作原理。

平台电源（380V/480V）作为输入电源，接到设备内输入谐波滤波器模块，该模块可降低电网谐波干扰，其后到变频器模块，变频器模块可根据测试求产需求来调节输出电源频率，然后到正弦波滤波器，将变频器输出的调制波滤波，形成正弦波到升压变压器，升压变压器将输出电压升到电泵机组额定电压，其输出端通过高压电缆与电机相连，可实现电泵机组一对一变频控制。

（3）设备组成。

移动变频控制站由变频器、滤波器、变压器、PLC控制柜等模块组成。并将各模块集成在一个可移动的正压防爆房内，形成一套独立的潜油电泵地面控制系统，具有安装、使用方便等特点，满足钻井平台电潜泵测试作业的需求。

（4）设备性能指标。

设备性能指标见表4.14。

电气设备根据不同的使用环境分为不同的防护等级，电气设备防护等级见表4.15、表4.16，详情参阅GB/T 4208—2017《外壳防护等级（IP代码）》。

4 测试现场施工

表 4.14 设备性能指标

序号	参数名称	数据
1	额定输入电压 /V	380/480
2	额定输入频率 /Hz	50/60
3	输出频率 /Hz	0～120
4	输出频率分辨率 /Hz	0.01
5	控制电源电压 /V	AC220
6	额定功率 /kW	160～560
7	冷却方式	空调
8	额定工作制	连续
9	防护等级	IP56
10	运行环境温度 /℃	−5～45
11	储存 / 运输温度 /℃	−40～55
12	环境温度 /℃	≤90（温度在 +20℃）
13	安装海拔高度 /m	≤1000
14	外形尺寸（长 × 宽 × 高）/mm	根据功率不同　≥5000×2500×2500
15	质量 /t	根据功率不同　5～8

表 4.15 电气设备防护等级说明

中文名	IP 防护等级	组成	两个数字
英文名	INGRESS PROTECTION	第一个数字	电器防尘、防止外物侵入的等级
起草	IEC 国际电工委员会	第二个数字	电器防湿气、防水侵入的密闭程度
特点	数字越大表示其防护等级越高，防尘最高等级为 6，防水最高等级为 8		

表 4.16 电气设备防护等级

防护类型	数字	防护范围	说明
防尘	2	防止直径大于 12.5mm 的固体外物侵入	防止人的手指接触到电器内部的零件，防止中等尺寸（直径大于 12.5mm）的外物侵入
	5	防止外物及灰尘	完全防止外物侵入，虽不能完全防止灰尘侵入，但灰尘的侵入量不会影响电器的正常运作
防水	3	防止喷洒水侵入	防雨或防止与垂直的夹角小于 60°的方向所喷洒的水侵入电器而造成损坏
	6	防止大浪侵入	装设于甲板上的电器，可防止因大浪的侵袭而造成的损坏

（5）设备选型。

移动变频控制站作为变频控制系统集成设备，其内部各模块已固定。在选用移动变频控制站时，只需根据电泵机组额定功率来选择，满足机组功率即可。需要注意的是：移动变频控制站根据不同功率其箱体体积不同，根据潜油电泵功率选择控制站后，要在平台甲板上确定好放置位置及吊装路径，留好相应空间。

（6）设备参数设置。

移动变频控制站设备参数分为基本参数、通信参数、保护参数、机组参数四部分。其中基本参数、通信参数负责控制站内各模块功能调试、连接通信等设置，在移动变频控制站出厂调试时已设置好。机组参数为移动变频控制站所带井下机组的电动机参数，如额定电压、额定电流、额定转速等，需要现场使用机组设定。保护参数根据机组参数确定。因此，移动变频控制站设备具有较大的适用范围，可保障不同功率多个潜油电泵逐一进行测试作业。

4.2.3.2.4 电潜泵测试管柱下入作业要点

（1）陆地准备。

① 根据选泵设计要求，收集探井的相关资料，内容包括钻井数据、油层物性及原油性质、泵挂深度等，并准备相应施工物料。

② 进行电潜泵机组性能试验，包括电动机空载试验、电动机转子滑行测试及机组成套试验，并记录形成试验报告。

③ 准备作业设备及下井器材，包括电泵机组、电缆、电缆保护罩、测试悬挂器、井下安全阀、过电缆封隔器、射孔器材、电缆收放机、电缆托架、机组托架、工具箱、材料箱等物资。

（2）刮管洗井。

按照设计要求进行刮管洗井，在过电缆封隔器坐封位置及射孔段上下至少30m范围内刮管三次，并替入射孔液和测试液。

（3）半潜式钻井平台测试井打印。

对于半潜式钻井平台测试井，在下入测试管柱前，应下入测试悬挂器坐于抗磨补芯上，在其上面的电缆桥刷白漆，坐上后关下万能防喷器，然后打开下万能防喷器，起出测试悬挂器，丈量抗磨补芯与下万能防喷器之间的距离并记录。并根据记录数据调整悬挂器的长度，使下万能防喷器位于可关闭的位置。

（4）下射孔枪。

按照射孔—电潜泵联作测试管柱设计要求连接射孔枪，连接下入射孔枪工具并准确丈量放射性记号源接头以下管柱长度，在射孔枪以上管柱设置放射性记号源接头便于校深，连接油管。

（5）连接"Y"形接头。

（6）电泵机组检查与连接。

① 下泵准备工作。

电缆收放机宜根据现场实际情况摆放在距井口15～20m处钻台人员能看到的地方，电缆滚筒轴与井口呈直角，电缆从滚筒上方伸向电缆滑轮；电缆滑轮应牢固悬挂在距钻台上部8～10m处，使电缆、滑轮、井口成一条直线，电缆滑轮半径应不小于0.5m。

② 连接机组前的检查核实。

确认所有设备、零部件规格正确、数量齐全、功能有效。保证各种设备、工具及下井附件完好无缺陷。具体检查内容见表4.17现场作业机组检查表。

a. 电泵机组及电缆的型号规格及技术参数（电泵系列、电动机额定功率、额定电压、额定电流、适用井温、泵额定排量、额定扬程、泵出口扣型、电动机尾部扣型、泵工况、电缆规格及温度等级）必须符合施工委托书的要求。

b. 目测包装箱及电泵机组各节本体是否有因运输和装卸造成的明显变形和损伤。

c. 测电机绕组冷态直流电阻，测量数值应与电泵机组出厂试验报告中的冷态直流电阻数值相符，而且三相平衡（≤2%）。

d. 测电机绕组、电缆对地绝缘电阻应大于1000MΩ。

e. 联轴器齐全并与相连接轴承配合良好。

f. 保护器、分离器、泵各节盘轴应轻快无阻滞，各节联轴器齐全并与相连接轴伸配合良好。

g. 电机油温度等级应与电泵机组及使用环境相匹配。

h. 对专用工具、通用工具和仪器进行确认。

③ 电泵机组下井安装。

a. 电泵工况监测仪安装。

电泵工况监测仪应在电机下井前完成与电动机的连接，法兰连接前必须更换密封圈，星点引出线与各压接部位必须保证插入到位、牢固、接触良好，检查泵工况检测信号正常。

b. 电泵机组安装。

应使用与所吊机组单节的规格相匹配的吊卡；卡槽式吊卡应使凸台进入凹槽，确认两瓣吊卡中间无杂物并拧紧螺栓。摩擦式吊卡应安装在电机出线孔下部的防倒板下面，确认两瓣吊卡中间无杂物并拧紧螺栓，同时使两侧缝隙尽量均匀，旋紧力矩应不小于200N·m。

潜油电动机下井前应先注油，注油前排净注油管内的空气，检查电动机内腔油品是否清洁，控制注油速度，螺塞必须更换新铅垫并检查螺塞及阀体旋紧力矩。

两节以上电机串接时，应使用全套千斤顶设备（防滑动底盘、千斤顶、千斤顶帽、驱动手柄）。

安装步骤如下：

- 保护器与电动机进行连接。
- 电缆头与电动机进行连接。
- 保护器注油。
- 分离器与保护器进行连接。
- 泵与分离器进行连接。
- 固定动力电缆。
- 进行动力电缆穿越安装。
- 进行地面电缆与接线箱连接。

表 4.17　现场作业机组检查表

机组编号		厂家				油田		井号	
系列		额定排量/m³/d				额定扬程/m		机组总长/m	
额定电压/kV		额定电流/A				电动机功率/kW		电动机耐温/℃	
作业内容								泵挂设计/m	
电动机（上）	型号	编号	功率/kW	电压/V	电流/A	绝缘	直阻/MΩ	耐温/℃	长度/m	键套	盘轴
电动机（下）	型号	编号	功率/kW	电压/V	电流/A	绝缘	直阻/MΩ	耐温/℃	长度/m	键套	盘轴
保护器（上）	型号	编号	耐温/℃	长度/m	键套	盘轴	绝缘带	白布带	螺钉规格	螺钉数量	"O"形圈规格
保护器（下）	型号	编号	耐温/℃	长度/m	键套	盘轴	丝堵规格	丝堵数量	螺钉规格	螺钉数量	"O"形圈规格
分离器	型号	编号		长度/m	键套	盘轴	丝堵规格	丝堵数量	螺钉规格	螺钉数量	"O"形圈规格
泵（上）	型号	编号	排量/m³/d	扬程/m	长度/m	键套	下井件 盘轴	螺钉规格	"O"形圈规格	出口规格
泵（中）	型号	编号	排量/m³/d	扬程/m	长度/m	键套	盘轴	螺钉规格	螺钉数量	"O"形圈规格	"O"形圈数量
泵（下）	型号	编号	排量/m³/d	扬程/m	长度/m	键套	盘轴	螺钉规格	螺钉数量	"O"形圈规格	"O"形圈数量
电缆型号		电缆编号		电缆长度/m			小扁编号		小扁长度/m	
检查人签字		厂家代表签字				检查时间			

④ 下入电泵管柱要点。

a. 按照管柱下入顺序表连接油管，每根油管需要进行通径，每下 20 根后测一次机组对地绝缘电直阻（≥1000MΩ）及三相直阻平衡；监测电泵工况信号是否正常。

b. 连接过电缆封隔器时，需要割电缆并做电缆穿越密封，接电缆。接放气阀，连接控制管线，对控制管线做承压试验后带压下入。

c. 下入滑套，滑套入井前应有试验检验及开关滑套功能测试。

d. 连接井下安全阀，回接控制管线，对控制管线做承压试验后带压下入。

e. 连接校深油管，下管柱至设计位置，电测校深，根据校深结果配长，拆甩校深油管，连接配长油管。

f. 连接测试悬挂器及提升油管，测管柱上提下放悬重并记录，分别对井下安全阀和放气阀控制管线做承压试压，连接整体式电缆穿越器至测试悬挂器，接电缆至整体式电缆穿越器，测电泵机组对地绝缘不小于 1000MΩ、三相直阻平衡和泵工况信号正常。

g. 缓慢下放管柱，直至测试悬挂器轻轻下放至油管四通，到位后停止下放，下放期间需注意测试悬挂器定位销；拆伸缩节、移防喷器组、拆甩升高立管，拆防喷器，安装采油树，用升高油管回接至钻台；对于在半潜式钻井平台作业，按照标记深度继续下入可调长度悬挂器、电缆桥，现场拼接电缆，检查绝缘电阻；特别注意测试悬挂器以上油管固定好电缆护罩。

h. 安装测试树，上紧全部紧固螺栓，保护好电缆及电缆接头，测机组对地绝缘不小于 1000MΩ、三相直阻平衡，连接井下安全阀及放气阀控制管线并做承压试验，对测试树连接法兰及电缆整体穿越式密封做承压试验。

i. 坐封过电缆封隔器。

j. 连接自测试树帽至钻台的升高油管，并连接测试地面流程。根据需要，打开补偿器，调整至合适张力。

⑤ 变频控制系统的检查与调试。

a. 通电前检查。

检查设备无变形、腐蚀、破损，检查变压器、变频器等设备主线路接线正确与否、螺钉是否均已拧紧、接地是否良好、控制线路是否无误。

b. 调试步骤。

• 设置作业现场，禁止无关人员进入。

• 断开电源进行以下操作：检查各模块内电器元件是否齐全，清理电器元件灰尘；检查变频器控制回路保险及风扇保险是否完好、接线端子有无松动。

• 系统通电后，进行以下操作：检查变频器输入电压是否符合要求，检查控制回路电压、风扇电压是否正常，检查控制回路显示灯是否显示正常，查看控制面板显示是否正确，检测电泵保护功能及报警系统是否正常、空载运行系统是否正确，设置变频器参数后空载运行系统并检测系统功能是否正常。

⑥ 过载、欠载保护值设置。

a. 过载保护电流设置值为 1.2 倍的额定电流。

b. 欠载保护电流设置值为 0.8 倍的运行电流，但必须大于空载电流。

c. 为保证电泵机组正常运转，一般情况下最低运行频率设定值应不小于 30Hz。

（7）点火射孔。

确认地面测试流程，并试压合格，固井泵按阶梯型加压，500psi 时稳压 5min，稳压后快速打压，最终加压至点火压力，稳压 1min 后快速泄压至设定的背压值；根据井口压力变化及射孔监测装置判断点火是否成功。

（8）电泵机组的启动。

首先需要确认井下电泵机组运行的正/反向。在没有井下泵工况检测设备的前提下，通常采取井口憋压试验的方式进行判断。通过不同方向的井口压力、运行电流的数据变化对比，可以判断出电泵的正/反向运行状态。变频器启动后，如果油压立即升高到电潜泵额定扬程的 1/100MPa，运行电流先升高后又有明显下降，说明电动机正向；如果油压升不到电潜泵额定扬程的 1/100MPa，运行电流较稳定，说明电动机反向，应调整相序。通过调整控制柜输出端三相电缆任意两相的相序可以改变电动机的正/反向。为减小启动电流对井下机组的冲击及突然大排量抽吸对油井和机组寿命的影响，应尽量采用变频控制软启动方式，低频启动电泵后，根据实际情况逐渐调整运行频率。

当电泵机组运行稳定后，应对控制柜的欠载和过载保护设置值等做进一步的调整。同时，还应将电泵启动至运行稳定前后过程的各种状态数据详细地记录在施工过程记录文件中。

（9）测试求产。

按照测试地质设计的要求记录各项测试数据。

从启动电潜泵初流动开始到举升求产结束，期间的测试程序按测试地质设计执行，并由地质监督具体掌握。

（10）压井，拆采油树，装防喷器组，起电泵测试管柱。

钢丝作业通径至测试滑套，钢丝作业开测试滑套；连接循环压井流程，并试压合格；手压泵打开环空放气阀及井下安全阀，循环压井，返出油气分离后回收或至燃烧头烧掉，循环压井一周半后停泵观察 30min 井口及压力情况，若压力为 0 且井口放压无回流无气体，则证明压井成功。

将油管四通翼阀打开，持续环空灌液，做好井控监测；将采油树穿越器上电缆提前剪断处理好；拆之前，对各连接法兰螺栓进行检查，确认全部拆下，生产翼阀法兰之间的钢圈取出，在两端翼阀系牵引绳；专人指挥将采油树摆放至安全位置处，并安排螺栓的保养。

组装立管、防喷器组，对防喷器组进行功能试验和试压。

回收电缆的空滚筒及井下安全阀控制管线滚筒提前就位，准备好拆卸接箍及本体护罩的气动扳手；下入回接油管，回接至测试悬挂器，试提解封过电缆封隔器；解封过电缆封隔器后至少闭路循环一周半井筒容积压井液；观察井口 30min，无气、液返出，可以进行起测试管柱作业，检查射孔枪发射率。

对于半潜式钻井平台测试井：

①打开测试树压井阀，用固井泵加压打通单向阀。

② 关下万能防喷器，环空加压打开循环阀，反循环压井液替出油管内原油气分离后回收或至燃烧头烧掉；井口返出见压井液后，油管内正挤压井液压井，把循环阀以下的油气挤回油层。

③ 开万能防喷器，井口观察30min，管柱内外平衡，井口无溢流或漏失现象，拆地面测试树及其管线。

④ 接顶驱，上提测试管柱解封封隔器，解封操作要求准确、平稳，解封后将管柱下放回悬挂位置，注意观察井筒情况，如有漏失则保持灌入压井液。

⑤ 关闭下万能防喷器，从环空及油管内同时挤入压井液压井。

⑥ 正循环压井液，监测气测值，停泵观察井筒情况。如有漏失或溢流，则要进行处理，井筒稳定方可起测试管柱。

⑦ 工具出井后，关防喷器。

（11）转入弃井作业。

4.2.3.2.5 电潜泵机组常见故障及判断处理

为保障电潜泵设备高效运转，取得更好的作业效率，需对其运行过程中出现的各种问题予以针对性的处理。电潜泵机组故障的判断和处理见表4.18。

表4.18 电潜泵机组常见故障原因分析及处理

系统状况	故障现象	故障原因	处理措施
泵能够运转	1.泵的排量低或等于零	转向不正确	调整相序使潜油电泵正转
		储层供液不足或不供液	测动液面，提高注水井注水量；及时处理井下砂堵；加深泵挂深度；换小排量机组
		地面管线堵塞	检查阀门及回压，热洗地面管线
		油管结蜡堵塞	进行清蜡处理
		泵吸入口堵塞	正反向洗井；起管柱进行处理
		管柱有漏失	憋压检查，起管柱处理
		泵或分离器断轴	起管柱检查并更换机组
		泵设计扬程不够	重新选泵，并更换机组
	2.运行电流偏高	机组在弯曲井段	增加或减少若干根油管
		电压过高	按需要调整电压值
		井液黏度或密度过大	校对黏度和密度，重新选泵，起管柱更换机组
		井液中含有泥砂或其他杂质	取样化验，严重的可改其他方式生产
	3.运行电流不平衡	井下设备出现故障	从接线盒处将电缆顺时针调整一个位置，如控制柜显示电流顺次移动，则问题在井下电动机或电缆；否则不平衡原因在地面
		电源或地面设备出现故障	将变压器初级绕组引线顺序调整一个位置，如果控制柜显示电流相应移动，则问题在电源；否则故障点在变压器

续表

系统状况	故障现象	故障原因	处理措施
泵不能够运转	4.机组不能启动运转	电源切断或没有连接	检查三相电源、变压器、控制柜及保险丝；检查电闸是否合上
		控制柜控制线路发生故障	检查控制电压是否合适；检查整流电路二极管是否损坏；检查控制保险是否损坏
		地面电压过低	根据电机额定电压和电缆压降计算出地面所需电压，调整变压器档位至正确值
		电缆或电机绝缘破坏或断路	测量井下设备的三相直流电阻和对地绝缘电阻，起管柱更换机组
		砂卡或井下设备机械故障	做反向启动试验，起管柱进行修理
		油稠黏度大，死油过多，结蜡严重，压井液杂质过多	用轻质油或水热洗（温度控制在电机极限温度以下），然后再启动
	5.过载停机（过载指示灯亮）	过载电流调整不正确	过载电流应调整为额定电流的120%
		潜油电泵的摩阻增加	检查排量是否正常及含砂量，起管柱进行修理
		偏载运行	检查三相电流、保险及整个电路
		电机或电缆绝缘破坏	测量机组的三相直流电阻和对地绝缘电阻
		控制柜线路故障	检查控制柜线路，并进行修理
		单流阀漏失	液体发生回流，使油管中产生真空，此时不能启泵，需起管柱修理
	6.欠载停机（欠载指示灯亮）	欠载电流调整不正确	欠载电流应调整为正常运行电流的80%
		泵或分离器断轴	检查排量是否正常，憋压检查，起管柱进行修理
		控制柜线路发生故障	检查控制柜线路、各接头及元件
		气体影响，导致电机负荷减小	适当放套管气，起出更换分离器或加深泵挂
		储层供液不足	测量动液面深度，提高注水量，更换小排量泵

4.2.3.2.6 资料录取主要内容

对电潜泵测试作业及返排资料及时录取，内容包括但不限于：

（1）作业井概况：井号、井别、作业时间、服务商和测试层段等。

（2）施工管柱数据：管柱尺寸、封隔器实际深度、管鞋实际深度、安全阀深度、放气阀深度、泵挂斜深、泵挂垂深等。

（3）电潜泵数据：最大外径、扬程、泵排量、泵节数、总泵级数、温度等级、是否下入单流阀、分离器结构形式、保护器结构形式等。

（4）地面控制系统监测电泵电机数据：温度等级、额定功率、额定电压、额定电流、空载电流、频率。

（5）电缆数据：引接电缆类型、额定电压、额定温度、电缆长度、与电动机连接形式、引接电缆保护器数量、是否铅护套、铠装材质；动力电缆类型、额定电压、额定温度、电缆长度、动力电缆绑带数量、是否铅护套、铠装材质。

（6）测试数据：要求每15min记录一组数据，包括工作制度（油嘴大小、电泵频率、电泵电压、电泵电流）、井口压力、井口温度、泵吸入口压力与温度、泵出口压力与温度、电动机温度、阶段排出液量、返排液pH值、返排总液量、返排率、生产压差等。

4.2.3.3 射流泵测试

水力射流泵是将来自地面的高压动力液形成高速流动，产生压差，吸入井液，然后将井液和动力液的混合液举升到地面的人工举升方式。具有产量调节范围广、检泵方便、运转周期长的优点，适用于低含水、稠油、高气油比、高温、高含砂和含腐蚀性流体的油井测试，水力射流泵作业需有高压动力液作为举升条件，举升效率比电潜泵和螺杆泵低。

水力射流泵系统主要由井下装置和地面设备两部分组成。井下装置包括射流泵泵体、井下固定装置、工作筒、密封装置四部分；地面设备包括动力液地面供给系统及其辅助装置。海上水力射流泵测试生产系统流程如图4.26所示。

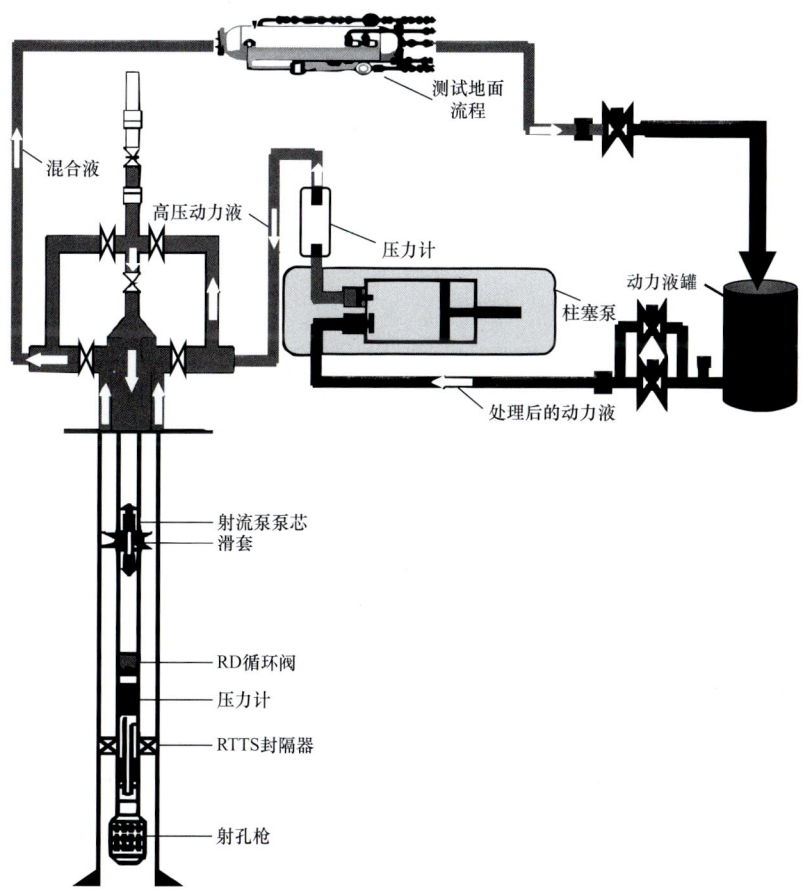

图4.26 海上水力射流泵测试生产系统流程图

4.2.3.3.1 水力射流泵举升原理

水力射流泵作为一种特殊类型的水力泵，其工作原理是高压动力液流经射流泵喷嘴形成高速流体，在喷嘴周围造成负压，使储层产出流体等随动力液吸入喉管混合，混合液经扩散管形成高压流体从泵排出，经油管或钻杆举升至地面。水力射流泵举升原理如图4.27所示。

4.2.3.3.2 水力射流泵结构及主要部件

（1）水力射流泵泵体。

水力射流泵泵体由喷嘴、喉管和扩散管组成。喷嘴位于喉管的入口处，其作用是将来自地面高压动力液的势能转换为高速喷射的动能，产生喷射流的高压流体速度显著增加，压能显著降低，从而在喷嘴周围形成"负压区"，井液被吸入喉管并与动力液混合，经扩散管扩散，压能恢复，混合液在压能作用下从井下被举升出井口。

喉管是一个直的圆筒，长度为其直径的5~7倍，位于动力液和井液初步混合的区域，将动力液能量传给井液，使其动能增加。扩散管与喉管相连，面积逐渐增大，混合液进入扩散管后，流速逐渐降低，混合液的动能转化为压能，将混合液举升出井口。水力射流泵泵体工作原理图如图4.28所示。水力射流泵泵体结构图如图4.29所示。

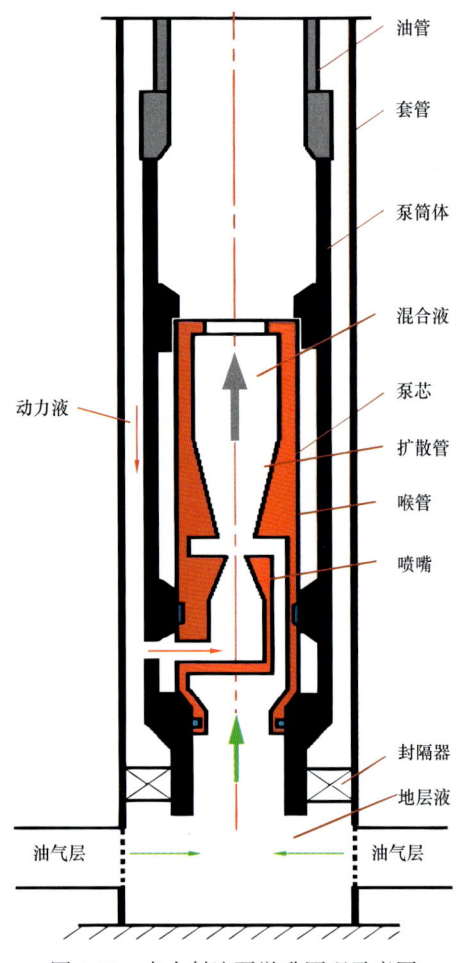

图4.27 水力射流泵举升原理示意图

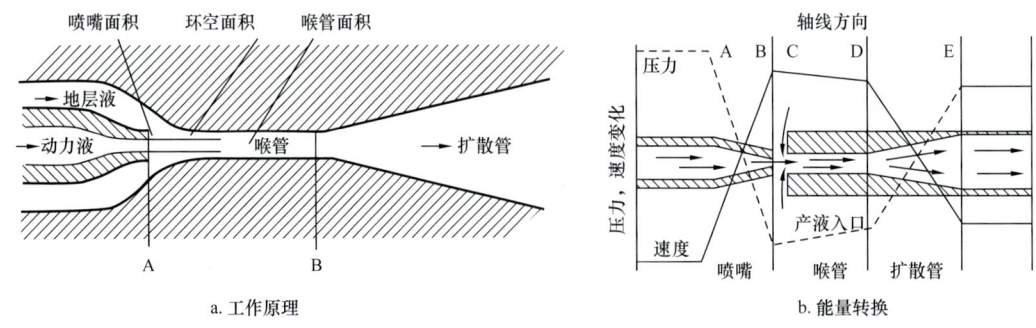

a. 工作原理　　　　　　　　　　　b. 能量转换

图4.28 水力射流泵泵体工作原理及能量转换示意图

为延长水力射流泵使用寿命，射流泵喷嘴和喉管需选用耐磨性能好的材质，如碳化钨硬质金属或陶瓷。水力射流泵具有多种喷嘴和喉管尺寸（表4.19），不同喷嘴和喉管组成特定性能泵型，水力射流泵特性曲线如图4.30所示。

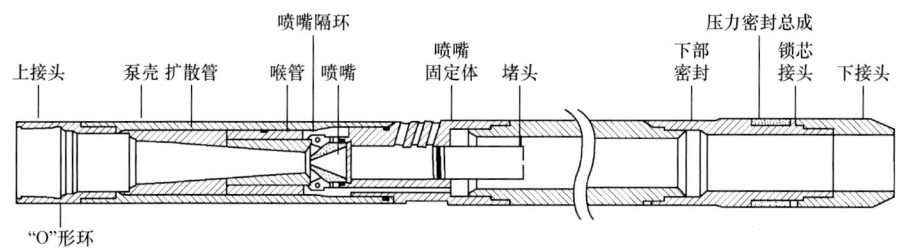

图 4.29 水力射流泵泵体结构示意图

表 4.19 水力射流泵喷嘴和喉管尺寸

喷嘴	编号	A	B	C	D	E	F	G	H
	面积 /in²	0.0055	0.0095	0.123	0.0177	0.0241	0.0314	0.0452	0.0661
喉管	编号	1	2	3	4	5	6	7	8
	面积 /in²	0.0143	0.0189	0.0241	0.0314	0.0380	0.0452	0.0531	0.0661
喷嘴	编号	I	J	K	L	M	N	P	—
	面积 /in²	0.0855	0.1257	0.1590	0.1963	0.2463	0.3117	0.3848	
喉管	编号	9	10	11	12	13	14	15	
	面积 /in²	0.0804	0.0962	0.1196	0.1452	0.1772	0.2156	0.2606	

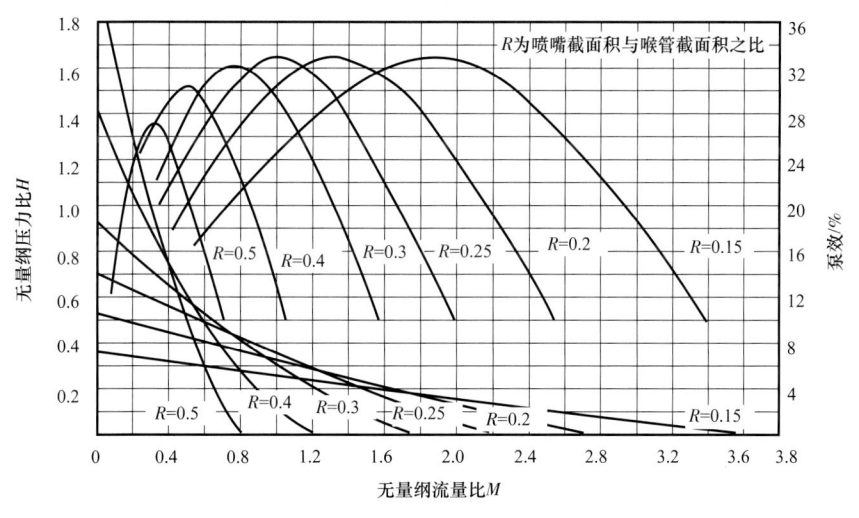

图 4.30 水力射流泵特性曲线

（2）射流泵井下固定装置。

射流泵的井下固定装置起固定水力射流泵体的作用，保证其工作时不上下移动。钢丝作业投捞的水力射流泵固定装置是工作筒式锁芯，需要与工作筒相配合，投放到预设深度。

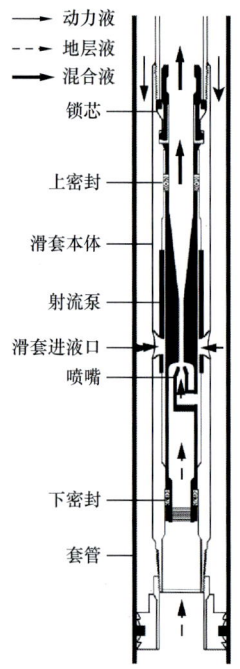

图 4.31 水力射流泵工作筒结构示意图

（3）射流泵工作筒。

滑套作为水力射流泵的工作筒，其结构主要由上（下）接头、滑套进液口、上（下）密封等组成，其中上接头有锁定槽，用于坐挂射流泵锁芯。水力射流泵工作筒结构如图4.31所示。该工具作用有：

① 用锁芯固定水力射流泵泵体。

② 与密封装置配合密封水力射流泵高压动力液。

③ 为水力射流泵提供油管和油套环空间的流动通道。

（4）射流泵密封装置。

水力射流泵的密封元件主要指"O"形环和"V"形组合密封。

4.2.3.3.3　动力液地面供给系统

海上探井测试常用海水作为水力射流泵的动力液。另外，有少量稠油油层使用轻质原油作为动力液，以降低井筒稠油黏度。

动力液地面供给系统需满足以下要求：

（1）确保射流泵用动力液水质达标。

（2）为射流泵提供满足举升要求的动力液压力和液量。

（3）随时调节动力液压力和液量，满足产能变化需求。

（4）具备洗井功能。

射流泵井的动力液应满足相关要求（表4.20）。

表 4.20　水动力液和油动力液标准

项目	水动力液标准	油动力液标准
黏度 /（mPa·s）	—	10～100
含水率 /%	—	<10
最大机械杂质含量 /（mg/L）	15	20
最大机械杂质直径 /μm	10	15
含氧量 /（mg/L）	<0.5	—
腐蚀速度 /（mm/a）	<0.05	—
结垢速度 /（mm/a）	<0.02	—

4.2.3.3.4　水力射流泵作业流程

（1）下泵前的准备。

根据井深与储层物性选择合适的泵体及泵芯，注意事项如下：

① 水力泵泵体、泵芯与测试层套管、所用测试钻具内径匹配。

② 泵体的抗拉强度必须大于泵下载荷并附加解封封隔器过提拉力的1.5倍。

③ 泵体的上下连接扣型必须为钻杆扣，如非钻杆扣则选择与其能配合的变扣，选变扣时要注意内径和抗拉强度。

④ 核实所选地面设备，如柴油泵或柴油发电机的合格证、试压泵到钻台地面管线及堵塞器的试压记录；准备足够长的硬管连接到钻台，配备足够的密封圈等配件。

⑤ 配备具有沉淀功能的动力液罐，上水管线必须配备有过滤装置。

⑥ 地面泵需配备柴油泵或者柴油发电机，以防电泵所需电源与平台电源不配套。

⑦ 配备压力计及其保护装置、取样器。

（2）下泵作业程序。

下泵前检查泵体完好，无弯曲、无变形后入井。作业程序如下。

① 丈量泵的内（外）径、长度并作好记录。

② 下钻时仔细检查入井钻具、通径，在外螺纹端涂抹少量螺纹脂；下钻期间注意井口保护，防止井下落物。

③ 下管柱至预定位置后（滑套关闭状态），坐封封隔器并验封。

④ 接地面测试树，连井口及放喷管线，用地面泵对注入管线试压25MPa，稳压15min合格。

⑤ 用地面泵使用海水大排量清洗地面流程、动力液罐。

⑥ 管柱正加压至滑套销钉预设压力值，开启滑套；若需钢丝作业开启滑套，具体施工步骤如下。

a. 安装钢丝防喷管。

b. 钢丝作业通井：

- 选用合适的通径规通井，通径规尺寸不小于射流泵泵芯的最大外径。
- 通井深度为工作滑套以下10m。

c. 钢丝作业开启滑套：

- 工具串入井前确认工具尺寸，测试工具性能，确保螺纹连接可靠。
- 工具串通过滑套后，需缓慢上提下放在滑套位置进行确认。

⑦ 确认滑套开启后，用钻井液泵使用海水大排量正循环洗井两周以上，再用地面泵正循环替入两倍钻具内容积的过滤海水（NTU≤30）。

⑧ 射流泵工程师负责现场指挥，井口投水力射流泵泵芯；若需采用钢丝作业方式投水力射流泵泵芯，具体施工步骤如下：

a. 下泵前组装好射流泵总成。

b. 根据井况选用合适的密封圈（深井选用耐高温、耐磨密封圈）并去除表面毛刺。

c. 钢丝作业人员选择合适的震击器，钢丝作业将投放工具与射流泵泵芯组装好，确保无误后下井。

d. 下入速度保持平稳，速度控制在60m/min以内，下至管柱变径处要缓慢通过。

e. 射流泵泵芯下至工作滑套处，由钢丝作业人员进行坐泵。

f. 工具串提出后，确认下入工具上的销钉未落入井筒中。

注意：建议投泵之前去掉泵芯上的举升皮腕，如泵芯下带有压力计，则压力计一定要带有保护装置。

（3）射流泵启泵作业程序。

① 检查测试流程：

a. 确认导通地面测试树至测试地面流程。

b. 确认井下管柱流程畅通。

c. 测试油嘴调整到合适尺寸。

② 检查动力液管线流程：

a. 确认动力液流量计复位。

b. 确认有足够的动力液供应。

c. 缓慢打开动力液管线上的各阀门。

d. 动力液调节阀要求缓慢调节。

③ 启泵排液：

a. 关防喷器，导通流程，向测试管柱与套管间的环空注入动力液，进行水力射流泵排液。

b. 控制地面泵压由小到大，逐渐升高，逐渐调节动力液流量至目标流量值。

c. 泵启后定时记录动力液流量、累计动力液量、套压、井口压力、井口温度等数据，同时在井口取样，分析含水率。

d. 定时计量，记录产液量和动力液流量，化验含水率，待返出液含油量稳定后进行求产。

4.2.3.3.5 水力射流泵测试常见故障判断与处理

水力射流泵测试期间常见的故障有喷嘴堵塞、喉管堵塞、工作筒漏失和封隔器失效等，故障现象、故障原因和处理措施见表4.21。

表4.21 水力射流泵测试常见故障及处理

序号	故障现象	故障原因	处理措施
1	地面动力液压力升高，动力液量减少或注不进动力液，同时产液量下降或无产液量	喷嘴堵塞	① 对射流泵反循环，反向泵入动力液清洗，重复多次，观察效果； ② 若措施效果不佳，捞出泵芯，检查并清洗或更换喷嘴
2	动力液量和泵压不变，产液量减少	喉管磨损	① 起泵检查，更换喉管； ② 提高动力液泵压
3	泵压下降，动力液增加，产量下降或无产出	① 泵工作筒漏失； ② 喷嘴磨损	① 起泵检查，更换"V"形组合密封； ② 起泵检查，更换喷嘴
4	动力液压力急剧下降，动力液量突然增加，井口无产出液	封隔器失效	① 起泵； ② 关闭滑套； ③ 油套环空加压不起压； ④ 起管柱更换封隔器
5	泵压缓慢上升，动力液量上升，产量减少或无产出	① 供液不足； ② 出砂严重，产层堵塞	① 起泵更换小喷嘴； ② 作业冲砂、防砂或控制产量

注：海上探井测试使用的水力射流泵工艺，还有改进型的虎鲸—热举高效排液技术，其详细资料参见分册2.2.4.2，其作业流程等可借鉴本节。

4.2.4 延长测试

4.2.4.1 延长测试作业施工程序及要求

4.2.4.1.1 井眼准备

（1）已进行完井的作业井。

① 对井下压力计和井下工具性能进行检查及现场操作试验，保证其功能正常。

② 安全屏障配置满足延长测试作业要求。

③ 确认完井生产管柱是否能够获取延长测试过程中所需的井下压力和温度等资料，是否具备井下开关井等功能；若该井管柱自身不能满足获取所需资料的要求，则根据完井生产管柱结构选择相应的工艺或采用井口关井方式保证资料录取。

（2）未进行完井的作业井。

① 根据延长测试作业的设计实施完井作业。

② 根据储层岩性、储层物性、流体性质、储层敏感性与各入井流体的配伍性及邻井完井液使用情况，优选完井液体系，保护储层不受伤害。

③ 根据储层特点选择合适的射孔器材和防砂方式。

④ 对压力计等资料录取设备和工具进行连接和性能检测。

⑤ 下完井管柱的要求和注意事项按照《海上油气田完井手册》中下完井管柱相关要求执行。

⑥ 安全屏障配置满足要求。

4.2.4.1.2 设备准备

（1）采用试采平台进行延长测试（以海洋石油162试采平台为例）。

① 试采平台集油气处理、计量、存储于一体，仅需连接采油树至试采平台油气处理区管线，并做好固定、保温及加热。

② 设备试运转，确保其运转正常。

③ 海洋石油162试采平台油气处理设备示意图如图4.32所示。

（2）采用钻井平台进行延长测试（以海洋石油282钻井平台为例）。

① 根据平台具体情况绘制设备就位图，协调各服务商按设备摆放图就位设备并检查落实。

② 监督组织相关人员，检查到位设备是否与委托相符，并确认其完好性。

③ 设备就位后对所有流程设备进行固定。

④ 设备接地，各服务商对各自设备接地进行确认，确保接地有效。

⑤ 设备试运转，确保其运转正常。

⑥ 钻井平台延长测试设备摆放可参考海洋石油282延长测试流程简图（图4.33）。

4.2.4.1.3 地面流程准备

（1）地面流程连接完成后应进行完整性检查和储罐容器检查，具体检查项目参见附录C.3。

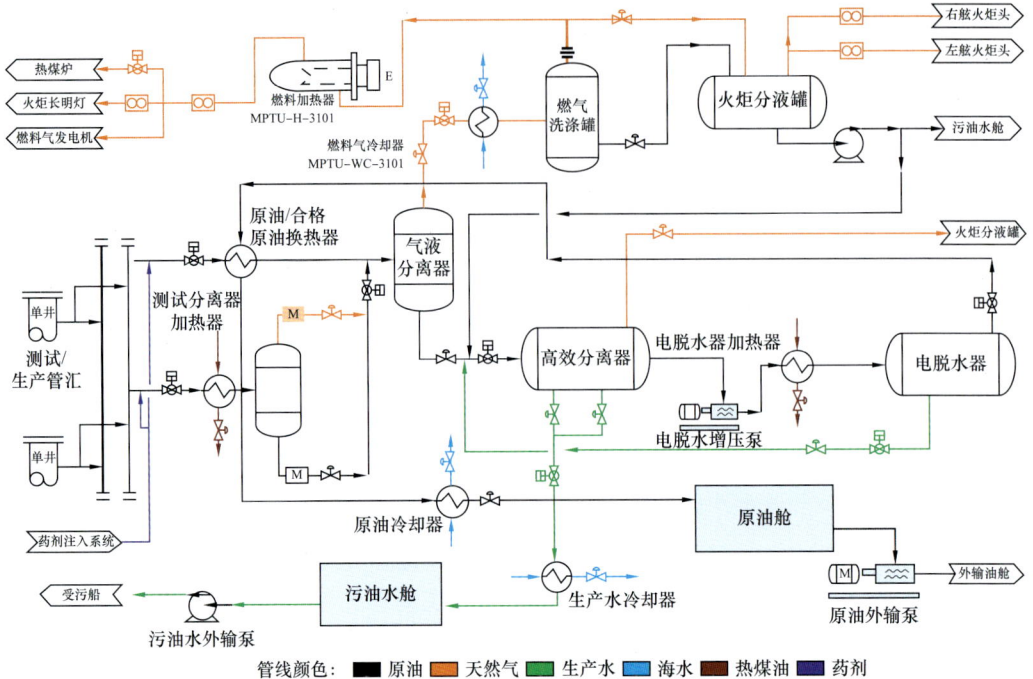

图 4.32　海洋石油 162 试采平台油气处理设备示意图

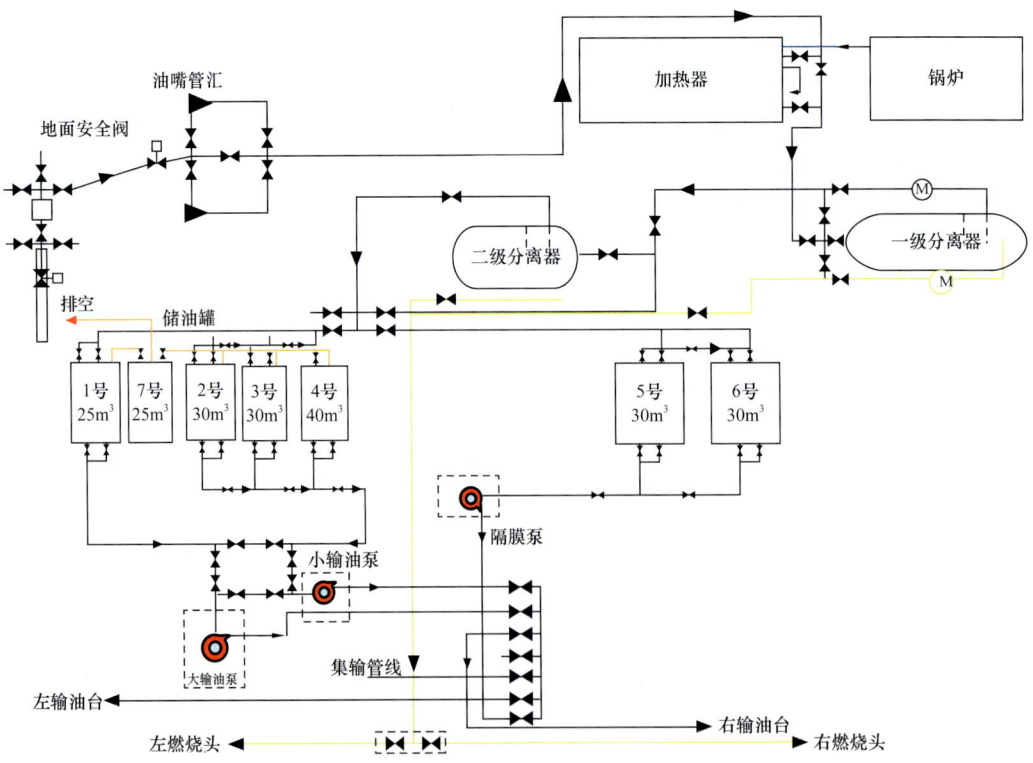

图 4.33　海洋石油 282 延长测试流程简图

（2）按照设计要求对整个地面流程进行水压试验，稳压15min为合格。试压结束后采用空气对工艺流程进行吹扫。

（3）气井应采用氮气对整个地面流程进行气密试验，各段试验压力不低于设计的流动压力。

（4）对平台系统和延长测试流程的ESD应急关断系统的标识、数量进行检查，并进行功能试验。

（5）应采用氮气对整个延长测试系统进行惰化处理，确保系统内含氧浓度低于5%。

4.2.4.1.4　作业前安全检查

（1）根据测试设计的要求对作业机具、测试设备、材料等逐项进行检查。

（2）检查测试设备摆放等防火重点区域的灭火器材配备情况。

（3）检查作业平台井控、火灾、弃平台等演习的情况。

（4）检查井口、测试区等危险区域可燃及有毒有害气体监测装置的配备情况。

（5）检查平台和测试流程及井下应急关断系统的逻辑关断设置。

（6）配合海油安办进行现场检查。

4.2.4.1.5　ESD应急关断系统试验

（1）检查关断信号的输入端和输出端数量和端子号；软件组态、信号线连接及现场仪表端接线是否与设计资料相符。

（2）检查关断按钮、复位按钮和旁通按钮端数量和编号是否与图纸一致。

（3）通电，利用复位按钮进行逻辑复位。

（4）按照ESD因果图，利用旁通按钮检查关断逻辑是否正确。

（5）按ESD关断级别（由低到高）触动关断按钮，观察I/O卡、对应到关断设备，检查关断逻辑的正确性。

4.2.4.1.6　系统惰化

工艺流程系统惰化是用惰性气体置换系统内的空气，从而使油气能够安全进入流程系统，为装置的下一步安全投产做准备。系统惰化工作一般按流程顺序和系统进行。

（1）系统惰化材料准备。

① 制氮机。

② 含氧分析仪。

③ 准备齐全匹配的变径接头及管线。

（2）系统惰化标准。

一般从充氮的各系统管线或容器的低处排放口检测含氧量，保证工艺流程系统内的含氧浓度低于5%为合格。

（3）惰化操作要求。

① 由于氮气比空气轻，在对系统进行充氮时，一般从系统的最高处充入氮气，从最低处排放空气；而且充氮速度不宜过快，最好采取间歇式充氮。

② 管线充氮时，应从管线的一端充入氮气，从另一端排放空气。

③ 在充氮的过程中，应随时检测排放口的含氧量，直到含氧量合格。

④ 如果是液氮，不能直接进入系统，必须经蒸发器降压升温。

⑤ 系统充氮完成后，各容器内保持正压。

（4）原油系统惰化。

① 导通流程（注意：所有的旁通阀、连接阀和隔离阀都应打开）。

② 旁通分离器的液位看窗。

③ 用淡水给分离器加水，从分离器顶部的放空口放空，直到放空口出来的全为水，停止加水。

④ 从分离器底部排放口排出部分水，同时在压力容器的顶部接上临时管线向流程充入惰性气体。如用氮气充入应缓慢进行，防止超压。

⑤ 惰化过程中由低向高检测各放空口处的氧气含量，当检测口处的含氧量稳定并低于 5% 时，关闭放空口。

⑥ 原油系统惰化完后，各管线和容器内应保持正压，确保没有空气再进入其内。

（5）天然气处理系统惰化。

① 导通流程（注意：所有的旁通阀、连接阀和隔离阀都应打开）。

② 隔离气液分离器压力控制阀 PV-2001 的前端隔离阀，在气液分离器压力控制阀 PV-2001 的排放口处接充氮管线。

③ 打开燃料气洗涤器，分别惰化闭排系统、燃料气系统及火炬放空管汇，并用含氧分析仪检测各点含氧量，直至含氧量稳定并低于 5% 合格。

④ 惰化完后，应使流程内部保持正压。

（6）油舱惰化。

① 原油舱装油前的惰化程序：原油舱装原油前应对油舱进行惰化，惰化时，首先应检查惰性气体系统是否正常。只有惰性气体发生装置能正常提供合格惰性气体且系统管线阀门正常时，惰性气体系统才能向相应的原油舱内充惰性气体，以保证原油舱装生产原油前已惰化并处于正压安全状况。

② 污油水舱的惰化与原油舱的惰化同时进行。

4.2.4.1.7　开关井及资料录取

（1）开井初期。

① 手工记录井口压力和温度：一般前 10min 每 1min 一次，10min 后每 15min 一次，2h 后每 30min 一次，直至稳产。

② 数据采集系统每 1min 记录井口压力和温度。

③ 记录液垫到达井口时间、压井液或完井液到达井口时间及油气到达井口时间。

（2）稳定求产期。

① 每次原油外输时应与外输油轮进行产量校对。

② 至少每 4h 手工记录井口压力和温度。

③ 至少每 4h 读取分离器压力、温度及各个液体流量计数据，计算油水流量。

④ 至少每 4h 读取气体流量计的气流温度、压差、静压数据，计算天然气流量。

⑤ 数据采集系统每 1min 录取井口压力温度、分离器压力温度及各个液体流量计数据，至少每 4h 计算油、水流量，至少每 4h 计算天然气流量。

（3）井下压力和温度录取。

① 直读压力计宜设置每 1min 录取井下压力和温度。

② 储存式井下压力计的采样频率根据测试周期进行设置。

③ 关井过程中，宜每 6h 提取压力数据进行实时解释。

（4）油（气、水）样及含砂量分析。

① 应根据测试地质设计要求进行油（气、水）取样。

② 宜每 1h 从井口取样并检测原油含水及沉淀物，进入稳定期后调整为每 6h 检测。

③ 宜每 2h 取样并检测油气相对密度、水的矿化度，进入稳定期后调整为每 6h 检测。

④ 宜每 12h 取气样作气组分分析，并监测 H_2S、CO_2、CO 等含量变化。

⑤ 油、气、水、沉淀物单项指标变化超过 10%，宜加密取样检测。

（5）资料录取的质控要求。

① 传感器、压力表、温度表和流量表等仪表应在测试前进行标定、检查。

② 测试过程中，应保留手工录取的各项数据，和数据采集系统录取的数据进行对比分析，如发现异常应及时查找原因并处理，确保数据准确。

③ 录取各项数据前，应统一时间点。

4.2.4.1.8　外输作业

（1）油轮靠泊。

作业前应充分收集、整理、研究作业海域的水文、气象、环境等资料，制订详细的靠泊及外输作业方案、风险分析及应急预案。在平台附近安装大抓力锚系泊系统，安排油轮试靠平台，根据试靠结果进一步优化靠泊方案。

① 辅助拖轮Ⅰ寻找定位浮标并将其打捞至甲板。

② 辅助拖轮Ⅰ绞收与浮标相连接的高强度漂浮缆绳到甲板上并固定。

③ 根据当前的风向、风速情况，调整辅助拖轮Ⅰ到稳定位置等待油轮靠泊。

④ 油轮靠近后，辅助拖轮Ⅰ把缆绳传递给油轮。

⑤ 系泊辅助拖轮Ⅱ靠近油轮的尾部舷侧，将缆绳传递给油轮，并将缆绳固定于油轮尾部舷侧的系缆桩上。

⑥ 油轮艏泊缆系好后辅助拖轮Ⅰ离开油轮，辅助拖轮Ⅱ协助油轮调整船位使油轮船尾接近平台。

⑦ 油轮借助海水流向和辅助拖轮使船尾朝向平台方向，平台人员目测靠泊距离并及时沟通调整。

⑧ 到达预定位置后（艏系泊缆开始受力），油轮尾缆从船尾送出，辅助拖轮协助送缆至平台，平台绞缆挂快速脱钩，油轮绞缆车收紧刹住，绞缆过程中始终注意观察艏系泊缆的受力情况，尾缆应提前做好标记，判断是否收缆到位，艏锚是否发生位移。

（2）外输软管连接。

① 油轮系泊完成后，由辅助拖轮到平台接外输软管的牵引绳。

② 开始启动外输滚筒释放外输软管，同时拖轮利用绞车，将牵引绳缓慢回收。

③ 当外输软管的首管连接吊带收到拖轮上后，将吊带连接到绞车上，缓慢开动绞车，把外输软管首管牵引到甲板上。

④ 拖轮拖带着外输软管缓慢接近油轮，利用油轮的吊机将外输软管首管吊上油轮，固定好舷管后，用快速接头方式连接外输软管。

（3）原油外输。

① 油轮连接外输软管后应进行气密试验，试验压力不低于外输软管额定压力的80%、稳压时间不低于5min。

② 确认外输软管连接和密封性完好后，平台上导通外输流程，启泵进行原油外输，外输流程为平台原油舱→外输泵→流量计→外输软管→外输油轮。

③ 外输前需严格按照作业规程对原油外输现场作业环境进行检查确认，并做好外输软管的防静电措施。

④ 外输期间需严格按照外输岗位分工进行值守，发现异常及时处理、汇报；应确保平台、外输油轮、拖轮各方及各位置的通信畅通。

（4）外输软管回收。

外输结束，利用平台氮气对软管进行吹扫后，将外输软管快速接头拆开，上紧盲板，利用外输油轮的吊机将外输软管吊至拖轮上，再由拖轮缓慢送回平台，过程中外输软管滚筒以适当的速度回收软管。

（5）外输油轮离泊。

① 油轮进行离泊前检查，确认正常。

② 确认辅助拖轮已就位。

③ 平台解掉船尾缆绳。

④ 油轮将尾缆收回，船尾指挥人员随时观察缆绳状态防止缠绕螺旋桨。

⑤ 船尾缆绳收回完毕后适时解脱大抓力锚，然后驶离平台，必要时可要求拖轮协助。

4.2.4.1.9　日常巡检

延长测试期间应按照要求进行日常巡检，巡检内容参照附录C.4。

4.2.4.1.10　洗井、压井

延长测试结束后进行洗井、压井作业。

（1）正挤管柱内油气进储层。

（2）通过钢丝作业开滑套、打开过电缆封隔器的放气阀等方式建立循环通道，正循环压井。

（3）确认进出口压井液性能基本一致，气测全量值小于1%并稳定后停泵，确认油压、套压为0，且打开采油树翼阀，无溢流为压井合格。

4.2.4.1.11 拆采油树井口
（1）在拆采油树之前，由作业人员控制采油树阀门，放空管柱内压力，观察 30min，井口无压力、无气泡、无溢流。
（2）确认井下安全阀关闭，拆卸采油树与油管四通连接螺栓。
（3）将采油树吊放至安全位置，在两端翼阀系牵引绳，防止采油树在吊装的过程中旋转、摇摆、碰撞。

4.2.4.1.12 装防喷器组
安装防喷器组，并按要求进行功能试验及试压。

4.2.4.1.13 起延长测试管柱
（1）连接油管提升油管挂，解封封隔器，正循环压井。
（2）起出延长测试管柱，对起出的油管、井下工具、接头配件等应做全面检查，并记录检查结果。
（3）控制起管柱速度，时刻注意指重表变化情况，记录上提、下放悬重数据。

4.2.4.1.14 封层或弃井作业
（1）确认井下测试工具正常，录取压力等资料有效，可按设计要求进行封层或弃井作业。
（2）封层或弃井作业应满足《海洋石油安全管理细则》（即国家安全生产监督管理总局令第 25 号）及 Q/HS 2025—2020《海洋石油弃井规范》要求。

4.2.4.2 延长测试资料整理及总结

4.2.4.2.1 延长测试资料整理内容
（1）产油量、产气量、产水量、气油比、含水率变化曲线等。
（2）储层压力、流动压力、动液面、油管压力、套管压力变化曲线等。
（3）储层温度和流动温度及其梯度变化曲线。
（4）压降曲线和压力恢复曲线。
（5）系统试井资料及指示曲线。
（6）油（气、水）样分析资料。

4.2.4.2.2 延长测试总结报告内容要求
延长测试报告应包含下述内容，报告格式参照 Q/HS 1074—2016《探井地层测试成果报告编写规范》。
（1）延长测试目的与任务：主要包括测试目的和要求、设计概要等。
（2）延长测试井的地质概况：简述延长测试井所在区域及周边油气的勘探情况，以及与周边含油气构造关系等。
（3）延长测试历程：主要包括测试前的准备过程、重点作业时间节点、作业步骤、施工参数等。

（4）延长测试问题与讨论：简述在延长测试过程中出现的问题及对后期作业的指导。

（5）延长测试分析及结论：主要包括措施效果分析、测试资料质量分析、储层产能分析、试井分析等。

（6）对油气田开发和下一步工作意见：简评延长测试结果对构造乃至区域勘探开发作用，并针对出现的问题提出改进性意见。

4.2.5 稠油热采测试

4.2.5.1 热采测试作业施工程序及要求

4.2.5.1.1 井眼准备

（1）确认完井套管程序、技术参数。

（2）确认固井质量，满足射孔段上下 20m 固井质量合格的要求。

（3）刮管洗井：参照常规测试刮管洗井，确保套管及测试液满足作业需求。

（4）射孔作业：宜采用大孔径射孔弹、高孔密射孔枪进行射孔作业。

（5）刮管：对射孔段进行清刮，满足防砂作业需求。

4.2.5.1.2 防砂作业

（1）下入防砂管柱作业。

① 准备合适尺寸的筛管支架、筛管、盲管和冲管提升短节，并按下入顺序连接，下入防砂管柱。

② 提前启动防砂泵和搅拌器。

③ 连接地面管线，通水后试压，稳压 15min 为合格，合格后放压至 0。

④ 调节自动放压阀工作压力并进行测试。

⑤ 调节自动停泵压力并进行测试。

⑥ 对环空及地面管线试压，稳压 15min 为合格，泄压。

⑦ 调节环空自动放压阀工作压力并进行测试。

（2）坐封顶部封隔器。

① 管柱下入到位前探底，将管柱上提到正常的上提悬重位置，井口配长，接箍要避开万能防喷器；做标记，换长吊臂。

② 投坐封球，投球后接防砂管线，待球落于球座后缓慢阶梯正加压并各稳压 5min 后放压至零，坐封顶部封隔器。

③ 上提、下压确认封隔器卡瓦牙是否撑开咬住套管。

④ 向油管内加压，脱手坐封工具；脱手后上提管柱，关万能防喷器环空试压，稳压 15min 验封；验封合格后放压至零，开万能防喷器。

⑤ 上提管柱至过提 5t，放回正常悬重，标记反循环位置，关防喷器做反循环测试。

⑥ 下放工具至充填位置，做标记。

（3）砾石充填。

① 下放管柱至"充填位置"。

② 试循环。

③ 导通地面管线。

④ 在循环位置，试循环并分别记录 0.5bbl/min、1bbl/min、1.5bbl/min、2bbl/min、4bbl/min、6bbl/min、8bbl/min 时的循环压力。

⑤ 高速水充填：根据试挤结果，以及防砂泵所能达到的和井下工具（主要是封隔器、筛管及盲管）所能承受的最大压力，在保证储层不被压开条件下，确定最高泵排量和泵压；充填时泵排量可稍低于最大泵排量，砂浆到达射孔段时控制返出量和环空压力，最大限度地匀速将砂浆填满射孔孔眼，出现脱砂压力后停止加砂，停泵。

（4）反循环。

充填结束后立即提管柱至反循环位置，进行反循环冲砂作业。反循环冲砂至返出无砂，计量返出的砂。要多循环一周，反循环结束后有异常情况如管柱或环空有回压，或者上提/下放负荷较大，应立即再进行反循环并上下活动管柱。整个反循环过程要有专人负责出口砂量的计量和观察。如果反循环结束，确认地面无砂返出并且服务工具处于安全状态，则上提服务工具至安全位置，进行地面管线冲洗作业（大排量冲洗地面管线，直到返出口返出的液体干净）。

（5）验充填。

打开防喷器，将管柱下放至充填位置，进行验充填作业。在低泵速下（如 0.5bbl/min），正加压至 1500psi 以上，或计算的砂量覆盖了盲管 6ft，则充填为合格。否则在循环位置进行二次充填。

（6）起管柱。

充填结束后，起管柱。甩防砂服务工具，注意随时补充工作液，保持液面在合适的高度。

4.2.5.1.3 热采设备准备

（1）设备就位。

① 根据平台具体情况绘制设备就位图，协调各服务商按设备摆放图就位设备并检查落实。

② 监督应立即组织相关人员，检查就位设备是否与委托相符，并确认其完好性。

（2）注氮设备准备。

① 确认注氮气的所有设备、管线及配套工具。

② 检查设备电路、气路、油路是否完好，检查设备各控制开关是否灵活好用、管线是否完好。

③ 设备试运转，确保其运转正常。

④ 核实配套工具齐全、完好。

（3）注热设备准备。

① 准备注热流体所需的所有设备及配套工具。

②检查注热设备各线路是否完好，做到不刺不漏。

③核实配套工具齐全、完好。

（4）设备固定及接地。

①设备就位后对所有流程设备进行固定。

②设备接地，各服务商对各自设备接地进行确认，确保接地有效。

③组织平台安全监督、设备监督及服务商进行设备固定、接电、接地、火工品及危险品等联合安全检查。

（5）设备试运转。

设备试运转，确保其运转正常。

4.2.5.1.4　更换热采井口，组下热采管柱

（1）装热采井口装置。

①确认压井合格后，拆、甩防喷器组，将热采油管四通连接好，并上紧连接螺栓，再将热采油管四通坐到套管头上，上紧套管头与四通之间的连接螺栓。

②装防喷器组。

③热采井口功能试验：

a.各防喷器开关灵活自如，合格。

b.热采井口装置试压，合格。

c.套管头与热采油管四通连接法兰及密封试压，在热采油管四通下法兰试压口连接手压泵，试压21~35MPa，稳压15min合格，根据套管抗内压、抗外挤确定实验压力。

d.防喷器组按照设计进行试压。

（2）根据测试层位下入注热管柱。

①安装隔热油管挂密封件，密封件必须符合热采要求。

②连接提升油管，坐入隔热油管挂。

（3）拆防喷器组，装热采采油树并试压。

①拆卸防喷器组。

②装热采采油树：将热采采油树吊至热采油管四通上方，上紧连接螺栓。

③热采采油树连接密封试验：将手压泵连接到采油树试压孔上，手压泵打压至5MPa，稳压15min合格。

4.2.5.1.5　注热设备安装调试，预制注热管线，并试压

（1）连接地面注热管线和注氮气管线：将地面注热管线和注氮气管线分别连接在注热设备、注氮气设备的出口端和热采井口装置对应的接头上，并上紧。

（2）注热管线的预制要满足要求，应为无缝管且外包硅酸铝岩棉保温，耐温、耐压等级符合设计要求。

（3）注氮和注热管线试压：关闭热采井口装置的油套管阀门，分别用试压泵对氮气和注热地面流程管线进行水密试压。

4.2.5.1.6 替入防膨剂

对黏土矿物质含量高（大于8%）、黏土矿物质分解、膨胀、运移、堵塞严重的油层，注蒸汽前应采用防膨预处理、加助排剂及其他强排措施。

4.2.5.1.7 注热流体作业

（1）确认所有连接管线的连接情况，确保注热设备及注氮设备运行正常。

（2）对不同类型稠油油藏，必须优选注蒸汽工艺参数，尤其要尽量提高井底蒸汽干度，一般要达到60%以上，最后阶段应达到70%～80%；注汽压力及注汽速度要适当，除特稠油油藏外，不能超过油层破裂压力；宜采用汽水分离器，使出口蒸汽干度达到80%以上，井口达到75%以上，井底保证60%以上。

（3）对井筒采取严格隔热措施，保证井底有足够高的蒸汽干度，同时保护油井套管；采用优质隔热油管及可靠的耐高温封隔器，环空充入氮气，或者采用环空连续注入氮气方式，既提高隔热效果，又将氮气随蒸汽注入油层，扩大加热范围，增加回采时的助排作用。

（4）记录注入热流体过程中各项资料。

4.2.5.1.8 停注焖井，监测井口压力变化

（1）焖井时间：蒸汽注完后，关井焖井一段时间，可以使注入油层中的蒸汽充分与孔隙介质中的原油进行热交换，使蒸汽完全凝结为热水，避免开井回采时蒸气产出导致热能利用率降低，但焖井时间不宜太长，否则增加向顶层、底层的热损失。

（2）每1h记录井口压力、温度数据。

（3）焖井期间，无关人员应远离作业区域。

4.2.5.1.9 开井放喷，求取产能

（1）记录自喷期日产油量、水量（峰值产量、最低产量、平均产量）。

（2）记录周期累计产油量、水量。

（3）记录周期时间的原油含水率、含砂率及出口温度变化。

（4）记录停喷时间。

4.2.5.1.10 洗井、压井

（1）反循环洗井至返出口干净后，停泵观测油压、套压，根据需要配制压井液。

（2）压井排量从小到大逐渐增加，注意泵压变化，测量进出口压井液相对密度。

（3）确认进出口压井液性能基本一致后停泵，观察30min，出口无气泡、无溢流为压井合格。

4.2.5.1.11 拆热采井口

（1）在拆采油树之前，由作业人员控制采油树阀门，放空管柱内压力，观察30min，确认井口无压力、无气泡、无溢流。

（2）拆卸热采采油树与油管四通连接螺栓。

（3）将热采采油树吊放至安全位置，在两端翼阀系牵引绳，防止采油树在吊装的过程中旋转、摇摆、碰撞。

4.2.5.1.12　装防喷器组

安装防喷器组，并按要求进行功能试验及试压。

4.2.5.1.13　起注热流体管柱

（1）连接油管提升隔热油管挂，专人负责观察井口，根据需要决定是否进行二次压井。

（2）起出注热管柱，对起出的隔热管、井下工具、接头配件等必须做全面检查，并记录检查结果。

（3）控制起钻速度，时刻注意指重表的悬重变化情况，记录上提下放悬重数据。

4.2.5.1.14　通井

组下通井管柱，循环冲洗出井筒内原油，如果井筒内原油过多，且环境温度低导致原油凝固，可用加热柴油的方式对井筒进行冲洗。

4.2.5.1.15　组下螺杆泵泵抽管柱

与常规测试下螺杆泵测试管柱要求一致。

4.2.5.1.16　求取储层产能、液性、压力、温度等资料

（1）记录开始泵抽日期，泵转速变化。

（2）泵转速根据含砂量，由慢至快缓慢调节，泵抽过程全程监控跟踪螺杆泵电机电流及产出流体含砂量，一旦发现含砂量过大或电动机电流过大，迅速采取上提转子反循环的方式处理。

（3）泵抽过程记录产能、液性、压力、温度等资料。

4.2.5.1.17　封层或弃井作业

（1）确认井下测试工具正常，录取压力等资料有效，可按设计要求进行封层或弃井作业。

（2）封层或弃井作业应满足《海洋石油安全管理细则》（即国家安全生产监督管理总局令第 25 号）及 Q/HS 2025—2020《海洋石油弃井规范》要求。

4.2.5.2　热采测试资料整理及总结

4.2.5.2.1　热采测试资料整理内容

（1）注入速度、注入温度、注入量、注汽干度及焖井时间等。

（2）产油量、产气量、产水量、气油比、含水率变化曲线等。

（3）储层压力、流动压力、油管压力、套管压力变化曲线等。

（4）压降曲线和压力恢复曲线。

（5）系统试井资料及指示曲线。

（6）油（气、水）样分析资料。

4.2.5.2.2 热采测试总结报告内容要求

热采测试报告应包含以下内容：

（1）热采测试目的与任务：主要包括测试目的和要求、设计概要等。

（2）热采测试井的地质概况：简述测试井所在区域及周边油气的勘探情况，以及与周边含油气构造关系等。

（3）热采测试历程：主要包括测试前的准备过程、重点作业时间节点、作业步骤、施工参数等。

（4）热采测试问题与讨论：简述在热采测试过程中出现的问题及对后期作业的指导。

（5）热采测试分析及结论：主要包括措施效果分析、测试资料质量分析、储层产能分析、试井分析等。

（6）对油田开发和下一步工作意见：简评热采测试结果对构造乃至区域勘探开发的作用，并针对出现的问题提出改进性意见。

4.2.6 酸化测试

4.2.6.1 酸化测试施工程序

测试的一般作业程序为：出海前准备、酸化设备材料海上运输与吊装、作业前准备、酸化施工作业、关井反应、开井返排、返排酸液处理、酸化后评估。

4.2.6.2 出海前准备

（1）做好所有作业人员的资质审查，特殊作业人员应具有相应的岗位操作证。

（2）向作业人员进行技术交底。

（3）根据酸化设计准备酸液体系材料和酸化设备，运输至码头，危化品在储存、运输过程中应执行如下规定：

① 危化品合格证书、危化品安检证书在有效期内。
② 危化品转运、存储应做好记录。
③ 运输危化品的交通工具（车辆、拖轮）须具备危化品运输资质。

（4）在码头的准备工作：

① 对酸液体系材料进行抽检。
② 检查落实主要酸化设备、工具的密封性能和安全性能，逐一确认有效合格证书。
③ 对所有酸化设备试运转。
④ 按照酸化作业注液程序（图 4.34）对酸液体系材料与吊篮进行编号、记录。

4.2.6.3 酸化设备材料海上运输与吊装

（1）对特殊的酸化设备在运输中应做好防水工作。

（2）对吊索具的安全性能进行检查和校验。

（3）对酸液材料的要求：酸液材料的运输、存储、吊装应做好记录，并定时巡检、记录。

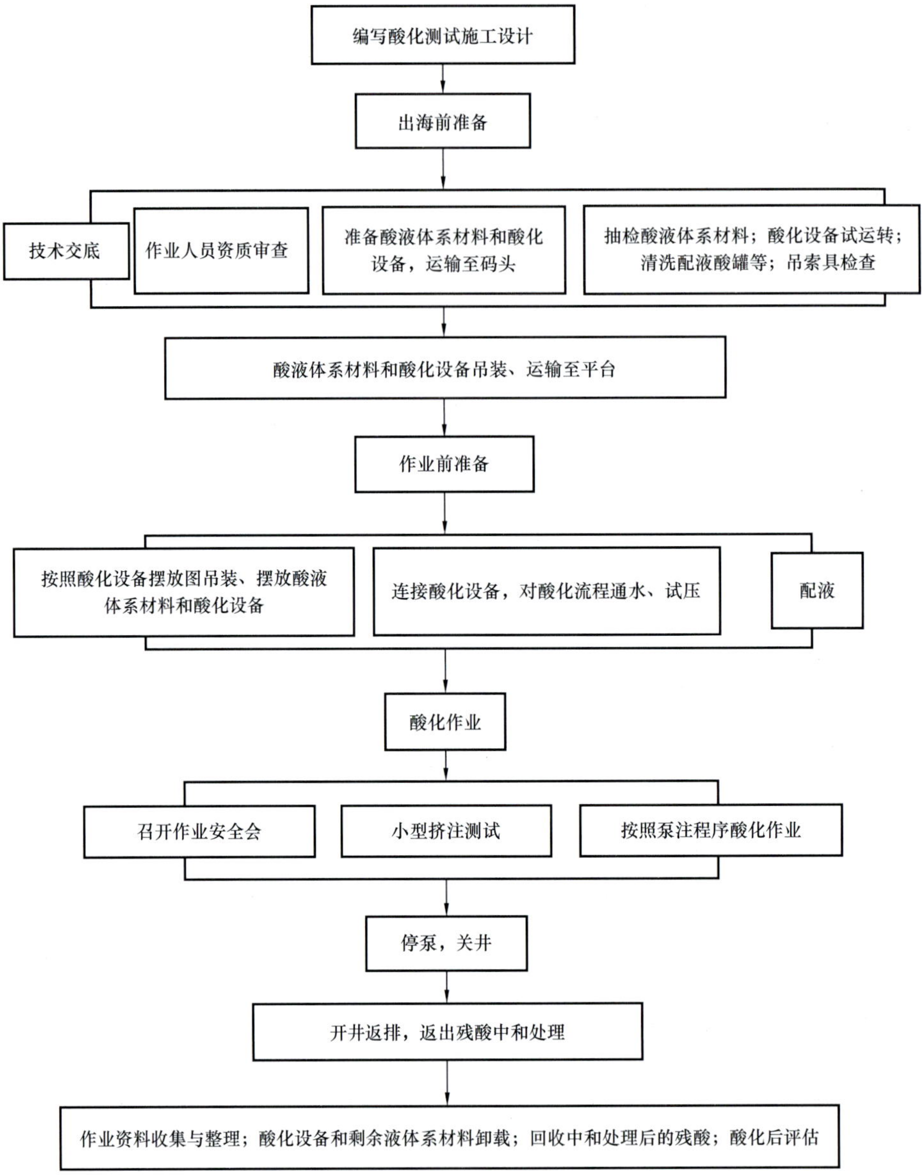

```
                编写酸化测试施工设计
                        ↓
                   出海前准备
                        ↓
    ┌──────────┬──────────────┬──────────────┐
  技术交底  作业人员资质审查  准备酸液体系材料和酸化  抽检酸液体系材料；酸化设备试运转；
                          设备，运输至码头      清洗配液酸罐等；吊索具检查
    └──────────┴──────────────┴──────────────┘
                        ↓
              酸液体系材料和酸化设备吊装、运输至平台
                        ↓
                   作业前准备
                        ↓
    ┌──────────────────┬──────────────────┬──────────┐
  按照酸化设备摆放图吊装、摆放酸液  连接酸化设备，对酸化流程通水、试压     配液
  体系材料和酸化设备
    └──────────────────┴──────────────────┴──────────┘
                        ↓
                    酸化作业
                        ↓
    ┌──────────────┬──────────────┬──────────────┐
   召开作业安全会      小型挤注测试      按照泵注程序酸化作业
    └──────────────┴──────────────┴──────────────┘
                        ↓
                   停泵，关井
                        ↓
             开井返排，返出残酸中和处理
                        ↓
   作业资料收集与整理；酸化设备和剩余液体系材料卸载；回收中和处理后的残酸；酸化后评估
```

图 4.34　酸化测试的一般作业程序示意图

4.2.6.4　作业前准备

4.2.6.4.1　酸化设备和材料的吊装与摆放

按照酸化设备摆放图吊装、摆放酸化设备和材料；吊装酸化材料时，按照吊篮编号分类吊装、摆放，以方便后期配液；若平台空间有限，可先将平台上与酸化作业无关的设备吊装至拖轮，最大限度地利用平台空间。

4.2.6.4.2　酸化流程连接与试压

连接酸化流程，流程管线必须固定牢固，防止管线跳动，从酸化泵至井口地面管

线通水，记录地面管线内容积，直至通水干净；通水结束后，按照试压作业程序进行试压。

试压宜分三个阶段且从低压到高压阶梯提高压力试验值，三个阶段压力分别取2.1MPa、1倍设计注入压力、1.2倍设计注入压力（但不得高于流程额定工作压力的0.8倍）。

4.2.6.4.3 配液

吊卸施工设备及化学药剂时，应由专人指挥。配液前，应严格检验配液原料，并用少量淡水或者酸液清洗配液酸罐，确保其干净清洁。按设计要求备足淡水，按照配液程序添加酸液和各种添加剂。

酸液体系配制完成后，应在现场对其性能进行综合检测评价：酸液pH值、酸液黏度、酸液密度等。同时确认酸液体系澄清、无沉淀、无分层、无浑浊等现象，且性能稳定。

4.2.6.5 酸化施工作业

在钻台召开酸化作业安全风险分析会，梳理确认酸化作业流程，明确人员分工、岗位职责和安全应急预案。

根据施工设计进行小型挤注测试，之后按照泵注程序依次注入酸化工作液，一般酸化泵注程序可参见表4.22。

表4.22 酸化泵注程序参考

步骤	注液程序	液量/m^3	排量/m^3/min	泵压/MPa	累计注入量/m^3	备注
1	正挤前置液	12	0.1～2.0	≤30	12	排量和泵压根据储层吸收和泵压变化情况适时调整，初期控制较小排量，后期尽量采用大排量
2	正挤处理液	24	0.1～2.0	≤30	36	
3	正挤后置液	12	0.1～2.0	≤30	48	
4	正挤顶替液	30	0.1～2.0	≤30	78	

注意事项：

（1）施工前，由酸化作业负责人负责在井口区及作业甲板悬挂"酸化作业"警示牌。

（2）作业甲板及井口区消防系统处于应急状态。

（3）注液过程中，作业人员应坚守岗位，无关人员远离作业区域且任何人不得跨越高压管线；同时现场监督安排服务商有关人员在安全地带巡检挤注流程，一旦发生泄漏应立即用对讲机通知操泵人员停止泵入化学药剂，改为泵送一定量的清水后停泵，然后关井泄压，整改好后再继续作业。

（4）施工结束后，通知导冲洗流程，确认流程导通后开始冲洗，冲洗干净后放压，确认流程无压力后，拆除酸化流程。

4.2.6.6 关井反应

停泵，关井。关井时间一般为 30～60min，具体根据酸液体系室内实验结果确定。

4.2.6.7 开井返排

关井结束后，导通返排流程，进行自喷返排。根据现场酸化施工停泵后的井口压力大小和下降速度、开井返排后的产液量，确定自喷返排油嘴的大小，逐步建立诱喷压差；为避免诱喷压差过大，自喷返排初期宜选择较小尺寸油嘴，后期逐步增大油嘴；应准确记录返排过程中的井口压力、温度、产液量及产气量等资料，同时跟踪返出液的密度及 pH 值。

若自喷返排期间残酸返排不彻底，且不能实现自喷求产，应立即启动人工举升排液方式。

4.2.6.8 返排残酸处理

残酸返排至井口时开始取样，描述样品颜色，检测样品 pH 值和密度，并记录取样时间。返出残酸进加碱罐，按照酸化后返排液处理方案对其进行处理；一般加入 10%～20% 碳酸钠溶液，或碳酸氢钠粉末进行中和；加入碳酸氢钠粉末时应缓慢加入并尽可能搅拌均匀，以免快速加入时碳酸氢钠结块；要求返排液中和处理后的 pH 值接近 7；为了防止加碱罐中产生大量泡沫，可在碳酸氢钠溶液中加入消泡剂；中和处理后的残酸液应进残酸回收罐回收，运回陆地处理。

4.2.6.9 酸化后评估

酸化作业完成后，应进行酸化后评估。酸化后评估主要对比酸化前后的产液量、产油量、产气量、流压，以及酸化前后的压力恢复表皮系数，判断伤害解除程度。

4.2.6.10 健康安全环保要求与应急预案

酸化测试施工作业期间，应按照健康安全环保的有关规定和酸化测试设计的相关要求，充分识别施工过程中的风险，并针对施工过程中可能出现的 QHSE 复杂情况或者突发事件，制订详细的应急预案。

4.2.6.10.1 基本要求

（1）酸液材料运输和施工中严禁泄漏和明火。

（2）施工前在甲板上应准备清水水源和弱碱以备应急使用，施工人员要穿戴好防护用品。

（3）严格按设计要求施工，若出现复杂情况，严格执行酸化作业应急预案。

（4）施工中无关人员远离酸化作业区。

（5）施工中若误将酸液溅到皮肤等处时，应立即用大量清水冲洗；若误将酸液溅入口、眼等处时，应立即用大量清水冲洗后送医。

4.2.6.10.2 作业过程环保和防污染措施

（1）责成服务商遵守中国海油环保规章制度和国家海洋局法规。

（2）严防各罐、池、箱的"跑、冒、漏、窜"现象发生，作业甲板固体垃圾入专用垃圾箱。

（3）严防排放任何酸液及其他化学药剂。

（4）任何人员发现液体泄漏时，在保证安全的前提下，应当立即切断泄漏源。

（5）按有关程序将酸液泄漏控制在最小的区域，将损失控制在最低程度。

（6）酸化作业区域（包括作业甲板、井口甲板等）应用警戒线隔离，以防伤害现场人员。

（7）酸罐中剩余的酸液严禁排海，应返回陆地处理。

（8）作业过程中准备纯碱以备中和异常情况泄漏的酸液。

（9）严禁向海洋排放含油、含酸的液体及固体废弃物，如确需排放液体必须经平台相关人员同意方可进流程进行密闭排放，严禁入海。

（10）严格执行国家有关的海洋环境保护法规，遵守中国海油有关的海洋环境保护条例等规章制度。

4.2.6.10.3　应急预案

（1）液体泄漏预案（图 4.35、图 4.36）。

① 酸液在平台配完后，如果不能按时进行酸化作业，须安排有关人员巡检值班。

② 在试压和挤注过程中，流程巡检人员一旦发现流程中任何一处发生泄漏，立即用对讲机通知操泵人员停泵并向现场监督汇报。

③ 现场监督收到异常情况汇报后，应立即组织施工人员进行整改处理。

④ 停泵后，先关井后泄压，泄压时必须缓慢放压且直到流程无压力后方可安排作业人员对流程泄漏处进行处理。

⑤ 处理完毕重新试压，试压合格后由现场监督下达指令导通挤注流程，启泵继续作业。

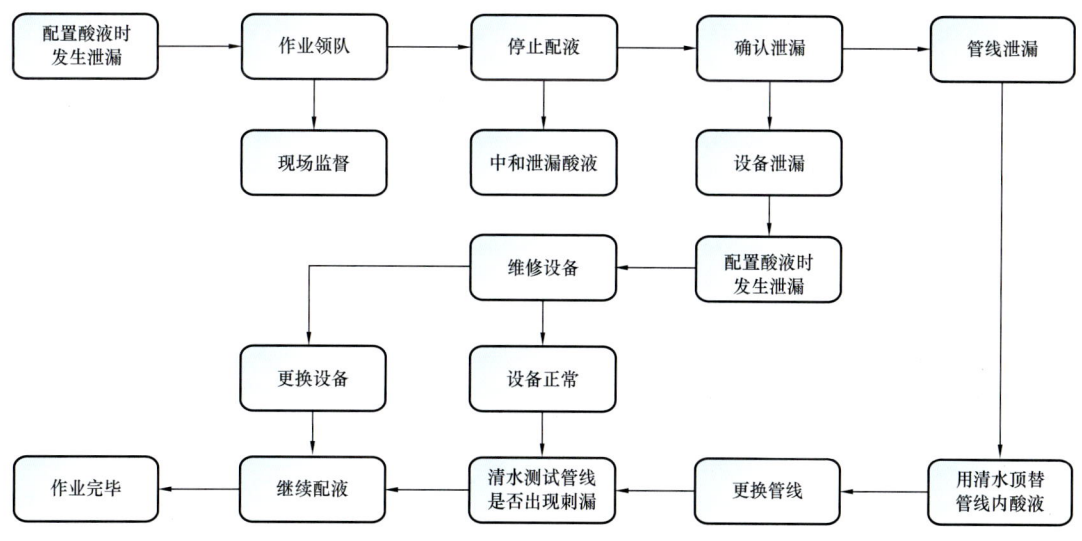

图 4.35　配酸时酸液泄漏预案

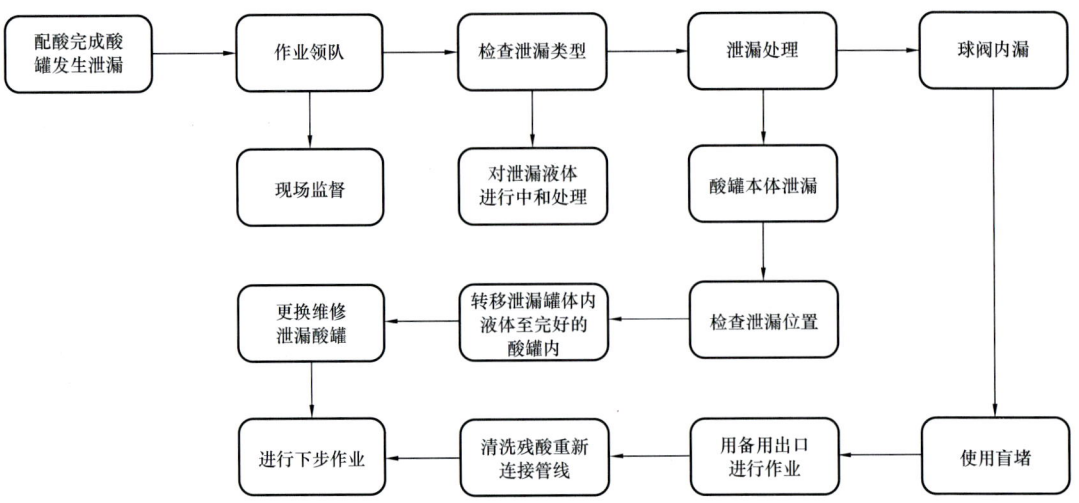

图 4.36 酸液配制完成后酸罐泄漏预案

（2）施工中药剂伤害预案（图 4.37）。

① 施工中若发生药剂伤害施工人员，应立即停止作业且用现场准备的清水大量冲洗。

② 若引起人员中毒应立即移至通风处并停止作业。

③ 同时现场监督应立即组织专业人员进行抢救，必要时送回陆地治疗。

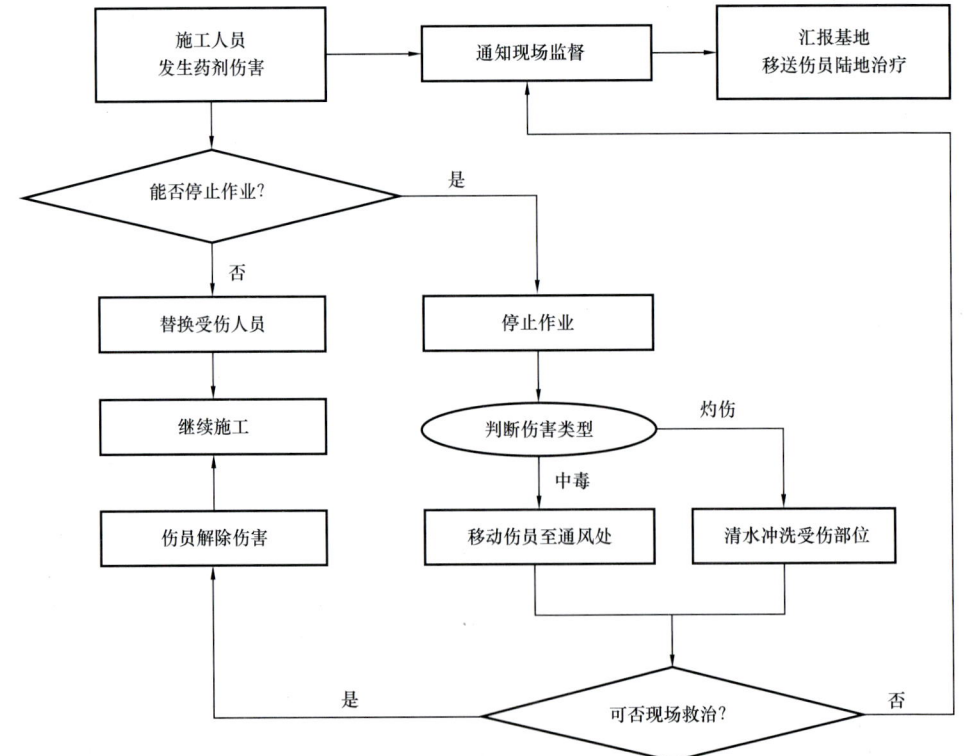

图 4.37 施工中药剂伤害预案

（3）数采系统故障预案（图4.38）。

当此情况发生时，立即改用人工数据采集，确保施工的正常进行。数采工程师对系统进行维修，正常后恢复数采后继续工作。当作业结束后，将人工采集数据输入采集系统，保证施工报告的完整性。

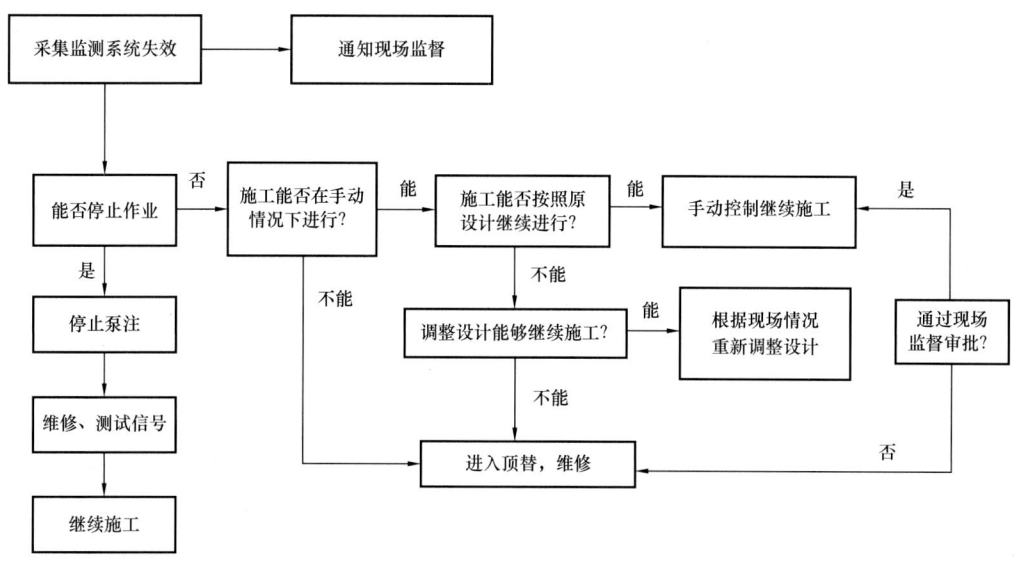

图4.38 数采系统故障预案

（4）施工中挤注设备故障预案（图4.39）。

当此情况发生时，向控制中心和现场监督汇报的同时，组织抢修设备。若等待从陆地运送有关更换设备，应妥善处理管柱内的酸液。

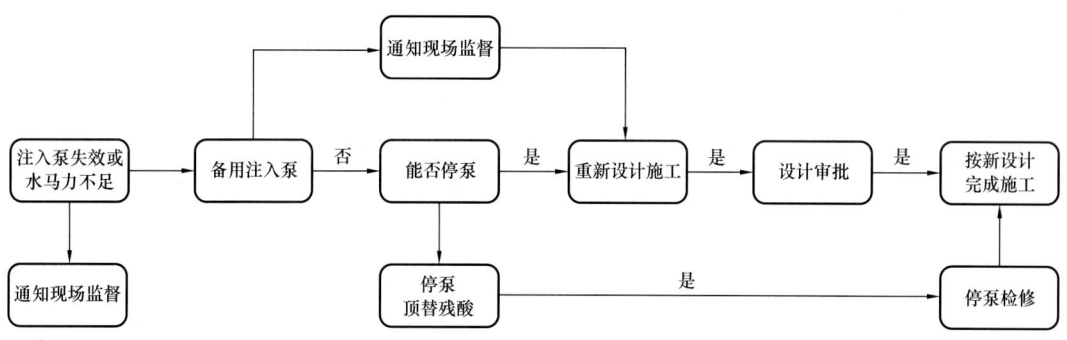

图4.39 施工中挤注设备故障预案

（5）有毒有害气体防护预案。

放喷排液过程中应做好有毒有害气体监测，当硫化氢浓度达到20mg/L时应先关井（复核浓度值），作业人员戴好正压式空气呼吸器。全船广播并按应急处理措施执行，含硫化氢气体处理措施具体参照QHSE-WB-47《工程技术作业硫化氢防护管理规定》的具体规定。

4.2.7 压裂测试

海上压裂测试一般采用射孔压裂测试一体化施工工艺，井型一般为直井或者定向井。

4.2.7.1 压裂测试工艺

4.2.7.1.1 射孔压裂测试一体化工艺

射孔压裂测试一体化工艺采用一趟管柱实现射孔、压裂、测试三项功能。管柱结构如图 4.40 所示。

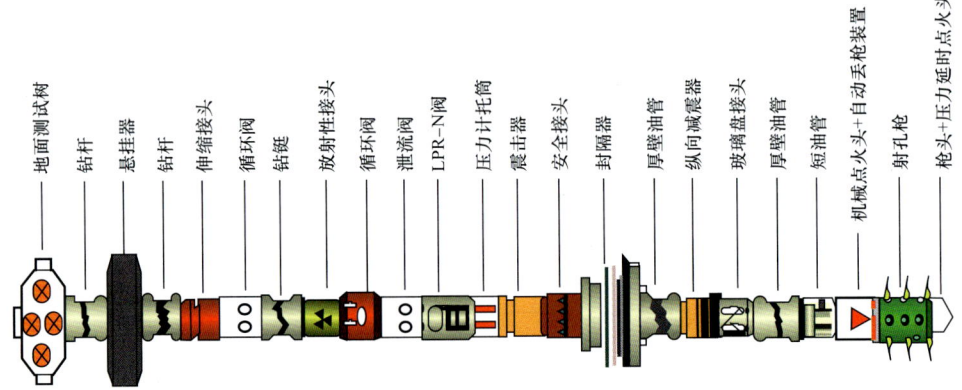

图 4.40 射孔压裂测试一体化管柱结构示意图

（1）工艺特点。

可实现储层的有效保护；减少作业时间，节约作业成本；可实现压裂前后产能对比；满足井下多次开关井要求；可实现丢枪功能，减小压裂施工摩阻。

（2）简要施工步骤。

①组下一体化管柱到位，电测校深，坐封封隔器。

②环空加压打开测试阀，点火射孔，开井进行常规产能测试。

③若产能不理想，为进一步提高产能则实施加砂压裂作业。

④压裂后自喷返排并进行产能测试，若自喷返排不彻底，可考虑人工举升方式返排。

4.2.7.1.2 一趟管柱多层分压压裂工艺

采用一趟管柱实现对多个目的层的分段隔离、分段压裂，压后可对单个目的层进行产能测试或多个目的层合层测试。管柱结构如图 4.41 所示。

（1）工艺特点。

可实现不同储层分层压裂、分层测试求产，降低压裂测试施工作业成本。

（2）简要施工步骤。

①组下射孔管柱，一趟射开所有目的层，起射孔管柱。

②组下一趟多层分压测试管柱到位，一次打压同时坐封多个封隔器。

③打开节流底阀，实施第一层压裂作业。

④依次投球打开各层滑套，逐层实施压裂作业。

⑤ 压裂后多层同时排液，若排液不彻底可采用人工举升方式返排。

⑥ 返排结束后进行多层合试作业，若要对某个目的层单独测试，可通过连续油管或钢丝作业开关滑套来实现。

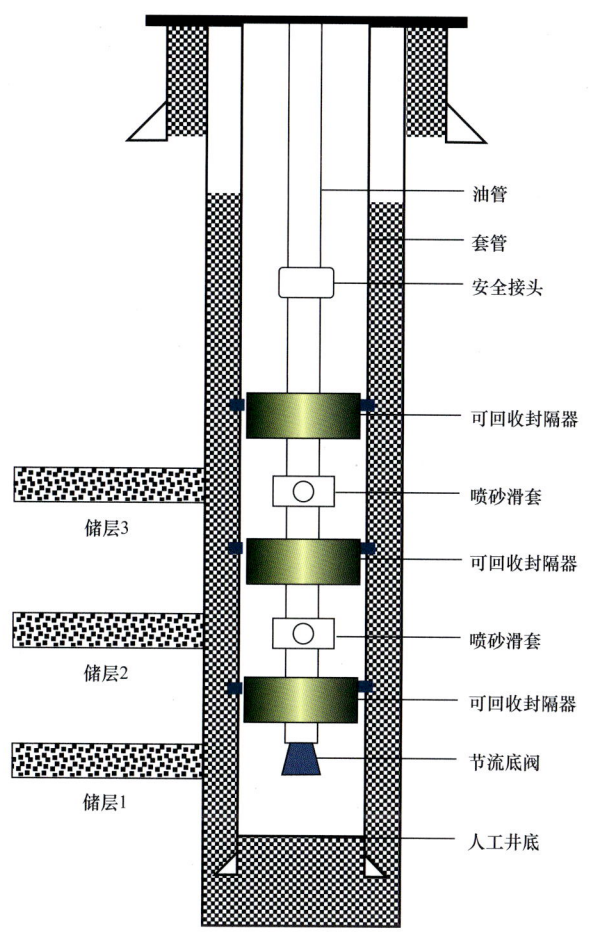

图 4.41 一趟管柱多层分压压裂管柱示意图

4.2.7.2 压裂测试施工作业程序

4.2.7.2.1 作业前准备

（1）出海前准备工作。

① 压裂泵橇联合调试。

在设计最高水马力工况下，对压裂泵橇逐台持续测试 30min 以上，确保设备正常工作。

② 物料准备。

严格按照施工设计物料清单准备物料。物料外包装上应设置明显标志，注明尺寸、质量、是否是危险品、吊点位置及吊装注意事项等。小型设备和工具应装箱；压裂设备的柴油机、控制系统等关键部位应做好防水措施。

（2）平台压裂设备摆放连接。

①设备摆放。

a.应根据场地大小制订一个现场设备布置方案，绘制流程草图。

b.设备按布置方案摆放，摆放位置合理，高压区和低压区分开，高压区有明显的警示标志，并留有安全通道。

c.压裂设备的布置应考虑在紧急情况时保护人员不受伤，设备不受损，并能安全、快速地撤离。

②管线连接。

压裂作业管线在施工期间承受着高压、高速流体的冲蚀，在连接管线时应考虑井控和施工安全的要求；施工前应根据施工设计制订工艺流程图。管线及各类仪器、仪表、阀件连接时应严格依照流程图。

施工低压管汇的连接：

a.连接低压管线时，管线尺寸应满足施工供液的要求。

b.低压管线要求不渗、不漏，无变形破损。

c.低压管线的弯曲处应呈圆弧形。

d.低压管线不能压在高压管线之下。

施工高压管汇的连接：

a.高压管线及各类仪器、仪表、阀件连接前应对连接部位进行清洗并检查密封垫是否处于良好状况，所有管件应连接紧固。

b.弯头连接角度不小于90°。

c.高压管线之间禁止交叉。

d.高压流程管汇应进行固定，固定间距不宜超过2m。

e.活接头连接部位应使用安全链。

f.高压管线、高压管汇（软管线和硬管线）及各种阀门、阀、接头等部件耐压应满足设计要求，施工前管线要试压合格，尤其拖轮和平台连接的高压管线必须保证能连续安全施工。

g.需要连接专门的应急泄压管线。

h.套管平衡压力具备泄压条件。

（3）平台压裂设备、管线检查。

压裂泵橇、混砂橇试运转时间不少于30min，确保设备性能良好；仪表橇数采系统与混砂橇数采系统匹配性良好；数采系统能实时监测环空压力变化；配液所需的钻井液泵、混合泵等设备运转性能良好；地面高低压管线、接头、阀门的密封性满足要求。

（4）压裂流程试压。

试压值应高于设计的井口最高施工压力10MPa以上参考标准Q/HS 14018—2019《海上完井压裂设计与作业规范》，稳压15min为合格。需要油套环空打平衡压力时，按设计的背压值对环空进行试压，稳压15min为合格。为保证施工作业安全，压裂泵上应设定超压保护，超压保护值应低于限压（限压值比试压值低3~5MPa）。

（5）压裂液配制。

① 配液前检查钻井液池等储液罐数量和容积、清洁程度、表观腐蚀、阀门开关等是否满足作业需求。

② 配液罐、循环管线、钻井液泵管线、混合泵等应清洗干净，配液排量应达到要求。

③ 检查压裂液添加剂种类、数量、包装、出厂合格证是否符合要求。

④ 配液用水检测：要求浊度（NTU值）小于30。

⑤ 压裂液配制：按照设计的配液顺序及添加剂添加顺序，逐罐配液，并进行多个罐之间的整体循环。配液完成后对每罐压裂液进行取样检测，检测液体黏度、pH值、交联性等；采用连续混配装置配液时，在混配装置出口检测液体黏度、pH值、交联性等参数，要求测定的液体黏度值达到室内实验黏度值的85%以上，交联性能良好。

⑥ 单层配液量应高于设计液量的10%，两层以上连续施工时应控制总液量高于设计液量的5%～10%，应考虑施工过程液体损失及液罐罐底存量。

（6）支撑剂准备要求。

① 加装前进行支撑剂合格证书、包装规格、机械杂质、圆度等表观检查，确保满足要求。

② 加装前确认砂罐清洁干净、无异物，罐内干燥。

③ 现场每袋支撑剂取样留存。

④ 现场确认支撑剂类型和用量满足设计要求。

4.2.7.2.2 压裂施工

（1）小型压裂测试。

主压裂施工前需要进行小型压裂，以求取较准确的储层参数。

小型压裂包括阶梯泵注试验、注入—关井试验等。阶梯泵注试验一般采用压裂液基液，阶梯增量不大于1m³/min，每次排量变化稳定时间2～5min。注入—关井试验应采用与主压裂前置液相同的液体做工作液，注入应选取阶梯泵注试验最末次排量。

常用小型压裂泵注程序见表4.23，典型的注入关井试验曲线如图4.42所示。根据实测的参数对设计的主压裂泵注程序进行适度调整。

（2）主压裂施工。

① 施工过程控制。

按泵注程序表进行施工，并记录施工时间、排量、压力、支撑剂浓度、支撑剂用量、液量等参数。

施工过程中出现异常情况时，应根据施工压力变化情况，适当调整排量、砂比等参数，减少复杂情况发生，施工过程中应密切监控环空压力，波动范围控制在0.5MPa以内。

② 液体性能控制。

a. 压裂液性能控制：开始泵注前置液后，取样检查液体成胶情况；泵注全过程中每隔5～10min取样，检查液体交联（携砂）性能；施工压力波动较大时应加密取样，交联性能较差时应及时停止加砂，按照应急预案执行。

b. 交联剂加入操作：严格按照现场小样交联试验确定的最佳比例添加交联剂；现场应备有余量，在压裂施工过程中混砂橇不能正常供应交联剂时，用备用设备向混砂橇供应交联剂。

表 4.23 小型压裂泵注程序示例

序号	排量/（m³/min）	液量/m³	液体类型	目的
1	0.5	0.5	基液	升排量测试，求取储层延伸压力数据
2	1.0	0.5	基液	
3	2.0	1.0	基液	
4	3.0	10	基液	小型压裂，求取储层破裂压力等数据，最大排量不低于主压裂设计最大排量
5	2.5	1.25	基液	阶梯降排量测试，求取射孔和近井摩阻数据
6	2.0	1.0	基液	
7	1.5	0.75	基液	
8	1.0	0.5	基液	
9	0.5	0.25	基液	
10	停泵			关井、测压降，采用双对数、平方根、G函数等方法求取储层闭合压力，闭合时间等数据，根据闭合时间求取液体滤失系数等数据

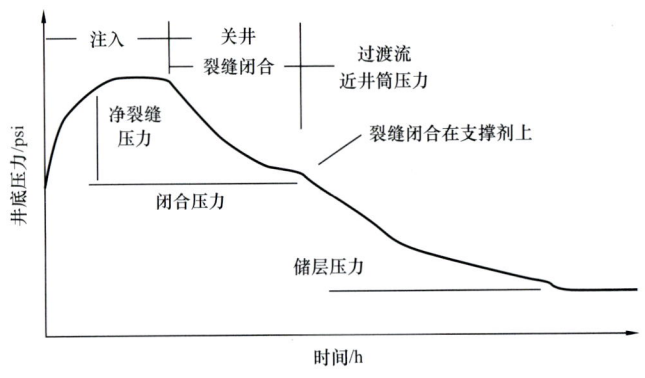

图 4.42 典型的注入关井试验曲线

c. 破胶剂加入操作：破胶剂加量按设计从小到大的比例锥形匀速加入，携砂液泵注结束时应确保破胶剂全部加入。

③ 数据录取及整理。

a. 泵注程序结束后，应按设计要求录取压降数据。

b. 整理并提交压裂施工报告，内容应包括施工数据、施工曲线图、施工管柱图等。

（3）压裂后返排。

① 压裂施工结束后先关井，关井时间应大于井下温度条件下压裂液破胶时间。

② 关井结束后，立即开井返排放喷排液；为防止返排期间地层吐砂，利用油嘴控制返排速率；返排初期采用2～4mm油嘴控制，每15min记录油（套）管压力、流量、液量及砂量数据，每30min检查油嘴；返排中后期逐步增大油嘴，以返排管线出口不见砂为控制原则；如果出砂则调小油嘴排液。

③ 返排开始后 0.5h、1h、4h、8h、16h、24h 及以后每天，一直到排液结束，应取样化验返排液黏度、氯离子、pH 值、含砂量等数据；每 0.5h 记录油（气、水）产量及井口油（套）管压力。

④ 返排过程中，如果井口压力快速下降并接近 0，同时井口排液流量较小或无液排出，应关井恢复后再返排或者考虑采取连续油管诱喷等人工举升方式返排。

⑤ 返排放喷过程中应做好有毒有害气体监测。

4.2.7.3 压裂测试总结报告内容要求

（1）作业井基本数据。
（2）压裂测试施工简况。
（3）产能分析对比。
（4）压裂后施工总结。
（5）结论与建议。

4.2.7.4 压裂后评估

压裂后评估技术是水力压裂技术体系的重要组成部分，为指导现场施工、检验和评价压裂效果提供依据，压裂后评估技术包括水力裂缝评价和压裂后储层评价两部分。

4.2.7.4.1 水力裂缝评价

水力裂缝评价的目的是进行实际裂缝参数评价，检验实际裂缝参数与设计参数的一致性。水力裂缝评价分为定量评价和定性评价，现场一般是通过两种评价的结果综合应用，实现裂缝参数相对准确判断。

（1）裂缝参数定量评价。

裂缝参数的定量评价包括裂缝检测评价和裂缝监测评价。

裂缝检测评价能够实现裂缝高度的定量评价，主要技术有三维声波测井评价技术、井温测井评价技术、同位素示踪测井评价技术等。

裂缝监测评价能够实现裂缝高度、长度的定量评价，主要技术为邻井微地震压裂裂缝监测技术，该技术需要在邻井下入监测仪器，海上探井压裂测试应用该技术有较大难度。

（2）裂缝参数定性评价。

裂缝参数的定性评价方法包括压降曲线拟合分析法、试井分析法及生产历史拟合法。压降曲线拟合分析法能求取压后初期裂缝的长度、高度、宽度、导流能力等多个裂缝参数。试井分析法及生产历史拟合法主要求取生产过程中裂缝的有效半长及渗透率值。

4.2.7.4.2 压裂后储层评价

压后储层评价是通过施工中的压裂压力和压力降落曲线分析可以获得储层有效渗透率、储层岩石的力学参数和储层滤失特征等参数。

（1）储层渗透率确认。

储层渗透率拟合采用 Mayerhofer 曲线法（图 4.43），通过该曲线的斜率可以求取储层渗透率。

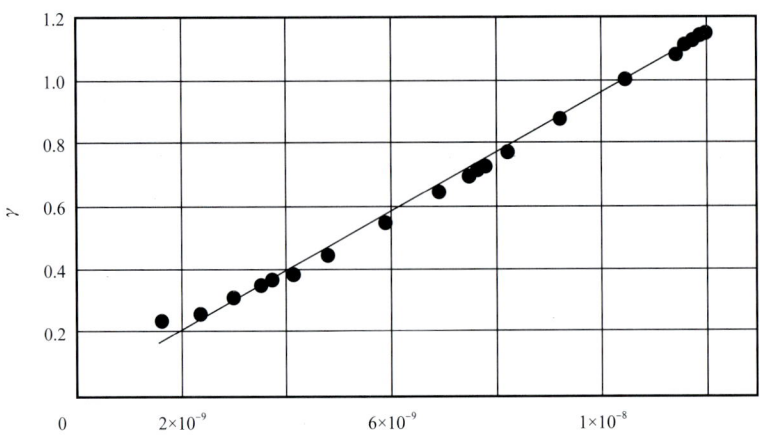

图 4.43　Mayerhofer 曲线

① 绘制 Cartesian 坐标的压力降落曲线。
② 综合运用双对数曲线、G 函数、平方根曲线确定裂缝闭合时间和闭合压力。
③ 求取 Mayerhofer 曲线直线上的斜率 mx，计算出储层渗透率。
（2）储层岩石力学参数。
储层岩石断裂韧性因子、端部效应因子、储层及隔层岩石杨氏模量、泊松比等岩石力学参数是静压力拟合的敏感参数，通过静压力的精确拟合，对储层岩石力学参数的修正，可以更准确地认识压裂储层及隔层的岩石力学参数。
（3）压裂液滤失特征分析。
在裂缝闭合以后，压裂压力的变化在很大程度上由压裂液的滤失速率所决定。所以，可由压裂后这一阶段的压力递减估算出压裂液效率和压裂液的综合滤失系数。
（4）储层天然裂缝及裂缝延伸情况分析。
通过压裂后压降曲线做 G 函数曲线，并与 G 函数几种典型曲线对比，可以分析储层发育情况及压裂裂缝延伸特征。

4.2.7.5　压裂作业安全管理及应急预案

4.2.7.5.1　安全管理

（1）作业管理。
测试总监是现场压裂测试作业的第一责任人，全面负责压裂测试作业的安全、质量、进度和成本，并对压裂作业期间出现的复杂情况按照压裂应急预案组织处理。压裂队长具体负责压裂作业的组织管理工作。
（2）会议制度。
① 每天召开一次安全生产例会；测试总监介绍当日压裂测试作业动态、下一步作业计划。
② 压裂测试作业前应召开压裂作业技术交底会。
③ 压裂施工前在钻台组织召开压裂安全风险分析会，明确各岗位职责。

（3）交接班制度。

① 严格执行交接班制度。

② 白班、夜班测试监督应做好工作交接及下步作业计划交底。

③ 白班、夜班压裂施工人员应召开班前班后会，并做好工作交接与下一步作业计划交底。

（4）QHSE 管理。

① 严格执行中国海油压裂测试相关的 QHSE 管理体系。

② 作业前严格审查压裂测试服务商的人员和设备资质。

4.2.7.5.2 应急预案

（1）地层压不开时，应急措施如图 4.44 所示。

（2）地层滤失大、加砂困难时，处理措施如图 4.45 所示。

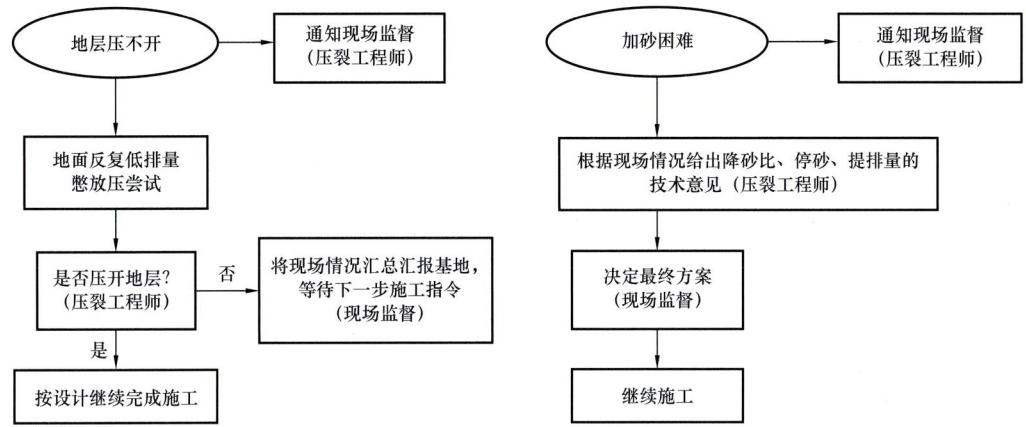

图 4.44　地层压不开应急措施　　　图 4.45　地层滤失大、加砂困难处理措施

（3）封隔器漏失时，处理措施如图 4.46 所示。

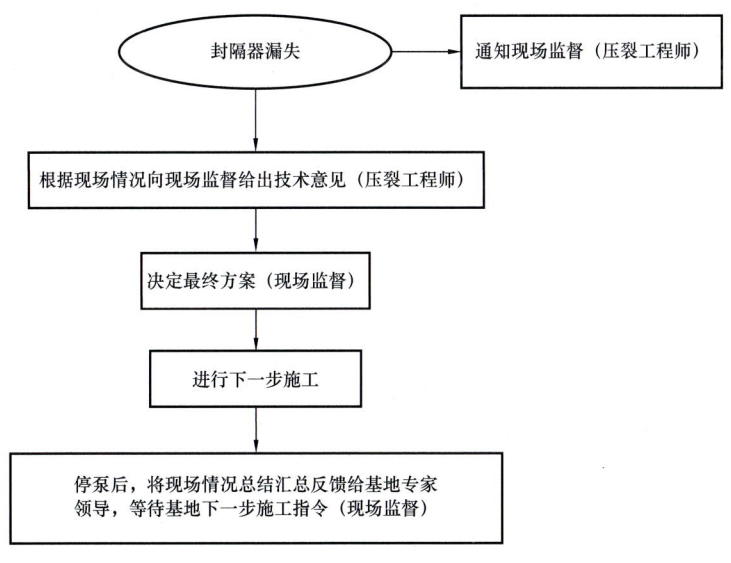

图 4.46　封隔器漏失处理措施

（4）压裂泵失效时，处理措施如图4.47所示。

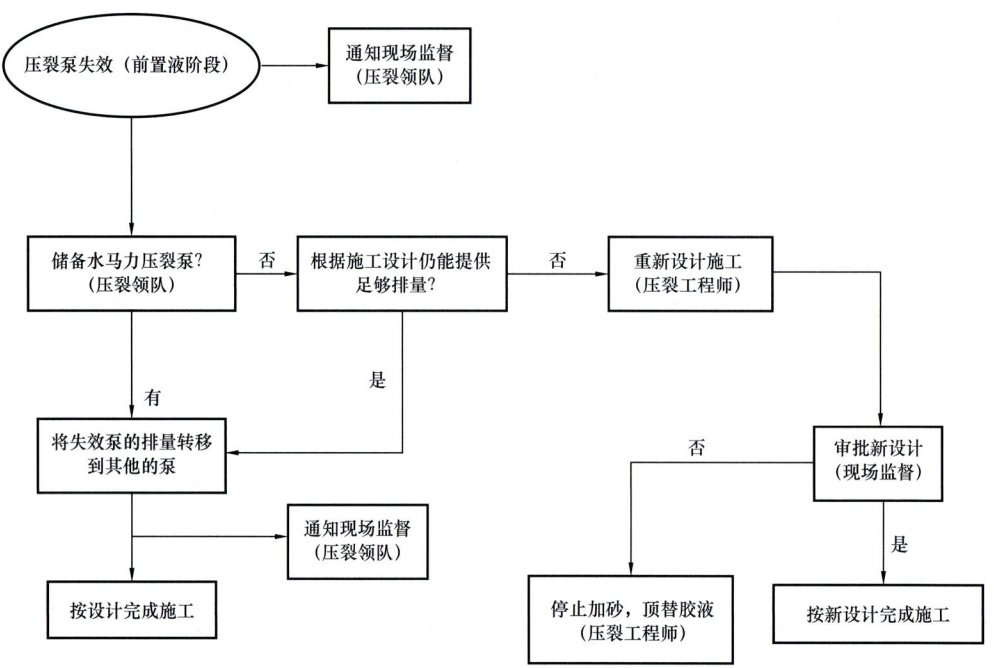

a. 前置液阶段

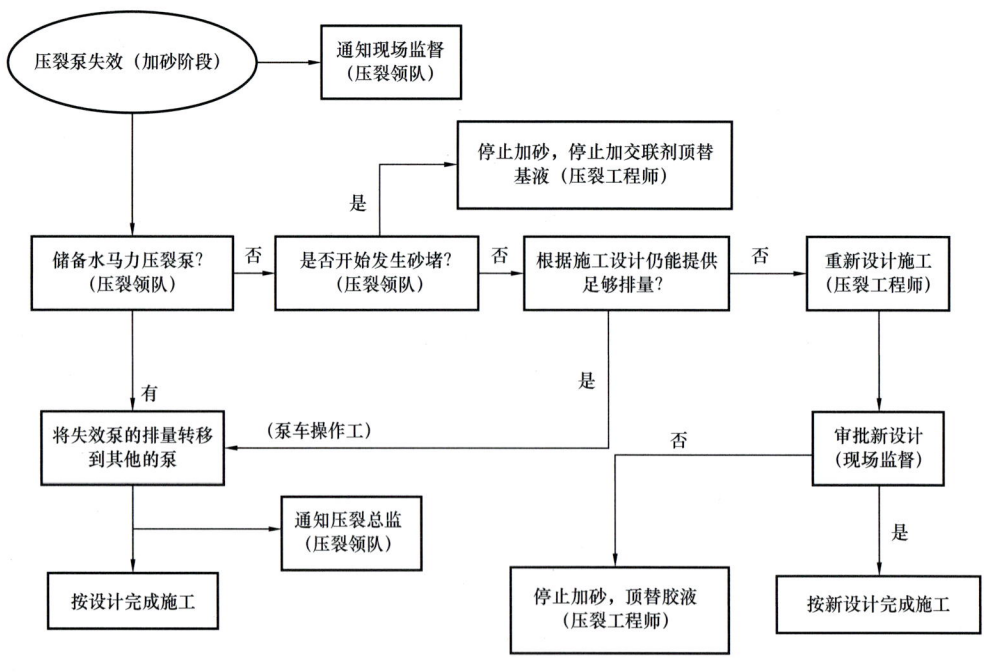

b. 加砂阶段

图 4.47　压裂泵失效处理措施

（5）交联泵失效。

①注前置液阶段，处理措施如图 4.48 所示。

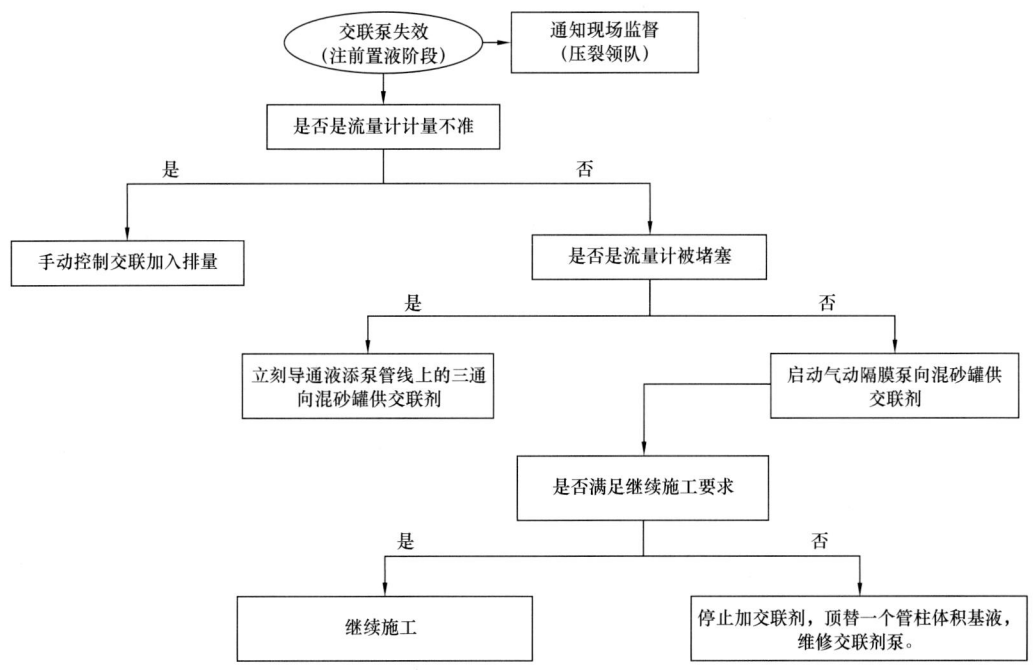

图 4.48　注前置液阶段处理措施

②加砂阶段，处理措施如图 4.49 所示。

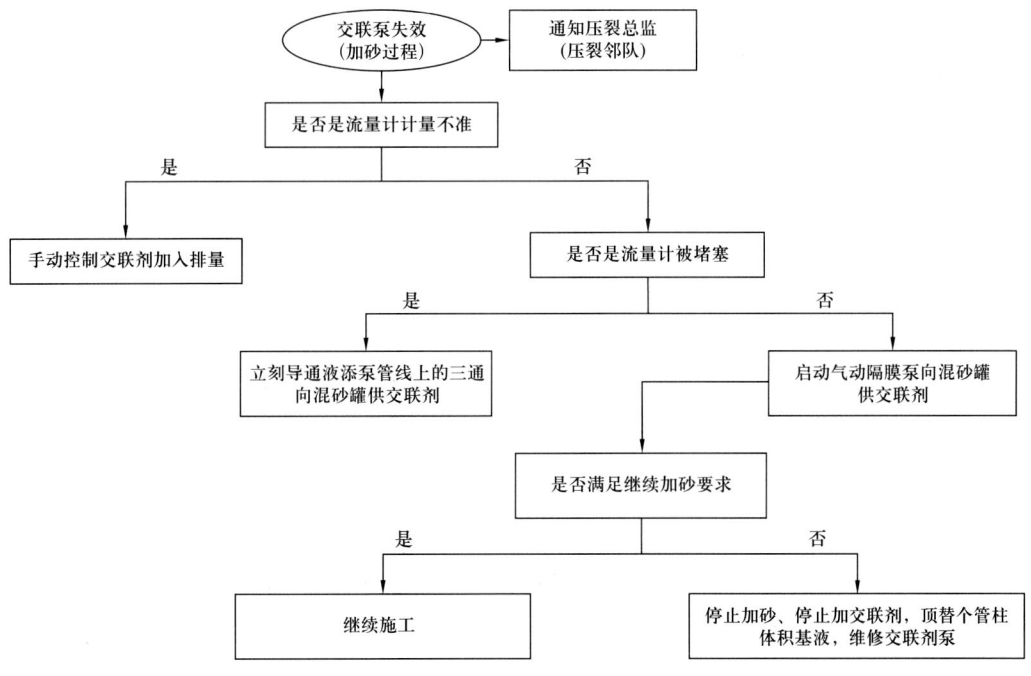

图 4.49　加砂阶段处理措施

(6)砂堵时,处理措施如图4.50所示。

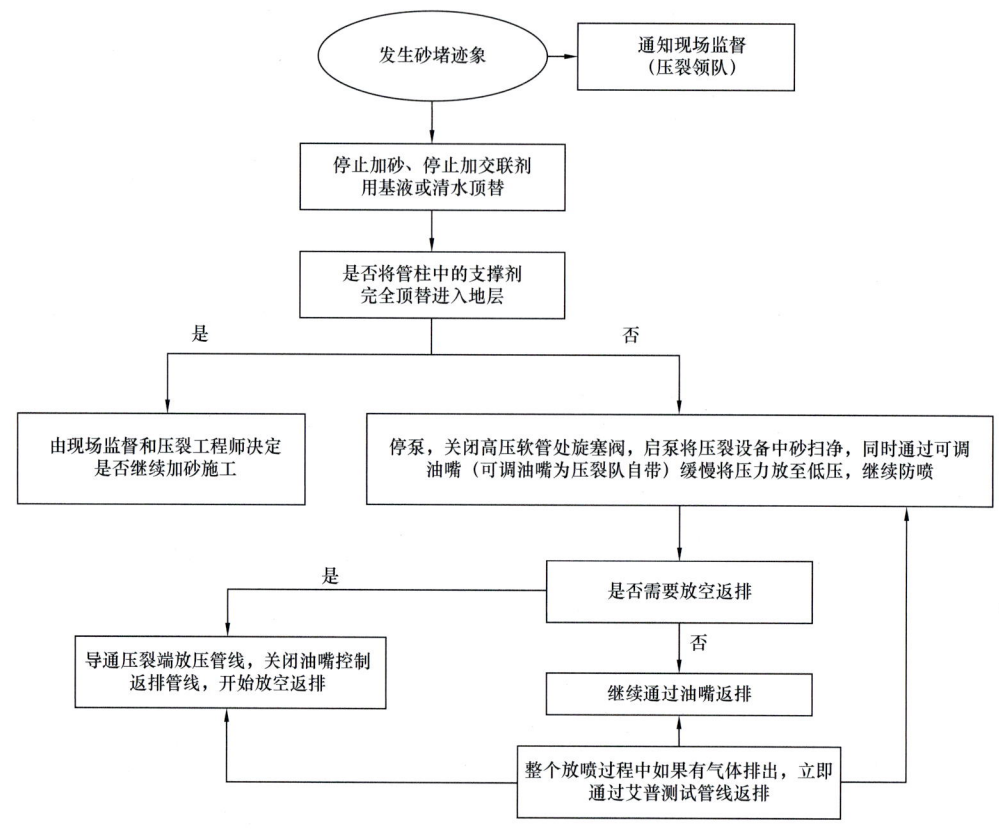

图4.50　砂堵处理措施

(7)施工管柱刺漏。

如果在压裂作业过程中出现施工管柱刺漏迹象,则执行以下应急程序。

① 压裂工程师立即通知现场监督,现场监督发出指令立即停止加砂及交联剂,转入顶替液阶段。

② 如果无法泵注顶替液或支撑剂没有顶出施工管柱就超过最大工作压力,则执行以下步骤:

a. 领队通知作业总监。

b. 停泵(压裂领队),关闭高压软管处旋塞阀,起泵将压裂设备中砂扫净,同时通过油嘴放压管线(两个旋塞阀后面安装一个压裂队自带的可调油嘴)缓慢将压力放至低压,继续放喷(高压端工程师、压裂领队)。

c. 将压裂设备中砂扫净后,如果返排需要放空返排,则导通压裂端放压管线,关闭油嘴控制返排管线,开始放空返排(高压端工程师、压裂领队)。

d. 整个放喷过程中需要在排出端放置气体检测设备,如果有气体排出,则立即导通返排、测试管线,关闭地面测试树压裂翼阀,开始通过测试管线返排、测试。

(8)采集监测系统失效时,处理措施如图4.51所示。

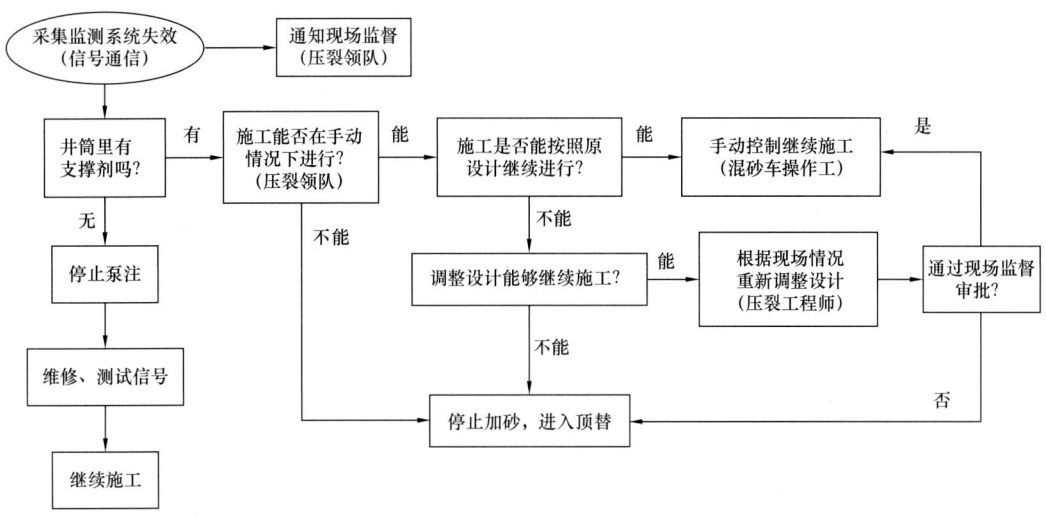

图 4.51 采集监测系统失效处理措施

(9) 压裂高压管汇泄漏时,处理措施如图 4.52 所示。

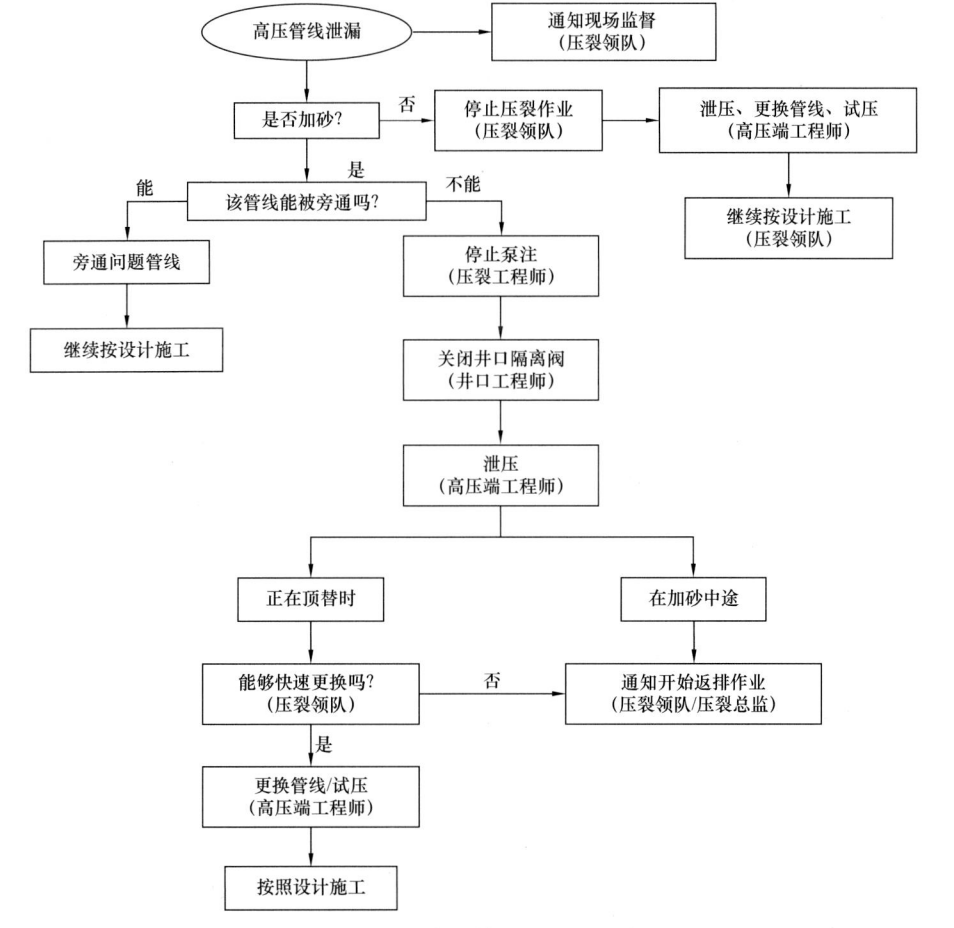

图 4.52 压裂高压管汇泄漏处理措施

（10）压裂低压管汇泄漏时，处理措施如图 4.53 所示。

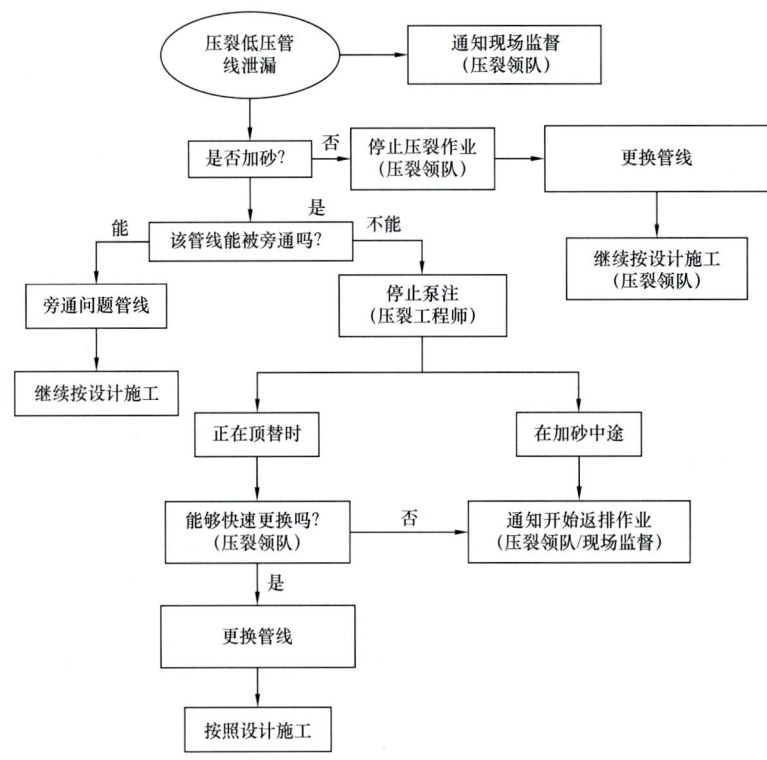

图 4.53　压裂低压管汇泄漏处理措施

（11）供液不足应急预案如图 4.54 所示。

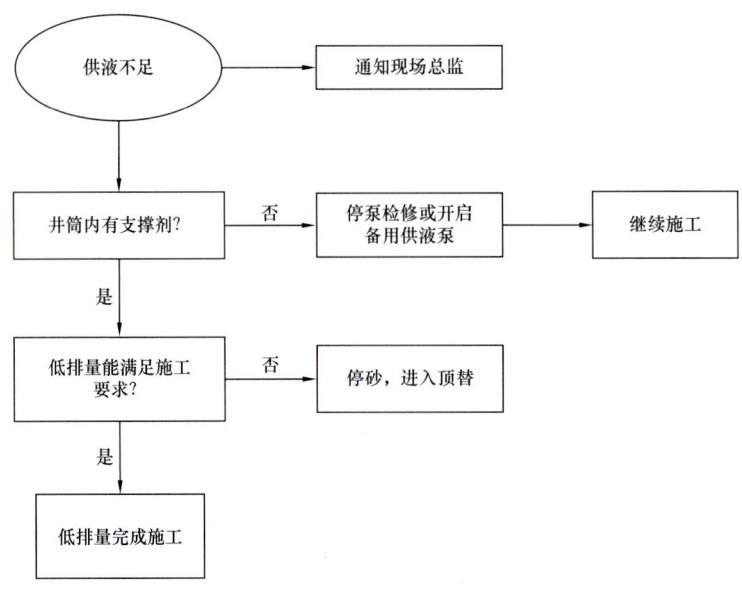

图 4.54　供液不足应急预案

（12）供电故障应急预案如图 4.55 所示。

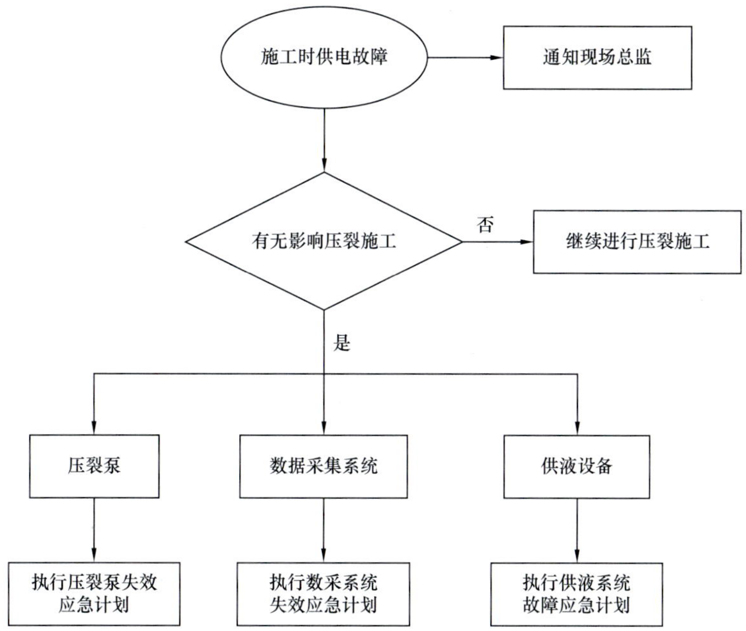

图 4.55　供电故障应急预案

（13）测试 LPR-N 阀异常关闭应急预案。

如果在压裂施工过程中，测试 LPR-N 阀因压力波动关闭，造成油管压力急剧上升，采取如下应急措施：

① 立即停止加砂并停泵。

② 逐步放油套环空压力至 0，10min 后重新向油套环空加压至 LPR-N 阀开启压力。

③ 启动一台压裂泵，小排量进行试挤确认 LPR-N 阀是否打开，如果 LPR-N 阀打开，管柱通畅，则继续进行压裂施工；如果 LPR-N 阀未打开，反复进行操作后还是不能打开，则打开 RD 阀反循环洗井，起出测试管柱，进行下一步作业。

4.2.8　高温高压测试

高温高压井定义为井底温度大于 150℃的井称为高温井，地层孔隙压力大于 68.9MPa 或地层孔隙压力当量钻井液密度大于 1.8g/cm^3 的井称为高压井，高温和高压两种情况并存的井称为高温高压井。

高温高压井显著的特点是储层多为气层，测试过程中，测试管柱、井口及地面设备将承受该井最高压力和温度的考验。尤其是使用半潜式钻井平台进行高温高压气井测试作业时，还必须承受恶劣天气和海况的影响，其风险性可谓达到极点。

4.2.8.1　井筒准备

（1）宜评估钻井期间的套管磨损情况，复核套管是否满足测试要求。

（2）应对半潜式钻井平台隔水管进行安全校核，并根据作业期间的环境条件计算出最大允许偏移量。

（3）应评估套管及密闭空间液体受热膨胀对井口和套管的影响，确认井口是否满足上抬力。

（4）全井筒应使用钻井液或测试液试压至套管（或回接筒）、套管头抗内压强度最低值的80%，稳压时间应不少于15min为合格。

（5）下入打印管柱，在悬挂器上面的一根钻杆涂上白漆，确认悬挂器坐挂后关闭合适的闸板防喷器，开防喷器起出测试悬挂器，丈量悬挂器与闸板之间的距离并记录。

（6）下入刮管器对封隔器坐封段、射孔段及桥塞坐封段套管管壁进行清刮，刮管深度不应达到或超过尾管浮箍深度。

（7）刮管过程中对可能积有沉淀物的防喷器镗孔、钻井井口、尾管挂等位置充分冲洗。

（8）根据作业期间最大压差值确定负压测试值，负压测试宜采用分段替入工作液的方式，根据负压测试情况确定射孔段以下是否需下入桥塞封堵井筒，并对其进行正/反向试压实验。

（9）循环调整测试液至其性能符合设计要求；起钻前取测试液样品并模拟井底条件进行48h以上的高温老化试验。

（10）压井液的储备量应不少于井筒容积的1.5倍，密度不低于钻井液密度。

（11）如使用永久式封隔器，起出刮管钻具后由封隔器工程师指导下入永久式封隔器，再执行插入式封隔器（永久式）管柱的下入。

4.2.8.2 下插入式封隔器（永久式）

（1）钻台连接封隔器及坐封工具，检查封隔器卡瓦、胶筒、坐封工具状态是否良好，确认封隔器胶筒技术参数、封隔器通径、销钉数量及材质满足要求。

（2）下入携带液压坐封封隔器管柱。

（3）校深封隔器坐封位置，确认封隔器设计深度与实际坐封深度一致。

（4）正加压坐封，坐封过程同时完成验挂。

（5）泄压至0。

（6）下放管柱至中和点，正转管柱使坐封工具脱手，上提封隔器坐封管柱。

（7）剪切球座后循环。

（8）起管柱。

4.2.8.3 下射孔枪

4.2.8.3.1 射孔装枪区域安全要求

（1）雷雨天气不进行装枪作业。

（2）在符合要求的区域装枪，拉好警戒线，竖立警示牌，其他人员禁止入内。

（3）距离装枪区域15m之内禁止吸烟、不准有明火，全平台禁止电焊作业。

（4）禁止将手机带入装枪场地。

（5）装枪场地应铺厚度不小于 5mm 的胶皮垫。

（6）装枪人员要穿防静电服，并释放静电。

（7）不准有吊装物品通过装枪区域。

4.2.8.3.2 组装射孔枪

（1）搬运火工品时，要轻拿轻放，并按照包装的说明正确放置火工品。

（2）应核对火工品的种类、数量和型号与施工设计是否相符。

（3）禁止将雷管带入装枪场地。

（4）禁止倾倒、堆积射孔弹。

（5）严禁使用金属物敲击射孔弹和挤压弹尾，应使用塑料锤或木块轻轻敲击。

（6）应使用导爆索切钳或单面刀片切割导爆索，若使用刀片切导爆索应把导爆索垫在木板上。

（7）穿导爆索时应仔细检查，若出现隆起、变形、扁平或装药密度发生变化的情况，应报告现场负责人，更换导爆索。

（8）应由射孔工程师锁传爆管。

（9）在安装射孔枪尾部护帽前，应检查弹架管卡环是否上到位。

（10）当组装好的弹架推入枪管困难时，应及时拉出弹架检查，禁止锤击、强行推入。

（11）半枪装弹前，应在弹架上标识出装弹部分（Loaded，LD）和不装弹部分（Blank，BLK），弹架标识工作完成后，必须由两人确认。

（12）射孔枪枪身应按排枪表编号，并由两人以上确认。

（13）切割后的导爆索短节应随手放入箱中，禁止乱扔。

（14）井下工具（油管、负压阀、放射性接头等）应编号，并由两人以上确认。

（15）应由专人负责核对接头密封圈的使用数量。

（16）装枪结束后，应清点危险品数量，确认使用数量、剩余数量、总数量相符，并填写《火工品使用记录清单》。

4.2.8.3.3 井口下枪

（1）应由专人负责按照《管柱下入顺序表》核对射孔枪及井下工具的下入顺序。

（2）射孔工程师负责组装点火头，组装压力点火头的剪销时必须由两人确认。

（3）把组装好的射孔枪放在甲板上，核对无误后方可下井。

（4）吊运射孔枪时防碰撞。

（5）应使用卡环或带有锁死装置的吊钩吊装射孔枪。

（6）应使用井口卡瓦卡住射孔枪，并装安全卡盘、拧好锁销。

（7）应拧紧提升短节，在连接射孔枪时要注意观察提升短节是否倒扣脱扣。

（8）两支射孔枪连接前，要检查上（下）传爆管的位置；射孔枪要保持垂直，防止损伤螺纹；禁止用黄油代替螺纹脂。

（9）连接射孔枪应使用管钳紧扣，禁止使用井队大钳。

（10）安全机械点火头应在井口连接；安全机械点火头应首先和油管连接，然后再连接射孔枪。

（11）应由专人负责核对接头密封圈的使用数量。

（12）油管、钻杆入井前要通径，防止其内有脏物，使其内壁更干净。

（13）连接负压阀或玻璃盘接头时，要先将其下面油管内充满干净的液体后才能连接。

（14）放射性记号源接头离负压阀要有一定的距离，防止校深时仪器通过负压阀。

（15）放射性记号源接头连接前应确认连接位置。

（16）螺纹脂应涂抹在钻具外螺纹上。

（17）下放射孔管柱时应操作平稳，防止猛刹猛放，在封隔油气层套管内下放速度宜小于 0.2m/s。

（18）应注意防止井下落物。

注：针对预先下入永久式封隔器后下入 TCP 工具组合时，需检查插入密封心轴以下总成外径，确认能通过封隔器内孔，并确认所有工具有倒角、无毛刺及插入密封心轴的密封件状态良好。

4.2.8.4 组合下入 DST 工具

4.2.8.4.1 组合下入 DST 工具要求

（1）下测试管柱前组织相关的服务商召开安全风险分析会，由各相关服务商负责人向所有作业人员宣讲各个作业环节的关键点及注意事项，做好风险分析及控制措施，明确操作程序和配合要点，将责任落实到各岗位。

（2）下测试管柱过程中宜分阶段试压：所有 DST 工具入井后、测试管柱到位后及地面测试树安装结束等。

（3）在坐落管柱下入前要确定悬挂器调节量与模拟管柱打印数据相符。

（4）油管及新入井钻具都要用通径规通径检查，并判断螺纹是否完好；螺纹脂只能涂在外螺纹上，并且适量、均匀。

（5）在半潜式钻井平台上测试，地面测试树下主阀应保证在作业期间最高潮位和平台可能的最大位移的条件下，离转盘面不少于 3m。

（6）地面测试树和油嘴管汇安装后宜对其试压至不低于预测储层压力。

4.2.8.4.2 组合下入 DST 工具

（1）对测试管柱结构进行确认。

（2）根据测试管柱设计，连接工具串。

（3）确认工具长度及内外径；工具通径检查，确认工具通径及无明显台阶。

（4）按照管柱表组合下入 DST 测试管柱，注意做好井口保护。

（5）连接工具时，按推荐扭矩值紧扣，禁止使用铁钻工。

（6）钻台连接完封隔器后，确认封隔器卡瓦部分灵活自如。

（7）伸缩接头入井后，记录管柱悬重。

（8）下管柱过程中按照设计灌入液垫并试压，若采用柴油液垫，宜在测试管柱下入到位后一次性灌入。

（9）控制下入速度，防止顿钻、溜钻和遇卡。

（10）接悬挂器，下模拟悬挂器至设计深度，坐悬挂器于抗磨补芯，进行电测校深。

注：如采用永久式封隔器管柱，则打开升沉补偿器，将插入密封心轴试插入封隔器，记录下放悬重、插入过程中的摩阻、插入深度。

4.2.8.5 电测校深

校深方法详见 4.2.1.5。

4.2.8.6 下坐落管柱作业

（1）起出悬挂器，根据校深结果对悬挂器至封隔器位置管柱进行配长。

（2）组合下入水下测试树系统（详见 4.2.9.6 水下测试树系统入井操作程序）。

（3）安装防喷阀组。

（4）连接液压脐带缆。

（5）防喷阀组功能测试。

（6）连接长吊环或连续油管提升框架，安装地面测试树。

（7）下放测试管柱至设计深度坐挂悬挂器。

若采用插入式封隔器，则进行第（8）、第（9）、第（13）步操作；若采用环空液压坐封封隔器则进行第（8）至（13）步操作。

（8）连接井口管线，包括生产流动管线及压井管线，连接地面测试树液控管线。

（9）打开补偿器，提至正常悬重，用固井泵对地面流程高压段及测试管柱试压。

注：下入带插入密封的测试管柱时，需根据校深结果配长确保插入密封插入到位。

（10）再次校深，确认管柱深度误差满足要求。

（11）关闭闸板防喷器。

（12）环空加压，打开 RD 旁通试压阀同时切断管柱内与环空连通的通道，继续加压坐封封隔器。

（13）确认闸板防喷器关闭，保持环空压力为设定值，打开测试阀，进行开井前准备工作。

4.2.8.7 引爆射孔枪

（1）确认正加压点火流程正确。

（2）固井工程师在射孔工程师的指令下正加压点火，观察井口压力变化和管柱震动，确认射孔成功。

（3）记录初开井的时间及井口流动显示，执行测试地质设计的测试程序。

（4）储层流体到达地面后，及时检查流体是否含 H_2S 及 CO_2，如果 H_2S 的含量大于 20mg/L，按防 H_2S 应急作业程序进行。

4.2.8.8 开井、关井录取资料

开井流动求产及取样、关井恢复压力和取井下 PVT 样品等根据测试地质设计要求执行（参照地质设计要求）。

4.2.8.9 压井解封起管柱

（1）打开循环阀，用压井液反循环 2 倍管柱容积。
（2）拆甩提升框架及地面测试树，打开防喷器，接顶驱，上提解封封隔器。
（3）正循环两周以上，循环至压井液进出口密度差小于 $0.02g/cm^3$，气测全量值小于 3%。
（4）停泵观察 30min，井筒稳定无溢流后起管柱。
（5）应急压井所需转换接头和防喷阀应置于钻台随时可取用位置，在半潜式钻井平台测试时应计算起管柱过程中防喷器闸板的可关闭位置。
（6）起测试管柱应操作平稳，防止抽吸；应连续向井筒内灌入压井液并记录，发现漏失、压井液液量增加达到 $1m^3$ 或目测有溢流发生，应立即启动井控程序。

4.2.8.10 起射孔枪

（1）当射孔枪起至井口，拆枪前应首先检查射孔枪的发射情况。
（2）拆枪时应使用管钳和气动钳。
（3）应使用井口卡瓦卡住射孔枪，并装安全卡盘、拧好锁销。
（4）拆卸射孔枪时应注意枪管憋压；特别是高压气井，要注意释放枪管憋压，无关人员远离。
（5）特殊情况处理。

① 射孔枪拆枪时应防止枪内有气压；若发现夹层枪接头上（下）扣很难卸开，密封圈出来后，螺纹很紧时，证明枪内有气压，应先泄压，宜用起子从接头中心孔和传压孔放压，人员注意站立位置；接头密封圈出来后再多卸几扣，然后再上几扣，使压力充分泄掉；压力不大时，可用气动钳，人员要躲开；如使用转盘，射孔枪要打上安全卡瓦；钻杆大钳要卡在上枪管上，用毛毡将接头包住再转转盘；枪内压力很大时，在上枪管第一个盲孔处用钢锯锯开放压。

② 引爆情况不明，采用投棒引爆方式时，应先打捞点火棒，记下点火棒打捞深度；点火棒打捞不成功时，要制订相应的安全措施；射孔枪起出井口前，尽量减少钻台人员；射孔枪起至井口时，冷却至环境温度后先分离点火头和射孔枪；如果射孔枪在井下停留时间超过火工器材耐温安全时间时，应制订相应的起管柱、拆枪的安全措施。

4.2.8.11 油气层封隔

确认井下测试工具正常，录取压力等资料有效后，油气封隔作业参照 Q/HS 2025—2020《海油石油弃井规范》执行。

4.2.8.12 高温高压测试安全基本原则

（1）严格按照测试工程设计施工，保持每天 24h 监督管理，对作业进行安全、质量、

进度和成本四大控制。

(2) 严格保证测试液和压井液质量。

(3) 刮管、试压和功能试验工作必须认真进行,并达到设计要求。

(4) 严格按程序进行起下测试管柱和射孔作业。

(5) 开井测试作业宜安排在白天进行,并严格执行测试安全规程。

(6) 应确保测试期间井口温度和压力值不超过设备额定值的 80%。

(7) 起下管柱过程中如果发现压井液或测试液的灌入量或管柱体积置换排量变化达到 1m³ 或目测有溢流发生,应立即启动井控应急程序。

(8) 固井等设备应处于正常待命状态。

(9) 储备足够的加重材料、堵漏材料和固井材料;加重材料的储备量应满足 1.5 倍井筒容积及压井液密度提高至少 0.2g/cm³ 的需要,或加重材料储备量不少于 150t。

4.2.8.13 作业风险分析及对策

为确保测试作业安全,应进行作业风险分析和制订相应对策。

4.2.8.13.1 点火失败

可能的原因:点火头及火药失效;加压流程错误或者工具未打开;点火头被埋。

预防措施:确保选择火药满足井况要求,并且具有相应的合格证书;测试液性能满足设计要求,点火头上部使用防碎屑接头;按照工程师要求打开井下测试阀,水下树球阀;点火前专人负责导流程,确保加压流程正确。

应急处理措施:再次确认加压流程是否正确;在不超过工具强度和相关操作压力前提下,每次增大点火压力 3~5MPa 重新点火;若仍无法点火,则考虑钢丝作业通井确认球阀状态,决定是否起管柱。

4.2.8.13.2 射孔损坏管柱

可能的原因:管柱设计不合理;工具抗压抗振能力不足。

预防措施:与专业工程师讨论,确定好减振油管数量、破裂阀设置参数;对关键设备要求服务商提供相应的证书,确保工具满足抗振等级;确保下井工具上扣扭矩满足要求。

应急处理措施:根据情况决定是否立即压井起管柱。

4.2.8.13.3 测试阀打不开

可能的原因:测试液传压性能不合格;测试阀被沉淀物堵塞;环空加压时间长。

预防措施:按照测试液设计充分调整测试液至符合性能要求;确保管柱通径、入井工具内壁干净;确保测试阀销钉及氮气压力设置正确,规范加压操作;刮管洗井期间司钻、队长模拟加压,熟悉加压过程。

应急处理措施:如果打开失败,泄压后等待 1~2h 后,操作压力增加 400psi 再次尝试打开测试阀。若确认测试阀无法打开,视情况压井起管柱,与基地讨论下一步措施。

4.2.8.13.4 管柱泄漏

预防措施:采用气密扣油管,油管入井前严格检查油管密封面,防止有缺陷油管入井；油管及工具入井连接采用电脑监控上扣，确保扭矩及密封台阶到位；按照设计要求，严格执行试压程序对管柱试压。

应急处理措施：水下测试树以下管柱泄漏，关闭测试阀，打开循环阀压井，与基地讨论下一步措施；水下测试树以上管柱泄漏，关闭测试阀及水下测试树，脱手水下测试树，起出上部管柱，检查更换后，下入回接继续测试。

4.2.8.13.5　地面流程泄漏

预防措施：地面流程连接好后，逐级试压合格；油嘴管汇前高压流程采用法兰连接方式，降低泄漏风险；清井排液期间，及时从油嘴管汇处注入乙二醇，防止管内生成水合物堵塞流程；通过更换油嘴、出砂监测和异常压力变化严密监视，实时分析储层是否出砂；流程中设置多处应急装置，平台多处设置关断按钮，如长期关井再次开井前，应再次对流程进行检查。

应急处理措施：发现泄漏后，从能控制的任何位置第一时间关井：井下测试阀、水下测试树、防喷阀、地面测试树、应急关断和油嘴管汇；如果确认是由于储层出砂导致流程冲蚀泄漏，宜请示结束测试。

4.2.8.13.6　封隔器失封

可能的原因：压差过大导致密封失效；密封心轴插入过程中受损；配长不合理关井后密封心轴被顶出。

预防措施：作业前检查和落实工具密封圈状况，选择最新采办的密封心轴；开井期间，检测地层流体 CO_2 和 H_2S 含量，若 CO_2 和 H_2S 含量高，则尽量缩短测试时间；按照最大形变计算结果考虑足够的安全余量，确保插入的密封心轴不出密封筒；插入式封隔器尽量只插入一次，确保密封完好可靠。

应急处理措施：关井期间确保防喷器关闭，导通环空至计量罐流程，溢流可至计量罐计量，相关人员值班，异常情况及时汇报；若发现计量罐有异常，根据计量罐变化情况判断环空泄漏量，视情况结束测试。

4.2.8.13.7　封隔器不能解封

可能的原因：重晶石沉淀或有落物；射孔导致下部管柱变形；储层出砂。

预防措施：按照设计要求循环调整好测试液性能，确保其悬浮能力；下刮管管柱前，冲洗防喷器及隔水管；优化管柱设计，确保射孔管柱减振效果良好；根据地面监测情况如果发现出砂，宜缩短测试时间。

应急处理措施：解封封隔器期间规范解封操作；不同悬重范围内上下活动，尝试解封封隔器；根据现场情况确定过提脱手封隔器密封后，超出测试管柱，然后下钻回收封隔器本体。

4.2.9　深水测试

4.2.9.1　井筒准备

（1）对防喷器组、压井阻流管汇进行全套功能测试及试压。

（2）套管试压应满足测试要求。

（3）电测并确认固井质量合格。

（4）确认已下入井口抗磨补心。

（5）根据井筒钻井液情况选择合适的振动筛筛网目数（宜采用200～300目）。

（6）检查灌注泵入口滤网。

（7）组合刮管洗井管柱，管柱应带有套管刮管器，并宜带有吸附磁铁、循环过滤杂物的收集筒，并能喷射清洗防喷器周围内腔，宜采用隔水管刷对隔水管进行清刮。

（8）测试封隔器坐封位置及射孔段上下清刮至少3次。

（9）大排量循环，每10min左右在钻井液泵吸入口及振动筛检测，达到设计要求。

（10）启动隔水管增压泵，大排量循环洗井至符合测试设计要求。

（11）替入测试设计所要求体积的测试液，应循环调整其性能至设计要求。

（12）起出刮管洗井管柱，检查磁铁及回收筒内所收集到的碎屑和异物情况。

（13）压井液的储备量应不少于井筒容积的1.5倍。

4.2.9.2 打印及下封隔器作业

（1）组合下入打印及封隔器管柱。

（2）按照管柱表下入管柱到设计深度，并测量上提下放悬重。

（3）打开补偿器送悬挂器坐挂井口抗磨补心，确认坐挂到位，根据坐挂情况调整电测校深井口方余。

（4）上提管柱，保持悬挂器提离抗磨补心至少3m以上坐卡瓦。

（5）安装电测方保，挂天滑轮，更换校深专用的不短于9m吊环及钻杆吊卡。

（6）开补偿器缓慢坐挂悬挂器，上提悬挂器以上管柱的悬重，并附加20～30klb。

（7）在管柱上打好校深用的安全卡瓦，并安装地滑轮，组装电测校深工具串。

（8）校深作业结束后，拆甩电测滑轮及长吊环。

（9）配长坐封工具，接顶驱。

（10）上提至封隔器坐封深度，循环打通后，投球，按照封隔器坐封程序坐封封隔器。

（11）验封合格后，脱手送入工具，提出插入密封筒，起出悬挂器，丈量并记录打印数据。

（12）起钻、甩坐封工具，根据打印结果预接地面测试树下部的油管短节，准确设置测试悬挂器位置。

4.2.9.3 下模拟测试管柱

（1）下测试管柱前组织相关服务商召开安全风险分析会，由各相关服务商负责人向所有作业人员宣讲各个作业环节的关键点及注意事项，做好风险分析及控制措施，明确操作程序和配合要点，将责任落实到各岗位。

（2）所有测试工具入井后接一根油管用固井泵对测试管柱试压；按照管柱设计下入油管，每下入1000m油管，用测试液对管柱试压；继续下测试管柱至化学药剂注入阀，连接化学药剂注入阀及注入管线；用乙二醇将化学药剂注入管线排空并充满，连接固井管线，管柱内加压，用化学药剂注入泵进行乙二醇试注入测试；对测试管柱及化学药剂注入单流阀整体试压；下测试管柱至模拟悬挂器位置，期间每两根油管打一个注化学药剂管线保护卡。

（3）在测试悬挂器入井前、水下测试树入井后、管柱坐封及地面测试树安装结束后，分别进行试压。

（4）在深水测试中，由于坐落管柱的特殊要求，需要使用非旋转坐封的封隔器（如插入式密封封隔器等）；不同的封隔器对应的作业操作程序不相同，主要是工具下入顺序和管柱配长的步骤不同；在坐落管柱下入前要确定悬挂器调节量与模拟管柱打印数据相符。

4.2.9.4 电测校深

（1）安装电测方保，挂天滑轮，更换校深不短于9m长吊环及钻杆吊卡。

（2）开补偿器缓慢坐挂悬挂器，上提悬挂器以上管柱的悬重，并附加20～30klb。

（3）在管柱上打好校深用的安全卡瓦，安装地滑轮并拉好安全绳，组装电测校深工具串。

（4）校深作业结束后，拆甩电测滑轮及长吊环，更换为原吊环及吊卡。

（5）起出送入钻杆，拆甩模拟悬挂器。

（6）根据校深结果，进行悬挂器以下管柱的配长。

4.2.9.5 下坐落管柱作业

（1）连接测试悬挂器，做化学药剂注入管线穿越接头，并做通路测试，对管线试压。

（2）连接水下测试树组合。

（3）下入水下测试树组合至电液控制系统后，停止下管柱。

（4）连接水下测试树脐带缆。

（5）上提管柱在悬挂器下部的配长短节处坐卡瓦，对水下测试树进行功能测试。

（6）对水下测试树位置的化学药剂注入管线做通路测试并试压。

（7）按照管柱设计下入油管，继续下入坐落管柱至防喷阀组，连接防喷阀组脐带缆，排空脐带缆管线内空气并固定，对防喷阀组进行功能试验并试压。

（8）按照管柱设计连接完最后一根油管后，保持悬挂器距离抗磨补心至少3m以上坐卡瓦。

4.2.9.6 水下测试树系统入井操作程序

下入水下测试树系统前需确定悬挂器的调节位置。

4.2.9.6.1 电液式水下测试树下入程序

（1）组合下入水下测试树系统。

（2）继续下放管柱直到水下测试树系统的加速包，停止下管柱。

（3）连接水下测试树脐带缆。

（4）上提管柱在悬挂器下部的配长短节处坐卡瓦，进行功能测试（解脱、回接），记录水下测试树解脱的总时间，观察解脱活塞。

（5）连通井下化学药剂注入通道，试压。
（6）组合下入扶正器。
（7）组合下入防喷阀组。
（8）连接防喷阀组脐带缆，排空脐带缆管线内空气并绑定。
（9）防喷阀组功能测试。
（10）打开防喷阀组球阀，继续下管柱，准备坐封和安装地面测试树。
（11）水下测试树工程师开始值班，观察地面电路控制面板和液压控制面板。

4.2.9.6.2　先导式水下测试树下入程序

（1）组合下入水下测试树系统。
（2）将水下测试树管柱立于钻台，停止下管柱。
（3）连接液压脐带缆管线到设备。
（4）设定控制面板压力，做水下测试树功能测试。
（5）记录水下测试树解脱的总时间，观察解脱活塞。
（6）设定控制面板压力回接水下测试树，上提 5000lb 检验回接是否成功。
（7）下入程序与电液式水下测试树相同。

4.2.9.6.3　水下测试树功能测试程序

电液式水下测试树功能测试程序：
（1）注入储能器压力，连接完水下测试树后，上提管柱，在悬挂器下部的管柱上坐卡瓦。
（2）液压控制面板设定系统压力。
（3）通过电控面板按钮进行系统功能测试：关闭承留阀球阀，关闭水下测试树球阀，水下测试树解脱。
（4）液压控制面板设定系统压力，电控面板按钮进行系统功能测试：回接水下测试树，打开水下测试树球阀，打开承留阀，设定储能器压力及动力。
（5）下入水下测试树。
先导式水下测试树功能测试程序：
（1）确定与控制面板相连接对应的液压管线。
（2）检查储能器氮气压力。
（3）连接液压脐带缆管线到水下测试树系统。
（4）液压控制面板设定系统压力。
（5）操作液压控制面板，进行功能测试。
（6）记录水下测试树解脱的总时间，观察解脱活塞。
（7）设定系统压力，回接水下测试树，检验是否成功。
（8）设定系统压力，系统入井。

4.2.9.7　化学药剂注入短节及管线试压程序

（1）在设计深度安装化学药剂注入短节。

（2）清扫化学药剂注入管线并替成水合物抑制剂，连接注入管线到井下注入短节上。

（3）下入井下化学药剂注入短节，对井下化学药剂注入系统整体试压。

（4）继续下入测试管柱，按要求绑定注入管线。

4.2.9.8 紧急关断系统测试

（1）按照地面紧急关断系统流程图连接。

（2）检查紧急关断系统的逻辑关系。

（3）在地面设备连接完毕后进行地面关断系统功能试验。

4.2.9.9 水合物防治

4.2.9.9.1 水合物的地面控制

（1）水合物生成的预测及计算。

（2）分析水合物生成后对流程设备的影响。

（3）合理选择测试工作制度并进行水合物抑制剂的注入。

（4）根据需要调整水合物抑制剂的注入排量。

4.2.9.9.2 水合物生成后的处理程序

（1）钢丝作业探水合物堵塞位置。

（2）用连续油管下入钻水合物工具。

（3）用钻井液钻水合物并充分循环。

（4）替入适量防水合物液垫。

4.2.9.10 引爆射孔枪

（1）确认测试井口至地面设备的流程管线试压合格，数采系统准备就绪。

（2）通知值班船在平台上风方向巡航。

（3）广播通知，各岗位人员到位，确保通信畅通。

（4）确保蒸汽锅炉和蒸汽换热器等设备处于正常工作状态。

（5）除油嘴管汇关闭外，其他测试管线处于开井放喷状态。

（6）按测试监督要求安装油嘴，环空加压打开测试阀。

（7）按设计方式点火射孔，固井泵做好压井准备。

（8）点火射孔，监测井口压力和观察枪响的信号。

（9）射孔后清喷液垫期间，通过化学药剂注入管线同时给水下测试树、管柱上的化学药剂注入短节注入水合物抑制剂（如甲醇）并记录注入压力、注入量，开井初期以最大排量注入。

4.2.9.11 开关井

由于深水气井或较高气油比的油井测试，天然气水合物生成的风险极大，因此，测试期间应尽量减少开关井次数。深水气井或较高气油比的油井测试推荐采用一次开井一次关井的测试程序，尤其是构造或区域首口测试井；清井、取样、求产均在初开井期间实施，采用调整地面油嘴由小到大进行变流量测试获取产能等资料，关井期间求取储层压力恢复等资料。对于深水低气油比的油井测试可以参考浅水油井测试程序，但是，考虑到深水测试巨大的作业成本，在条件允许下宜精简测试程序。对于深水油井测试，应充分考虑原油凝固点及泥面附近的温度对其产生的影响。开井流动、取样、关井恢复及取井下 PVT 样品根据测试地质设计要求执行。

4.2.9.12　压井

4.2.9.12.1　压井前准备

（1）现场召开安全会，对压井程序、钻井液泵作业及钻井液池管理等进行明确。
（2）检查钻台上的井控接头及阀门是否符合要求。
（3）平台应准备至少 1.5 倍井筒容积的压井液、足够的加重及堵漏材料。
（4）如使用油基钻井液，应考虑油基钻井液的回收方式。

4.2.9.12.2　压井程序

（1）反循环替出管柱内流体。

连接固井管线到地面测试树压井翼，地面测试树压井翼需装有单流阀；打开油嘴管汇，泄管柱内压力，返出气体燃烧处理；确认地面测试树的主阀和压井翼阀打开，用固井泵向测试管柱内灌入压井液，以平衡管柱内外的压力，记录灌入量；操作环空压力打开循环阀，反循环压井；控制循环排量和地面可调油嘴，实时监测分析返出的流体，确认流体性质并适时取样；化学药剂注入管线扫线，替出管线内水合物抑制剂；反循环 1 倍管柱容积（从循环孔以上算起），停泵，关闭油嘴管汇，观察井口压力，确认管柱内外压力平衡；操作环空压力关闭循环阀。

（2）由管柱向储层挤注。

正挤期间，DST 工程师和水下测试树工程师必须在钻台值班。操作环空压力打开测试阀，用固井泵尝试向储层正挤 2 倍循环孔到射孔段底部之间容积的压井液，挤注压力不能超过储层破裂压力。停泵，通过油嘴管汇泄压，观察 15～30min，确认井况稳定。

（3）解封封隔器（拔出密封心轴）。

确认各阀（如防喷阀、承留阀、水下测试树阀、地面测试树流动翼阀、地面安全阀、油嘴管汇等）均处于开启状态，确认打开防喷器闸板，确认高压挠性软管和液控管线可以随管柱上移，确认打开补偿器。上提管柱，直至游车承载所有管柱的重量，并在管柱上做相应标记；过提管柱，解封封隔器（将密封心轴拔出密封工作筒，过提期间观察悬重，密封心轴提离锁销后悬重会下降至正常读数）；观察环空液位，并随时补液，确保灌满；继续上提管柱，使水下测试树承压短节位于下万能防喷器处（后续操作需关闭该万能防喷器），在管柱上做标记。

（4）由环空向储层挤注。

其目的是将封隔器下部环空储集的储层流体挤入储层。确认油嘴管汇关闭，地面测试树压井翼阀开启；确定水下测试树承压短节位于下万能防喷器位置；关闭下万能防喷器，导流程，使钻井液泵能向环空泵入，同时固井泵能向管柱泵入；由钻井液泵向环空挤注封隔器至射孔段底部环空 2 倍容积的压井液；固井泵应以较小排量由管柱正挤，以配合环空挤注。最高挤注压力不能超过井口装置额定工作压力、套管抗内压强度的 80% 和薄弱储层破裂压力三者中的最小值；泄掉管内及环空挤注压力，打开下万能防喷器，观察溢流，确认井况稳定。

（5）正循环压井。

关闭下万能防喷器，关闭地面油嘴管汇，打开地面测试树压井翼阀，用钻井液泵正循环压井；正循环期间应观察返出流体的气含量，直至气含量达到压井标准的要求。

（6）压井结束。

正循环至气测全量值小于 3% 后，停泵观察 30min，井筒稳定，结束压井作业，拆甩地面测试树。

4.2.9.12.3 处理圈闭气

（1）在封隔器解封之后的压井作业期间，如关闭防喷器循环压井，可能会形成圈闭气。

（2）对测试压井期间防喷器关闭位置进行分析。

（3）按照管柱和水下测试树配长特点，密封心轴需上提 7.2m 才能提离封隔器，考虑到平台升沉及管柱伸缩等影响，实际井口悬挂器需至少上提 9.2m 以上的距离，同时受井口高压挠性软管长度的影响，最大上提高度不宜超过 11m；此时按照防喷器的位置关系，悬挂器以下的 $4\frac{1}{2}$in PH4 油管位于防喷器组位置；由于此位置的油管带有 1/4in 化学药剂注入管线，因此防喷器组可关闭的是下部可变闸板（$3\frac{1}{2}\sim5\frac{7}{8}$in）和下万能防喷器。

（4）压井期间的循环通路：地面测试树压井翼阀→测试管柱→循环阀→油管与套管之间环空→阻流管线→除气器→循环池。

（5）压井期间无论关闭防喷器的可变闸板或下万能，其与防喷器本体的阻流管线出口都有一定高度差，压井循环过程中此处极易形成圈闭气，因此压井结束后，从阻流管线泵入轻密度的防冻液到防喷器组处，从防喷器压井管线返回，严格控制灌入量不能超过阻流管线内容积。

（6）关闭防喷器压井管线阀门，打开防喷器，利用"U"形管效应使圈闭气通过阻流管线，再到油气分离器放喷处理；注意打开防喷器后，继续使用灌注泵连续往隔水管内灌压井液，保持隔水管液面。

（7）关闭下万能防喷器，经由压井管线，用压井液把阻流管线内的气体和防冻液替出。

（8）关分流器，打开下万能防喷器，用压井液循环隔水管内压井液一周。

（9）检查关闭的闸板防喷器下面的压力，打开闸板防喷器，恢复正常作业。

4.2.9.13 拆甩地面测试树

（1）确认水下测试树系统和地面流程阀门均处于开启状态，闸板防喷器和万能防喷器处于打开状态。

（2）上提测试管柱，坐卡瓦，准备拆甩地面测试树。

（3）关闭地面测试树下液控主阀，确认地面油嘴管汇打开并连接至储液罐。

（4）确认地面测试树等流程的阀门状态。

（5）用固井泵对地面测试树进行扫线。

（6）拆甩地面测试树液控管线、流动高压挠性软管和压井高压挠性软管。

（7）拆甩连续油管提升框架、地面测试树。

4.2.9.14　起测试管柱

（1）检查钻井液罐和警报系统、防喷工具应处于待用状态。

（2）起管柱过程中，监测井筒灌浆量，观察井筒稳定情况。

（3）要求操作平稳，不能猛提急刹；在起前十柱时，速度应不超过 0.5m/s，防止抽吸；起管柱过程中密切观察灌浆是否正常。

（4）起出防喷阀，缓慢起出管柱，按照要求拆卸掉水下测试树脐带缆保护器，检查是否损坏并记录。

（5）在起出隔水管扶正器、防喷阀组合、水下测试树过程中需要移除补心。

（6）起出水下测试树组合，回收化学药剂注入管线。

（7）起出 DST 测试工具；必要时打安全卡瓦，禁止使用铁钻工对工具卸扣。

（8）按要求对井下取样器进行转样。

（9）起出插入密封心轴、射孔枪总成等，检查射孔枪的发射率。

（10）盖好井口。

（11）电子压力计数据回放。

电子压力计出井后，从托筒上取出电子压力计，记录出井时间；松开电池筒，记录电子压力计断电时间；回放数据，打印压力/温度曲线；确认数据合格，备份，妥善保管。

4.2.9.15　油气层封隔

确认井下测试工具正常，录取压力、产能等资料合格，油气层封隔作业按照《海洋石油安全管理细则》（即国家安全生产监督管理总局令第 25 号）相关要求执行，建议参照 Q/HS 2025—2020《海油石油弃井规范》。

4.3　测试结束后的工作

4.3.1　测试结束后的复员

4.3.1.1　测试设备、测试材料

（1）测试工程总监要将返回基地的测试设备和测试材料的明细清单及所装船号，到港的大致时间（尤其是甲方的设备）以邮件的方式通知测试生产管理人员和协调部；对在海上收取日租金的服务商的设备要优先安排装船返回陆地。

（2）如果返料中含有氮气、氧气、液化气等高压气体及甲醇、白油、烧碱等危化品，

返回前必须提前24h向码头进行危化品报备；如果返料中含有放射源、火工品等危险品，必须由专人负责押运，并且返回前提前24h向码头进行危险品报备。

（3）设备及材料到港后，测试工程总监要协助测试生产管理人员依据返料清单立即安排甲方材料和设备的验收回库，复原。

（4）对服务商的设备测试工程总监要提前通知，并要求服务商对各自设备返回陆地过程中要有专人跟踪，以便在其设备到港后及时安排复原。

（5）返回陆地后，测试工程总监要立即将海上签收的料单移交给测试生产管理人员，以便审核（注意：尤其是与甲方发生费用的有关材料和设备的料单）（表4.24）。

表4.24　某井返料清单

中海石油（中国）有限公司 _____ 分公司										
现场返 _____ 物料船舶运输清单								编号：		
船舶名称							航程路线			
启航地点							预计启航日期及时间			
航程编号							预计到达日期及时间			
目的地	序号	货物名称及编号	数量/件	质量/t	货物内容	所属公司	收货人及信息	用途及处理意见	账内/帐外/其他	材料名称	备注
	1										
	2										
	3										
	4										
货物总件数/件				填表人：			船方：			收货方：	
货物总质量/t				日期：			日期：			日期：	

4.3.1.2　测试人员

（1）全井测试作业结束，除因工作必需的部分人员留下外，其他人员原则上要求立即撤离作业平台。

（2）应优先安排境外作业人员返回基地。

（3）境外人员宜在陆地对其返回设备进行保养，并处理相关资料；待所交资料通过验收合格后方可离境。

4.3.2　资料整理、验收

测试监督返回基地后要立即着手资料的整理和验收工作，主要包括：

（1）井口压力、温度及流量计量资料。

（2）井底压力、温度资料。

（3）井下压力计数据。
（4）数据采集系统资料。
（5）人工举升作业资料。
（6）验收服务商提交的作业报告。

4.3.3 归档测试资料的整理

测试监督对服务商在现场提供的资料和其他有关测试的资料要做进一步的汇总和整理，编写测试工程完工报告并提交项目经理等相关测试管理人员。

4.3.3.1 钻井类

（1）套管表。
（2）井斜数据。
（3）井口图纸资料。

4.3.3.2 测试管柱类

（1）测试管柱图。
（2）工具操作压力计算表。
（3）水下测试树打印报告。
（4）工具试压报告。
（5）工具合格证书。
（6）工具图纸、材料等相关资料。

4.3.3.3 射孔类

（1）射孔通知单。
（2）射孔排枪图。
（3）射孔点火压力计算。
（4）射孔校深电测图。
（5）点火头等设备合格证书。
（6）射孔弹实验数据。

4.3.3.4 报表及报告类

（1）测试工程日报、well view 及作业简报、作业进度表、测试作业指令。
（2）测井解释成果表、固井质量等地质资料。
（3）含井口压力、井口温度、原油含水及沉淀物等项目的井口报表。
（4）油（气、水）的流量计量报表。
（5）井底流动压力、流动温度报表及数据盘。
（6）现场所做的试井分析报告。
（7）对下泵井所记录的转速、频率、电流等相关的资料，以及与其相对应的井口报表和油（气、水）流量报表。

（8）往返料单。

（9）录井早报、测试液报表、过滤报告等各服务商报表。

（10）填写全井测试作业时效分析表。

（11）写作业质量评价表。

4.3.3.5 弃井类

（1）封井桥塞的型号、尺寸及下入深度。

（2）弃井水泥塞高度、配方及施工程序。

4.3.3.6 样品类

（1）包括：井场所获得的常规油（气、水）样品、地面 PVT 配样样品、井下 PVT 样品、工业样品及可能的特殊样品（如做粒度分析的砂样等）。

（2）各类样品的数据表及送样清单。

（3）注意事项：测试监督对所取样品经筛选甄别后方可送出；常规油（气、水）样要按照收样单位要求，贴好样品标签，认真填写送样清单并签名留底待查；分离器处所取的 PVT 配样，井下 PVT 样品送样前测试监督要认真核实取样人所填写的样品数据表，在确认无误后方可送出；工业样品和特殊样品，测试监督负责与委托取样人联系并交由委托取样人处理。

4.3.4 归档测试资料的移交

（1）原始资料收入井史档案袋，提交项目经理及测试主管。

（2）移交时间以测试总结最终核准时间为准。

（3）井史资料要移交给测试资料管理人员。

4.3.5 服务工单的审核

作业现场签署并留存的服务工单等，测试总监返回基地后要立即提交给测试管理人员，并参与再审核的工作。

4.3.6 测试作业总结会

（1）在人员返回基地两周内召开测试作业总结会，并根据现场情况所记录的《测试作业持续改进情况表》进行分析总结。

（2）测试总监负责以书面的形式通知各服务商以及有关的作业人员参加会议。

（3）测试总监要将包括前期准备在内的整个测试过程中所出现的问题加以陈述。

（4）测试总监要对所出现的问题做出分析并有自己的意见。

（5）根据《作业质量评价表》及《测试作业时效分析表》对各服务商在本井的表现作出评价。

4.3.7 地层测试总结

测试总监在完成上述室内及室外工作后,尤其是在完成资料的整理和汇总的基础上,进行地层测试总结报告的编写工作。

(1)地层测试总结报告编写的时间划分:

① 全井测试只有一层,则编写时间为 10 个工作日。

② 全井测试两层,则编写时间为 14 个工作日。

③ 全井测试两层以上,则编写时间为每层 6 个工作日。

④ 以上"时间"不含主管部门核准时间。

(2)地层测试总结报告编写的格式要求详见附录 E。

(3)地层测试总结报告的复印及装订。

① 地层测试总结报告核准签字后,按规定复印若干份。

② 将复印好的地层测试总结报告装订成册,并再次校对。

5 测试资料录取

5.1 资料录取主要内容

5.1.1 射孔

5.1.1.1 资料录取内容

（1）射孔工艺：常规（正压）射孔、负压射孔、增效射孔等。
（2）射孔层段、射孔次数、射孔井段、射孔枪排枪图。
（3）负压射孔施工方法，诱喷压差，测试液垫类型、高度及总量。
（4）射孔模拟计算过程及模拟结果。
（5）射孔液、测试液类型及性质（主要成分及含量、氯离子含量、pH 值、相对密度、黏度等）、体积及替入的井段。
（6）射孔弹生产时间、保质期、弹型、药型、药量、数量、打靶数据。
（7）射孔枪型、尺寸、相位角、孔密、耐压、抗拉强度、质量。
（8）增效射孔工艺类型及参数。
（9）射孔枪入井时间、点火方式、点火程序、射孔操作时间、引爆射孔枪时间、射孔监测压力计数据。
（10）射孔弹盲孔对位率、射孔弹发射率，射孔枪外径胀大值，毛刺高度。
（11）校深仪器类型、外径、温度压力等级、测量次数、下入深度、测量深度段。
（12）套管放射性记号源类型、个数、深度、放射性记号源峰值。
（13）短套管数量、位置、长度。
（14）测试管柱放射性记号源接头类型、个数、设计深度和射孔枪对应的实际深度、校深误差。
（15）下放遇阻、上提遇卡情况。

5.1.1.2 资料录取要求

（1）射孔深度误差：自升式钻井平台不宜大于 0.2m，半潜式钻井平台不宜大于 0.3m。

（2）电测校深应采用伽马测井仪，条件允许情况下宜辅以磁性定位仪。

（3）测试管柱下放到位后，应确保电测校深仪器下入深度超过最深放射性记号源深度10m。

（4）上提测量时应将套管和测试管柱的放射性记号源全部测量出来，有短套管且电测校深仪器带有磁性定位仪时应测出短套管位置。

（5）实测套管两个放射性记号源深度与固井质量测井测得的深度有差异时应先确认差异原因，若差异处于允许范围内，则应以套管下部放射性记号源深度为准。

（6）对于TCP+DST联作管柱，下至预定位置后先行电测校深和管柱配长，封隔器坐封后应再次电测校深，确认测试管柱最终深度误差。

（7）由于压力变化会造成管柱伸缩，选用插入式封隔器时，电测校深宜确保校深时井筒压力与射孔前井筒压力一致，若两者差值超过3000psi，则电测校深误差中应参考管柱校核结果，消除管柱伸缩影响。

（8）由于特殊原因套管没有放置放射性记号源时，应以固井质量测井测得的自然伽马曲线为校深依据，选取曲线变化明显且距离测试储层较近的井段，测量井段不应少于50m。

（9）射孔点火操作完成后，需密切观察环空压力、井口压力、射孔振动监测装置显示值的变化，确认射孔枪被引爆。

（10）发射率低于80%，或哑弹集中在1.0m以上需补射。

（11）超高温高压井应尽量缩短电测校深时间，从而减少井口敞放时间。

5.1.2 下测试管柱

5.1.2.1 资料录取内容

（1）电子压力计及其托筒的型号、编号、数量、量程。

（2）压力计测点深度、采样率、入井时间、现场校验资料。

（3）测试管柱中各部分的组成、名称、型号、外径、内径、长度、下入深度等。

（4）液垫类型、灌液垫时间、灌入量及高度，测试管柱内容积及井筒中理论可排测试液量。

（5）半潜式钻井平台接水下测试树、防喷阀及地面测试树的时间。

（6）封隔器数量、类型、承压耐温等级、坐封方式、坐封位置、坐封时间、验封结果。

（7）下入管柱过程中管柱体积排代测试液量及遇阻情况。

（8）压控式井下测试工具的设计操作压力。

（9）井下工具、井口装置、地面装置及整个流程试压记录。

5.1.2.2 资料录取要求

（1）压力计的压力量程应达到预计最高压力的1.2倍以上，温度量程宜达到预计最高温度的1.1倍以上；储存式压力计的采样时间应满足设计作业时间的1.5倍以上，在满足采样时间的前提下应尽量加密采样速率。

（2）每支压力计托筒中放置不少于两支同型号的电子压力计，下入深度应尽量接近产层顶部，原则上不应超过 50m；如因特殊原因距离产层较远，宜在管柱中放置两支压力计托筒，相距不宜小于 30m。

（3）封隔器坐封深度距射孔井段顶部 20～30m 为宜。

（4）封隔器下部压力计托筒宜全通径。

（5）封隔器以上宜设置压力计测环空压力。

（6）玻璃盘接头等流动通道工具应尽量接近封隔器。

（7）多支入井压力计现场校验压力差应在 2psi 以内，温度差应在 0.5℃以内。

（8）压力计必须按照产品规定进行校验，并收集校验证书。

（9）射孔管柱中的点火装置应有防沉淀物措施。

5.1.3　初开井清井期

5.1.3.1　资料录取内容

（1）求产方式。

（2）油嘴类型、油嘴尺寸、更换操作及时间。

（3）井底、水下测试树、井口、各级油嘴管汇、油嘴下游、分离器等节点处的压力、温度。

（4）环空压力、温度、补压、补液情况。

（5）计量罐液位变化情况、排液量、排液速度。

（6）喷出物类型及相关描述。

（7）测试液、液垫、油气到达井口的时间。

（8）流量计名称、型号、规格。

（9）油、气产量，气组分，原油相对密度，天然气相对密度。

（10）含砂监测方式及数据。

（11）含水量、水样氯离子含量、沉淀物含量。

（12）天然气水合物抑制剂类型、各注入点的位置、各注入阶段的注入起止时间、注入速率及累计注入量。

5.1.3.2　资料录取要求

（1）手工记录井口压力、温度：清井初期每 1min 一次，排液相对稳定后每 5min 一次。

（2）数采系统宜至少每 1s 采集和记录一次各项数据。

（3）清井液体进计量罐时，每 30min 观察并记录计量罐液面，计算排液速度。

（4）产出流体含水时，宜每 30min 在分离器水路取水样分析氯离子含量。

（5）清井期，常温常压井可采用可调油嘴控制流动，高温高压井应采用动力油嘴和固定油嘴组合控制流动。

（6）流程导入分离器后应立即取气样进行组分分析，落实 H_2S、CO_2、CO 等非烃类气体含量。

（7）初开井流动目的是卸掉钻井液柱压力对测试储层的影响，为初关井测取储层原始压力做准备。但是对于喷势强的气层测试，考虑短时间开井可将液垫喷净和关井后测试管柱的液垫回落会增加再次开井清井的时间，故通常在初开井清井并根据清井产能辅助制订求产方案。

5.1.3.3　清井进分离器条件

（1）流体中含大量气体。
（2）井口回压超过缓冲罐最大工作压力的 80%。
（3）在酸化条件下，pH 值宜大于 4。
（4）含砂量宜小于 0.2%。

5.1.3.4　喷净标准

（1）油层：原油中水及沉淀物含量小于 5%。
（2）气层：观察燃烧头处的喷出物及其燃烧颜色；若属纯气流呈青烟色，带水时呈白雾状；纯天然气点燃火焰呈蓝色，带盐水时呈黄色，带地面水时呈淡红色。
（3）水层或含水层：每 30min 取水样分析氯离子含量，邻近三个点相差不超过 5%。

5.1.4　开井求产期

5.1.4.1　资料录取内容

（1）求产方式。
（2）油嘴类型、油嘴尺寸、更换操作及时间。
（3）井底、水下测试树、井口、各级油嘴管汇、油嘴下游、分离器等节点处的压力和温度。
（4）环空压力、温度、补压、补液情况。
（5）计量罐液位变化情况。
（6）流量计名称、型号、规格。
（7）油、气、水的日产量和累计产量。
（8）气油比、油水比、气水比。
（9）原油相对密度、天然气组分及含量、天然气相对密度、水的离子含量。
（10）原油或凝析油含水率及沉淀物含量。
（11）含砂监测方式及数据。
（12）水合物抑制剂类型、各注入点的位置、各注入阶段的注入起止时间、注入速率及累计注入量。

5.1.4.2 资料录取要求

（1）每 5min 读取井口和分离器处压力、温度。

（2）每 30min 读取分离器压力、温度及各个液体流量计数据，计算油水流量。

（3）每 30min 记录计量罐液位高度，计算液体产量，并与流量计计量值进行对比验证。

（4）每 30min 读取气体流量计的气流温度、压差、静压数据（孔板流量计），计算天然气流量。

（5）每 30min 从分离器取样测量油（气）相对密度。

（6）每 30min 从井口取样测量原油含水、沉淀物和水样氯离子含量（若有水产出）。

（7）每 30min 取气样做气组分全分析，并监测 H_2S、CO_2、CO 含量变化，特殊情况应加密测量。

（8）数据采集系统每 1s 录取井口压力温度、分离器压力温度、分离器气流温度、静压、压差及各个液体流量计数据；每 30min 计算油（气、水）流量。

（9）半潜式钻井平台升沉导致计量罐液位波动时，可根据液位高点和低点确定的平均高度作为该点液位高度。

（10）用孔板流量计测量时，孔板直径应选择在流量计内径的 0.15～0.67 范围内，下游压力应不大于上游压力的 0.546 倍；孔板应光洁度高、无伤痕、无毛刺。

5.1.4.3 油嘴选择要求

（1）油层测试在油层渗流能力、地面设备能力和安全环保等满足的情况下，选择油嘴应考虑：

① 井底流动压力大于原油饱和压力。

② 油层处于不出砂状态。

③ 井底流动压力宜高于油层压力的 50%。

④ 若无法选择油嘴尺寸，可在清井期选用可调油嘴，由小到大调节观察井口压力及产量的变化，据此确定求产油嘴尺寸。

（2）气层测试以求得准确气流方程及无阻流量为主要目的，选择油嘴应考虑：

① 各个油嘴的流动压差充分拉开。

② 最大油嘴的流动不会引起气层出砂。

③ 若为凝析气层，最大油嘴的井底流动压力大于露点压力。

④ 最大油嘴井底流动压差宜高于气层压力的 65%。

⑤ 最大流量须符合地面管线和设备处理能力及平台安全要求。

5.1.4.4 油、气、水流量计算方法

确认清井干净后，流体应及时引进分离器流程进行计量及通过燃烧系统燃烧（原油不能燃烧的海域则需通过回收装置回收）。对于井口压力低或气油比极低，而无法使用分离器计量的井层可直接进入计量罐计量。对于非自喷层，不使用人工举升措施，可采用压力梯度法或者反循环法折算流量。

5.1.4.4.1 油流量计算方法

$$q_o = \Delta q_o \cdot \left(\frac{1440}{\Delta t}\right) \cdot F_m \cdot K \cdot (1-S_{hr}) \cdot (1-B_{sw}) \quad (5.1)$$

式中　q_o——标准条件下油流量，m³/d；
　　　Δq_o——流量计在采集间隔 Δt 时间内的产量，m³；
　　　Δt——数据采集时间间隔，min；
　　　F_m——流量计校正系数；
　　　K——原油温度体积校正系数；
　　　S_{hr}——原油出分离器后的体积收缩系数；
　　　B_{sw}——分离后原油含水及沉积物的百分率。

5.1.4.4.2 水流量计算方法

$$q_w = \Delta q_w \cdot \left(\frac{1440}{\Delta t}\right) \cdot F_m \quad (5.2)$$

式中　q_w——水流量，m³/d；
　　　Δq_w——流量计在采集间隔 Δt 时间内的产量，m³；
　　　Δt——数据采集时间间隔，min；
　　　F_m——流量计校正系数。

5.1.4.4.3 天然气流量计量方法

$$q_g = C \cdot F_{pb} \cdot F_b \cdot F_{tb} \cdot F_{tf} \cdot F_g \cdot F_{pv} \cdot F_r \cdot \gamma (p_f \cdot h_w)^{1/2} \quad (5.3)$$

式中　q_g——标准条件下〔0.101MPa（绝对压力），20℃〕的天然气流量，m³/d；
　　　C——常数，法定单位（MPa）下为533.8857，若 h_w 单位用 kPa，则 C=168830；
　　　F_{pb}——基础压力系数，F_{pb}=0.101MPa/基础压力，MPa（绝对压力）；
　　　F_b——基本孔板系数，查 API 标准；
　　　F_{tb}——基础温度系数，F_{tb}=〔273+基础温度，（℃）〕/293；
　　　F_{tf}——天然气流动温度系数，F_{tf}=｛288.6/〔273+实测气流温度，（℃）〕｝$^{\frac{1}{2}}$，或查 API 标准；
　　　F_g——天然气密度系数，F_g=$(1/\gamma_g)^{\frac{1}{2}}$，$\gamma_g$ 为天然气相对密度；
　　　F_{pv}——超压缩系数，查 API 标准；
　　　F_r——雷诺系数，雷诺系数接近于1，通常只用于商业性测量，现场测试可忽略；
　　　γ——膨胀系数，根据 d/D 与 h_w/p_f 值查图或表；其中，d 为孔板直径，mm；D 为测气管线内径，mm；
　　　p_f——分离器内气体静压力，MPa；
　　　h_w——孔板流量计孔板前后压差，MPa 或 kPa。

5.1.5 低产油气水层、CO_2 产层测试细则

5.1.5.1 测试资料录取要求

低产油气层、水层和 CO_2 产层的测试，应在取得基本评价资料条件下，遵循简化测试程序、缩短测试周期、降低测试成本的原则。

（1）低产油层：根据流动初期判断为低产油层，应及时采取人工举升措施清井求产，求取一个油嘴的相对稳定流量，求产流动时间在原油到达地面后不少于 6h，并满足稳定标准；若无人工举升措施，无法取得相对稳定流量，宜将开井流动期缩短至 12h，但需关井录取压力恢复资料。

（2）低产气层：不必进行多油嘴的产能测试，宜测得一个油嘴的相对稳定流量，然后关井录取压力恢复资料。

（3）CO_2 产层：产出气体中 CO_2 组分超过 60%，最终开井流动期宜取得一个油嘴的相对稳定流量，可不关井录取资料。

（4）水层：取得代表性的流体样品及流量，不必关井录取资料。

（5）极低产、低渗透油层（产能接近于干层标准）：在最终开井流动观察 12h 后或通过人工举升措施，储层流体不能到达井口的油层视作极低产、低渗透油层，应报主管部门批准结束测试，反循环压井起管柱。

5.1.5.2 测试质量检验标准

低产层和非自喷层，即使测试工艺成功，也不可能取全、取准资料，可采用如下标准检验测试质量：

（1）射孔井段无误，确认储层已经射开。
（2）液垫高度合理，诱流充分。
（3）人工举升措施得当。
（4）测试中井下工具工作正常，封隔器、钻杆或油管、测试阀等工具无漏失发生；测试阀等小径工具无堵塞现象。
（5）储层无严重堵塞现象。
（6）储层流体类型清楚。
（7）储层产能清楚。
（8）储层压力、温度清楚。
（9）储层动态性质清楚。

5.1.5.3 低产储层产能求取

低产储层无法自喷又不使用人工举升措施时，可用压力梯度法或者反循环法折算流量：
（1）压力梯度法。
①压井前，关闭井下测试阀。
②使用电缆（或钢丝）携带电子压力计入井，下至靠近井下测试阀深度，上提测管

柱内压力梯度。

③ 利用压力梯度数据分析管柱内不同流体的界面深度，确定储层产出液体在管柱内的深度段。

④ 根据储层产出液体在管柱内深度段对应的管柱内容积计算产出液体量。

⑤ 结合总流动时间折算储层流量。

（2）反循环法。

① 落实反循环使用泵（钻井液泵或固井泵）的泵效。

② 下测试管柱过程中分段灌注液垫，确保最后一次灌满，落实管柱留空内容积，计算反循环返出液垫的理论泵冲数。

③ 反循环前记录使用泵的初始冲数（或泵冲数调零）。

④ 打开循环阀，进行低速反循环。

⑤ 在地面流程的数据头处观察返出流体类型及性质，连续取液体样。

⑥ 反循环过程中与钻台测试监督保持联系，观察、记录返出原油、液垫等液体的泵冲数。

⑦ 根据返出不同性质液体泵冲数和泵效，以及返出液垫的理论泵冲数，计算储层产出液体量。

⑧ 在条件允许下收集储层产出液体，进一步核实储层产出液体量。

⑨ 结合总流动时间折算储层流量。

5.1.6 关井恢复期

5.1.6.1 资料录取内容

（1）关井方式、关井操作过程、井下关井时间、地面关井时间、关井结束时间。

（2）井底、水下测试树、井口等节点处的压力、温度。

（3）各水合物抑制剂注入点的注入速率、停注时间、累计注入量。

（4）潮汐数据（浅层井和深水浅层井）。

5.1.6.2 资料录取要求

（1）无特殊情况下，应采用井下关井测取储层压力恢复资料。

（2）手工记录井口压力、温度：前 10min 每 1min 记录一次，10min 后每 5min 记录一次，稳定后每 15min 记录一次。

（3）数采系统每 1s 采集地面全套数据。

（4）初关井：在有地面直读电子压力计的情况下，关井时间宜以测得稳定的原始储层压力为原则，稳定标准为以 15min 为一记录点，相邻三点压力变化不超过 0.05%；无地面直读电子压力计时，关井时间宜为初开井流动时间的 8～10 倍；若初关井未测得稳定的原始储层压力，则以初关井恢复压力的 Horner 曲线外推压力作为原始储层压力。

（5）终关井：在有地面直读电子压力计的情况下，宜以确保获得双对数导数曲线的径向流动直线段为原则确定关井时间，如需探边测试，应以出现边界反映段的曲线全型为原则确定关井时间；无地面直读电子压力计时，关井时间宜不少于终开井流动时间的 2 倍。

（6）井下关井后井口宜保留一定观察压力，避免井下测试阀上下压差过大。

5.1.7 酸化、压裂改造作业

酸化、压裂改造作业，增加以下资料录取内容：

（1）酸化、压裂管柱结构，封隔器等主要工具深度及技术性能。

（2）酸化、压裂地面主要设备及性能。

（3）酸化液、压裂液配方及数量，配液、挤入程序。

（4）酸化、压裂作业时间及过程。

（5）试挤和酸化、压裂过程各项参数（泵压、泵速、挤入压力或破裂压力、挤入量等）：手工每 1min 记录一次，数据采集系统每 1s 记录一次。

（6）返排时间、方式和过程。

（7）返排油嘴尺寸、变更时间，返出流体类型、氯离子含量、油气到达地面时间。

（8）返排期间记录井口压力及温度变化，手工记录：前 30min 每 1min 记录一次、之后每 5min 记录一次；数据采集每 1s 记录一次；每 30min 测量返排量。

（9）返排结束，转入正常测试录取资料。

5.1.8 螺杆泵、水力射流泵及气举作业

螺杆泵、水力射流泵及气举作业与开井流动求产相伴随，增加以下资料录取内容。

5.1.8.1 螺杆泵

（1）螺杆泵装置的组成及技术性能、加热方式。

（2）螺杆泵泵体下入深度。

（3）每 15min 记录螺杆泵转速、电动机电流、加热电流水循环进出口温度。

5.1.8.2 水力射流泵

（1）水力射流泵装置的喷嘴组合型号。

（2）泵体下入深度。

（3）连续油管内径及管体长度。

（4）每 15min 记录水力射流泵的注入压力、注入动力液温度及排量，地面返出液温度、BSW。

（5）每 30min 记录水力射流泵的气产量及储层流体增量。

（6）射流泵作业时间及过程。

（7）作业结束后应以罐总体积增量或燃烧方式复核储层流体增量。

5.1.8.3 气举

（1）气举装置的组成及技术性能。

（2）每 15min 记录气举注入压力和注入气体量。

5.1.9 热采作业

5.1.9.1 注入期

（1）注入管柱的结构、下入深度，隔热管类型及规格，隔热方式、隔热介质名称及用量。

（2）每30min记录井口注入压力、温度、干度、注入速度、累计注入量。

（3）井底温度、井底干度及监测日期。

5.1.9.2 焖井期

焖井时间，每15min记录井口压力、温度。

5.1.9.3 开关井

（1）自喷时间、停喷时间、转抽时间。

（2）开井放喷、求产资料录取要求同5.1.3、5.1.4及5.1.5。

（3）关井资料录取要求同5.1.6。

5.1.10 深水测试

深水测试若采用"一开一关"测试程序，开井要求同5.1.3、5.1.4及5.1.5，关井要求同5.1.6。

5.1.10.1 深水测试还需采集以下资料

（1）每30min记录水合物抑制剂注入相关数据，包括各个注入泵的开关泵时间、泵冲、泵压、注入量等。

（2）测试期间，实时监测并每30min记录泥面附近的压力、温度。

（3）每30s记录地面含砂检测数据。

5.1.10.2 深水测试获取井下PVT样品

（1）宜采用单相取样器取样，且采用单相样瓶储存。

（2）宜采用管柱中的单相取样器进行取样。

5.2 储层流体取样要求

5.2.1 地面常规样

有储层流体产出的测试层，都应取得地面常规样，以分析地层流体性质。

5.2.1.1 取样地点

（1）储层流体流动到地面的测试层，应在油嘴管汇或分离器处取得常规分析样品。

（2）储层流体不能流动到地面的测试层，应在反循环压井期间在油嘴管汇处取得常规分析样品。

5.2.1.2 取样方法

地面常规油样或水样用常压罐装法，地面常规气样用真空灌注法。

5.2.1.3 取样数量

原油：$2 \times 10L$。

天然气：$2 \times 20L$。

水：$2 \times 10L$。

5.2.2 地面 PVT 样品

商业性油气层，都应取得地面 PVT 流体样品。

5.2.2.1 分离器取样条件

宜在主流动期井下流动压力、井口压力、分离器压力、油流量、气流量及气油比相对稳定（波动小于 5%），井底处于单相流的条件下取样。

5.2.2.2 取样方法

地面 PVT 油样应采用置换法，地面 PVT 气样应采用真空灌注法，取样速度每瓶控制在 20min 内，且油气样取样应同时进行。

5.2.2.3 取样数量

油样：$3 \times 1L$。

天然气：$3 \times 20L$。

5.2.3 工业分析样

新发现的油气藏应取得工业分析样。

5.2.3.1 取样条件

与地面常规样取样条件一致。

5.2.3.2 取样方法

与地面常规样取样方法一致。

5.2.3.3 取样数量

油样：$5 \times 20L$。

天然气：$3 \times 20L$。

5.2.4 井下 PVT 取样

5.2.4.1 取样条件

（1）原油含水率小于 5%，砂及杂质含量小于 1%；井下应处于单相流动状态；宜在终关井恢复后用小油嘴引流，待井筒内都是新鲜的储层流体，流动相对稳定后进行取样。

（2）取样前根据资料用相关经验公式计算出该测试层原油的泡点压力 p_b，通过测井筒流压梯度，确定井底压力 p_{wf} 大于 p_b+1.0MPa、井底处于单相流的情况下进行井下 PVT 取样。

（3）对高饱和油藏和凝析气藏可以用小油嘴控制流动一段时间后，使取样器位置充满新鲜储层流体，井口关井提高井底压力，在满足 p_{wf} 大于 p_b+1.0MPa 的条件下取样。

（4）稠油宜采用管柱携带单相取样器进行取样，且取样时机宜在主流动求产之前，螺杆泵低转速（30～50r/min）期间。

5.2.4.2 取样方法

5.2.4.2.1 钢丝、电缆获取井下 PVT 样品

（1）安装钢丝或电缆作业防喷器及防喷管，并按最高井口流动压力的 1.5 倍试压，稳压 15min 合格。

（2）使用数字钢丝或电缆直读取样时，宜串联直读工具串加一支单相取样器，取得一支样品；先测得井筒流压梯度，计算油水或油气界面深度，选择 p_{wf} 大于 p_b+1.0MPa 的深度进行取样。

（3）使用钢丝取样时，宜串联三支取样器加一支压力计，将取样器时钟设置为下至预定井深所需时间的 1.5 倍，并提前 30min 将取样器下至预定深度，取样期间须保障 30min 的稳定时间；取样结束上提测压力梯度。

（4）井下 PVT 样品要求在现场转样，三支样品泡点压力差不超过 3% 为合格；如不合格，重取直至有两支样品合格为止。

（5）每层应取得不少于两支合格的样品。

5.2.4.2.2 管柱携带式取样器获取井下 PVT 样品

管柱携带式取样器有单相取样器和改进型 RD 取样器。

（1）若采用单相取样器，则需根据储层压力、温度设置氮气压力，并选择合适的节流器。

（2）流动相对稳定，且取样器深度的 p_{wf} 大于 p_b+1.0MPa 时，执行取样操作。

（3）单相取样器取样时间为 30min。

（4）每层应取得不少于两支合格的样品。

5.2.4.2.3 转样、泡点试验及样品含水率检查

（1）样品转样。

① 应用最短的管线连接取样腔和盛样瓶。
② 根据转样系统额定工作压力及储层压力选择系统试压值。
③ 缓慢打开取样腔针阀两圈,记录稳定的压力和温度。
④ 转样过程保持一定的泵速和稳定泵压,储层流体应处于单相状态。
（2）泡点试验。
① 根据储层压力给样瓶加压,摇动样瓶,直至压力不降,样瓶内流体处于单相状态。
② 通过定量装置每次增大 2mL 流体体积,2min 后记录系统稳定压力,宜连续测量 10 次。
③ 将测量结果标在直角坐标图上,根据规律画直线,每条直线上的数据点宜不少于 4 个,依据直线的交叉点确定泡点压力。
④ 记录每支 PVT 样品泡点试验温度。
⑤ 井下 PVT 样品应满足以下要求：
a. 钢丝作业获取样品后的梯度测量结果,分析取样深度处储层流体为单相。
b. 取样器打开压力宜高于泡点压力。
c. 放出一支样品观察含水率小于 5%（原油或凝析油样品）、含砂量小于 0.1%。
d. 两支样品的泡点压力差不超过 3%。
（3）样品含水率检查。
① 将样瓶直立,让 PVT 样品自然沉降,沉降时间不少于 1h。
② 从样瓶顶端针阀加压,保持样品处于单相状态。
③ 加压同时从样瓶底端针阀处放水,放完水,记录放出水量。
④ 如果样品含水率超过 5%,须重新取样。

5.3 现场资料解释

5.3.1 压力计测试数据检查和质量评价

加载测试过程全部压力和温度数据后,再检查和评价数据质量。
（1）检查压力计接、断电时间及数据录取时间长度是否与施工记录相符。
（2）检查施工动作如开井、关井及更换工作制度时,在压力—温度曲线上是否有相对应的反映,时间是否相符。
（3）检查初静液柱压力、终静液柱压力,实测压力—温度数据值是否在施工设计预测范围内。
（4）检查压力—温度曲线是否出现异常点和异常段,关井压力恢复段曲线是否光滑。
（5）如果下入两支或者两支以上压力计,检查压力计之间实测压力和温度曲线的匹配性；同一深度两支压力计的数据差值应在允许误差范围内、温度数据差异应在 1.0℃ 以内。

5.3.2 试井资料解释

5.3.2.1 常规试井解释方法

5.3.2.1.1 压降分析

根据 p_{wf} 与 $\sum_{i=1}^{N} \frac{q_i - q_{i-1}}{q_N} \lg(t - t_i)$ 生成的半对数压力曲线特征,划分阶段和求取解释结果。半对数压力曲线由早期段Ⅰ、中期段Ⅱ和晚期段Ⅲ三部分组成(图5.1)。早期段Ⅰ主要反映井筒储集阶段,中期段Ⅱ主要反映储层渗透性和储层伤害程度,晚期段Ⅲ主要反映边界特征。由于试井解释的多解性,还要结合区域构造、地质油藏特征和井基本情况综合分析确定解释结果。

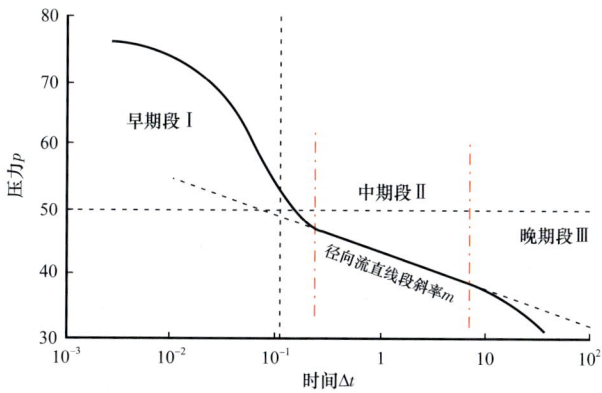

图 5.1 均质储层压力降落半对数曲线示意图

(1)早期分析。

生产压差:

$$\Delta p = \frac{qB}{24C} t_p \tag{5.4}$$

式中　Δp ——生产压差,MPa;

　　　q ——井的地面产量,m³/d;

　　　B ——流体体积系数;

　　　C ——井筒储存系数,m³/MPa;

　　　t_p ——开井生产时间,h。

早期段Ⅰ为纯井筒储集阶段,可根据 Δp 与 t_p 早期直线斜率求出 C。

(2)中期分析。

作 p_{wf} 与 $\sum_{i=1}^{N} \frac{q_i - q_{i-1}}{q_N} \lg(t - t_i)$ 的曲线图,根据中期段Ⅱ直线斜率计算储层渗透率、表皮系数。

（3）晚期分析。

晚期段Ⅲ直线斜率推断不渗透边界的类型，直线段与纵坐标的截距为储层的外推压力。

对于全封闭油气藏，可根据流动压力和时间在直角坐标图上的拟稳定阶段的直线段斜率和截距求井控地质储量和储层参数。

5.3.2.1.2 压力恢复分析

（1）早期分析。

早期分析方法同压降分析，公式 t_p 用 Δt 代替即可。

（2）中期分析。

关井井底压力：

$$p_{ws} = p_i - \frac{2.121 q_N \mu B}{Kh} \cdot \sum_{j=1}^{N} \lg\left(\frac{t_N - t_{j-1} + \Delta t}{t_N - t_j + \Delta t}\right) \tag{5.5}$$

式中　p_{ws}——关井井底压力，MPa；

p_i——原始储层压力，MPa；

q_N——N 时刻产量，m³/d；

μ——流体黏度，mPa·s；

B——流体体积系数；

K——储层渗透率，mD；

h——储层有效厚度，m；

t_N——开井生产 N 时间，h；

t_j——第 j 个生产制度时累计生产时间，h；

Δt——关井时间，h。

作 p_{wf} 与 $\sum_{j=1}^{N} \lg\left(\frac{t_N - t_{j-1} + \Delta t}{t_N - t_j + \Delta t}\right)$ 的曲线图，根据图中直线段的斜率，可求出储层渗透率、表皮系数。

$$K = \frac{2.121 \times 10^{-3} q \mu B}{mh} \tag{5.6}$$

式中　K——储层渗透率，mD；

q——井的地面产量，m³/d；

μ——流体黏度，mPa·s；

B——流体体积系数；

m——直线段的斜率；

h——储层有效厚度，m。

$$S = 1.151\left[\frac{p_{ws-1h} - p_{ws-0}}{m} - \lg\frac{K}{\phi \mu C_t r_w^2}\right] \tag{5.7}$$

式中　　S——表皮系数；

　　　　p_{ws}——关井井底压力，MPa；

　　　　K——储层渗透率，mD；

　　　　m——直线段的斜率；

　　　　ϕ——储层孔隙度；

　　　　μ——流体黏度，mPa·s；

　　　　C_t——综合压缩系数，MPa^{-1}；

　　　　r_w——井眼半径，m。

（3）晚期分析。

若储层中存在一条断层，则半对数图上出现两条直线段。由两条直线交点处的时间求断层距离，由第二条直线外推求原始储层压力。其他参数计算同中期分析。

若储层中存在平行断层，根据半对数图后期上翘的直线段斜率和直线交点处的时间求平行断层的距离和储层参数。

若外边界为复合矩形边界时，半对数图首先反映出最近边界，然后根据压力波及距离依次类推，可求出不同边界距离和储层参数。

其他类型的边界，求取参数方法相同。

5.3.2.1.3　其他参数的计算

（1）探测半径计算。

探测半径：

$$r_i = 0.12\sqrt{\frac{Kt}{\phi\mu C_t}} \qquad (5.8)$$

式中　　r_i——探测半径，m；

　　　　K——储层渗透率，mD；

　　　　t——某定产量生产时间或关井时间，h；

　　　　ϕ——储层孔隙度；

　　　　μ——流体黏度，mPa·s；

　　　　C_t——综合压缩系数，MPa^{-1}。

（2）井到断层的距离。

井到断层的距离：

$$d = 0.0447\sqrt{\frac{K\Delta t_x}{\phi\mu C_t}} \qquad (5.9)$$

式中　　d——井到断层的距离，m；

　　　　K——储层渗透率，mD；

　　　　Δt_x——半对数压降曲线两条直线段交点所对应的时间，h；

　　　　ϕ——储层孔隙度；

μ——流体黏度，mPa·s；

C_t——综合压缩系数，MPa^{-1}。

5.3.2.2 现代试井解释方法

5.3.2.2.1 自喷油井分析方法

（1）油藏模型。

① 均质油藏。

a. 无量纲压力：

$$p_{wD} = \frac{Kh}{1.842q\mu B}\Delta p \tag{5.10}$$

式中 p_{wD}——无量纲压力；

K——储层渗透率，mD；

h——储层有效厚度，m；

q——井的地面产量，m^3/d；

μ——流体黏度，mPa·s；

B——流体体积系数；

Δp——压差，MPa。

b. 无量纲时间：

$$t_D = \frac{3.6 \times 10^{-3} K}{\phi \mu C_t r_w^2} t \tag{5.11}$$

式中 t_D——无量纲时间；

K——储层渗透率，mD；

ϕ——储层孔隙度；

μ——流体黏度，mPa·s；

C_t——综合压缩系数，MPa^{-1}；

r_w——井眼半径，m；

t——测试时间，h。

c. 无量纲井筒储存系数：

$$C_D = \frac{C}{2\pi\phi h C_t r_w^2} \tag{5.12}$$

式中 C_D——无量纲井筒储存系数；

C——井筒储存系数，m^3/MPa；

ϕ——储层孔隙度；

h——储层有效厚度，m；

C_t——综合压缩系数，MPa^{-1}；

r_w——井眼半径，m。

根据实测曲线与典型曲线拟合,可以计算流动系数、地层系数、储层渗透率、井筒储存系数、表皮系数、附加压降。

② 径向复合油藏。

a. 内外区流度比:

$$M_{12} = \frac{(K/\mu)_1}{(K/\mu)_2} \tag{5.13}$$

式中　M_{12}——内外区流度比;
　　　$(K/\mu)_1$——内区流度,mD/(mPa·s);
　　　$(K/\mu)_2$——外区流度,mD/(mPa·s)。

b. 内外区储能比:

$$F_{12} = \frac{(\phi C_t)_1}{(\phi C_t)_2} \tag{5.14}$$

式中　F_{12}——内外区储能比;
　　　$(\phi C_t)_1$——内区弹性储能,MPa^{-1};
　　　$(\phi C_t)_2$——外区弹性储能,MPa^{-1}。

c. 无量纲内外区的界面半径:

$$R_{fD} = \frac{R_f}{r_w} \tag{5.15}$$

式中　R_{fD}——无量纲内外区的界面半径;
　　　R_f——内外区的界面半径,m;
　　　r_w——井眼半径,m。

根据实测曲线与典型曲线拟合,可以计算内(外)区流动系数、内(外)区地层系数、内(外)区储层渗透率、井筒储存系数、表皮系数、附加压降、内(外)区的界面半径。

③ 双重孔隙介质油藏。

a. 裂缝系统弹性储能比:

$$\omega = \frac{(\phi C_t)_f}{(\phi C_t)_f + (\phi C_t)_m} \tag{5.16}$$

式中　ω——裂缝系统弹性储能比;
　　　$(\phi C_t)_f$——裂缝储能,MPa^{-1};
　　　$(\phi C_t)_m$——基岩储能,MPa^{-1}。

b. 窜流系数:

$$\lambda = \alpha r_w^2 \frac{K_m}{K_f} \tag{5.17}$$

式中　λ——窜流系数；
　　　α——基质岩块的形状因子；
　　　r_w——井眼半径，m；
　　　K_m——基岩系统渗透率，mD；
　　　K_f——裂缝渗透率，mD。

根据实测曲线与典型曲线拟合，可以计算裂缝流动系数、裂缝地层系数、裂缝渗透率、井筒储存系数、表皮系数、附加压降、窜流系数。

④ 双重孔隙复合油藏。

内外区储能比：

$$F_{12}' = \frac{(\phi C_t)_{f1} + (\phi C_t)_{m1}}{(\phi C_t)_{f2} + (\phi C_t)_{m2}} \quad (5.18)$$

式中　F_{12}'——内外区储能比；
　　　$(\phi C_t)_{f1,m1}$——分别为裂缝和基岩系统的内区储能，MPa^{-1}；
　　　$(\phi C_t)_{f2,m2}$——分别为裂缝和基岩系统的外区储能，MPa^{-1}。

根据实测曲线与典型曲线拟合，可以计算内外区裂缝流动系数、内外区裂缝地层系数、内外区裂缝渗透率、井筒储存系数、表皮系数、附加压降、内外区的界面半径、内外区窜流系数。

⑤ 应力敏感油藏。

应力敏感油藏渗透率随地层压力而变化，用应力敏感系数 γ 表示为

$$\gamma = \frac{1}{K}\frac{dK}{dp} \Rightarrow K = K_o e^{-\gamma(p_i - p)} \quad (5.19)$$

式中　γ——应力敏感系数，MPa^{-1}；
　　　K——储层渗透率，mD；
　　　K_o——储层初始渗透率，mD；
　　　p_i——原始储层压力，MPa；
　　　p——储层压力，MPa。

$$\gamma_D = \gamma \frac{\mu_i Z_i}{2p_i} \frac{q_{sc} p_{sc} T}{\pi K_o h T_{sc}} \quad (5.20)$$

式中　γ_D——无量纲应力敏感系数；
　　　γ——应力敏感系数，MPa^{-1}；
　　　μ_i——原始储层压力下气体黏度，$mPa \cdot s$；
　　　Z_i——原始储层压力下气体偏差因子；
　　　q_{sc}——气体体积流量（地面），m^3/d；
　　　p_{sc}——标准大气压，MPa；
　　　T——储层温度，K；

p_i——原始储层压力，MPa；

K_o——储层初始渗透率，mD；

h——储层有效厚度，m；

T_{sc}——标况下气体温度，293K。

根据实测曲线与典型曲线拟合，可以计算应力敏感系数、井筒储存系数、表皮系数、附加压降、地层系数和储层渗透率。

⑥ 具有启动压力梯度油藏。

低渗透油气藏的渗透率很低，油气水赖以流动的通道很细微，渗流阻力很大，渗流规律产生某种程度的变化而偏离达西定律，引入启动压力梯度，其运动方程表示为

$$\begin{cases} v = \dfrac{K}{\mu}\left(\dfrac{\partial p}{\partial r} - \lambda\right) & |\nabla p| \geq \lambda \\ v = 0 & 0 < |\nabla p| < \lambda \end{cases} \quad (5.21)$$

式中 v——渗流速度，m/s；

K——储层渗透率，mD；

μ——流体黏度，mPa·s；

∇p——压力梯度，MPa/m；

λ——启动压力梯度，MPa/m。

$$\lambda_D = \lambda \frac{2p_i}{\mu_i Z_i} \frac{\pi K_o h T_{sc}}{q_{sc} p_{sc} T} r_w \quad (5.22)$$

式中 λ_D——无量纲启动压力梯度；

λ——启动压力梯度，MPa/m；

p_i——原始储层压力，MPa；

K_o——储层初始渗透率，mD；

h——储层有效厚度，m；

T_{sc}——标况下气体温度，293K；

μ_i——原始储层压力下气体黏度，mPa·s；

Z_i——原始储层压力下气体偏差因子；

q_{sc}——气体体积流量（地面），m³/d；

p_{sc}——标准大气压，MPa；

T——储层温度，K；

r_w——井眼半径，m。

根据实测曲线与典型曲线拟合，可以计算启动压力梯度、井筒储存系数、表皮系数、附加压降、地层系数和储层渗透率。

（2）内边界条件。

① 垂直裂缝井。

无量纲裂缝传导系数（有限传导）：

$$F_D = \frac{K_f W}{K x_f} \tag{5.23}$$

式中　F_D——无量纲裂缝传导系数；
　　　K_f——裂缝渗透率，mD；
　　　W——裂缝宽度，m；
　　　K——储层渗透率，mD；
　　　x_f——裂缝半长，m。

根据实测曲线与典型曲线拟合，可以计算裂缝半长、流动系数、地层系数、储层渗透率、井筒储存系数、总表皮系数、附加压降。

② 部分射开井。

a. 无量纲射开井段顶部位置：

$$z_{aD} = z_a / h \tag{5.24}$$

式中　z_{aD}——无量纲射开井段顶部位置；
　　　z_a——射开井段顶部与储层顶面的距离，m；
　　　h——储层厚度，m。

b. 无量纲射开井段底部位置：

$$z_{bD} = z_b / h \tag{5.25}$$

式中　z_{bD}——无量纲射开井段底部位置；
　　　z_b——射开井段底部与储层底面的距离，m；
　　　h——储层厚度，m。

根据实测曲线与典型曲线拟合，可以计算储层水平渗透率、垂向渗透率、井筒储存系数、总表皮系数、真实表皮系数（机械表皮系数）、附加压降。

（3）外边界条件。

无量纲边界距离：

$$l_{iD} = \frac{l_i}{r_w} \tag{5.26}$$

其中：
　　$i=1$ 时，储层为圆形或半径无限大油藏；
　　$i=2$ 时，储层为河道状或角度油藏；
　　$i=3$ 时，储层为"U"形油藏；
　　$i=4$ 时，储层为矩形油藏。

式中　l_{iD}——无量纲边界距离；
　　　l_i——外边界距离，m；
　　　r_w——井眼半径，m。

根据实测曲线与典型曲线拟合，可以计算出边界距离。

5.3.2.2.2 非自喷井段塞流测试分析方法

（1）流动期分析。

① 无量纲压力：

$$p_{wD} = \frac{p_i - p_{wf}}{p_i - p_o} \quad (5.27)$$

式中　p_{wD}——无量纲压力；
　　　p_i——原始储层压力，MPa；
　　　p_{wf}——井底流动压力，MPa；
　　　p_o——液垫压力，MPa。

② 无量纲井筒储存系数：

$$C_D = \frac{C_F}{2\pi\phi h C_t r_w^2} \quad (5.28)$$

式中　C_D——无量纲井筒储存系数；
　　　C_F——非自喷段塞流动期的井筒储存系数，m³/MPa；
　　　ϕ——储层孔隙度；
　　　h——储层有效厚度，m；
　　　C_t——综合压缩系数，MPa^{-1}；
　　　r_w——井眼半径，m。

模型的其他无量纲参数定义方法同自喷井。

根据实测曲线与典型曲线拟合，可以计算井筒储存系数、流动系数、地层系数、储层渗透率、表皮系数。

（2）恢复期分析。

通过流动期的压力计算产量，利用变产量叠加原理转化为自喷井试井分析，无量纲参数定义及计算同自喷井。

5.3.2.2.3 气井分析方法

以拟压力代替压力，无量纲参数定义及解释方法同油井。气井典型曲线拟合求得的表皮系数称为视表皮系数，根据视表皮系数可计算出真表皮系数和湍流系数。

5.3.2.3 试井资料解释过程

（1）新建一个文件，输入井的基本参数、测试层的流体高压物性参数。

（2）录入压力/温度数据。

（3）分别检查压力/温度曲线匹配性，进行数据检查和数据质量评价；选取其中一支压力计数据用于试井解释分析。

（4）劈分开井流动和关井压力恢复段，输入流量数据。

（5）选取解释段（开井流动或者关井压力恢复），生成双对数压力及其导数诊断分析曲线。

（6）测试压力资料质量和可靠性分析。

（7）选择设置解释模型，进行双对数压力及其导数曲线拟合。

（8）调整参数进行拟合改进，直到双对数压力及其导数曲线、叠加半对数曲线及压力历史解释模型曲线与其相对应的实际曲线完全拟合为止。

（9）进行霍纳曲线分析。

（10）检查霍纳曲线分析解释结果和现代试井解释结果，两者相差不超过5%，视为合格。

（11）进行试井产能分析。

（12）解释结果和解释分析图输出。

5.3.2.3.1 基础数据的输入

（1）井的基本参数。

① 井眼半径。

a. 裸眼井用钻头半径或井径资料确定。

b. 套管井用套管半径。

② 储层有效厚度。

a. 单层测试：用射开储层的有效厚度。

b. 多层合试：用实际射开储层的总有效厚度。

c. 裸眼井测试：用渗透层有效厚度。

③ 储层孔隙度。

a. 单层测试：用岩心分析孔隙度或测井解释的孔隙度。

b. 多层合试：用每层岩心分析孔隙度或测井解释孔隙度的厚度加权平均值。

（2）压力、温度数据。

① 压力、温度数据。

以压力计记录数据为准。

② 测试压力资料质量和可靠性分析。

利用一阶压力导数曲线（dp/dt 曲线，下称 PPD 曲线）的单调性和双对数曲线流动阶段的完整性，分析资料的质量和可靠性，具体分为 4 类。

a. 测试压力数据质量好，资料可靠性较高：PPD 曲线为一条连续单调递减的曲线；双对数试井曲线趋势符合地质油藏特征，且反映的流动阶段较完整，出现 2 个以上完整流动阶段，出现明显径向流（图 5.2）。

b. 测试压力数据质量中等 I 类，资料较为可靠：PPD 曲线有一定程度发散，均匀分布在单调递减直线两旁；双对数曲线趋势符合地质油藏特征，且曲线反映的流动阶段较完整，出现 2 个以上完整流动阶段（图 5.3）。

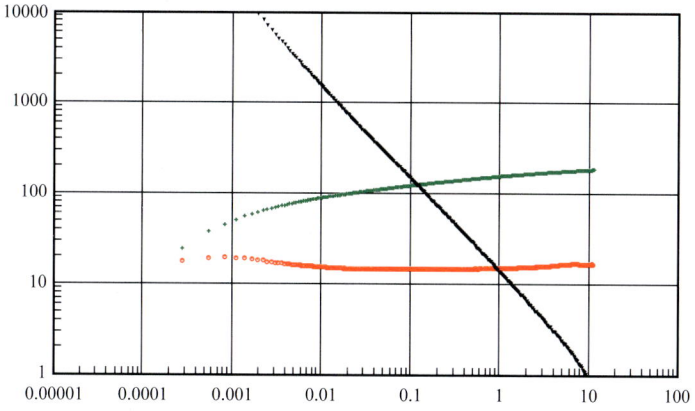

图 5.2 实测压力对时间一阶压力导数曲线单调性示意图（数据质量好）

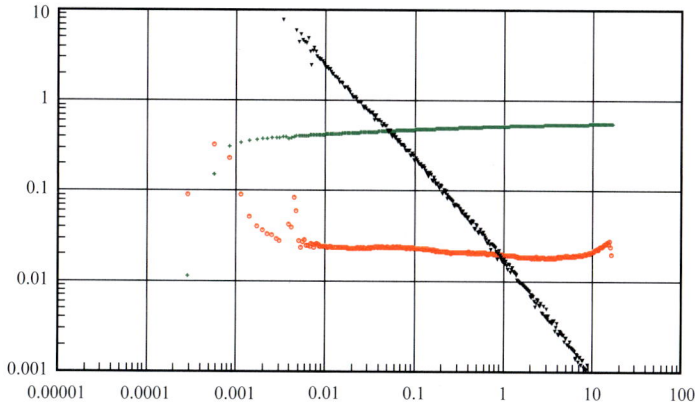

图 5.3 实测压力对时间一阶压力导数曲线单调性示意图（中等Ⅰ类）

c. 测试压力数据质量中等Ⅱ类，资料可靠性较低，分为 3 种情况：

• PPD 曲线为一条连续单调递减的曲线；双对数曲线反映的流动阶段不完整，小于 2 个完整流动阶段，只出现极少部分径向流（图 5.4）。

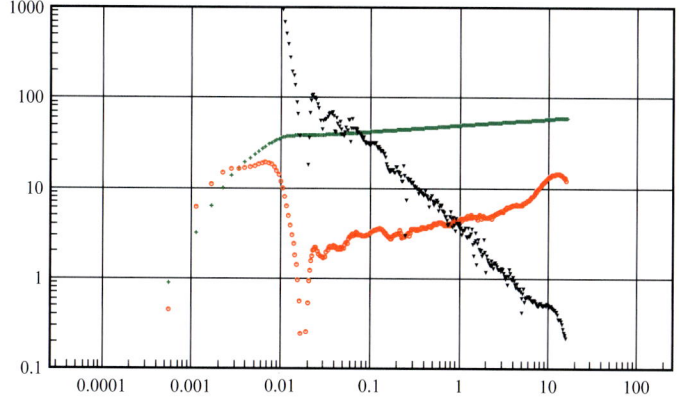

图 5.4 实测压力对时间一阶压力导数曲线单调性示意图（中等Ⅱ类）

●PPD 曲线有一定程度发散，均匀分布在单调递减直线两旁；双对数曲线反映的流动阶段不完整，小于 2 个完整流动阶段，只出现极少部分径向流（图 5.5）。

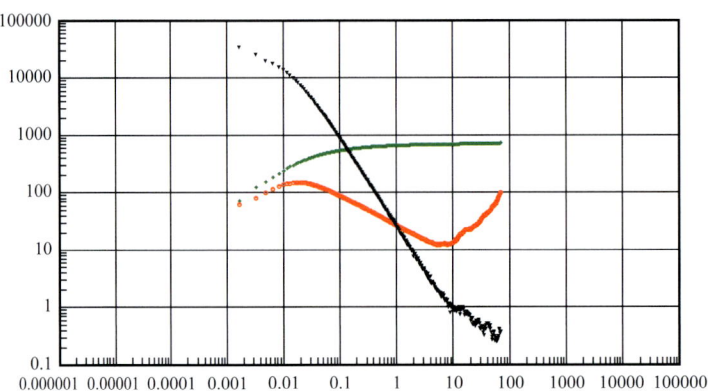

图 5.5　实测压力对时间一阶压力导数曲线均匀发散示意图（中等Ⅱ类）

●PPD 曲线发散，分布不均匀，趋势递减；双对数曲线出现 2 个以上完整流动阶段（图 5.6）。

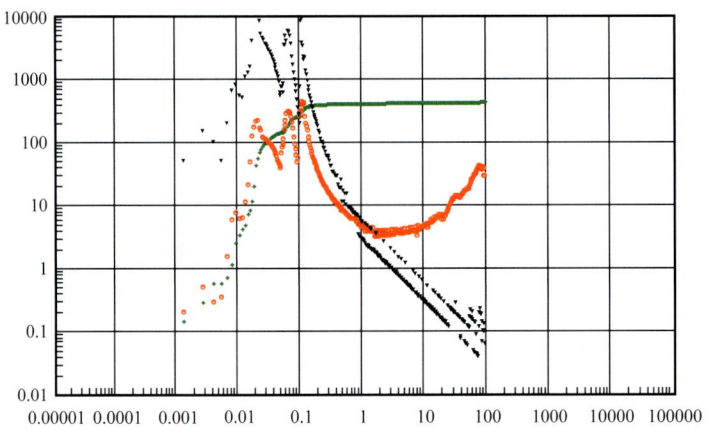

图 5.6　实测压力对时间一阶压力导数曲线非均匀发散示意图（中等Ⅱ类）

d. 测试压力数据质量较差，资料不可靠，分为 2 种情况：

●PPD 曲线发散无规律，部分 PPD 曲线上升或双对数曲线趋势无规律可循（图 5.7）。

●双对数曲线反映的流动阶段极其不完整，仅处于井储阶段（图 5.8）。

（3）流量数据。

①自喷层流量数据。

a. 单一流量测试，用开井期间地面实测的油、气、水产量数据。

b. 变流量测试，按照开井期间工作制度变化、产量变化情况，划分出多个流动段，每一段均使用实测的油（气、水）产量数据。

②非自喷层流量数据。

a. 开井期间人工举升求产的层，按照每个举升周期的产量变化情况，划分出多个流动段，每一段均使用实测的油（气、水）流量数据。

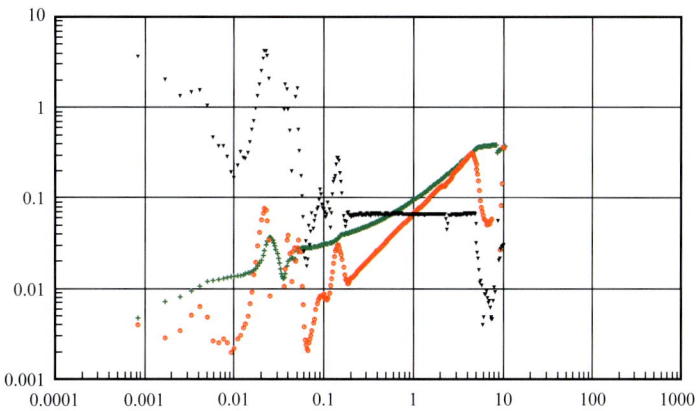

图 5.7　实测压力对时间—阶压力导数曲线无规律示意图（质量较差）

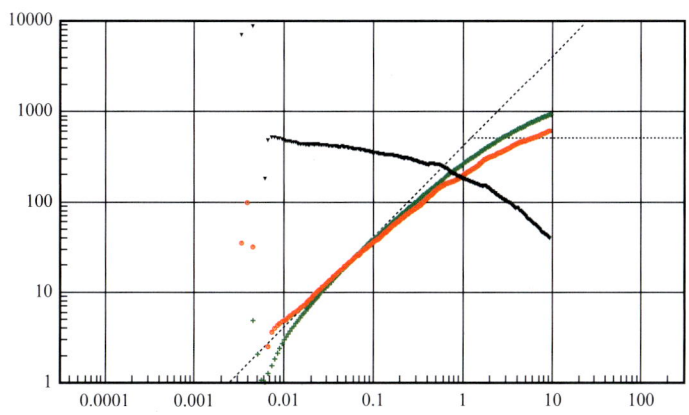

图 5.8　实测压力对时间—阶压力导数曲线反映不完整流动示意图（仅处井储阶段）

b. 非自喷段塞流测试层的流量，求取储层产液量 q_c，用 q_c/B 计算出地面产量数据（B 为储层流体体积系数），再除以流动时间得出流量数据。

$$q_c = 0.102V_p(p_{wf} - 0.0098h_1)/\rho \qquad (5.29)$$

式中　q_c——储层产液量，m³；

V_p——每米钻杆或油管容积，L/m；

p_{wf}——终流动末井底压力，MPa；

h_1——液垫高度，m；

ρ——井筒内储层流体平均密度，g/cm³。

（4）流体高压物性参数。

① 高压物性参数选用原则。

测试层有流体高压物性分析结果时，优先选用高压物性数据用于试井资料解释。

② 高压物性参数的借用和计算。

测试层没有流体高压物性分析结果时，可采用以下方法获得高压物性参数，用于试井资料解释。

a. 借用同区域邻井同层位流体高压物性参数；

b. 根据目的层的地面油、气、水化验分析结果，利用下列方法获取高压物性参数：

• 查图法；

• 计算法；

• 试井软件计算法。

查图法和计算法可参考附录 A 地层流体 PVT 参数计算方法。

5.3.2.3.2 解释模型的确定

根据解释段生成的双对数压力及其导数曲线特征，划分阶段并选择解释模型。解释模型由三部分组成：内边界模型、油藏模型和外边界模型。早期段 Ⅰ 主要反映内边界模型，中期段 Ⅱ 主要反映油气藏模型，晚期段 Ⅲ 主要反映边界模型（图 5.9）。由于试井解释的多解性，还要结合区域构造、地质油藏特征和井基本情况综合分析确定解释模型。

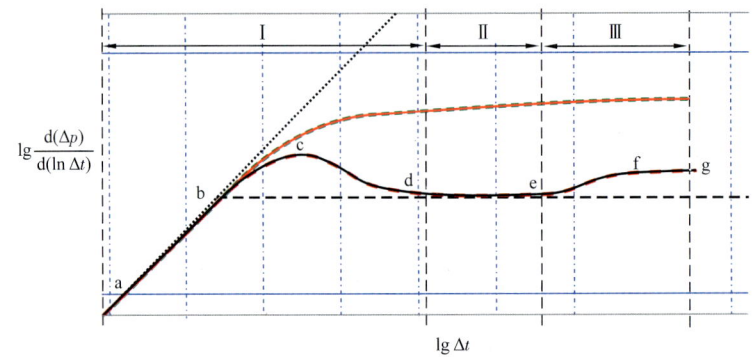

图 5.9　不稳定试井双对数曲线示意图

（1）内边界模型选择。

利用双对数曲线早期段 Ⅰ 特征选择内边界模型，内边界模型主要包含井筒模型、井储模型、裂缝模型和表皮效应。

① 井筒模型。

井筒模型通常作为确定性参数输入，主要包含井型和射开程度。井型通常根据实际井身轨迹确定，水平井有效长度还需结合双对数曲线中期段线性流拟合来确定；射开程度通常根据测井解释结果和射孔数据表确定。若双对数曲线中期段压力导数曲线呈斜率为 0 的直线，随后沿斜率 1/2 的直线上翘，晚期段又呈斜率为 0 的直线，宜选择水平井筒模型（附录 D 中的 D.1）。若部分射开井 cd 段较长且呈 −1/2 斜率，宜选择部分射开井筒模型（附录 D 中的 D.2）。

② 井储模型。

井储模型通过双对数曲线早期段（图 5.9 中的 ab 段）压力导数曲线和压力曲线位置关系进行选择，压力导数曲线与压力曲线沿斜率为 1 直线重合时宜选择定井储模型（附录 D 中的 D.3）；压力导数曲线向压力曲线左侧偏移时宜选择井储变小的变井储模型（附录 D 中的 D.4）；压力导数曲线向压力曲线右侧偏移时宜选择井储变大的变井储模型

（附录 D 中的 D.5）。

③ 裂缝模型。

对于经过压裂措施的井，若双对数曲线早期段压力导数曲线和压力曲线均呈斜率为 1/2 的平行直线，则存在穿过井底的无限导流裂缝，宜选择无限导流裂缝模型（附录 D 中的 D.6）；若双对数曲线早期段压力导数曲线和压力曲线均呈斜率为 1/4 的平行直线，则存在穿过井底的有限导流裂缝，宜选择有限导流裂缝模型（附录 D 中的 D.7）。

④ 表皮效应。

通过压力导数曲线早期段凸峰高度来判断表皮系数大小，通常选择定表皮模型（附录 D 中的 D.8）。凸峰越高说明表皮效应越大，近井地带伤害越严重，或井筒内存在节流、堵塞效应。

部分井在产能测试阶段存在变表皮系数现象，随着测试时间增加而表皮系数变化时宜选择时间变表皮系数模型；随着测试产量增加而表皮系数增加时宜选择流量变表皮系数模型，通过流量变表皮系数可了解非达西流动对产能影响情况；时间变表皮系数和流量变表皮系数通常用于改善稳定试井阶段流压曲线的拟合效果。

（2）油气藏模型选择。

利用双对数曲线中期段 II 特征选择油气藏模型，油气藏模型主要包含均质油气藏模型、双孔油气藏模型、双渗油气藏模型和复合油气藏模型。

① 均质油气藏模型。

压力导数曲线中期段和晚期段呈斜率为 0 的直线，则为均质储层，宜选择均质油气藏模型，如附录 D 中的 D.3 所示。

② 双孔油气藏模型。

双重孔隙介质油气藏不稳定试井双对数曲线中，压力导数曲线中期段（图 5.9 中的 de 段）呈"凹"字状，则存在拟稳定窜流，宜选择双孔拟稳态油气藏模型（附录 D 中的 D.9）；压力导数曲线中期段（图 5.9 中的 de 段）呈斜率为 0 的直线，并逐渐上升，形成介质间不稳定流动，晚期段又呈斜率为 0 的直线，则存在不稳定窜流，宜选择双孔非稳态油气藏模型（附录 D 中的 D.10）。

③ 双渗油气藏模型。

物性相差悬殊的双层油气藏不稳定试井双对数曲线中，压力导数曲线中期初始段（图 5.9 中的 de 段）呈"凹"字状，宜选择双渗油气藏模型（附录 D 中的 D.11）。

④ 复合油气藏模型。

平面非均质油气藏不稳定试井双对数曲线中，压力导数曲线中期段和晚期段（图 5.9 中的 dg 段）呈两个斜率为 0 的直线，过渡段向上且第二直线段高于第一直线段，宜选择物性变差的径向复合油气藏模型（附录 D 中的 D.12）；过渡段向下且第二直线段低于第一直线段，宜选择物性变好的径向复合油气藏模型（附录 D 中的 D.13），凝析气藏近井气液两相流，向远处逐渐变化为单相气，也可选用该模型。压力导数曲线中期段（图 5.9 中的 de 段）呈斜率为 0 的直线，过渡段和晚期段缓慢向上且逐渐趋向于斜率为 0 的直线，宜选择物性变差的线性复合油气藏模型（附录 D 中的 D.14）；过渡段和晚期段缓慢向下且逐渐趋向于斜率为 0 的直线，宜选择物性变好的线性复合油气藏模型（附录 D 中的 D.15）。

（3）外边界模型选择。

利用双对数曲线晚期段Ⅲ特征选择外边界模型，外边界模型主要包含无限大边界模型、一条不渗透边界模型、条带状不渗透边界模型、一端封闭的条带状不渗透边界模型、夹角不渗透边界模型、封闭不渗透边界模型和恒压边界模型。

① 无限大边界模型。

压力导数曲线中期段和晚期段呈斜率为 0 的直线，压力恢复期内未探测到边界，宜选择无限大边界模型（附录 D 中的 D.3）。

② 一条不渗透边界模型。

压力导数曲线径向流阶段后期沿斜率为 1/4 的直线上翘，晚期段呈斜率为 0 的直线，宜选择一条不渗透边界模型（附录 D 中的 D.16）。

③ 条带状不渗透边界模型。

若井在条带状油气藏正中时，压力导数曲线呈斜率为 1/2 的直线，若井不在正中时，压力导数曲线经径向流阶段后沿斜率为 1/4 的直线上翘，晚期段呈斜率为 1/2 的直线，两种情况宜选择条带状不渗透边界模型（附录 D 中的 D.17）。

④ 一端封闭的条带状不渗透边界模型。

压力导数曲线中期段和晚期段先呈斜率为 1/2 的直线，末端继续上翘，且井位于条带状油气藏间时，宜选择一端封闭的条带状不渗透边界模型（附录 D 中的 D.18）。

⑤ 夹角不渗透边界模型。

压力导数曲线中期段和晚期段上翘至斜率为 1/2 的直线，末端逐渐趋向于斜率为 0 的直线，且井位于油气藏角落内时，宜选择夹角不渗透边界模型（附录 D 中的 D.19）。

⑥ 封闭不渗透边界模型。

对于封闭不渗透边界油气藏，压力恢复试井和压力降落试井的压力导数曲线晚期段趋势相反。压力恢复试井时，压力导数曲线中期段呈斜率为 0 的直线，晚期段快速下掉至 0，可选择封闭不渗透边界模型；压力降落试井时，压力导数曲线中期段呈斜率为 0 的直线，晚期段呈斜率为 1 的直线，宜选择封闭不渗透边界模型（附录 D 中的 D.20）。

⑦ 恒压边界模型。

能量充足的油气藏和封闭不渗透边界油气藏压力恢复试井时，压力导数曲线形态一致，需结合地质油藏认识选择恒压边界模型或者封闭不渗透边界模型（附录 D 中的 D.21）。

5.3.2.4 试井产能分析

5.3.2.4.1 油井产能试井

（1）油井产能方程。

产能方程的建立主要包括指数式和二项式。

① 指数式产能方程确立 c 和 n：

$$q_\mathrm{o} = c\left(p_\mathrm{R} - p_\mathrm{wf}\right)^n \tag{5.30}$$

式中　q_o——产油量，m^3/d；
　　　c——指数式产能方程系数，$(m^3/d)/MPa^n$；
　　　p_R——储层静压，MPa；
　　　p_{wf}——井底流动压力，MPa；
　　　n——指数式产能方程指数。

或下式：

$$\lg q_o = \lg c + n \lg(p_R - p_{wf}) \tag{5.31}$$

式中　q_o——产油量，m^3/d；
　　　c——指数式产能方程系数，$(m^3/d)/MPa^n$；
　　　p_R——储层静压，MPa；
　　　p_{wf}——井底流动压力，MPa；
　　　n——指数式产能方程指数。

以 $\lg q_o$ 为纵坐标、$\lg \Delta p$ 为横坐标作图，其回归直线的斜率值即为指数方程中的 n 值，其截距值的反对数即为 c 值。

②二项式（$p_{wf} > p_b$ 时），确立 a 和 b 值：

$$p_R - p_{wf} = aq_o + bq_o^2 \tag{5.32}$$

$$\frac{p_R - p_{wf}}{q_o} = a + bq_o \tag{5.33}$$

式中　p_R——储层静压，MPa；
　　　p_{wf}——井底流动压力，MPa；
　　　a——二项式产能方程的层流系数，$MPa^2/(m^3/d)$；
　　　b——二项式产能方程的紊流系数，$MPa^2/(m^3/d)^2$；
　　　q_o——产油量，m^3/d。

以 q_o 为横坐标、$\Delta p/q_o$ 为纵坐标作图，其回归直线的斜率值即为 b 值，其截距值即为 a 值。

（2）油井产能分析。

当油藏中流体处于单相（液相）达西渗流时，油井指示曲线为直线，$n=1$，则 $c=J_o$ 值；J_o 为采油指数。

①单相（液相）流采油指数：

$$J_o = \frac{q_o}{p_R - p_{wf}} \tag{5.34}$$

式中　J_o——单相（液相）流采油指数，$(m^3/d)/MPa$；
　　　q_o——产油量，m^3/d；
　　　p_R——储层静压，MPa；
　　　p_{wf}——井底流动压力，MPa。

② 气液两相流：可以采用 Vogel 产能方程等方法计算采油指数及绘制流入动态（IPR）曲线。

（3）凝析气井产能分析。

凝析气井在测试过程中，产出的部分天然气变成了凝析油。应将凝析油产量折算成气产量加入总产气量中，才能更准确地反映气层的真实特征。

$$q_{GE} = 543.15(1.03 - r_o)q_o \tag{5.35}$$

式中　q_{GE}——凝析油折算气产量，m^3/d；

　　　r_o——凝析油相对密度；

　　　q_o——凝析油产量，m^3/d。

5.3.2.4.2　气井产能试井

气井产能试井使用压力为绝对压力。

（1）稳定试井。

产能方程的建立，包括指数式拟压力法和二项式拟压力法。

① 指数式拟压力法。

产能方程：

$$q_g = c\left[\psi(p_R) - \psi(p_{wf})\right]^n \tag{5.36}$$

式中　q_g——产气量，$10^4 m^3/d$；

　　　c——指数式产能方程系数，$(10^4 m^3/d)/[MPa^2/(mPa \cdot s)]^n$；

　　　n——指数式产能方程指数；

　　　$\psi(p_R)$——拟储层静压，$MPa^2/(mPa \cdot s)$；

　　　$\psi(p_{wf})$——拟流动压力，$MPa^2/(mPa \cdot s)$。

在双对数坐标中，$\Delta\psi(p)$ 与 q_g 的关系为一条直线：

$$\lg \Delta\psi(p) = \frac{1}{n}\lg q_g - \frac{1}{n}\lg c \tag{5.37}$$

式中　$\Delta\psi(p)$——拟生产压差，$MPa^2/(mPa \cdot s)$；

　　　n——指数式产能方程指数；

　　　q_g——产气量，$10^4 m^3/d$；

　　　c——指数式产能方程系数，$(10^4 m^3/d)/[MPa^2/(mPa \cdot s)]^n$。

根据直线方程可求出 c、n。

绝对无阻流量：

$$q_{AOF} = c\left[\psi(p_R) - \psi(p_{sc})\right]^n \tag{5.38}$$

式中　q_{AOF}——气井绝对无阻流量，$10^4 m^3/d$；

　　　c——指数式产能方程系数，$(10^4 m^3/d)/[MPa^2/(mPa \cdot s)]^n$；

n——指数式产能方程指数；

$\psi(p_R)$——拟储层静压，MPa²/（mPa·s）；

$\psi(p_{sc})$——拟标准大气压，MPa²/（mPa·s）。

② 二项式拟压力法。

产能方程：

$$\psi(p_R)-\psi(p_{wf})=a\cdot q_g+b\cdot q_g^2 \tag{5.39}$$

式中 $\psi(p_R)$——拟储层静压，MPa²/（mPa·s）；

$\psi(p_{wf})$——拟流动压力，MPa²/（mPa·s）；

a——二项式产能方程的层流系数，[MPa²/（mPa·s）]/（10⁴m³/d）；

b——二项式产能方程的紊流系数，[MPa²/（mPa·s）]/（10⁴m³/d）²；

q_g——产气量，10⁴m³/d。

两边除以 q_g，可得一个直线方程：

$$\frac{\psi(p_R)-\psi(p_{wf})}{q_g}=a+b\cdot q_g \tag{5.40}$$

根据直线方程可求出 a、b。

绝对无阻流量：

$$q_{AOF}=\frac{-a+\sqrt{a^2+4b[\psi(p_R)-\psi(p_{sc})]}}{2b} \tag{5.41}$$

式中 q_{AOF}——气井绝对无阻流量，10⁴m³/d；

a——二项式产能方程的层流系数，[MPa²/（mPa·s）]/（10⁴m³/d）；

b——二项式产能方程的紊流系数，[MPa²/（mPa·s）]/（10⁴m³/d）²；

$\psi(p_R)$——拟储层静压，MPa²/（mPa·s）；

$\psi(p_{sc})$——拟标准大气压，MPa²/（mPa·s）。

（2）等时试井。

等时试井的公式与稳定试井的相同。资料处理时是利用所有不稳定等时测点来进行回归，获得指数式的 n 和二项式的 b，利用稳定测点确定系数指数式的 c 和二项式的 a。

（3）修正等时试井。

修正等时试井的试井数据录取与等时试井类似，但开关井时间间隔相同。产能公式与稳定试井相同。资料处理时利用所有不稳定等时测点来进行回归，获得指数式的 n 和二项式的 b，但公式中的储层静压力应采用各个不稳定点测试时的最大关井井底压力代替，然后利用稳定测点确定指数式的 c 和二项式的 a。成果与稳定试井的成果相同。

5.3.2.5 解释结果和解释分析图输出

参见 6.2 测试报告编写。

6 测试资料验收与总结

6.1 测试资料验收

6.1.1 资料验收

测试完成后,测试监督在现场及回到基地后,应对本井现场所取得的原始测试资料和实物资料进行验收。

测试作业各服务商应在作业完成后 15 个工作日内向作业主管部门提交相关报告,由测试监督进行审查验收。

6.1.1.1 资料验收内容

(1)压力计是否按照要求进行功能测试、压力计托筒是否试压合格,并留有记录。
(2)压力计实测压力、温度数据是否合理、准确。
(3)试井解释结果是否合理、可靠。
(4)井下 PVT 取样器是否按照要求进行功能测试、试压,并留有记录。
(5)井下 PVT 样品的打开压力、泡(露)点压力是否满足样品合格的要求。
(6)DST 工具是否按照要求进行功能测试、试压,并留有记录。
(7)地面设备、传感器、测试分离器等设备在作业前是否按要求进行调校,并留有记录。
(8)录井气测设备是否按要求进行了调校,并留有记录。
(9)求产数据及现场样品分析数据等是否齐全、准确、可靠;是否按设计要求取得合格的各种分析样品。
(10)核实射孔数据表、装枪图及实际发射率。
(11)电测固井质量是否满足测试作业要求,并留有记录。
(12)电测校深,射孔误差是否在允许范围内,并留有记录。

6.1.1.2 资料验收要求

(1)各服务商报告内容齐全、图表清晰。

（2）各服务商报告中的资料准确、齐全，与原始记录、附图、附表相一致，计量单位执行统一标准。

（3）提交的资料和报告均用 A4 纸打印、分类装订成册。

（4）提交归档的资料、报告、图件、光盘等清单，应由审核人和验收人签字后方可上交。

（5）各资料提交数量按中国海油各分公司具体要求执行。

6.1.2　服务商资料提交要求

测试完成后各服务商要及时提交相关测试报告及资料，主要的测试报告及资料有：

（1）地层测试地面报告。

（2）地层测试井下报告。

（3）射孔完工报告。

（4）样品现场分析数据表。

（5）地面 PVT 配样数据表。

（6）井下 PVT 样品数据表。

（7）储层改造（压裂、酸化、热采、防砂等）报告。

6.2　测试报告编写

每层测试结束后应及时整理资料，在现场作简要的小结，填入《测试结果表》。全井测试工作结束后，测试总监应根据测试所取得的全套资料，组织编写《地层测试成果报告》，内容格式详见附录 E。

6.3　资料归档

各服务商提交的报告、资料及地层测试成果报告全部整理归档。

7 测试设备

7.1 井下测试工具

井下测试工具通用要求：

（1）海上测试宜用压控式、压力脉冲式及无线遥控式井下测试工具。

（2）对于含有氮腔结构工具，必须对氮气纯度进行检测，氮气纯度不低于99%为合格。

（3）工具"O"形圈材质依据实际作业温度进行选择，此外还应考虑"O"形圈与其接触介质的兼容性，"O"形圈硬度一般根据工作压力确定；基于温度因素的"O"形圈材质选择可参考表7.1（仅为参考依据）。

表 7.1 环材质与推荐温度对照

$T \leqslant 275℉$（135℃）	丁腈橡胶（NBR），70系列
275℉（135℃）$< T \leqslant 365℉$（185℃）	氟碳橡胶（Viton、FKM），600系列
350℉（177℃）$\leqslant T \leqslant 482℉$（250℃）	纯氟醚（FFKM）

（4）井下工具额定工作压力应不低于预测的最高储层孔隙压力的1.2倍；若已获得实际最高储层孔隙压力，则按实际最高储层孔隙压力的1.2倍配置；工具抗拉强度安全系数应达1.6~1.8或1.8以上。

（5）所有下井工具都应进行试压检验，并有磁粉探伤等证书；部分工具应进行功能试验。

（6）所有工具下井前都应测量确认内外径数据、长度数据，并检查通径情况。

7.1.1 封隔器

封隔器可按照密封方式、固定方式、坐封方式和解封方式进行分类，测试作业中常用的封隔器为可回收式机械坐封封隔器，但在超高温高压井测试作业中也会使用液压坐封封隔器。对于半潜式钻井平台测试及井斜度大于30°的探井测试，测试封隔器推荐使用非旋转机械坐封封隔器。测试常用封隔器包括但不限于表7.2所示的封隔器类型。

表 7.2　测试常用封隔器

名称	坐封方式	解封方式	适用井况
RTTS 封隔器	机械坐封	上提管柱	常规井
加强型封隔器	机械坐封	上提管柱	常规井、高温高压井、加砂压裂井
非旋转机械坐封封隔器	机械坐封	上提管柱	常规井、大斜度井、深水井、高温高压井、加砂压裂井
插入式封隔器	液压坐封	永久式	

封隔器类工具现场作业通用注意事项：

（1）工具入井前需确认胶筒型号与套管尺寸及磅级匹配，测量上（下）鞋尺寸并记录。

（2）工具入井时应密切观察井口是否偏心，确认封隔器在过套管头时无遇阻现象。

（3）工具通过尾管挂时应缓慢下放，不能出现阻挂现象。

（4）工具在下井途中若有遇阻现象，不能强行下入通过遇阻点，更不能旋转并下压管柱通过遇阻点。

7.1.1.1　RTTS 封隔器

常规测试作业中的常用封隔器，通过上提、正转、下放操作程序实现坐封，通过胶筒将储层与测试环空分隔，封隔器坐封时的旋转圈数根据实际井况确定。现场应用注意事项如下：

（1）工具入井前需确认已评估过芯管强度与具体射孔工艺的适应性。

（2）工具入井前检查所有螺钉已经紧固。

（3）工具入井前检查卡瓦及水力锚块内硬质合金块状态。

（4）工具入井前模拟井下坐封动作，活动卡瓦机构。

（5）该工具对于最大井斜度超 30°、压裂作业及井温高于 150℃的井不宜使用。

（6）由于测试管柱在坐封前承受闭端浮力，而在解封后则承受开端浮力，所以管柱悬重在封隔器坐封前与解封后有一定变化。

7.1.1.2　加强型封隔器

加强型封隔器是在常规 RTTS 封隔器基础上进行升级，对工具承压能力及防上窜性能均有提升，且工具本身设计有旁通结构。现场作业注意事项如下：

（1）工具入井前应对水力锚及旁通结构功能试验记录进行检查。

（2）工具入井前需确认防止外套机构提前上移的支撑套及销钉已经安装。

（3）工具入井前检查所有螺钉已经紧固。

（4）工具入井前检查卡瓦及水力锚块内硬质合金块状态。

（5）工具入井前模拟井下坐封动作，活动卡瓦机构。

（6）工具在测试作业井中应用的最大井斜度不超 30°。

（7）7in 加强型封隔器入井时需在上下部分别配装扶正器，以便于其顺利通过尾管挂。

7.1.1.3 非旋转机械坐封封隔器

非旋转机械坐封封隔器是通过上提、下放操作实现坐封的封隔器,该工具上下接头分别带有扶正器,且设计有防止中途坐封的锁定机构。非旋转机械坐封封隔器包括无限次非旋转机械坐封封隔器和有限次非旋转机械坐封封隔器。现场应用注意事项如下:

(1)工具入井前检查所有螺钉已经紧固,摩擦套筒与卡瓦座连接处已经紧固。
(2)工具入井前检查卡瓦及水力锚块内硬质合金块状态。
(3)工具入井前需要确认锁定机构安装的破裂盘值与设计值相符。

7.1.1.4 插入式封隔器

插入式封隔器是通过钻杆或电缆下入的液压坐封永久式封隔器,可根据实际作业井况选择下入方式,封隔器的插入密封心轴需随测试管柱单独下入。现场应用注意事项如下:

(1)封隔器及密封筒入井前需检查密封胶筒及密封面状态。
(2)插入密封心轴入井前需检查密封组件状态,并进行通径压力测试。

7.1.2 安全接头

安全接头作为封隔器的必要辅助工具,在封隔器遇卡且震击器无法震击解卡时,可通过安全接头脱开其上部管柱。安全接头脱开首先给管柱施加过提力,拉断张力套,但这不能将安全接头松开,还需上下活动管柱,并保持正转扭矩,才能实现管柱脱手。现场应用注意事项如下:

(1)7in RTTS 安全接头张力套破断拉力为 25klbf;$9\frac{5}{8}$in RTTS 安全接头张力套破断拉力为 40klbf。
(2)7in RTTS 安全接头每松螺纹一圈需上下运动两个行程;$9\frac{5}{8}$in RTTS 安全接头需要上下运动三个行程;7in RTTS 安全接头、$9\frac{5}{8}$in RTTS 安全接头松开时均需要转动 10~12 圈。
(3)工具入井前需进行通径及液密承压测试,高压试验可不装张力套。
(4)工具入井前需确认已经安装张力套。
(5)工具入井前需确认倒扣螺母已经上到位。
(6)高温高压井及气井测试应选用 15K 气密扣安全接头。

7.1.3 液压震击器

液压震击器是测试管柱中用于震击解卡的工具,其之所以有这种震击功能,是由于测试管柱上提形成拉伸阻力,当管柱拉伸时,震击器内的张力释放,管柱收缩,冲击力传至遇卡工具。重复这一操作,可反复激发震击器,实现多次震击。现场应用注意事项如下:

(1)工具入井前需检查延时试验记录。
(2)工具入井前需确认油堵已经拧紧。
(3)工具入井前需确认心轴保护套已安装。
(4)工具解卡作业时,5in 大约翰震击器震击前过提力不宜超过 70klbf(31.5tf)。

（5）5in 大约翰震击器额定抗拉强度约为 227klbf（103tf）。

7.1.4 井下取样工具

取样器是一种用于套管井内靠环空压力操作的全通径工具，主要用于全通径地层测试作业中，可代替钢丝取样作业获取储层高压物性流体样品。通过井下 PVT 取样器获取的储层流体样品，很好地保留了样品在储层中的物化特性，室内分析后可获取油气藏原始状态下的流体性质参数等，对准确评价油气藏和提高油气藏开发方案针对性具有重要意义。测试常用井下取样工具有 RD 取样器与 TCS 单相取样器。

7.1.4.1 RD 取样器

RD 取样器是依靠击穿破裂盘，使其心轴向上移动，瞬间圈闭流动中的储层流体。取样器出井后，通过转样设备进行转样，以获取储层流体样品。现场应用注意事项如下。

（1）单支取样器一次可取得 1200mL 样品。

（2）取样器在取样前后均能保持全通径状态。

（3）可在测试过程的任何阶段操作取样器进行取样，而不影响后续作业的进行。

（4）取样器的样腔内安装有活塞推进装置，起至地面后，可将所取样品在高压状态下完全转移至其他容器。

（5）在井下作业中，取样动作是一次性的，取样器一旦被关闭将不能再打开，若需对测试的不同阶段分别取样，则需按操作压力的不同等级多下几支取样器。

（6）取样器销钉安装数量说明：

① 静压 + 操作压力≥6000psi，装 4 个销钉。

② 4000psi≤静压 + 操作压力＜6000psi，装 3 个销钉。

③ 3000psi≤静压 + 操作压力＜4000psi，装 2 个销钉。

④ 1500psi≤静压 + 操作压力＜3000psi，装 1 个销钉。

⑤ 静压 + 操作压力＜1500psi，不建议装销钉。

（7）破裂盘安装方法及注意事项（带破裂盘类工具的安装方法相同）。

① 清洁破裂盘安装孔，检查密封面，确认密封面无刮伤、麻点等缺陷。

② 安装破裂盘（带密封圈），用专用扳手安装，确认拧紧。

③ 在破裂盘和外筒划上"K"字形记号。

④ 卸下破裂盘，检查密封圈，确认无损坏。

⑤ 在破裂盘螺纹涂上少许硅油，重新装上破裂盘，确认拧紧到位，要求破裂盘上的"K"字形记号与外筒对齐。

注意：确认破裂盘背面所在的圈闭空腔内无水、无黄油。破裂盘背面圈闭空间为大气压，在井下温度达到 100℃以上时，空间内的水分会蒸发，钙基黄油在 60℃以上、锂基黄油在 120℃以上时，会分解出烃类物质，从而在破裂盘背面形成背压，影响操作。

7.1.4.2 TCS（Tubing Convey Sampler）单相取样器托筒及激发装置

TCS 单相取样器基本组成部分为取样腔、氮气腔、空气腔、激发机构、破裂盘短节、托筒、变扣短节。

当操作环空压力使激发器激发后，泄油阀打开，在井底压力作用下，驱使浮动活塞沿活塞轨道杆向上运动，当浮动活塞移动到它的上行程终点，活塞轨道杆底端的关闭锁死机构被打开，针阀本体关闭取样孔，与浮动活塞之间圈闭了井底流体，弹簧锁销弹起，取样完成。TCS 单相取样器主要参数如下：

（1）每支托筒可携带两支取样器，通径为偏心结构，可通过 $\phi 50mm \times 5m$ 的刚性棒杆。

（2）每支取样器可获取 600mL 样品。

（3）托筒本体外径为 5.5in（140mm），内径为 2.25in（57.15mm）。

7.1.4.2.1 压力传输杆密封试验

（1）首先选用合适的破裂盘短节试压装置，将其固定在台钳上。

（2）将破裂盘短节正确安装在破裂盘短节试压装置上。

（3）将压力传输杆正确安装在破裂盘短节上。

（4）安装手压泵并对其进行打压 4000psi 并稳压 15min。

（5）检验压力传输杆伸出是否正常及"O"形圈密封处是否密封，检查压力传输杆伸出时，对比两个伸出杆的长度是否一致。

注意：严禁用水进行伸缩杆密封试验，因为破裂盘短节压力传输通道内会残留试压水，井下高温作用下变为气态形成背压，产生破裂盘无法击穿的风险。

7.1.4.2.2 激发装置试验

（1）压力传输杆密封试验合格后，将激发器正确安装在空气腔上并确保激发器是锁紧状态。

（2）将空气腔与激发装置连接。

（3）用手压泵对破裂盘短节进行打压，700～1000psi 时激发器激发，当激发器激发时会听到清脆的"啪"声。

（4）激发装置试验完成后，将激发器恢复到锁紧状态。

注：激发装置试验过程中使用专用测量工具，测量激发装置激发前、后释放杆顶端距总成端面长度，将测得数据做好记录，并由第三方（合作方）配合确认。激发装置组装后释放杆顶端距总成端面长度 73～74mm 为正常，激发后释放杆顶端距总成端面长度 63～65mm 为正常。若激发装置组装后释放杆顶端距总成端面长度达 80mm 或以上，则释放杆凹面未卡入钢珠内，必须重新组装，并测量确认，直至释放杆顶端与总成端面距离 73mm 左右为合格。

（5）激发装置释放杆与顶杆见配置有铜质垫片，在井下每次激发后，该铜质垫片需要更换。

（6）根据井况信息及各工具操作压力情况，选择合适型号的破裂盘进行安装。

（7）装上专用的试压工具，从破裂盘外部打压至破裂盘破裂压力的 70%，稳压 15min，无任何泄漏为合格。

（8）将激发机构和取样机构连接后整体装入托筒中，安装限位螺钉，连接上下端变扣，对取样器进行通径试压。

7.1.4.2.3 单相取样器操作

单相取样器托筒随测试管柱入井，环空加压至单相取样器操作压力，击穿破裂盘，并稳压30min，完成取样操作。

单相取样器出井后，使用专用转样工具进行转样。

7.1.5 旁通工具

液压旁通能够实现测试管柱内外连通，在封隔器坐封及解封期间提供旁通通道，也可作为循环作业工具。现场应用注意事项如下：

（1）5in 液压旁通旁通孔等效流通面积为 1.28in^2（8.26cm^2）。
（2）工具入井前需检查延时试验记录。
（3）工具入井前需确认油堵已经拧紧。

7.1.6 井下开关井工具

井下开关井工具是测试管柱主体工具，可进行井下开关井满足不同测试程序需要，同时可作为井控安全屏障。

7.1.6.1 LPR-N 测试阀

（1）LPR-N 测试阀由球阀机构、动力机构和计量机构组成。
（2）工具计量套的选择原则见表 7.3。

表 7.3　LPR-N 测试阀计量套选择与静液柱压力

计量套/氮室	适用常规静液柱压力范围/psi	扩展适用静液柱压力范围/psi
标准计量套/单氮室	0～9000	9000～12000
标准计量套/双氮室	3000～13000	13000～17000
高压计量套/单氮室	5000～20000	
高压计量套/双氮室	8000～20000	

（3）工具入井前应进行球阀开关阀上下部密封试验。
（4）工具入井前应检查油室活塞是否到位，以确认油室是否充满硅油。
（5）工具入井前应检查确认是否按要求安装销钉，对于 5in LPR-N 测试阀，销钉剪切值约为 280psi/ 个。
（6）工具入井前应调整确认氮腔压力。
（7）工具入井前应检查确认球阀的开/关状态。
（8）LPR-N 测试阀球阀上部试压不宜超过 21MPa，过高的试验压力容易引起碟形弹簧变形，导致球阀密封失效，从而影响关井压力测取；若管柱试验压力高于 21MPa，宜配置专用试压工具。

（9）LPR-N 测试阀球阀开启压差不宜超过 21MPa，最大不能超过 35MPa，过高的开启压差易于导致球阀机构损坏；球阀开启越大，越需更高的操作压力及更快的加压速度。

（10）操作环空压力要求必须在 30～60s 加至最高值。

（11）测试液如果发生沉淀，则易堵塞传压孔，或沉积在操作机构处，导致工具操作失效，因此宜选用无固相测试液。

（12）LPR-N 测试阀开关井操作注意事项如下：

① 操作环空压力前应对平台的环空加压流程进行检查，确认井队、数采及录井的环空压力表等工作正常、读数准确。

② 遇到严寒天气（0℃以下），应提前对井队、数采及录井的环空压力表等做压力试验，保证其灵敏好用。

③ 环空加压操作期间至少进行两点交叉监控，如通过钻台机械压力表与地面数采环空压力监测数据进行交叉确认；或通过钻台机械压力表与录井环空压力监测仪器显示数据进行交叉确认。

④ 环空加压前进行通水工作，DST 操作人员在通水结束后须继续观察环空状况，确保无溢流无抽吸等情况方可开始环空加压。

⑤ 通水结束后必须确认停泵阀门关闭、泵排量归零、环空无返出，压力表读数归零。关闭钻台气动截止阀或其他环空泄压阀时，若环空起压则应立刻断电停泵，同时打开钻台气动截止阀或其他阀门释放压力。

⑥ 环空加压开测试阀前泵冲清零，加压操作需在 30～60s 内完成，期间密切关注钻井液泵泵冲，观察钻台机械压力表（压力变化无延时），并参考录井环空压力、数采环空压力。

7.1.6.2 选择测试阀

选择测试阀是一种全通径的、通过环空压力操作的工具。它有两种操作模式：一种是类似 LPR-N 阀的常规操作模式；另一种是锁定操作模式，在该模式下，即便环空压力为 0，球阀仍能保持在锁定开启状态，该模式对于环空压力难以保持恒定的作业如酸化、压裂具有独特优势。锁定操作模式与常规操作模式可以操作环空压力实现转换。球阀的开启和关闭不受管柱内部压力变化的影响。

选择测试阀的操作及注意事项参照 LPR-N 测试阀。

7.1.6.3 智能测试工具

智能测试工具是一种用于套管井地层测试作业、由环空脉冲压力控制的全通径工具。它兼顾 APR 工具中多次循环阀（OMNI 阀）和选择测试阀的功能，两个阀可以分开独立操作，操作过程中循环阀和测试阀可以实现互锁。

智能测试工具由循环阀部分、测试阀部分、液压部分、电器部分及电池等组成。

工具通过在地面施加环空压力（操作指令）来实现循环阀和测试阀开启和关闭的动

作。这些所加的环空压力和以往的 APR 工具不同，它是被预先编制好的指令，一般由一个或几个压力的上升、稳压和压力下降组成。指令中压力的上升、稳压、下降都有时间和压力值的要求。现场应用注意事项包括准备和操作两部分。

（1）作业前海上准备。

① 刮管洗井期间进行智能测试工具入井前压力脉冲指令操练，使操作人员熟悉脉冲压力的建立，同时检查确认加压系统状态是否良好。

② 根据具体的井温条件安装合适型号的电池，用万用表仔细检查确认电池的供电状态，记录电池的开始供电时间。

③ 根据作业井的相关参数信息，计算工具 OVERRIDE 操控模式（锁定通径模式）激发压力，严格根据计算选装破裂盘。

④ 根据施工设计对工具进行地面预设。

⑤ 模拟环空静压，电池供电，手压泵加指令操作测试阀与循环阀各一次开关动作至入井状态。精确记录已排液次数与剩余排液次数。

⑥ 操作测试阀关、循环阀关时，连接试压接头及试压泵，对工具测试阀球阀上下端分别进行试压至额定工作压力，稳压 15min，压降低于 2% 为合格，试压前需进行有效排气。试压结束后放压至 0，拆试压管线与试压接头。

⑦ 操作测试阀开、循环阀关时，连接试压接头及试压泵，对工具进行通径试压至额定工作压力，稳压 15min，压降低于 2% 为合格，试压前需进行有效排气。

⑧ 使用循环阀外密封试验工装对循环阀外密封试压至额定工作压力，稳压 15min，压降低于 2% 为合格。

⑨ 将电路板前期存储数据清除并启动工具系统。回装传感器端口密封丝堵时要特别小心，避免损坏密封"O"形圈。

⑩ 对工具本体所有螺钉进行紧固。

⑪ 在钻台安装环空压力监测装置，并与井队传感器及录井传感器测量结果进行校验，确保环空压力数据准确无误。

（2）工具操作。

① 根据作业施工程序进行环空加压、放压操作，发送压力脉冲指令控制工具测试阀与循环阀的开关动作，从而实现多次开关井与多次循环替液、压井等作业。

注：环空加压要连续上升，稳压要平稳。开井期间环空压力保持在 400~600psi 之间。

② 工具出井及时断电，检查确认各阀门状态与井下操作状态是否相同。

③ 将工具数据线端口连接至电脑，对井下数据进行回放，与现场操作记录进行对比，核查并确认工具在井下的指令识别与执行情况。

7.1.7　泄压 / 放样工具

泄压工具用于释放测试管柱两个球阀之间的圈闭压力，在测试管柱拆卸前，释放管柱内部压力，同时也可根据需要将流体收集作为样品。现场应用注意事项如下：

（1）工具入井前需进行通径及液密承压测试。

（2）工具入井前需确认丝堵已经拧紧。

（3）工具在井口进行放压作业需安装专用放压装置，放压期间人员远离井口区域。

7.1.8 多次循环工具

OMNI 阀是一种由环空压力控制的可实现多次开关的循环阀。适用于套管井的全通径地层测试、油管传输射孔、射孔与全通径测试联作等作业时的管柱试压和循环作业。它克服了国内现有多次反循环阀的缺点，在一定的位置，可多次用环空压力操作其他井下工具，而使其状态不受影响。由于其具有多次重复开关的能力，使得在全通径地层测试等作业结束时可进行酸化、压裂等增产措施。使用此阀可简化管柱配置及操作程序。

OMNI 阀是由氮气室、油室动力机构、循环机构、球阀机构四大部分组成，其中油室动力机构为关键部分。

常见 OMNI 阀有 Sand Guard Ⅲ、Sand Guard Ⅳ、OMNI DT 及 OMNI Express，其中 Sand Guard Ⅳ 有破裂盘机构设置，可以认为设置该工具的启动压力。

操作 OMNI 阀一周需要 15 次加压/放压，共有 7 个测试位、4 个循环位、两组共 4 个盲板位分别将测试位和循环位隔开（图 7.1）。测试位即球阀开启，循环孔关闭；循环位即球阀关闭、循环孔开启；盲板位即球阀、循环孔均保持关闭状态（表 7.4）。现场应用注意事项如下：

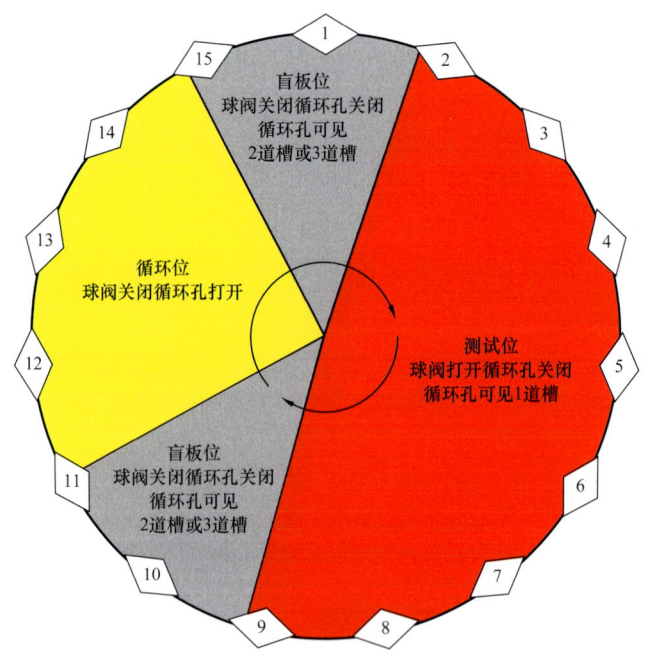

图 7.1　OMNI 阀操作位置示意图

（1）环空加压操作 OMNI 阀时，加压的持续性是决定工具成功操作的关键。无论是反循环还是正循环，宜保持恒定的泵压，以防止工具换位。

（2）如果钻井液条件非常糟糕，那么有可能 OMNI 阀循环孔已开但钻井液无法循环。

可采取活动管柱的办法，使钻井液能够充分流动实现循环。

（3）如果 OMNI 阀在关闭循环孔时遇到困难，循环孔可能部分被卡，这种情况宜增加操作次数，并可增大循环压力以冲洗掉堵塞物。

表 7.4 OMNI 阀操作位置—阀门状态对照

操作位置	阀门状态
测试位	球阀开启、循环孔关闭
循环位	球阀关闭、循环孔开启
盲板位	球阀关闭、循环孔关闭

7.1.9 试压工具 / 替液工具 / 单次循环压井工具

试压工具 / 替液工具 / 单次循环压井工具均为环空压力操作工具，入井前需要安装破裂盘，因此针对此类工具，在工具入井前需要确认以下事项：

（1）工具入井前需确认破裂盘值计算是否正确，安装破裂盘值是否与设计值相符，且保存破裂盘温度—压力曲线。

（2）工具入井前需进行破裂盘承压测试。

（3）工具入井前需确认安装好的破裂盘有保护措施，避免吊运过程中损坏。

（4）确认工具破裂盘背腔腔体无黄油及水残留。

7.1.9.1 RD 旁通试压阀

RD 旁通试压阀既可以用作管柱试压工具，也可以用作管柱替液工具，该工具是通过环空压力操作，试压时球阀机构承压。现场应用注意事项如下：

（1）工具入井前需进行球阀上下端承压测试。

（2）工具入井前需确认心轴与外筒的循环孔处于对齐状态。

（3）循环孔流通面积为 3.14in^2（20.26cm^2）。

7.1.9.2 RDTST 阀 /RDTST 旁通阀

RDTST 阀是具有碟阀结构的管柱试压阀，下钻期间能够实现自动灌液，RDTST 旁通阀自带旁通机构。

7.1.9.3 RD 循环阀

RD 循环阀是通过环空压力操作的单次循环工具，可以建立测试管柱与环空间的连通通道。现场应用注意事项如下：

（1）工具入井前需确认破裂盘安装正确并经试验检验。

（2）为防流体含砂沉积，可在开关井工具以上一柱或多柱钻铤（或油管等）以上配置 RD 安全循环阀。

（3）循环孔流通面积为 3.14in^2（20.26cm^2）。

7.1.9.4 RDS 循环阀

RDS 循环阀即 RD 安全循环阀，其操作原理与 RD 循环阀一致，除建立测试管柱与环空间的连通通道外，该工具还能够封隔管柱内油气通道。现场应用注意事项如下：

（1）工具入井前需确认球阀安装正确、破裂盘安装正确并经试验检验。

（2）循环孔流通面积为 3.14in^2（20.26cm^2）。

7.1.10 伸缩接头

伸缩接头用于补偿测试作业过程中因不同因素导致的测试管柱伸长或收缩变化。现场应用注意事项如下：

（1）工具入井前需进行通径及液密承压测试，包括全压缩、半拉伸及全拉伸状态。

（2）工具入井前需确认外露心轴已经进行保护。

（3）作业前按照作业可能出现的工况进行管柱伸缩量计算校核，并根据校核结果确定入井工具数量。

（4）每支伸缩接头的自由行程为 1.52m。

（5）对于加砂压裂管柱，伸缩接头宜倒置下入，以防陶粒落入塞心轴活动空间。

7.1.11 变扣短节

变扣接头连接不同扣型钻具及工具。现场应用注意事项如下：

（1）变扣连接前需确认连接扣型是否匹配。

（2）变扣连接前需对密封面及密封"O"形圈（如有）进行检查，确认无损伤。

（3）变扣入井前需进行通径和承压测试。

7.2 水下坐落管柱

水下坐落管柱主要指能够满足半潜式钻井平台隔水管内管柱解脱、关断及井控功能，并坐落在水下井口防喷器内的测试水下安全设备，主要由防喷阀、承留阀、剪切短节、水下测试树、储能器、隔水管控制模块、承压短节、脐带缆绞车、地面控制系统等设备组成。

水下坐落管柱的应急解脱功能对于确保半潜式钻井平台测试作业的安全是必不可少的，基于作业水深对于水下坐落管柱系统应急解脱的控制要求，以及水下坐落管柱系统控制方式的不同，分为直液控制水下坐落管柱、电液控制水下坐落管柱。

基于测试和完井的不同应用环境，又可划分为水下测试坐落管柱和水下完井坐落管柱。

对测试过程中的水合物防控是水下坐落管柱的一个重要功能，通过水下坐落管柱系统所具有的水下化学药剂注入通道，可以实现水合物抑制剂的井下及水下多点注入。

水下坐落管柱的总体要求如下：

（1）根据 Q/HS 14005—2017《海上高温高压井钻井、完井及测试指南》的设备选型要求，水下坐落管柱额定工作温度应高于预测的最高井口温度，额定工作压力应高于储层压力。

（2）对于直液式水下坐落管柱，其控制系统的应急解脱时间应在45s以内，对于电液控制水下坐落管柱，其控制系统的应急解脱时间应在15s以内。

（3）水下坐落管柱中的脐带缆是整个系统的弱点，脐带缆在下入过程中应使用专用脐带缆保护器对脐带缆进行固定和保护；并应根据海况和井况，在钻台面、钻台面以下、隔水管内等易磕碰部位做好对脐带缆的重点保护。

（4）下入水下坐落管柱之前，应进行模拟打印，以确定水下测试树悬挂器在水下防喷器内部的位置，并确保剪切短节和承压短节配合水下防喷器的对应闸板。

（5）水下坐落管柱防喷阀宜和扶正器配合使用，应根据井况确定下入深度。

（6）对于电液控制水下树，其隔水管控制模块应该设计安装在水下防喷器的隔水管连接器和柔性接头以上。

（7）应确保水下坐落管柱控制液的清洁度符合AS4059 level 6B-F的要求。

（8）如需要在水下防喷器组的闸板防喷器和万能防喷器之间形成密封空间，则需对水下坐落管柱的配管进行优化设计，可在管柱设计时将承留阀设为万能防喷器关闭位置，也可在水下坐落管柱上设计专用的上部承压短节满足万能防喷器的关闭。

（9）水下坐落管柱在钻台应进行功能试验，确保其阀门开关及解脱功能正常。

（10）应根据作业平台相关作业标准及作业井况，评估水下坐落管柱应急解脱角度和平台水下防喷器隔水管偏移角度是否匹配，编制WSOG（Well Specific Operating Guidelines）进行确认，保证平台有足够的安全作业区间及满足测试作业应急解脱的需要。

7.2.1 水下坐落管柱参数

坐落管柱设备参数见表7.5。

表7.5 坐落管柱设备参数

序号	设备名称	工作压力/kpsi	内径/in	外径/in	抗拉强度/lb	工作温度/℃
1	防喷阀	10	3	12.6	600000	$-32 \sim 121$
2		15	3	12.88	600000	$-18 \sim 177$
3	承留阀	15	3	12.88	600000	$-18 \sim 177$
4	水下测试树	10	3	13.75	1000000	$-32 \sim 121$
5		15	$2^{9}/_{16}$	13	465000	$-18 \sim 121$
6		15	3	15.75	600000	$-18 \sim 177$
7	储能器	15	3	15.75	600000	$0 \sim 121$
8	隔水管控制模块	15	3	15	600000	$0 \sim 121$

7.2.2 水下坐落管柱设备选型要求

7.2.2.1 防喷阀

防喷阀具有井控、化学药剂注入、辅助钢丝/连续油管工具试压、泵通压井及为钢丝工具串提供所需管柱长度的功能，防喷阀阀门具有失压保持功能。现场应用注意事项如下：

（1）确保防喷阀液穿越或电穿越数量及规格满足水下坐落管柱设计要求。

（2）宜在水下坐落管柱上配置一个或多个防喷阀，并和扶正器相匹配。

（3）应在防喷阀化学药剂注入通道上设置单流阀。

（4）防喷阀内径应满足钢丝、连续油管等作业需求。

7.2.2.2 承留阀

承留阀通常和水下测试树配套使用，在电液控制水下坐落管柱中，一般设置在水下测试树的上部，其功能主要是通过球阀关闭来有效滞留脱手后管柱内的流体，防止流体倾泻到外部环境从而造成污染，承留阀阀门具有失压保持功能，可以在全压差下实现球阀的关闭。现场应用注意事项如下：

（1）应确保承留阀液穿越或电穿越数量及规格满足水下坐落管柱设计要求。

（2）承留阀上应设置有泄压阀，以确保在管柱脱手前，水下测试树和承留阀之间圈闭的压力得以实现有效地释放。

（3）承留阀内径应满足钢丝、连续油管等作业需求。

7.2.2.3 水下测试树

水下测试树最重要的功能是在应急情况下实现水下坐落管柱的解脱，并实现地层与外部环境的隔离，水下测试树具备泵通和化学药剂注入功能，并可剪切连续油管和电缆。水下测试树和上部剪切短节和下部承压短节配合使用，水下测试树阀门具有失压关闭功能。现场应用注意事项如下：

（1）水下测试树应具备三种或以上管柱解脱方式，譬如正常解脱、失压备用解脱（通过击穿破裂盘）、机械旋转解脱等方式。

（2）应在水下测试树化学药剂注入通道上设置单流阀。

（3）水下测试树内径应满足钢丝、连续油管等作业需求。

7.2.2.4 剪切短节

剪切短节与水下测试树的上端相连接，它的主要功能是在紧急条件下可实现防喷器剪切闸板对其进行剪切操作，从而实现管柱的应急脱手功能。现场应用注意事项如下：

（1）剪切短节在加工或使用前，需首先确认作业平台防喷器的剪切能力，以确保剪切短节满足作业要求。

（2）剪切短节在坐落管柱上属于薄弱点，在吊装及运输期间应安装特制的保护框架以防止其损伤或变形。

（3）在管柱配长期间应充分考虑剪切闸板与剪切短节的相对位置，确保管柱满足被剪切功能。

7.2.2.5　承压短节

承压短节与水下测试树下端相连接，其主要功能是配合防喷器闸板关闭形成环空密闭空间，从而使平台可通过阻流或压井管线对环空施加压力。现场应用注意事项如下：

（1）根据作业需求，承压短节可设计电（液）穿越通道。
（2）承压短节在使用前应确保密封面光滑，以保证其与防喷器闸板间良好的密封性。
（3）管柱配长期间，应充分考虑防喷器闸板与承压短节的相对位置，以确保防喷器闸板正常关闭。
（4）承压短节内径应满足钢丝、连续油管等作业。

7.2.2.6　储能器和隔水管控制模块

储能器和隔水管控制模块作为电液控制水下测试树系统的核心部件，一般连接在一起使用，储能器内部设有多个氮气储能瓶，通过压缩内部活塞实现液压储能，相应通道的压力通过隔水管控制模块内部的电磁阀开关加以释放，从而实现坐落管柱相应的功能。

隔水管控制模块与脐带缆直接连接，内部集成有电磁阀、温度压力传感器等电器元件，具有控制高压流体释放、管柱内部压力监测、隔水管温度监测等功能。现场应用注意事项如下：

（1）隔水管控制模块内部应设置有滑阀，以实现在平台断电等极端条件下进行管柱脱手操作。
（2）隔水管控制模块下部与承留阀上部提升短节连接方式为快速接头连接方式。
（3）隔水管控制模块电缆连接界面具备密封测试端口。
（4）隔水管控制模块化学注入通道设置有单流阀。
（5）储能器氮气充填压力在作业前根据实际作业环境进行调整。

7.2.2.7　脐带缆绞车

脐带缆绞车是连接地面控制系统与水下坐落管柱的中间设备，地面控制系统的电（液）信号经由脐带缆绞车传递给水下坐落管柱，从而实现相应的功能。在直液控制系统中，脐带缆内管线均为液控管线；在电液控制系统中，脐带缆内包含有液控管线、数据采集电缆和电磁阀控制电缆，以实现地面控制系统与隔水管控制模块之间的连接。现场应用注意事项如下：

（1）脐带缆绞车马达一般采用气驱方式，平台气源即可满足其操作要求。
（2）脐带缆应满足高强度、耐腐蚀等要求，以应对在恶劣作业环境下带来的损坏风险。
（3）在使用脐带缆绞车前应充分了解作业水深，确保脐带缆长度满足要求。

7.2.2.8　地面控制系统

在直液控制水下坐落管柱系统中，地面控制系统的组成相对简单，主要由液压控制面板组成，通过液压控制面板直接输出高压液体经由脐带缆的传输来控制水下坐落管柱。

在电液控制水下坐落管柱系统中，地面控制系统包含有液压控制面板、地面电控面板、ESD 控制面板、钻台 HMI 等部件；其中液压控制面板、地面电控面板分别连接至电液脐带缆绞车，通过脐带缆传输电、液信号来实现坐落管柱的电液控制；ESD 控制面板集成有 ESD（应急球阀关闭）、EQD（应急球阀关闭和管柱解脱）两个控制按钮，ESD 控制面板与地面电控面板相连接，通过内部编程实现逻辑控制，地面电控面板的设置具备冗余性，应在甲板水下测试树值班区域、钻台、中控室均有设置。钻台 HMI 显示内容与地面电控面板显示内容一致，以满足不同区域值班人员对水下坐落管柱信息的掌握。

7.3 地面测试设备

7.3.1 地面测试设备组成及要求

地面测试设备可划分为地面测试流程类设备和地面测试辅助类设备，地面测试流程类设备通常以油嘴管汇为界限，划分为油嘴管汇上游设备、油嘴管汇下游设备。

油嘴管汇上游设备为井下返出流体在地面节流前所经过的设备，主要包括地面测试树（包括 ESD 控制面板）、高压挠性软管、高压管线和弯头、地面安全阀（包括 ESD 控制面板）、数据头、除砂器、化学药剂注入系统、动力油嘴、含砂/振动/壁厚在线监测系统、高低压先导式安全泄压阀、油嘴管汇等。

油嘴管汇下游设备为井下返出流体节流后进行流体流动保障、油气水三相分离、流体计量、流体处理的设备，主要包括中低压管线和弯头、蒸汽换热器、高低压先导式安全泄压阀、分离器、缓冲罐、计量罐、数据采集系统、原油/天然气分配管汇、蒸汽锅炉、原油输送泵、空气压缩机、燃烧头、燃烧臂等。

地面测试辅助类设备主要包括地面测试操作间、地面测试工具房、柴油助燃系统、喷淋冷却系统、可燃性气体报警系统、地面样品分析房等。

安装在地面测试流程上的设备如果没有特殊指明，其材质选型均应满足在酸性条件下作业并符合 NACE MR 0175 标准。

地面测试设备在进行流程连接前，应根据地面测试设备摆放图重新设定危险区域，地面测试设备所配置的电器装置均应满足所安装区域的防爆等级。

地面测试流程上的设备和管线都应根据相关标准妥善固定并确保接地良好。现场应用整体要求如下：

（1）根据 Q/HS 14005—2017《海上高温高压井钻井、完井及测试指南》的设备选型要求：测试井口装置、测试防喷系统、地面高压部分流程等额定工作温度应高于预测的最高井口温度，额定工作压力应高于储层压力。

（2）对于高温高压井、含硫化氢或二氧化碳井、高产井及深水测试井，油嘴管汇上游设备和流程宜采用金属密封的方式进行连接，如法兰；当预测井口压力超过 55MPa 或井口温度连续工作 72h 超过 100℃时，地面高压部分流程的连接应采用金属密封方式。

（3）对于高温高压井、含硫化氢或含二氧化碳井、高产井及深水测试井，宜根据需要采用二级或以上油嘴管汇节流方式。

（4）油嘴管汇上游设备除高压容器外都应符合 API 6A 标准。

（5）油嘴管汇上游设备，如无特殊要求，压力等级应达到 10000psi 及以上，工作温度应满足 −20～250℉ 等级。

（6）在作业现场，油嘴管汇上游设备试压不应高于其允许最大工作压力的 80%。

（7）根据测试期间井控要求，油嘴管汇上游流程设计应考虑至少两道安全屏障，确保应急条件下能够在 15s 内快速关断测试井口。

（8）宜在油嘴管汇上游安装高低压先导式安全泄压阀，并和 ESD 应急关断系统相连接。

（9）对于气井测试，油嘴管汇上游宜注入水合物抑制剂，以避免油嘴管汇下游出现水合物冻堵。

（10）油嘴管汇下游不同压力等级之间的设备，应在低压设备的上游设置安全阀，以保护下游低压设备的作业安全。

（11）油嘴管汇下游设备应考虑流体体积膨胀变化而导致的流速变化可能产生的安全风险。

（12）油嘴管汇下游压力容器类设备，如蒸汽换热器、分离器和缓冲罐应按照 API RP512 的要求配置安全阀和泄压管线，对于非硫化氢测试井，泄压管线应妥善固定并连接至舷外安全区域。

（13）对于压力容器上的放空管线应在靠近放空口的上游设置火焰抑制器，以防止可能产生的回火。

（14）宜在压力容器类设备上安装高低压先导式安全泄压阀，并和 ESD 应急关断系统相连接。

（15）对于高产井测试，应按照 API RP520 及 API RP521 进行热辐射评估，以确保所使用的燃烧臂及喷淋冷却系统满足安全要求。

7.3.2 地面测试设备

7.3.2.1 地面测试树

地面测试树是地面测试流程的油嘴管汇上游（井口）安全屏障之一，是连接井下测试管柱和地面测试流程的关键节点设备，由压井翼阀、生产翼阀、清蜡阀、主阀和旋转头组成；压井翼阀满足应急条件下的正挤压井作业，生产翼阀满足正常测试过程中的开井流动，清蜡阀满足人工举升作业隔离生产通道的需要，主阀确保能够进行开关井作业，旋转头满足测试过程中旋转管柱的需要。现场应用注意事项如下：

（1）具有旋转头、主阀、清蜡阀、压井翼阀及生产翼阀，主阀宜位于旋转头以下。

（2）常规测试，应至少确保生产翼阀类型为失压关闭液控阀，可远程关断。

（3）对于高温高压及深水井测试，应至少确保生产翼阀、压井翼阀、主阀为液控阀，生产翼阀为失压关闭型；宜确保旋转头可锁止。

（4）应至少确保生产翼阀的应急关断时间在 15s 内。

（5）宜优先使用在3s内关断的电液ESD关断系统。

（6）应确保地面测试树提升短节与连续油管提升框架、连续油管防喷器及钢丝作业防喷器相配套。

（7）压井翼阀的入口宜安装单流阀，宜具有锁开功能。

7.3.2.2 高压挠性软管

高压挠性软管对于半潜式钻井平台测试作业是必不可少的测试设备，其能够补偿半潜式钻井平台在升沉过程中井口高压测试管线的上下位移距离。现场应用注意事项如下：

（1）长度应满足平台升沉的要求，通常情况下不小于15m（590in）。

（2）对于含硫化氢井作业，应确保其内衬材质为Coflon。

（3）对于高产井作业，宜确保高压挠性软管内流体流速不超过15m/s；若流速超过15m/s，应进行内窥镜检测。

（4）应确保高压挠性软管的弯曲半径（MBR）在允许范围以内，并根据规范进行吊装使用。

7.3.2.3 高压管线和弯头

高压管线和弯头是建立油嘴管汇上游地面测试流程流动通道所必需的器具，由于每次测试作业均需要对地面测试流程进行安装和拆卸，因此地面测试流程连接所使用的高压管线和弯头除了满足测试安全要求外，还需兼顾安装及拆卸效率，故对于常规测试作业，高压管线和弯头的连接方式通常选用锤击活接头连接，密封方式为非金属橡胶圈密封，常用型号为Weco Fig.1502、Weco Fig.2202。现场应用还需注意如下事项：

（1）高压管线和弯头在连接处，应采用防脱绳索进行捆绑。

（2）应根据预测最大井口温度，选择不同温度等级的活接头橡胶密封垫圈。

（3）对于加砂压裂及高温高压井作业，应在油嘴管汇上游高压管线和弯头处安装含砂在线监测系统、壁厚在线监测系统和振动监测系统，以确保场面测试流程安全。

7.3.2.4 地面安全阀

地面安全阀是地面测试流程的油嘴管汇上游（井口）安全屏障之一，是整个地面测试流程的标配及关键节点设备，对于海上测试，地面测试树和地面安全阀组成了地面测试ESD应急关断系统的核心，地面安全阀由ESD控制面板通过液压进行控制。现场应用还需注意如下事项：

（1）和地面安全阀连接的ESD控制面板应具备就地手动关断及远程关断功能。

（2）为了保证ESD控制面板的快速远程关断，地面安全阀应配置快速泄压阀。

（3）ESD控制面板的远程控制按钮应至少配置4个，应分别设置在钻台、地面流程高压井口区、分离器、操作区、生活区。

（4）应确保地面安全阀的应急关断时间在15s内。

（5）宜优先使用在3s内关断的电液ESD关断系统。

7.3.2.5 数据头

数据头提供了用于对油嘴管汇上游相关设备进行数据采集及进行化学药剂注入的通道。现场应用注意事项如下：

（1）对于地面关井压力高的测试井，为了缩短油嘴管汇上游关井后的高压段而采用地面安全阀关井，应在地面安全阀上游连接数据头，用于对关井期间井口温度压力的监测。

（2）对于高温高压井，数据头上的机械压力表及电子传感器的安装螺纹应避免使用 NPT 丝扣，应采用 9/16in Auto Clave 金属密封连接，型号宜为 F562C（压力等级为 60000psi）。

（3）对于加砂压裂及高温高压井测试，禁止使用带插入式温度套的数据头。

7.3.2.6 除砂器

储层出砂及返出含有固相颗粒的流体对于整个地面测试流程和设备造成潜在的安全风险，含砂流体在高温、高压、高产条件下将对整个地面测试流程和设备，尤其是高压井口流程和设备造成严重的冲蚀破坏，从而危及作业现场人员及设备的安全，因此作业现场通常采用滤网式或者旋流式除砂器进行地面除砂。现场应用注意事项如下：

（1）根据出砂预测及出砂粒度范围选择合适的除砂器类型，如出砂粒径中值在 100μm 以上，宜选择滤网式除砂器，并配置 100μm、200μm、400μm 的滤网；如出砂粒径中值在 50μm 以下，宜选择旋流式除砂器，它对小直径颗粒的细粉砂固相有更高的除砂效率。

（2）在出砂量较大时，宜考虑使用在线排砂系统。

（3）在需要进行地面除砂的情况下，应配置含砂量及壁厚在线监测系统。

7.3.2.7 化学药剂注入系统

气井水合物抑制、原油乳化后破乳分离、稠油消泡、硫化氢去除等均需在地面测试流程不同位置进行化学药剂注入。现场应用注意事项如下：

（1）对于气井测试，应在油嘴管汇上游注入水合物抑制剂。

（2）对于泡沫油测试，应在油嘴管汇上游或分离器上游注入消泡剂。

（3）对于易乳化的原油，应在油嘴管汇上游或分离器上游注入破乳剂。

（4）对于含硫化氢的储层流体，应在油嘴管汇上游或分离器上游注入除硫剂。

（5）化学药剂注入泵出口应配置单流阀，其压力—排量曲线应满足化学药剂注入的需要。

（6）不同化学药剂应根据法律法规及相关规定确保从采办、运输、现场使用、回收的全过程管理和安全防控。

7.3.2.8 动力油嘴

对于高温高压井，在高压及高流速的冲蚀下，油嘴管汇的可调及固定油嘴极易产生冲蚀，从而严重威胁现场作业安全。动力油嘴采用高耐冲蚀碳化钨圆柱体设计，有着远超常规油嘴的耐冲蚀性能，通常和常规油嘴管汇形成二级节流或三级节流，从而保证现场测试作业的井控安全。现场应用注意事项如下：

（1）动力油嘴作为一级节流，使用时应设置较大的油嘴开度，确保二级节流及三级节流的非临界流动。

（2）宜对动力油嘴上下游压力变化进行实时监测，以确保动力油嘴正常使用。

7.3.2.9　含砂/振动/壁厚在线监测系统

对于高温高压井、高产井及易出砂井测试作业，推荐在油嘴管汇上下游流程关键管线及弯头处安装含砂/振动/壁厚在线监测系统，实时掌握其工作状态，确保测试期间油嘴管汇上下游流程及设备的安全。含砂/振动/壁厚在线监测系统可单独使用，也可组合使用。

7.3.2.10　高低压先导式安全泄压阀

高低压先导式安全泄压阀是通过设定测试流程的指定节点的压力范围来触发测试高压井口关断，它和ESD紧急关断系统的远程关断按钮组成了地面ESD紧急关断系统的远程关断功能。现场应用注意事项如下：

（1）对于高温高压井、高产井测试，宜在地面测试流程中安装高低压先导式安全泄压阀，安装位置包括不限于油嘴管汇上游、分离器上游、缓冲罐上游等。

（2）高低压先导式安全泄压阀传感器的设定压力在使用前应通过静重试验仪进行标定。

（3）安装在油嘴管汇上游的高低压先导式安全泄压阀的设定压力通常为低压200~300psi，安装在分离器上游的高低压先导式安全泄压阀的设定压力通常为高压1100~1300psi。

7.3.2.11　油嘴管汇

油嘴管汇是地面测试流程中的节流设备，对于整个地面测试资料的准确录取起关键作用。油嘴管汇通过安装在两翼的可调油嘴和固定油嘴进行节流控制的，通常情况下，在清井返排阶段井口压力波动范围较大，宜使用可调油嘴进行快速节流控制，在稳定流动及主流动阶段，宜使用固定油嘴进行精确节流控制。对于高温高压井、高产井及易出砂井，宜采用配有动力油嘴和油嘴管汇的二级节流或三级节流控制模式。现场应用注意事项如下：

（1）应确保最后一级油嘴管汇下游的流动为非临界流动。

（2）对于高温高压井、高产井及易出砂井，油嘴管汇两翼宜同时安装固定油嘴。

（3）为实现对储层生产压差的精确控制，对于高温高压井、高产井，油嘴管汇固定油嘴的配置在4/64in到32/64in范围，油嘴尺寸间隔宜加密为2/64in；从32/64in到64/64in范围，以4/64in为间隔；从72/64in到128/64in范围，以8/64in为间隔。

7.3.2.12　中低压管线和弯头

中低压管线和弯头是建立油嘴管汇下游地面测试流程流动通道所必需的器具，由于每次测试作业均需要对地面测试流程进行安装和拆卸，因此地面测试流程连接所使用的中低压管线和弯头除了满足测试安全要求外，还需兼顾安装及拆卸效率，故对于常规测试作业，中低压管线和弯头的连接方式通常选用锤击活接头连接，密封方式为非金属橡胶圈密封，常用型号为Weco Fig.206、WECO Fig.602。现场应用注意事项如下：

（1）中低压管线和弯头在连接处，应采用防脱绳索进行捆绑。
（2）应根据计算最大流动温度，选择不同温度等级的活接头橡胶密封垫圈。

7.3.2.13 蒸汽换热器

蒸汽换热器是确保地层返出流体在经过泥面附近、隔水管及油嘴管汇节流降温后进行加温的最重要的流动保障手段。根据作业现场的防爆及设备本质安全要求，应选择非直接加热式蒸汽换热加热器，简称蒸汽换热器，与之配套的蒸汽发生器简称蒸汽锅炉；蒸汽换热器内部设置可调油嘴，在稠油井、非出砂井及常规井作业中，可通过蒸汽换热器可调油嘴进行节流，增大地层返出流体的流动性，确保取准测试资料。现场应用注意事项如下：

（1）基于设备本质安全，对于高温高压井、加砂压裂井、高产井及深水井测试，应使用最大工作压力等级为10000psi及以上的蒸汽换热器。
（2）蒸汽换热器应具有旁通功能，可调油嘴应选用2in及以上尺寸。
（3）蒸汽换热器宜采用出口温度手动及自动控制系统，确保加温流体的温度稳定。
（4）蒸汽换热器蒸汽进口应使用单流阀或超压保护系统，确保蒸汽锅炉的作业安全。

7.3.2.14 分离器

分离器主要用于对储层产出流体的三相分离和计量，是地层测试取得流体产量及性质数据的重要设备，应使用气动控制系统确保分离器液位及压力的稳定。现场应用注意事项如下：

（1）应确保流体在三相分离器内的滞留时间满足流体分离和计量的需要，并根据预测最大产量对三相分离器进行选型。
（2）三相分离器进口应配置单流阀，以应对三相分离器上游流程可能出现的刺漏等复杂情况。
（3）三相分离器应配置两套具有泄压回座功能的安全阀。

7.3.2.15 缓冲罐

缓冲罐主要用于对三相分离器分离后原油的二次分离和临时储存，对于稠油井及凝析气井，对原油（凝析油）的二次分离是提高资料录取准确性的重要手段；对于含硫化氢井，使用缓冲罐是确保测试全流程的气密和保证测试安全的关键设备；应根据测试流体产量、甲板载荷系数及面积确定所需缓冲罐的数量。现场应用注意事项如下：

（1）应考虑立式缓冲罐在恶劣海况条件下的稳定性并采取预防措施。
（2）高温高压井及深水井测试，缓冲罐上游应配置高低压先导式安全泄压阀。
（3）对于高产井测试，缓冲罐进口应配置可调油嘴，确保缓冲罐内压力稳定。
（4）缓冲罐的天然气出口应配置火焰抑制器，并宜安装温度传感器进行监测。

7.3.2.16 原油计量罐

原油计量罐用于对分离后储层原油和水的临时性储存和计量，应根据临时储存的要求和实际甲板面积设计所需原油计量罐的数量。现场应用注意事项如下：

（1）在冬季作业，原油计量罐应具有蒸汽加温装置，以确保原油流动性。
（2）原油计量罐的排空管线下游应配置火焰抑制器，并确保排空管线出口在舷外安全区域。
（3）应确保原油计量罐液位看窗在低温条件下能够准确显示液位。

7.3.2.17 数据采集系统

数据采集系统用于实时录取地面测试流程关键节点温度、压力、产量等数据，并集成在线报警、数据回放及传输、远程监控等功能，满足测试资料录取、作业安全控制、测试远程决策等作业要求。现场应用注意事项如下：
（1）应确保数据采集系统对秒级数据实现实时、稳定且准确的录取。
（2）数据采集系统应安装在具有正压防爆功能的仪器房。
（3）应采用本质安全设计，确保系统现场的安装、连接和使用满足现场防爆要求。

7.3.2.18 原油/天然气分配管汇

原油/天然气分配管汇主要用于将原油导入临时性储油罐或缓冲罐，原油及天然气导至燃烧臂，并可根据风向变化将流体导至不同舷的燃烧臂。现场应用注意事项如下：
（1）应确保原油/天然气分配管汇的进出口及阀门配置满足作业需要。
（2）原油/天然气分配管汇上应配置监测和扫线用的接口。

7.3.2.19 原油输送泵

原油输送泵是提供原油从临时储存装置泵送至其他系统或装置的手段。现场应用注意事项如下：
（1）应确保原油输送泵出口具有扫线接口。
（2）应确保原油输送泵满足原油泵送燃烧和外输的要求。
（3）应确保原油输送泵防爆性能符合测试及平台相关安全要求。
（4）应考虑配置备用泵，确保输油作业连续进行。

7.3.2.20 空气压缩机

空气压缩机主要用于将原油和柴油进行雾化辅助燃烧。现场应用注意事项如下：
（1）应确保空气压缩机相关安全装置配置齐全并满足平台相关安全要求。
（2）应考虑配置备用空气压缩机，确保燃烧作业连续进行。

7.3.2.21 燃烧头

燃烧头又分为原油燃烧头和天然气燃烧头，原油燃烧头主要功能是确保原油和压缩空气能够按照高效燃烧要求充分雾化和燃烧，其配备的电打火系统应具备远程打火功能。现场应用注意事项如下：
（1）应确保原油燃烧头能够满足最大产量条件下的原油雾化燃烧，宜配置备用原油燃烧头。

（2）电打火系统相关安全装置配置齐备并满足平台相关安全要求。
（3）燃烧头应具有一定的防风能力，确保在一定海况条件下的稳定燃烧。
（4）燃烧头应配置冷却喷淋系统，以满足自身热辐射防护的需要。
（5）天然气燃烧头应根据最大气产量燃烧所需配置消音器。

7.3.2.22 燃烧臂

基于燃烧热辐射和噪音防护的要求，测试平台两舷应安装燃烧臂来满足不同风向及设计产量条件下原油及天然气燃烧的需要。现场应用注意事项如下：

（1）应根据平台冷却喷淋系统防护能力、燃烧臂长度、不同风向及风速来校核所能满足的最大燃烧产量。
（2）燃烧臂应配置冷却喷淋系统，以满足自身热辐射防护的需要。
（3）燃烧臂的安装和调试宜在地面测试流程连接前完成。
（4）和燃烧臂配合使用的平台冷却喷淋系统的排量及覆盖面积应满足平台热辐射防护的要求。

7.3.2.23 地面测试操作间

地面测试操作间提供地面测试所进行储层流体性质等检测的设施，并用来储存测试设备相关配件。

地面测试操作间应具有正压防爆功能。

7.3.2.24 蒸汽锅炉

蒸汽锅炉（蒸汽发生器）和蒸汽换热器配套形成了储层产出流体在进行分离和计量前的加温系统，是整个地面测试流程的标准配置。现场应用要求如下：

（1）应确保蒸汽供应能力和蒸汽换热器的换热能力相匹配。
（2）应确保蒸汽锅炉相关安全装置配置齐备并满足平台相关安全要求。

7.3.2.25 油水高效分离设备

油水高效分离设备是流体处理的核心设备之一，主要对现场作业产生的废液进行处理，以达到重复利用、排放的要求。设备能力、特点及使用要求如下：

（1）油水高效分离设备的处理对象主要为作业过程中的各种废液，包括测试污水、完井返排液、探井污水、钻井液、采出水、生活污水、环保船污水等。
（2）油水高效分离设备为模块化设备，现场作业时可以根据场地要求进行摆放，模块之间通过软管进行快速连接。
（3）现场应配备专业检测人员、检测仪器及化验室，对处理后污水进行定批次检测，确保合格污水进行重复利用和排放。
（4）油水高效分离设备为全自动设备，操作人员只需定期巡检，以保证处理流程的连续、稳定。
（5）对于冬季作业，油水高效分离设备应具备加热保温功能，以保证含油污水的流动性。

7.3.2.26 小气量计量设备（精密气体计量管汇）

精密气体计量管汇用于低产量下气体产量的精确计量。现场应用注意事项如下：
（1）应确保设备安装区域为水平面且安装甲板受振动影响小。
（2）应确保气体流量满足设备的工作要求，以免误差过大或损坏设备。

7.4 射孔器材

射孔器材是完成井下射孔的做功单元，包括火工器材/非火工器材和射孔辅助工具。火工器材是指装有炸药的火工元件，如射孔弹、导爆索、传爆管等。非火工器材是指与火工器材配套使用的机械装置或工具，如射孔枪、枪接头、密封圈和射孔辅助工具等。射孔辅助工具是指能实现射孔作业的具有某种特定功能的装置，如玻璃盘接头、棒击开孔阀（负压阀）、压力开孔装置、释放装置、减振器、转接头、放射性接头和点火棒等。

7.4.1 射孔器

射孔器是指用于射孔的爆破器材如射孔枪、射孔弹、导爆索、传爆管和起爆雷管及其配套附件的组合体，其性能和技术参数需根据井下压力、温度、井眼情况和射孔作业要求等因素进行选择。射孔器按性能、结构和功能的不同可分为不同射孔器。

7.4.1.1 性能

7.4.1.1.1 深穿透射孔器（DP Perforator）

深穿透射孔器是以追求穿深为主要目标的射孔器，该类射孔器内装配的是深穿透射孔弹，具有穿深高、孔径规则、无杵堵、低伤害等特点，适合于"三低"油气藏及致密储层的射孔作业。

7.4.1.1.2 大孔径射孔器（BH Perforator）

大孔径射孔器是以追求孔径为主要目标的射孔器，一般穿孔孔径大于14mm，该类射孔器装配大孔径射孔弹，具有套管孔径大、无杵堵等特点，适合于疏松砂岩砾石充填防砂工艺及稠油热采等。

7.4.1.1.3 大孔径深穿透射孔器（GH Perforator）

大孔径深穿透射孔器兼顾射孔穿深以及穿孔孔径，该类射孔器内装配的是大孔径深穿透射孔弹，具有穿深较高、孔径较大、孔眼规则等特点，广泛应用于压裂等储层改造作业中。

7.4.1.1.4 高孔密射孔器（HSD Perforator）

高孔密射孔器是指射孔孔密大于20孔/m的射孔器。若射孔器内装配的是深穿透射孔弹，则称为高孔密深穿透射孔器；若射孔器内装配的是大孔径射孔弹，则称为高孔密大孔径射孔器，海上油气田勘探开发中广泛使用的高孔密射孔器为40孔/m，另外高孔密射孔器也有60孔/m及80孔/m等规格。

7.4.1.1.5 特殊射孔器（Special Perforator）

特殊射孔器是指能完成特殊射孔目的或适应特殊井况要求的射孔器，包括全通径射孔器、复合射孔器、定方位射孔器、水平井射孔器及内盲孔射孔器等。

7.4.1.2 结构

7.4.1.2.1 有枪身射孔器的结构

有枪身射孔器是由射孔枪、射孔弹、导爆索、传爆管和雷管及其配套配件组成，射孔枪作为密封承压体并回收射孔爆轰后的残留物。其结构如图7.2和图7.3所示。有枪身射孔器按外部结构分有盲孔和无盲孔射孔器，在海上油气田射孔完井中通常使用有盲孔射孔器。

图 7.2　有盲孔射孔器结构示意图

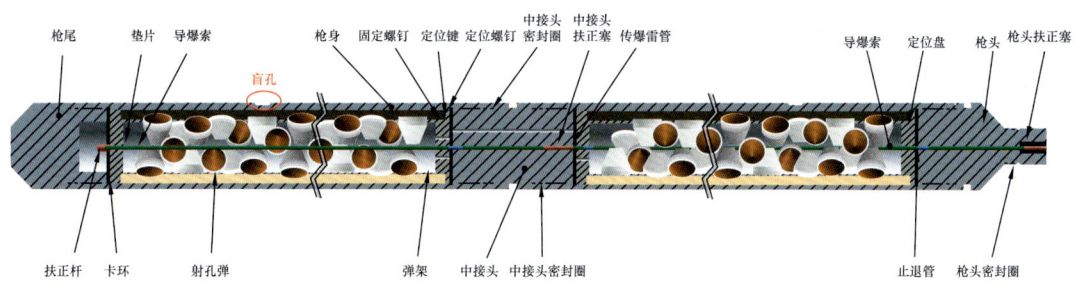

图 7.3　有盲孔射孔器结构示意图

7.4.1.2.2 无枪身射孔器的结构

无枪身射孔器的结构主要由枪头、弹架、枪尾及火工品组成，射孔弹的密封承压由弹壳承担。无枪身射孔器按结构的不同可分为钢丝弹架式、板式、螺旋式、链接式、杆式和张开式等。海上油气田常用的是板式、螺旋式及张开式三种，其结构如图7.4至图7.6所示。

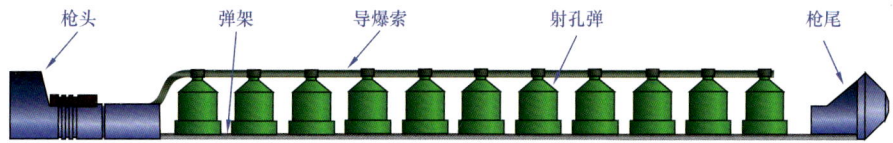

图 7.4　板式无枪身射孔器结构示意图

图 7.5　螺旋式无枪身射孔器结构示意图

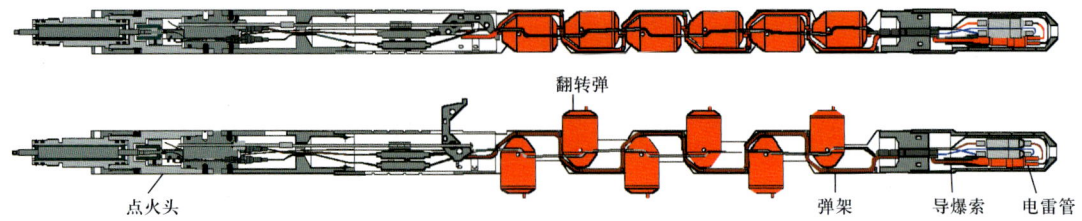

图 7.6 张开式无枪身射孔器结构示意图

7.4.1.3 性能要求和技术参数

7.4.1.3.1 性能要求

射孔器的性能直接关系着射孔效果及射孔后对井下环境的影响和破坏，射孔器一般通过穿孔性能（包括穿孔深度、套管平均入口孔径）、射孔枪变形（外径胀大、裂纹等）、套管伤害（外径胀大、内毛刺高度、裂纹）、碎屑等进行评价，射孔器的性能参数主要包括耐温压等级、穿深、孔径、孔密、相位角、杵堵率、毛刺高度及与射孔弹的匹配参数等。一般采用地面混凝土靶或模拟储层条件砂岩靶的打靶试验方式进行穿深、孔径和射孔弹匹配参数的评价。海洋油气井常用有枪身射孔器的基本性能要求如下。

（1）耐温耐压要求：耐温指标要求为 120～250℃；耐压指标要求为 60～200MPa；在额定工作温度和 1.05 倍工作压力下试压 30min，枪体不发生变形，无渗漏。

（2）穿孔率要求：射孔器进行模拟井射孔试验后，在枪身和套管上的穿孔率应不小于 95%。

（3）内毛刺高度要求：射孔器进行混凝土靶或模拟井射孔试验后，套管内毛刺高度应不大于 2.5mm。

（4）射孔枪上孔眼处裂纹要求：进行混凝土靶射孔试验后，射孔枪上孔眼处的单侧裂纹长度应不大于 8mm；进行模拟井射孔试验后，射孔枪上孔眼的单侧裂纹长度应不大于 5mm。

（5）射孔枪外径胀大量要求：模拟井射孔试验后，射孔枪外径胀大应不大于 5mm。

（6）射孔枪横向裂纹与枪头、枪尾及接头要求：射孔器在进行混凝土靶或模拟井射孔试验后，射孔枪不应出现横向裂纹，枪头、枪尾及接头不应脱落。

（7）射孔枪盲孔对位率要求：射孔器在进行混凝土靶或模拟井射孔试验后，射孔枪枪体上的射孔盲孔对位率应不小于 95%。

7.4.1.3.2 孔密

孔密是指每米长度射孔器所装射孔弹的数量。

海洋油气井射孔常用有枪身射孔器的孔密有 16 孔/m、20 孔/m、30 孔/m、40 孔/m、60 孔/m 等，无枪身射孔器的孔密有 13 孔/m、16 孔/m 和 20 孔/m 等。

7.4.1.3.3 相位角

相位角是指在射孔器轴向视图中相邻两排射流方向的夹角。射孔相位角与射孔枪的布孔方式有关，常用的布孔方式分为螺旋式和交叉式两种。其中，60°和45°/135°射孔相位角如图7.7和图7.8所示。海洋油气井射孔常用的有枪身射孔器相位角主要有60°、72°、90°、120°、150°、180°、30°/150°、45°/135°和20°/140°等。

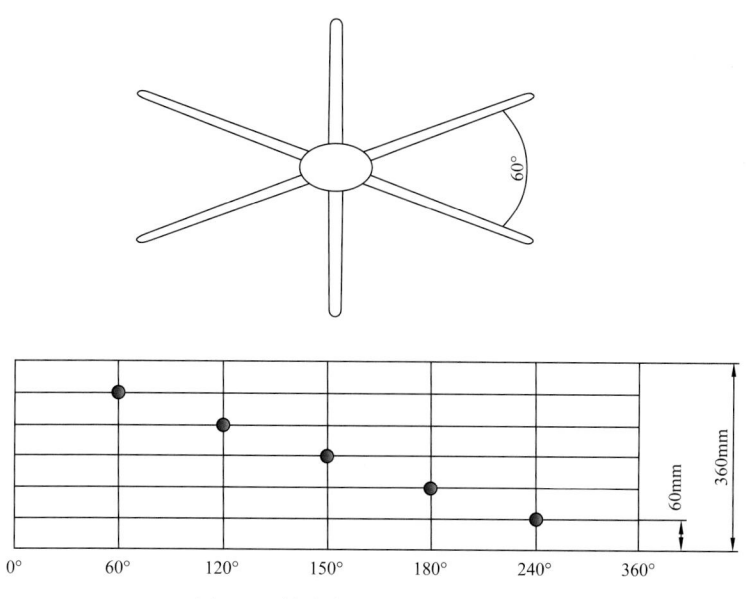

图7.7 低孔密60°相位布孔方式图

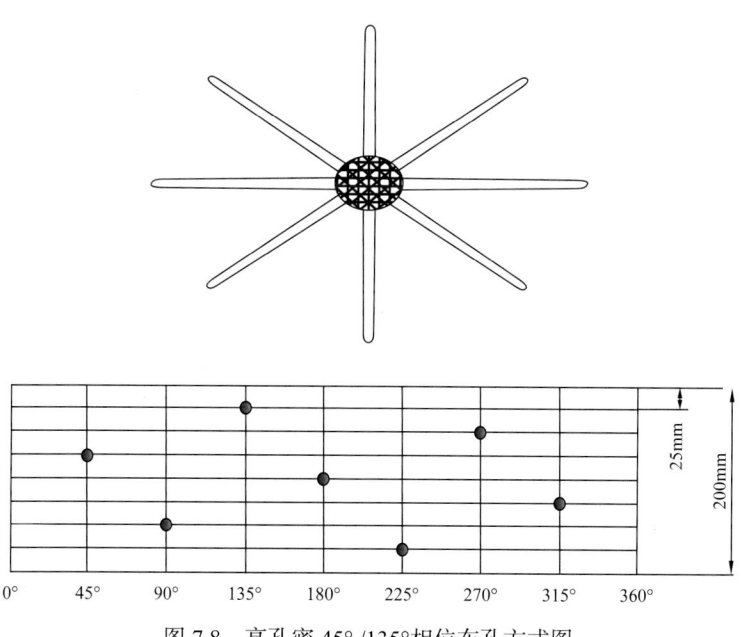

图7.8 高孔密45°/135°相位布孔方式图

无枪身射孔器的射孔相位角分别有0°、45°、60°、90°和180°等。在海上使用无枪身射孔器进行过油管射孔时，为获得较大的穿深以尽可能射开套管和地层，相位角往往选择0°和180°。

7.4.1.4 外径

7.4.1.4.1 射孔间隙对射孔穿深和孔径的影响

射孔间隙是指射孔枪外壁至套管内壁之间的垂直距离。实验表明，无论是深穿透射孔器还是大孔径射孔器，随着射孔间隙的增加，其穿透性能都有明显的下降（图 7.9、图 7.10）。

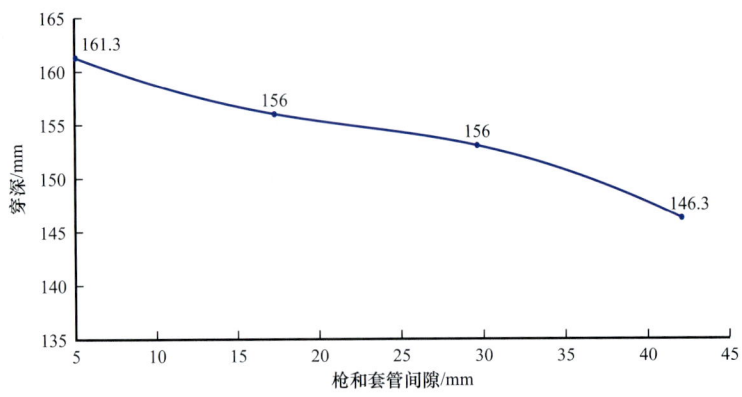

图 7.9　射孔间隙对深穿透弹穿深的影响

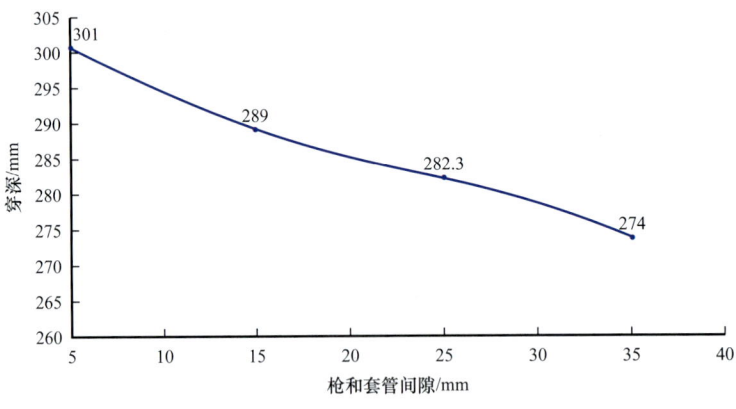

图 7.10　射孔间隙对大孔径弹穿深的影响

随着射孔间隙的增加，孔径明显变小。因此，在选择射孔器外径时，应考虑间隙对孔径的影响。射孔间隙对孔径的影响如图 7.11、图 7.12 所示。

7.4.1.4.2 外径的选择

在选择射孔枪的外径时，在满足安全下井、配套打捞工具作业和其他施工要求等的前提下，应尽量选择外径大的射孔枪。海上油气井射孔常用有枪身射孔器的外径选择参考表 7.6。

过油管射孔射孔器的外径主要考虑生产管柱最小通径，射孔器与生产管柱的间隙应不小于 5mm。

表 7.6 推荐选择射孔器外径与套管关系

套管外径 /in	套管重量 /(lb/ft)	射孔器外径 /in
$9\frac{5}{8}$	32.3~58.4	7
$7\frac{5}{8}$	24.0~39.0	$5\frac{1}{4}$
	24.0~47.1	5
7	17.0~23	5
	17.0~41	$4\frac{1}{2}$
$5\frac{1}{2}$	14~23.8	$3\frac{3}{8}$
	14~29.7	$3\frac{1}{8}$
5	11.5	$3\frac{3}{8}$
	13~18	$3\frac{1}{8}$
	14~24.2	$2\frac{7}{8}$
$4\frac{1}{2}$	11.6~13.5	$2\frac{7}{8}$

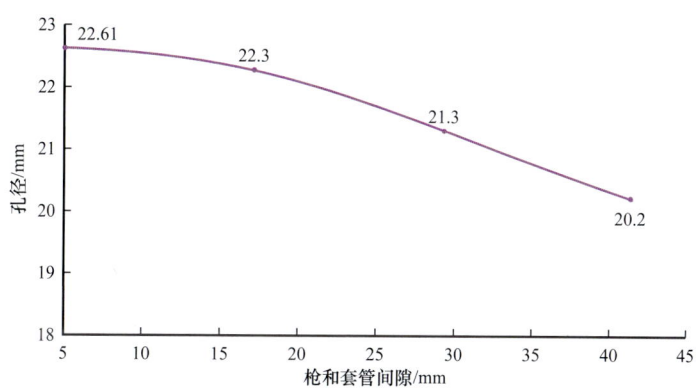

图 7.11 射孔间隙对大孔径弹孔径的影响

7.4.2 火工器材

海洋油气田测试作业涉及的火工器材主要包括射孔弹、起爆器、电雷管、导爆索、传爆管、传爆组件、桥塞火药、延时火药、复合火药等。

7.4.2.1 电雷管

电雷管是一种在很小的外界能量作用下产生爆炸，并输出爆轰或火焰给下一级火工品，实现预定功能的火工元件。电雷管通过电缆供电引爆。海上常用电雷管主要有三种类型。

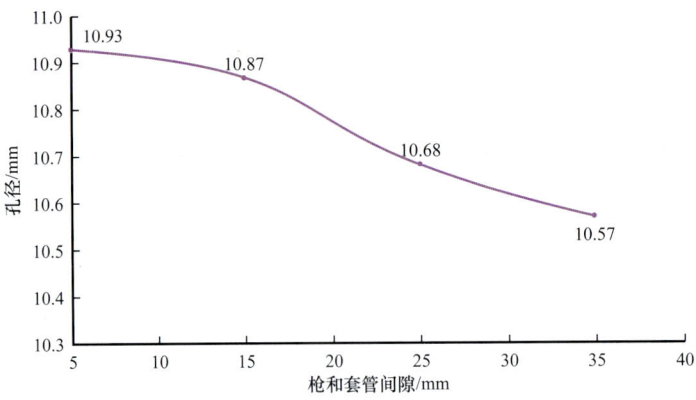

图 7.12 射孔间隙对深穿透弹孔径的影响

7.4.2.1.1 大电阻电雷管

大电阻电雷管分承压电雷管和不承压电雷管，承压电雷管主要用于无枪身射孔器射孔、爆炸松扣等作业，而不承压电雷管主要用于有枪身射孔器。

7.4.2.1.2 爆炸桥丝电雷管

爆炸桥丝电雷管（简称 EBW）用于电缆射孔作业中引爆与之相连的传爆管。该雷管要求用高压电起爆，装药不含起爆药，仅含主装药 RDX，安全性好；起爆方式不受无线电波的影响，使用时无需进行无线电静默。

7.4.2.1.3 冲击片电雷管

冲击片电雷管（简称 EFI）是除 EBW 外另一种不含起爆药的安全电雷管。与 EBW 雷管相比，它的安全性和耐温性能更好，具有更好的抗震、抗冲击和抗过载能力。几种常用电雷管技术参数对比见表 7.7。

表 7.7 常用电雷管技术参数

雷管类型	大电阻承压雷管	EBW 雷管	EFI 雷管
电阻	56Ω±1.5Ω	0.062W	0.030mW
装药量及药性	0.7g，HMX/0.9g，HMX	0.4g，RDX	HNS
耐压	70MPa/120MPa	遇水失效	遇水失效
耐温	160℃/4h	120℃/4h	160℃/4h
工作电流/电压	0.8A	5000V（0.1μF）	5000V（0.1μF）
抗静电	25kV/500pF/5kΩ	25kV/500pF/5kΩ	25kV/500pF/5kΩ
抗无线电干扰	否	是	是
抗雷击	否	20kA，100m	20kA，100m

续表

雷管类型	大电阻承压雷管	EBW 雷管	EFI 雷管
抗射频	否	260kHz～500MHz, 50V/m 500MHz～1GHz, 100V/m 1～18GHz, 300V/m	260kHz～500MHz, 50V/m 500MHz～1GHz, 100V/m 1～18GHz, 300V/m
电流保护	否	直流 −600～150V 交流 40Hz～20kHz, 600V	直流 −500～150V 交流 50Hz, 220V/380V

7.4.2.2 起爆器

起爆器也称为撞击雷管,是机械和液压起爆装置中使用的一种起爆火工品,分高温和超高温两种类型。起爆装置受压力、机械撞击等作用释放撞针,撞针向下运动并撞击起爆器的输入端。起爆器接收撞击能量,输出爆轰能量,引爆其下的传爆管和射孔枪系列。起爆器的技术参数见表 7.8,其结构如图 7.13 所示。

表 7.8 起爆器技术参数

类型	主装药	安全能量 /(lb·ft)	全发火能量 /(lb·ft)	耐温 /℃	耐压 /MPa	最大传爆距离 /mm（偏移小于 5mm）
高温	HMX	2	20	160（48h）	90	20
超高温	HNS	2	20	220（100h）	90	20

7.4.2.3 传爆管

传爆管连接在起爆器底部和枪接头内导爆索之间,接收起爆器或导爆索的爆轰能量,输出爆轰能量引爆下一级导爆索或传爆管。传爆管分为高温和超高温两种。传爆管的结构和尺寸如图 7.14 所示,传爆管技术参数见表 7.9。

表 7.9 传爆管技术参数

类型	高温	超高温
外形尺寸 /mm	$\phi 6 \times 36$	$\phi 6 \times 36$
主装药药量（g）及药性	0.75，HMX	0.72，HNS
耐温性能 /℃	160（48h）	220（100h）
传爆距离 /mm（轴向无偏移）	20	20
传爆距离 /mm（偏移小于 5mm）	10	5
起爆药	无	无

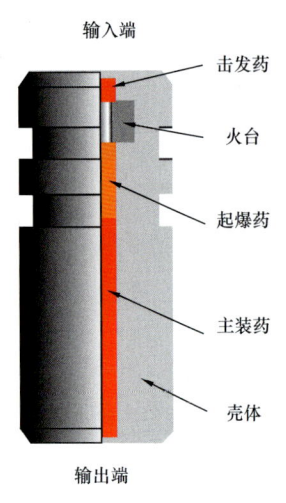

图 7.13 起爆器结构示意图

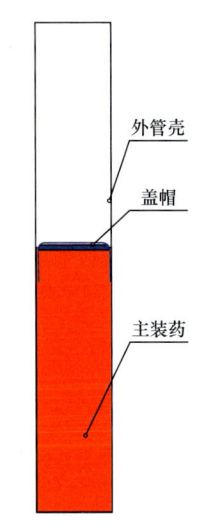

图 7.14 传爆管结构示意图

7.4.2.4 导爆索

导爆索按主装药耐温等级分为常温导爆索、高温导爆索和超高温导爆索三种。常规导爆索的收缩率约为 6%，低收缩率导爆索的收缩率一般小于 1%。导爆索技术参数见表 7.10。

表 7.10 导爆索技术参数

型号	外径/mm	耐温/℃	爆速/(m/s)	线密度/(g/m)	主装药	收缩率/%	外皮颜色
80RDX LS XHV	5.2 ± 0.2	120（48h）	7800	17	RDX	≤1	黑色
80HMX LS XHV	5.2 ± 0.2	160（48h）	7800	17	HMX	≤1	绿色
80HNS LS	5.2 ± 0.2	220（100h）	6200	17	HNS	≤1	红色

7.4.2.5 聚能射孔弹

聚能射孔弹根据聚能效应原理设计，由导爆索输出爆轰波引爆。当射孔弹被引爆后，内部主装药的爆轰压垮药型罩，形成高温高压的高速聚能射流冲击目的物，在目的物内形成孔道，达到穿孔的目的。聚能射孔弹是由壳体、炸药及药型罩等构成具有聚能效应的组合体，其结构如图 7.15 所示。

聚能射孔弹的穿透性能取决于聚能效果，影响聚能效果的因素主要有主装药的质量和密度、炸药柱的对称性和密封性、药型罩形状、弹壳材质和厚度、起爆能及加工工艺等。此外，聚能射孔弹的穿透性能与射孔炸高和射孔间隙也有直接关系。

射孔炸高是指射孔弹药型罩的底端直径端面到靶板之间的垂直距离；对于无枪身射孔弹而言，其炸高是射孔弹药型罩底端直径端面到弹壳内壁的距离，称其为固有炸高；对于有枪身射孔器而言，其炸高是指装枪后射孔弹口部到射孔枪管内壁的垂直距离，称其为装枪炸高；根据聚能射孔理论，最佳炸高为药型罩口径的 1~2 倍，此时射孔弹具有最佳的穿孔性能，而由于射孔枪空间的限制，实际使用时炸高都远低于最佳炸高，所以在现有装枪条件下，尽可能地提高炸高有利于提高射孔弹性能。

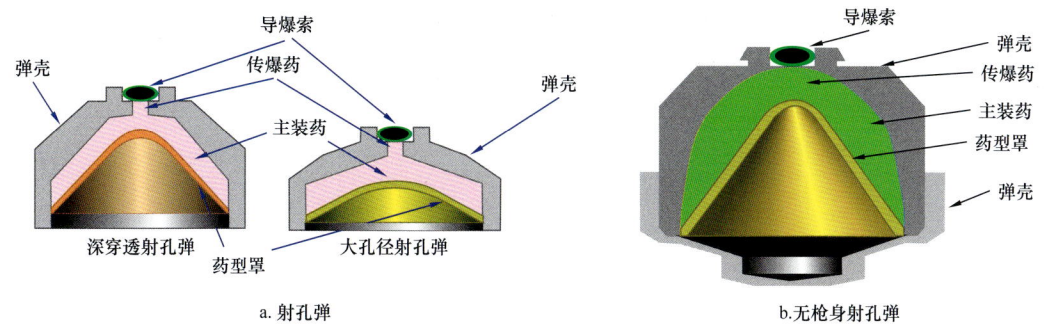

图 7.15　聚能射孔弹结构示意图

射孔间隙是指射孔器下井后射孔枪管盲孔端面与套管内壁的垂直距离；射孔间隙介质一般都是井液，射孔弹爆炸形成的金属射流穿过射孔间隙时，能量会有一定的损耗，间隙越大，损耗越大。所以从射孔弹的角度来说，较小的射孔间隙有利于射孔弹发挥最佳穿孔性能。

射孔弹的类型如下：

按其结构分为有枪身射孔弹和无枪身射孔弹。

按穿透性能分为深穿透和大孔径射孔弹。

以追求穿深效果为主的聚能射孔弹为深穿透（DP）、超深穿透（SDP）射孔弹，常用于致密储层；以追求孔径效果为主的聚能射孔弹为大孔径（BH）射孔弹，该类弹型主要用于易出砂储层砾石充填、稠油油层热采等。

兼顾穿深和孔径效果的聚能射孔弹为大孔径深穿透（GH）射孔弹，常用于压裂等。

根据射孔弹的耐温性能可分为常温射孔弹、高温射孔弹和超高温射孔弹。

常温射孔弹：耐温 120℃/48h 后仍能满足使用要求的射孔弹，常规装药类型 RDX。

高温射孔弹：耐温 160℃/48h 后仍能满足使用要求的射孔弹，常规装药类型 HMX。

超高温射孔弹：耐温 230℃/48h 后仍能满足使用要求的射孔弹，常规装药类型 HNS、PYX。

有枪身射孔弹不同装药对比见表 7.11。

表 7.11　有枪身射孔弹不同装药对比

类型	耐温与时间 /（℃/h）		爆速 /（m/s）	密度 /（g/cm³）
常温炸药（RDX）	155/5	107/200	8712	1.840
高温炸药（HMX）	190/5	142/200	9100	1.903
超高温炸药（HNS）	263/5	225/200	7500	1.738
超高温炸药（PYX）	287/5	252/170	7100	1.770
超高温炸药（LLM-105）	263/5	225/200	8560	1.913

有枪身射孔弹炸药的耐温性能与时间成反比关系，原则上，所选射孔火工品的耐温时间不低于正常作业所需要时间的三倍。常用射孔炸药的耐温时间如图7.16所示。

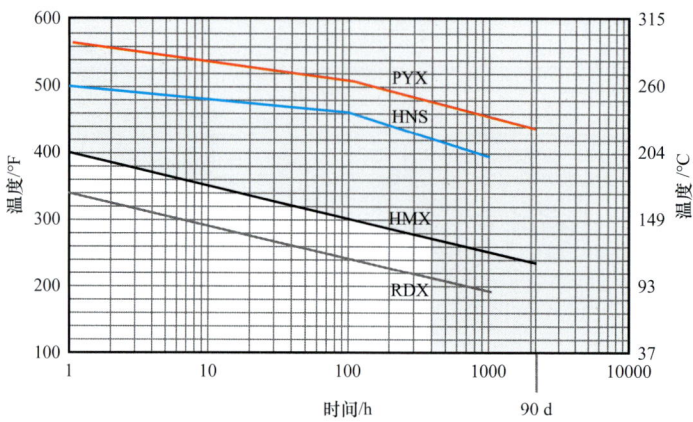

图7.16　射孔炸药的耐温时间

7.4.3　射孔枪

射孔枪是各种射孔器的重要组成部分，是射孔弹的主要承载体。射孔枪分为有枪身射孔枪和无枪身射孔枪，有枪身射孔枪是用于承载射孔弹的密封发射体；无枪身射孔枪专指弹架，无枪身射孔弹弹壳有专门的承压密封结构和功能。

7.4.3.1　结构和分类

无枪身射孔枪的结构比较简单，但弹架的型式较多，可分为板式、螺旋式、链接式和张开式等，如图7.17和图7.18所示。

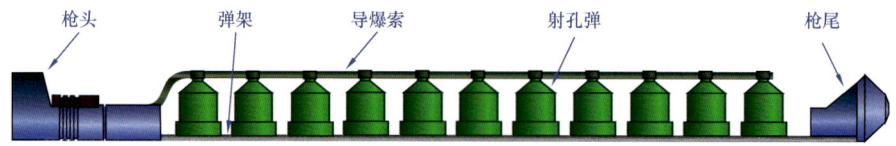

图7.17　板式无枪身弹架结构示意图

图7.18　螺旋式无枪身弹架结构示意图

有枪身射孔枪通常由枪头、枪身、接头和枪尾形成一个完全封闭的空腔。其作用为保护枪内的射孔弹、弹架、传爆管及雷管等不受井下高压、酸碱环境及施工时产生的振动和撞击等复杂工况的影响，以保证导爆索和传爆管的可靠传爆及射孔弹的可靠起爆，完成射孔；同时射孔枪可以承载射孔后绝大部分的碎屑，防止其散落到井内，造成管柱遇卡等复杂情况。

7.4.3.2 主要构成

7.4.3.2.1 枪头

无枪身射孔枪主要用来连接弹架和上部仪器串,起爆雷管绑缚在其凹槽内。

对于有枪身射孔枪而言,枪头一端由螺纹和枪身连接,并加工有密封槽,用"O"形圈与枪身形成密封。枪头内部设计有空腔,是容纳导爆索与起爆器连接的空间。

7.4.3.2.2 枪身

有枪身射孔枪通常用无缝钢管加工而成,因受质量和施工条件的限制,枪身不宜过长,单根射孔枪通常不超过 6m,对于 TCP 射孔作业,通常采用中间接头连接的方式配长,枪身两端通过螺纹与内外接头或双外接头连接,并通过"O"形圈与枪头、枪尾形成密闭空间,弹架、射孔弹、导爆索和传爆管等置于其中,确保火工品的正常做功。

有枪身射孔枪枪身有带盲孔和不带盲孔两种,不带盲孔射孔枪常见于水平井定向射孔中,带盲孔射孔枪的枪身在外壁对准每发弹的穿孔部位均钻有盲孔,盲孔的主要作用之一是降低毛刺高度,使射孔后枪壁孔眼处的外翻毛刺高度不会突出于枪体轮廓,以保证射孔后顺利起出射孔枪;之二是提高射孔穿深,盲孔减少了射流穿孔部位的枪壁厚度,可以减少射流能量消耗,从而提高射孔穿深。

枪身内壁和弹架之间有定位和紧固机构,保证装有射孔弹的弹架装入枪身后,每发射孔弹的发射方向都能对准盲孔并且在施工过程中不发生偏移和转动。

对于无枪身射孔枪而言,枪身专指弹架。

7.4.3.2.3 中接头

中接头的主要作用是连接两支射孔枪,调整射孔枪串长度,并保证射孔枪连接处的密封,创造接头内传爆管传爆的隧道效应,实现传爆管稳定和可靠传爆,并保证枪与枪之间的有效传爆;常见的射孔枪中接头有内外接头和双外接头。

7.4.3.2.4 弹架

弹架是确保射孔弹按照设计位置可靠定位的载体,一般由钢管、塑料、纸筒或不锈钢等加工而成。有枪身射孔枪弹架两端一般还焊(连)接有固定环和连接环,固定环主要用来将整个弹架及射孔弹悬挂(固定)于枪管的内壁,连接环的主要作用是便于送入弹架和扶正弹架。

弹架的设计决定了射孔枪装弹孔密、相位及炸高,对射孔弹的可靠定位和射孔弹的可靠起爆及穿孔性能发挥着重要作用。

7.4.3.2.5 枪尾

枪尾主要用来密封射孔枪下部。枪尾一端通过螺纹与枪身连接,"O"形圈与枪身形成密封,另一端为圆锥形,入井时起引鞋作用。

枪尾一般可分为普通枪尾、筛孔枪尾、滚珠枪尾和可丢弃枪尾等,筛孔枪尾用于双起爆的射孔枪,通常与下起爆器相连接,通过筛孔来传递井筒内液柱压力实现下起爆器起爆;滚珠枪尾主要用于水平井射孔枪;可丢弃式枪尾主要用于全通径射孔枪。

7.4.3.3 基本性能要求

射孔枪作为射孔器的主体承载部件，其在满足必须的机械性能强度条件下，保证射孔器在井下射孔时的可靠性和安全性。性能要求主要有：

（1）射孔枪主要受力零件（枪体、枪头、枪尾、中接头）的材料，其力学性能应符合：常规枪管的屈服强度大于850MPa，断后伸长率大于14%，硬度参考HRC31-37，射孔枪体内外圆同轴度允许误差不大于1.2mm；接头类屈服强度区间为932～1138MPa，断后伸长率大于14%，HRC硬度参考值HRC34-40；

（2）单支射孔枪的长度通常不超过6m；

（3）弹架孔与枪体盲孔的位置公差小于5mm；

（4）主要受力件或承压件进行表面探伤；

（5）橡胶密封件表面不得有飞边、撕裂、硫化不良等缺陷存在；

（6）射孔枪应分别在常温下进行额定工作压力试验，稳压时间为3min，高温下1.05倍额定工作压力试验，稳压时间为30min，枪体不得渗漏和变形；

（7）射孔枪应按照SY/T 6163—2018《油气井用聚能射孔器材通用技术条件及性能试验方法》的规定进行综合性能评价试验：混凝土靶射孔试验和模拟井射孔试验后，射孔枪不应出现横向裂纹，枪头、枪尾及接头不应脱落；混凝土靶射孔试验后射孔枪孔眼处的单侧裂纹长应不大于30mm；模拟井射孔试验后，射孔枪上孔眼处的单侧裂纹长应不大于20mm，射孔枪外径胀大值应不大于5mm；在耐温耐压试验后，射孔枪在额定温度与额定压力条件下，30min内枪体不变形、不渗漏。

7.4.4 起爆装置

起爆装置是聚能射孔过程一系列爆轰波产生和传递的源头。起爆装置先被引爆，经过传爆管和导爆索传爆，最终引爆射孔弹释放出其全部能量完成射孔。按起爆方式的不同大致可分为机械起爆、液压起爆和智能起爆三类。

7.4.4.1 机械起爆装置

7.4.4.1.1 类型及工作原理

机械起爆装置通过点火棒撞击能量激发起爆器，按功能分为投棒机械式和安全机械式两类（图7.19、图7.20）。两类机械起爆装置的工作原理及特点见表7.12，技术参数见表7.13。海上油田常用的机械起爆装置主要是安全机械式起爆装置，分低压起爆和高压起爆两种类型。

7.4.4.1.2 机械起爆装置使用注意事项

（1）投棒引爆的机械起爆装置一般不适用井斜角大于55°的井。

（2）在管柱结构复杂、变径多的情况下使用投棒引爆，容易造成断棒、卡棒现象。

（3）起爆装置至上部第一发射孔弹应有3m以上的空枪。

（4）使用安全机械式起爆装置时，撞击雷管无需装配"O"形圈。

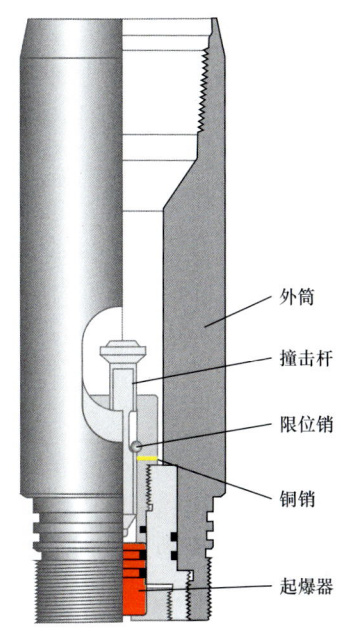
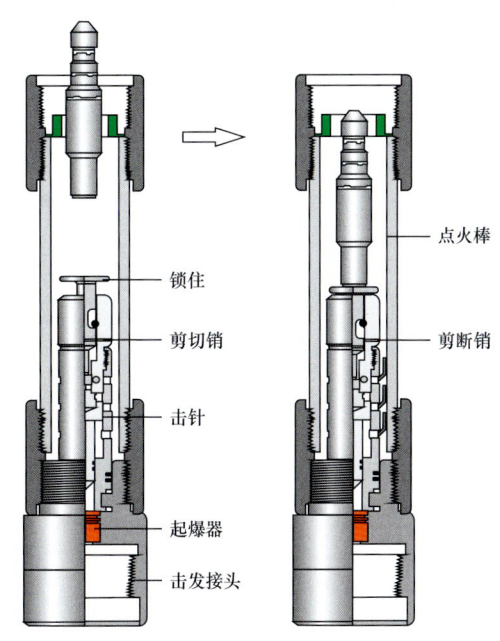

图 7.19 投棒机械式起爆装置结构示意图　　图 7.20 安全机械式起爆装置结构示意图

表 7.12　机械起爆装置工作原理及特点

类型	投棒机械式起爆装置	安全机械式起爆装置
原理	管柱内投棒直接撞击剪断起爆装置的撞针限位销，使撞针击发起爆器发火	管柱内投棒直接撞击剪断起爆装置的撞针限位销，释放撞针，通过管柱液柱压力推动撞针击发起爆器发火
特点	①结构简单，操作方便； ②对井内的液柱压力没有要求； ③管柱内落物易导致误起爆； ④易受沉淀物影响起爆； ⑤不适用于大斜度井； ⑥不适用于管柱内径变化较多和井眼轨迹复杂的井； ⑦便于留空管柱造负压射孔	①结构简单，操作方便； ②需要管柱内有满足起爆的压力，安全性较高，下井较浅时管内落物不会导致误起爆； ③易受沉淀物影响起爆； ④不适用于大斜度井； ⑤不适用于管柱内径变化较多和井眼轨迹复杂的井； ⑥便于留空管柱造负压射孔

表 7.13　机械起爆装置技术参数

类型	投棒机械式起爆装置	安全机械式起爆装置	
		低压	高压
壳体耐压 /MPa	70	70	140
最小解锁能量 /(kg·m)	—	0.4	0.4
最小起爆能量 /(kg·m)	2.655	2.655	2.655
最小全发火压力 /MPa	—	>3	>14
安全压力 /MPa	—	<2	<10

注：单位 kg·m 表示质量为 1kg 的物体自由下落 1m 所造成的冲击能量。

（5）钻具和管柱工具下井前应通径并确保内壁干净，螺纹密封脂应涂在外螺纹上。

（6）在下管柱作业时，必须严防异物掉入管柱内避免误起爆或影响撞击起爆装置。

（7）在管柱下放过程中，避免急放、急停或猛墩管柱，以免造成剪切销受损或剪断，从而引起误射孔。

（8）使用玻璃盘接头应具有压力平衡功能，避免压力激动造成误起爆。

（9）当管柱内液柱压力大于60MPa时，应使用高压安全机械起爆装置。

（10）点火失败时应先打捞出点火棒后再起管柱。

7.4.4.2 液压起爆装置

7.4.4.2.1 分类及工作原理

液压起爆装置指通过管柱加压激发的起爆装置。根据结构和功能不同可分为压力起爆装置、液压延时起爆装置、压力开孔起爆装置、投球压力开孔起爆装置等。其基本工作原理是通过地面施加液压剪切或解除装置内的击针锁定机构，并推动击针撞击起爆器，进而引爆射孔器。常用液压起爆装置的工作原理和技术特点见表7.14、表7.15，其结构如图7.21至图7.23所示。

表7.14 压力起爆装置工作原理及技术特点

类型	工作原理	技术特点
压力起爆装置	当在井口施加液压大于起爆装置活塞上预设的固定销剪断值时，活塞剪断固定销并向下运动，活塞上的击针撞击起爆器，起爆器输出的爆轰引爆传爆管、导爆索和射孔枪	①通过地面加压引爆，不受井斜和管柱内径影响； ②可连接在枪串的顶端或底端，适用于多级起爆； ③起爆压力可调节，但受管柱配套工具工作压力和井口耐压影响； ④起下管柱过程的溜钻和压力激动等可能导致剪切销受损或误起爆； ⑤可与延时装置配套使用实现延时起爆
液压延时起爆装置	当在井口施加液压大于预设的活塞固定销剪断值时，固定销被剪断；活塞在压力作用下向下移动，经过液压延时后推动击针撞击起爆器或经过延时火药的传爆，起爆器输出的爆轰能量引爆射孔枪	①具有压力起爆装置的各项技术特点； ②通过液压延时机构或火药延时传爆实现激发后延时起爆，可在延时期间完成造负压等预设操作
压力开孔起爆装置	当井口施加液压大于预设的固定销剪断值时，固定销被剪断；活塞在压力作用下向下移动并推动击针撞击起爆器，起爆器输出的爆轰能量引爆射孔枪，同时实现开孔使油管内外连通，形成流动通道	①具有压力起爆装置的各项技术特点，但无需在射孔管柱中单独设置生产流动通道； ②射孔器被引爆前生产通道自动打开，射孔后可立即生产
投球压力开孔起爆装置	该装置下井时，流通孔使管柱内外连通；下到预定位置后，从管内投球落入球座，然后从井口加液压大于剪切销剪切压力时，剪切销被剪断；活塞下移并撞击起爆器，起爆器输出的爆轰能量引爆射孔枪，同时流通孔再次打开	①具有压力开孔起爆装置的各项技术特点； ②投球射孔前可实现循环和泵送校深

表 7.15　液压起爆装置技术参数

类型	压力起爆装置	压力开孔起爆装置	投球压力开孔起爆装置	压差起爆装置
连接扣型	上端：2$^7/_8$in UP TBG（B）；下端：2$^7/_8$in-6Acme（B）			
外径 /mm	93	93	93	93
起爆销钉剪断值 /（MPa/颗）	3.88	3.67	3.67	4
工作压力 /MPa	105、120、140、180			90
起爆前流通孔面积 /mm^2	—	—	314	—
起爆后流通孔面积 /mm^2	—	1133	1661	—

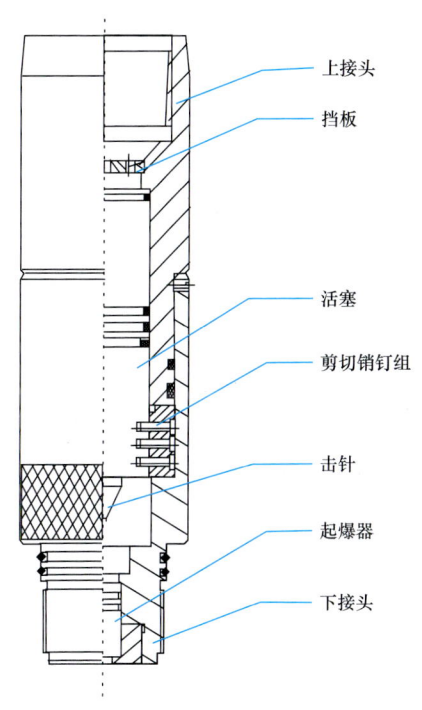

图 7.21　压力起爆装置结构示意图

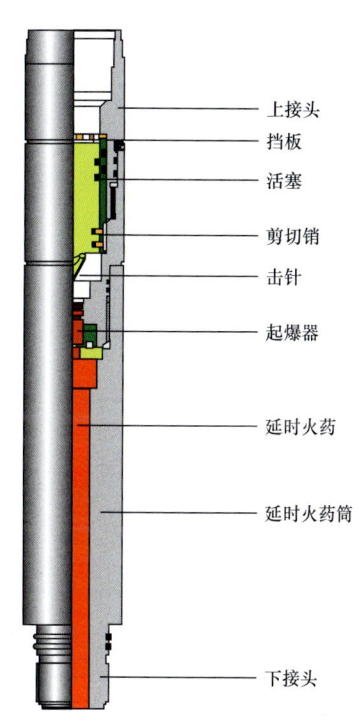

图 7.22　火药延时起爆装置结构示意图

7.4.4.2.2　液压起爆装置使用注意事项

（1）正确计算和安装剪切销数量，充分考虑点火压力的影响因素，合理确定附加安全压力值。

（2）下井过程中顶替钻井液等操作避免压力激动降低剪切销的剪切值。

（3）下放管柱过程中，避免急放、急停或猛墩管柱，防止冲击压力造成剪切销受损或剪断，从而导致射孔枪误射。

7.4.4.2.3　延时装置

延时装置是一种实现起爆装置激发后在一段时间内才引爆射孔器的装置。利用起爆

- 301 -

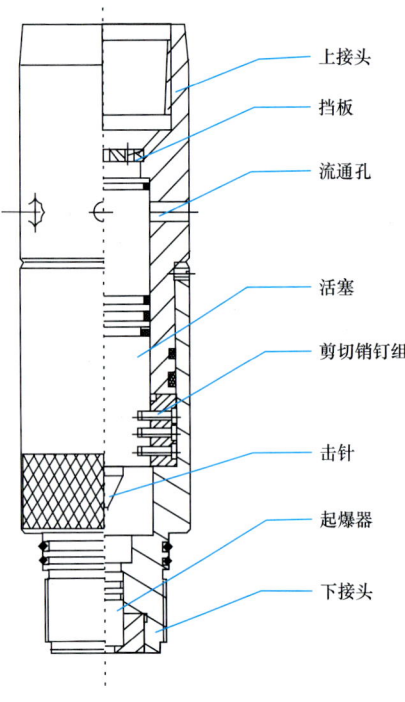

图 7.23 压力开孔起爆装置结构示意图

装置激发到射孔器起爆之间的这段时间，可进行一些预设的操作，如井口放压、开流动孔和造负压等。根据实现延时的方式不同，可以分为火药延时、液压延时和电子延时。三种延时方式工作原理及技术特点见表 7.16。

7.4.4.3 智能起爆装置

智能起爆装置通过液压脉冲、声波信号或数码电子设定等特殊方式击发起爆器，具有起爆方式可靠、操作简便等特点。但由于有特殊起爆要求或成本较高，通常仅用于特殊情况射孔。

7.4.5 辅助工具

7.4.5.1 开孔装置

开孔装置用于造负压并提供油气流动通道，开孔装置按打开方式不同分为棒击开孔装置和压力开孔装置，压力开孔装置一般与液压延时起爆装置配套使用，棒击开孔装置与机械起爆装置配套使用。

表 7.16 延时装置工作原理及技术特点

类型	火药延时装置	液压延时装置	电子延时装置
工作原理	通过控制延期索火药的燃烧时间延缓引爆射孔器	利用液压油流过孔隙流到另一侧需消耗一定时间的原理来推迟击针撞击时间，实现延时功能	利用电子元器件及电路进行延时。当起爆装置被激发后，线路进入计时状态，在预设的时间过后起爆
技术特点	通用性强，可与任意类型起爆装置配套使用	① 延时时间长；② 无火工品；③ 延时传爆可靠	① 延时时间可调整；② 可设计安全电路，当温度低于设定温度时不会工作，保证系统在地面和井口的安全

7.4.5.2 环空加压开孔装置

环空加压开孔装置分为单级负压开孔装置和多级负压开孔装置。

单级负压开孔装置下井过程中，油管与套管压力隔离；封隔器坐封后，从油套环空加压作用在装置中的活塞上，将剪切销切断，活塞推动剪切组件上行，到位后锁定位置；此时，生产孔打开，封隔器以下环空通过该装置流通孔与封隔器以上油管连通，形成负压；继续加压，引爆起爆装置，完成负压射孔。

多级负压开孔装置用于从油套环空加压引爆多个液压延时起爆装置和造负压，并提供生产流动通道。封隔器坐封后，从油套环空施加的压力通过封隔器上部的旁通接头传至封隔器下部环空，同时激发枪串上部、中部和尾部的液压延时起爆装置，继续加压将关闭进压孔，封隔环空通道，并打开生产孔，形成负压和生产流动通道。

7.4.5.3 环空加压装置

环空加压装置主要用于环空加压引爆液压起爆装置的一种井下工具。该装置的上部接头连接在射孔封隔器的上部，封隔器坐封后，从环空施加的压力通过上部接头的传压孔进入，经过传压管穿越射孔封隔器，然后传到液压起爆装置。该装置的下部接头与油管连接，提供射孔后油气进入油管的流动通道。

带传压孔的接头下部与封隔器上部连接，下接头上部与封隔器下部丝扣连接。

7.4.5.4 减振器

减振器安装于封隔器和射孔枪之间，与油管一起减弱射孔能量冲击，避免造成管柱的弯曲、变形、断裂和井下工具的损坏。

减振器分为径向减振器和纵向减振器，径向减振器用于缓冲射孔时对管柱径向的振动和冲击，纵向减振器用于缓冲射孔时对管柱轴向的振动和冲击。减振方式主要有液压阻尼减振、橡胶弹簧减振、弹簧减振等，常用的纵向减振器同时采用两种减振方式以增强减振效果。

7.4.5.5 释放装置

释放装置的作用是把该装置以下的枪串与射孔管柱脱开。按触发方式分为机械释放、液压释放和自动释放。机械释放和液压释放可在射孔后根据作业需要确定是否释放射孔枪，而自动释放则是在射孔同时通过火药作用自动触发释放。

7.4.5.6 流量控制阀

流量控制阀用于TCP射孔管柱中自动向管柱内灌负压液垫或提供循环通道。下井时，该阀处于流通孔打开状态，管柱与环空连通，液体可自行进入管柱内；当液柱压力达到预设关闭压力时，滑套上的剪切销被剪断，滑套在压力作用下上移关闭流通孔，继续下放射孔管柱，管柱内不再进液垫，从而满足留空管柱造负压要求。该装置可与机械起爆装置配套使用，也可用于负压反涌式环空加压起爆射孔。

7.4.5.7 放射性接头

放射性接头内装放射性记号源，用于管柱输送射孔深度校正，通常有$3\frac{1}{2}$in和5in两种钻杆接头。放射性记号源为钴60元素，放射强度0.925×10^5Bq，半衰期5.27年，在下井前和起出井口后应重新检测放射强度。记号源用于油管管柱时，可使用放射性胶带直接缠绕在油管连接螺纹的外螺纹上代替放射性接头。

7.4.5.8 玻璃盘接头

玻璃盘的作用是防止射孔管柱中泥砂或杂物落在起爆装置内堆积。泥砂或杂物可通过循环从接头上的筛孔中清洗出去，避免沉积在起爆装置上影响起爆。常用玻璃盘接头技术参数为：外径ϕ100mm、通径ϕ62mm，生产流动通道孔尺寸4mm×20mm×200mm，连接

螺纹为 $2\frac{7}{8}$in EUE。

7.4.5.9 点火棒

点火棒为机械起爆装置和棒击开孔装置提供撞击能量。投棒后，棒先撞断开孔装置中孔销，然后再撞击机械起爆装置引爆射孔枪。点火棒按结构分为带滚轮和不带滚轮两种，带滚轮点火棒一般在斜井中使用。

7.5 试井设备

7.5.1 试井绞车

常用橇装式绞车及动力橇，便于海上运输和吊装，如图 7.24 所示。

图 7.24 绞车及动力橇

7.5.1.1 绞车

绞车部分由驱动机构、滚筒、操作台、深度和拉力计数系统等组成，其中操作台装有多种操纵杆和操作仪表（如压力表、深度表、指重表等）。

绞车按结构分为分体式和一体式两种，前者动力部分和绞车是分开的，后者动力部分和绞车是一体的；绞车按滚筒数划分为单滚筒和双滚筒。

7.5.1.2 动力橇

动力橇部分是由动力源、液压油泵（液压系统）、控制系统等组成。
动力源有两种类型：柴油机和电动机。
驱动方式（驱动绞车运转方式）分两种：液压驱动和机械驱动。

7.5.1.3 绞车和动力源选择原则

绞车和动力源选择主要依据作业内容、作业平台大小、平台吊机载荷、供电或供气等。作业强度大且作业场地和吊机能满足大设备就位，可选择一体式双滚筒绞车或双滚筒分体式绞车；反之，可选择分体式单滚筒绞车。

动力源主要采用柴油机和液压驱动，也有采用电动机直接驱动；前者动态范围大、爆发力强，能满足绝大部分的钢丝和电缆作业；后者相对动力小、体积小、质量轻，适合在场地和作业负荷较小的环境工作。

钢丝设备的安全防爆应满足 ZONE Ⅱ ATXE 标准和 RIG SAFE 标准。其中 ZONE Ⅱ ATXE 标准要高于 RIG SAFE。满足 ZONE Ⅱ ATXE 标准的钢丝绞车距离井口应不小于 7.5m；满足 RIG SAFE 标准的钢丝绞车距井口应不小于 10m。

绞车、动力橇及应用的钢丝绳滚筒、钢丝、钢丝绳技术规范见表 7.17 至表 7.21。

7.5.2 井口防喷系统

钢丝和电缆作业井口防喷系统主要由井口连接头、防喷器、防喷管、钢丝防喷盒、快速接头、电缆注脂密封系统、工具捕捉装置、工具防掉装置、钢丝注脂短节、三通接头组成。钢丝和电缆井口结构及尺寸不同，井口防喷装置也不同。钢丝作业井口一般用密封盒密封，特殊条件下采用注脂系统密封；电缆作业井口要求用注脂系统密封。

7.5.2.1 井口连接头

井口连接头用于连接防喷管和采油树帽。采油树帽如图 7.25a 所示，底部法兰与采油树本体连接，上部堵头内置 NPT 螺纹，用于接压力表和泄压；图 7.25b 是采油树帽拆掉上部堵头后露出的外螺纹和内螺纹；图 7.25c 是专用于与采油树帽外螺纹连接的变螺纹接头；图 7.25d 是专用于与采油树帽内螺纹连接的变螺纹接头。采油树帽常用螺纹尺寸包括：5in-4ACME（密封面内径 3.5in）活接头螺纹；$5\frac{3}{4}$in-4ACME（密封面内径 4.0in）活接头螺纹；$6\frac{1}{2}$in-4ACME（密封面内径 4.75in）活接头螺纹。

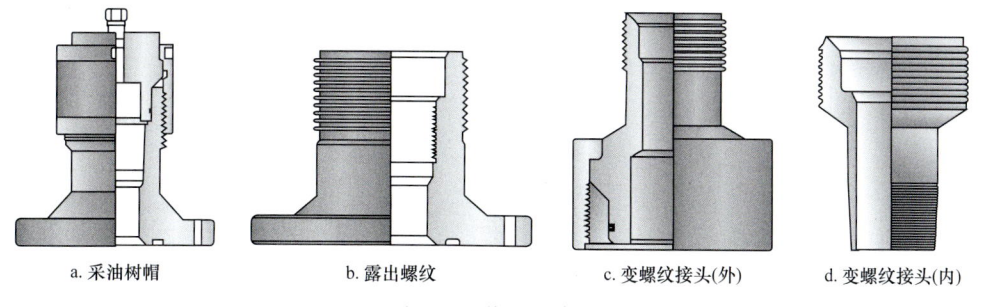

a. 采油树帽　　　b. 露出螺纹　　　c. 变螺纹接头(外)　　　d. 变螺纹接头(内)

图 7.25　井口连接头

7.5.2.2 防喷器

防喷器位于井口连接头或采油树的顶部。图 7.26a 为手动单闸板防喷器，图 7.26b 为液压双闸板防喷器。防喷器的选择：单闸板防喷器只能用于钢丝作业，双闸板或多闸板防喷器可用于钢丝、电缆、钢丝绳作业。防喷器工作原理：防喷器两边的活塞总成前端各有一个密封块和一个导向板，前者用于密封但不损伤钢丝和电缆，后者使钢丝和电缆回到中心位置。其中密封钢丝的前密封块外边平整，而密封电缆或钢丝绳的前密封块外边有半圆

表 7.17 常用绞车主要技术参数

绞车类型	安全等级	滚筒数量/个	最大线性速度（满钢丝）/m/min	最大拉力（满钢丝）/kgf（lbf）	计数轮直径/mm（in）	拉力器量程/kgf（lbf）	绞车尺寸（长×宽×高）/m	质量/t
分体式单滚筒	二区（ZONE-Ⅱ）	1	976	1804（3976）	406.4（16）	907（2000）	2.3×1.35×1.5	3
分体式双滚筒	二区（ZONE-Ⅱ）	2	后滚筒 976 前滚筒 918	后滚筒 1804（3976）前滚筒 3447（7600）	406.4（16）	2000（4400）	3×1.35×1.5	5
一体式双滚筒	二区（ZONE-Ⅱ）	2	后滚筒 976 前滚筒 918	后滚筒 1804（3976）前滚筒 3447（7600）	或 508（20）	2000（4400）	3.6×1.35×2.8	8

表 7.18 动力橇技术参数

动力橇类型		功率/kW（hp）	最高转速/r/min	尺寸（长×宽×高）/m	质量/t
柴油机	4 缸柴油机	54（72）	2500	2×1.2×1.52	3
	6 缸柴油机	79（106）	2500	2.6×1.1×1.7	5
电动马达（380）		37（49.6）	3000	2×1.2×1.8	2
		55（73.7）	3000		2.5

表 7.19 常用钢丝、单芯电缆/钢丝绳滚筒技术参数

滚筒型号	钢丝规格/mm（in）	容量/m（ft）	滚筒型号	电缆/钢丝绳规格/mm（in）	滚筒容量/m（ft）
钢丝 05	2.34（0.092）	15185（49822）	电缆/钢丝绳 06	4.76（3/16）	11551（37899）
	2.74（0.108）	10957（35950）		5.56（7/32）	8351（27400）
				6.35（1/4）	6344（20813）

续表

滚筒型号	滚筒容量		滚筒型号	滚筒容量	
	钢丝规格/mm（in）	容量/m（ft）		电缆/钢丝绳规格/mm（in）	容量/m（ft）
钢丝06	2.74（0.108）	19644（64452）	电缆/钢丝绳08	4.76（3/16）	18316（60092）
	3.18（0.125）	14663（48109）		5.56（7/32）	26153（85803）
				6.35（1/4）	19897（65282）
				7.94（5/16）	12741（41801）

表 7.20 常用钢丝技术参数

钢丝直径/mm（in）	最小破断/kgf（lbf）				钢丝重量/kgf/km（lbf/1000ft）				推荐滑轮尺寸/mm（in）
	API-9A 碳钢	U.H.T 高碳钢	SUPA 75 不锈钢	316 不锈钢	MP-35N 不锈钢	API-9A 碳钢	U.H.T 高碳钢	316 不锈钢	SUPA 75 不锈钢	MP-35N 不锈钢	不限型号材质

钢丝直径/mm（in）	API-9A 碳钢	U.H.T 高碳钢	SUPA 75 不锈钢	316 不锈钢	MP-35N 不锈钢	API-9A 碳钢	U.H.T 高碳钢	316 不锈钢	SUPA 75 不锈钢	MP-35N 不锈钢	不限型号材质
2.08（0.082）	562（1239）	730（1610）	562（1240）	499（1100）	647（1426）	27.01（18.15）	27.01（18.15）	27.01（18.15）	27.47（18.46）	28.42（19.10）	254.0（10）
2.34（0.092）	702（1547）	930（2050）	703（1550）	635（1400）	814（1795）	33.72（22.66）	33.72（22.66）	33.72（22.66）	34.66（23.29）	35.72（24.00）	279.4（11）
2.74（0.108）	957（2109）	1238（2730）	953（2100）	871（1920）	1122（2473）	46.48（31.23）	46.48（31.23）	46.48（31.23）	47.77（32.10）	49.26（33.10）	330.2（13）
3.18（0.125）	1287（2837）	1662（3665）	1225（2700）	1134（2500）	1503（3313）	62.27（41.84）	62.27（41.84）	62.27（41.84）	63.99（43.00）	65.78（44.20）	381.0（15）
3.56（0.14）	1590（3505）	2087（4600）	1474（3250）	1406（3100）		78.00（52.41）	78.00（52.41）	78.93（53.04）	80.21（53.90）		431.8（17）

续表

钢丝直径/mm（in）	最小破断/kgf（lbf）				钢丝重量/kgf/km（lbf/1000ft）					推荐滑轮尺寸/mm（in）不限型号材质
	API-9A 碳钢	U.H.T 高碳钢	316 不锈钢	SUPA 75 不锈钢	MP-35N 不锈钢	API-9A 碳钢	U.H.T 高碳钢	316 不锈钢	SUPA 75 不锈钢	MP-35N 不锈钢	
4.06（0.16）	2077（4580）	2724（6005）	1814（4000）	1928（4250）		101.87（68.45）	101.87（68.45）	101.87（68.45）	102.83（69.10）		580.0（20）
防腐性	差	差	一般	好	很好	差	一般	好	很好		

表 7.21 常用钢丝绳技术参数

钢丝直径/mm（in）	钢丝绳结构	最小破断/kgf（lbf）			钢丝重量/kgf/km（lbf/1000ft）	推荐滑轮尺寸/mm（in）
		镀锌碳钢	316 不锈钢	SUPA 75 不锈钢	不限材质	不限材质
4.76（3/16）	常规	2250（4960）	1810（3990）	1960（4320）	105.66（71）	304.8（12）
4.76（3/16）	DYFORM	2799（6170）	2241（4940）	2250（4960）	126.50（85）	304.8（12）
5.56（7/32）	常规	2998（6610）	2449（5400）	2650（5842）	142.87（96）	355.6（14）
5.56（7/32）	DYFORM	3797（8370）	2848（6500）	2848（6500）	165.19（111）	355.6（14）
6.35（1/4）	常规	3919（8640）	3189（7030）	3447（7600）	187.51（126）	406.4（16）
6.35（1/4）	DYFORM	5080（11200）	3919（8640）	3869（8530）	220.25（148）	406.4（16）
7.94（5/16）	常规	6119（13490）	4990（11000）	5389（11880）	291.69（196）	508.0（20）
7.94（5/16）	DYFORM	7961（17550）	6151（13560）	6069（13380）	345.26（232）	508.0（20）
防腐性		差	中	好	一般	一般

槽。使用注意事项：防喷器内有一个平衡阀，需要先打开平衡阀，等防喷器上下压力平衡后才能打开防喷器。

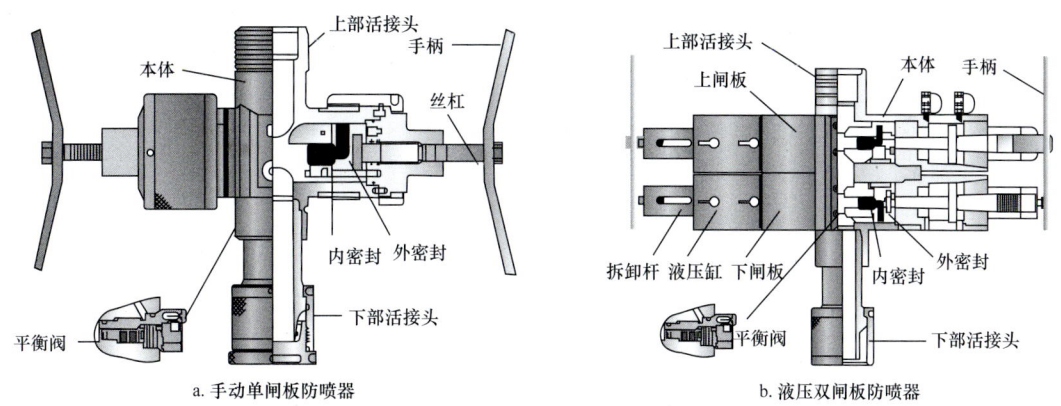

图 7.26　防喷器结构示意图

7.5.2.3　防喷管

防喷管带有快速接头，其上接密封盒或电缆注脂密封系统，下接防喷器，可根据作业情况选择相应的规格（图 7.27）。

防喷管选择需要考虑压力等级、井内流体腐蚀介质等因素；另外，其长度和内径选择需考虑作业工具串的长度和外径。

防喷管的单根长度有 2.4m（8ft）和 1.2m（4ft）两种规格。

7.5.2.4　钢丝防喷盒

钢丝防喷盒的用途是密封钢丝，允许钢丝通过但不让流体通过。防喷盒的主要密封件是密封填料，钢丝穿过密封填料中心，利用密封填料与钢丝表面的无缝隙接触实现对井内压力的密封和控制。常用的密封填料是由橡胶和布线缠绕而成，用在油井或压力不高的气井，特殊的密封填料是用聚氨酯材料制成，一般用在 5000psi 以上压力的气井。

钢丝防喷盒分为手动型防喷盒、液压型防喷盒和手动液压混合型防喷盒。

（1）手动型防喷盒是通过手动来调节密封填料的松紧，允许钢丝通过并密封，如图 7.28a 所示。

（2）液压型防喷盒是在手动型防喷盒的基础上增加一个液压压帽，可通过手压泵和液压软管调节密封填料的松紧。液压油常选用 46 号（夏季）和 32 号（冬季）液压油，使用时液压管线要充分排气并充满液压油，防止因环境温度变化造成液压波动，如图 7.28b 所示。

（3）手动液压混合型防喷盒既可手动调节，又可液压调节密封填料的松紧。液压油选择与液压型防喷盒相同，使用时液压管线需

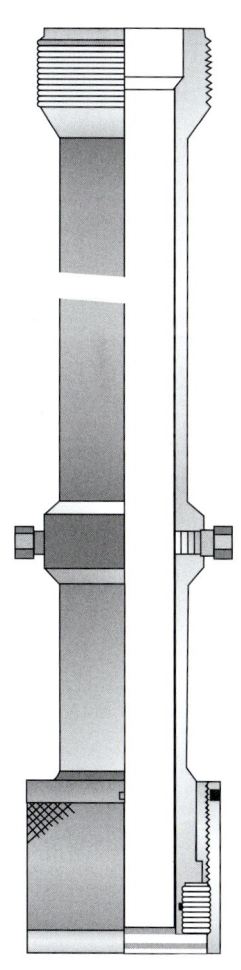

图 7.27　防喷管结构示意图

要充分排气并充满油。

7.5.2.5 快速接头

快速接头主要用于防喷系统各部分之间的连接，在海上油气田应用较多的有 OTIS 型和 BOWEN 型。

OTIS 型的外螺纹接头和内螺纹接头各有一个 45°倒角，BOWEN 为 90°平面台阶。两种快速接头螺纹类型一致，但密封面不同，互不兼容。

另外，快速接头在使用时仅用手旋紧，靠"O"形圈密封，带压时，松开困难。螺纹仅是起到连接作用而没有密封功能（图 7.29）。

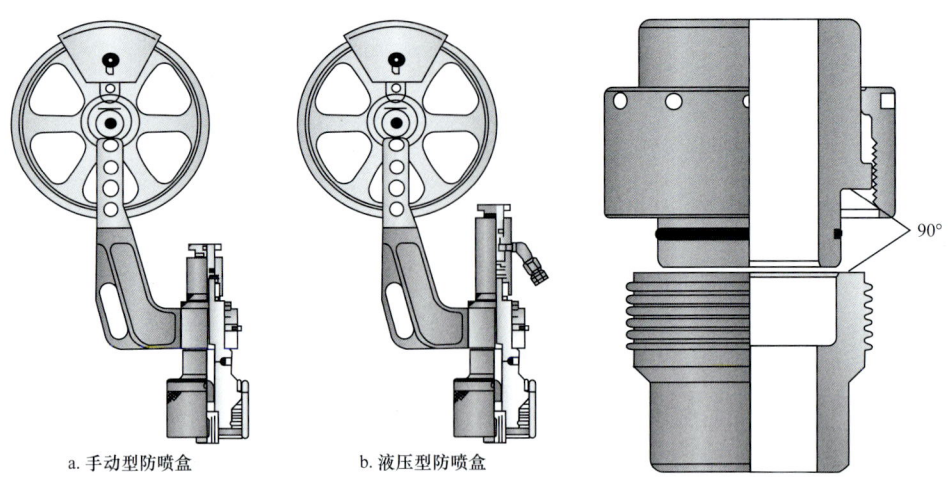

a. 手动型防喷盒　　　　　b. 液压型防喷盒

图 7.28　防喷盒图结构示意图　　　　图 7.29　快速接头结构示意图

7.5.2.6 电缆注脂密封系统

电缆注脂密封系统可实现将密封脂注入高压流管里密封电缆和钢丝绳。其工作原理是压缩空气经过滤器、调压阀、润滑器进入注脂泵，注脂泵泵出高压密封脂进入流管的下部，并向上流动。在此过程中，密封脂混合部分井下油气，最后从流管上部泄脂管线流出。由于密封脂黏度较大，流管与电缆之间的间隙非常小，在流管内产生很大的压力降，从而达到密封井口压力的目的，如图 7.30 所示。

常用 PLUSCO 品牌的密封脂有 416、426 和 428 三种型号。416 型黏度较低，426 型黏度适中，428 型黏度较高。除了密封脂外，还可以用 800 号、1100 号、1500 号的齿轮油，分别适用于低温环境、常温环境和较高温度环境。

环境温度 15℃以下时选用 416 型密封脂或 800 号齿轮油，15~40℃选用 426 型密封脂或 1100 号齿轮油，40℃以上选用 428 型密封脂或 1500 号齿轮油。作业时，注脂桶里密封脂的备有量宜在 300L 左右，并有 200L 的桶装密封脂备用。

注脂压力宜比井口压力高 800~1000psi，注脂压力太低密封性能差，太高易抱紧电缆及浪费注脂油。

注脂泵泵压调好后，由一个空气压力调节器进行自动控制，泵压低于设定值后自动启动泵补压,泵压高于设定值后自动停止,保证注脂泵和注脂密封系统处于稳定的工作状态。

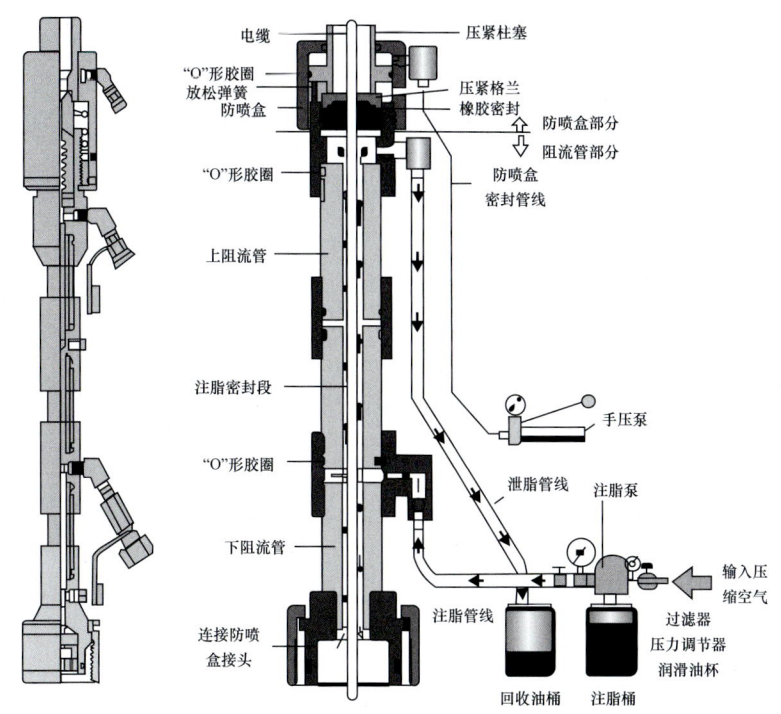

图 7.30 电缆注脂密封系统结构示意图

7.5.2.7 工具捕捉装置和防掉装置

图 7.31 为工具捕捉装置。其通常连接在防喷盒下部,用于抓住工具串顶部投捞颈,用液压泵加压推动衬套可释放工具串。若作业人员操作失误而拉断钢丝,工具捕捉装置可抓住绳帽避免工具串落井。

图 7.32 为工具防掉装置。其安装在防喷管和防喷器之间,钢丝或电缆可从防掉装置的叉形瓣片中间槽通过。工作原理:工具串由井下进入井口后,把瓣片顶起成竖直状,完全通过后,在弹簧力的作用下,瓣片倒落成水平状,把工具串挡在防喷管内,防止工具串落井。工具串下井时,用液压或手动将瓣片竖直,工具串通过后,瓣片会自动下落。

工具防掉装置的作用与工具捕捉装置类似,但两者的结构和连接位置不同。使用防掉装置时,工具串长度应短于防掉装置以上的防喷管长度,否则防掉装置不起作用。

7.5.2.8 钢丝注脂短节

钢丝注脂短节安装在防喷盒与防喷管之间,主要用于作业时注入密封脂起密封作用,还可润滑和保护钢丝。另外,还可注入防冻剂和其他药剂,如图 7.33 所示。

7.5.2.9 三通接头

三通接头侧面可连接高压管线,进行试压、循环和泄压等作业,如图 7.34 所示。

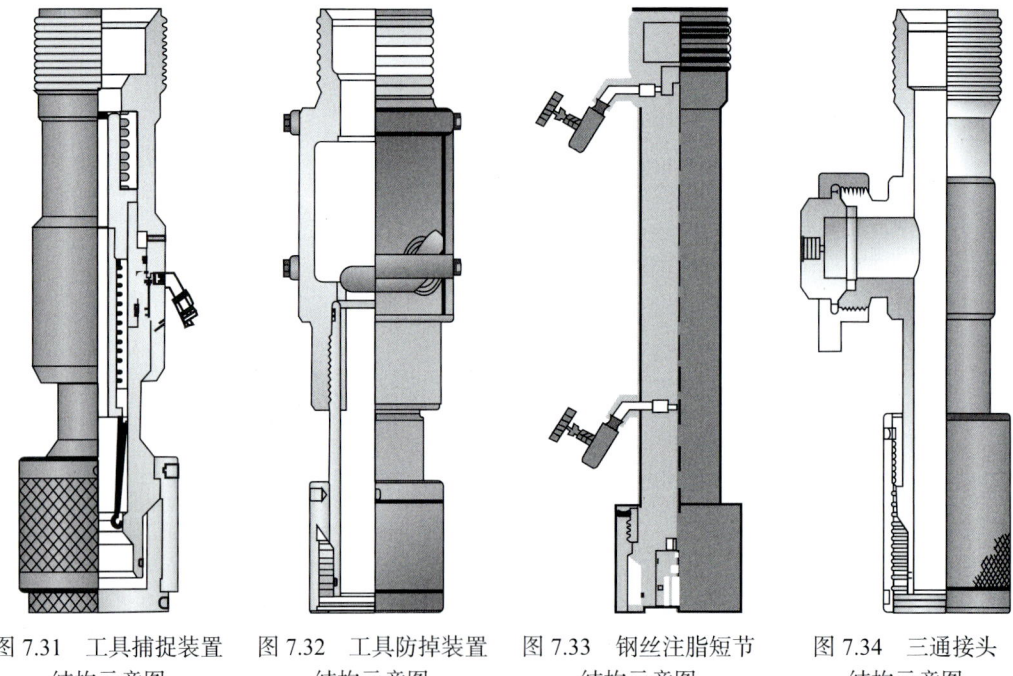

图 7.31　工具捕捉装置结构示意图　　图 7.32　工具防掉装置结构示意图　　图 7.33　钢丝注脂短节结构示意图　　图 7.34　三通接头结构示意图

7.5.3　试井仪器间

试井仪器间用于存储及运输钢丝工具或仪器设备，严格做到工作前清点、工作场所转移时清点和工作结束后清点。使用注意事项如下：

（1）接电仪器间应具备防爆功能。
（2）确认投入使用的仪器正常。
（3）落实压力计型号、电池等，符合设计要求。
（4）检查落实是否配备了钢丝作业及相应的打捞工具。
（5）落实"井下关井地面直读系统"准备情况，并满足使用要求。

7.5.4　电子压力计

电子压力计是一种用来录取井下压力和温度的高精度仪器（其技术参数见表 7.22），主要分为直读式电子压力计和储存式电子压力计。

直读式电子压力计主要由压力/温度传感器、直读模块组成，通过电缆或数字钢丝下入的方式，实时获取测试管柱内压力温度资料。

储存式电子压力计主要由压力/温度传感器、存储模块、直流电池组成，具有压力温度量程大、精度高、分辨率高、存储空间大、稳定性好、操作简单等特点，主要以压力计托筒为载体下入井内预定深度录取储层压力、温度数据，通过对录取的压力、温度数据进行分析可以得到渗透率、表皮系数、地层系数、流动系数等储层参数。同时可以通过钢丝下入的方式获取测试管柱内压力温度梯度及监测井下 PVT 取样时的环境等。现场使用注意事项如下。

（1）了解作业井基本情况，根据该井井况及作业要求，做好针对该井的各项准备工作，现场使用注意事项如下：

① 选择适用于本井的压力、温度量程的电子压力计。

② 电子压力计技术指标在本井作业要求的范围内。

③ 检查电子压力计的标定期是否在有效期内，石英晶体电子压力计的标定期为 2 年，应变式电子压力计的标定期为 1 年；

④ 进行电子压力计功能试验，选择压力、温度数值接近且曲线趋势相同的压力计，并尽量选择同时期标定的电子压力计。

⑤ 严格按照电子压力计锂电池安全操作规程检查和准备电池。

（2）作业人员、设备到达现场后，按照设计和作业者要求进行电子压力计相关工作：

① 设备运达作业现场后，进行入井前压力计功能检测，选择压力、温度数值接近且曲线趋势相同的压力计，并交由测试监督确认。

② 与监督沟通确认电子压力计采集程序。

③ 电子压力计接电后，记录压力计传程和接电时间。

④ 压力计入井后，要求司钻下钻平稳，严禁快放和急刹。

（3）测试结束后，取出电子压力计，下载数据，检查压力计起、下整个过程，确认封隔器坐封及解封、开关井动作、换工作制度等在压力曲线上是否有显示。如果发现曲线异常，首先查找原因并提出建议，并及时向测试监督汇报。

表 7.22 电子压力计技术参数

类型	TQPR	THQR	THXR	SPARTEK	
压力等级 /K	16	30	25	16	20
压力精度 /%FS	0.02	0.025	0.03	0.02	0.02
温度等级 /℃	175	210	225	177	200
温度精度 /℃	0.2	0.2	0.2	0.5	0.5
外径 /in	1	1	1	1.27	1.27
长度 /mm	568	568	593	680	680
数据存储量 /10^4 组	400	125	125	400	200
1s 采点率 /d	46.2	14.4	14.4	46.2	23.1

7.5.5 电子压力计托筒

电子压力计托筒是一种用于携带电子压力计的载体，随测试管柱入井，主要应用于地层测试作业，其技术参数见表 7.23，使用注意事项如下：

（1）根据作业要求选择合适的电子压力计托筒。

（2）对电子压力计托筒进行水密试验，试压等级应为作业中最大工作压力的 1.2 倍。

（3）检查电子压力计托筒的状态，确保性能良好。

（4）托筒入井后，要求司钻下钻平稳，严禁快放和急刹。

（5）托筒出井后，电子压力计托筒辅助件内可能束缚有高压气体，拆卸时需引起注意并做好防护措施。

（6）托筒返回后，应按照中国海油维护要求进行保养。

表 7.23 电子压力计托筒技术参数

托筒类型	常规压力计托筒			高温高压压力计托筒
外径 /mm	127	130	142	127
通径 /mm	50	50	57	57
长度 /mm	2216	2330	2720	1945
工作压力 /psi	12000	12000	15000	30000
工作温度 /℃	200	200	200	225
工作环境	H_2S	H_2S	H_2S	H_2S
抗拉强度 /kN	1145	1145	1145	1360
装载压力计数量 / 支	3	4	4	4
连接扣型	$3\frac{7}{8}$in CAS	$3\frac{7}{8}$in CAS	$3\frac{7}{8}$in AS	$3\frac{1}{2}$in PH6

7.5.6 取样转样系统

取样转样系统由取样器和转样设备等组成，主要应用于获取高于油（气）层泡点（露点）压力的单相流体样品，为油气藏准确评价提供依据。

（1）取样条件。

① 未发生过井喷，井底压力可调整到高于油（气）泡点（露点）压力下进行生产的油（气）井。

② 产水率低于5%的油（气）井（乳化水不超过3%）。

③ 采油（气）指数比较高，在较小生产压差下能达到稳定生产的油（气）井。

④ 油（气）流稳定，没有间歇现象的油（气）井。

⑤ 层间无窜槽，井内无落物的油（气）井。

⑥ 井口计量设备齐全可靠，流程符合取样要求的油（气）井。

（2）取样器下井前准备。

① 检查取样器的取样室、空气室、时钟室是否满足要求。

② 检查所有"O"形圈和密封面是否完好，并涂抹适量"O"形圈油。

③ 取样室按要求注油。

④ 选择合适的节流器，组装取样器。

⑤ 取样器试压，试压合格后根据油（气）层压力调整取样器预留压力。

⑥ 根据井况和现场作业要求调节时钟的时间并装入时钟室。
⑦ 取样器下井前打开梭阀机构的锁紧螺钉。
⑧ 单项取样器氮气室准备：
a. 检查导向组件是否完全延伸开，锥形体底部应冲洗干净。
b. 氮气室清扫次数不少于 3 次。
c. 氮气室加压，要求压力高于油（气）层压力 2000psi。
d. 连接氮气室和取样室，连接时注意导向组件部分不被损坏或移动。
e. 样瓶注满转样液，样瓶氮气室注氮气［至少高于油（气）层压力 1000psi］。
（3）取样方式。
① 电缆地面触发式取样。
a. 连接取样地面触发器与取样转换盒。
b. 连接滑环与电缆滚筒，检查滑环、电缆及电缆绳帽的绝缘和导通情况，检查绝缘时不能连接负载。
c. 取样器下放到指定深度后观察压力数据，达到取样压力后方可取样。
d. 取样结束后将取样地面触发器钥匙旋转到关闭位置，关闭电源，原位等待最少半小时。
② 数字钢丝地面触发取样。
a. 连接滑环、光编码传感器、拉力器和地面传输设备。
b. 检查数据传输状况，并测试取样触发仪器工作状态。
c. 取样器下到指定深度后观察井下压力数据，达到取样压力后方可取样。
d. 取样器触发后在原位等待最少半小时。
（4）转样及求泡点压力。
① RD 取样器转样。
a. 确认 RD 取样器上的针阀处于关闭状态，卸掉 RD 取样器样品出口的堵头。
b. 安装手动真空泵，对转样适配器和样瓶上部抽真空。
c. 打开 RD 取样器针阀，打开时确保外扣不松动。
d. 对 RD 取样器加压［至少高于油（气）层压力 1500psi］，打开样瓶底部的阀门，转样时两个样瓶要保持流速相同。
② 求泡点压力。
a. 整体试压，试压合格后将系统压力稳定在 1000psi，打开针阀，等压力稳定后，记录开阀压力。
b. 系统加压［超过油（气）层压力 1500psi］，匀速转样，确保油（气）样处于单相状态。
c. 转样完成后，上紧阀塞。
d. 样瓶加压［超过油（气）层压力 1500psi］，摇动样瓶观察系统压力变化，若压力下降则继续加压，直至压力不降后求泡点。
（5）取样器技术参数。
① PDS 取样器技术参数。

样品体积：600mL（37in^3）。

最高压力：1034bar（15000psi）。

最高温度：180℃。

长度：3683mm（12ft，1in）。

外径：43mm（1$^{11}/_{16}$in）。

质量：28kg（61.6 lb）。

② SPS 取样器技术参数。

氮气室体积：450mL（28in^3）。

最高压力：1034bar（15000psi）。

最高温度：180℃。

单相部分长度：1370mm（4ft，6in）。

总长度：5054mm（16ft，7in）。

外径：43mm（1$^{11}/_{16}$in）。

单相部分质量：6kg（13.2lb）。

总重量：34kg（74.8lb）。

7.6 人工举升设备

7.6.1 螺杆泵

螺杆泵系统由地面、井下两部分组成。

7.6.1.1 地面部分

地面部分由电控箱、电动机、驱动系统等组成。地面设备为井下抽油杆的转动提供动力。

7.6.1.1.1 电控箱

电控箱是电机的电力控制单元，功率37～45kW。

7.6.1.1.2 电动机

电动机是驱动系统的动力部分，电动机通电后旋转，带动抽油杆正向旋转，抽油杆带动螺杆泵的转子转动。其技术参数见表7.24。

7.6.1.1.3 驱动系统

地面驱动系统主要包括井口三通、防喷器、驱动泵头等。主要作用是为抽油杆的转动提供动力，并防止泵抽时原油溢出。

7.6.1.2 井下部分

井下部分由抽油杆、抽油杆扶正器、泵体（工作筒）、定子、转子等组成。

7.6.1.2.1 抽油杆

抽油杆连接动力装置和井下螺杆泵，作用是传递扭矩。

7.6.1.2.2 抽油杆扶正器

用在斜井中，防止杆柱偏磨，磨损测试管柱。

表 7.24 电动机技术参数

型号	ZLBQ-37
电机型号	TZYB315
电源	380V AC/50Hz
额定负荷 /kN	100～170
电动机功率 /kW	17～37
转速范围 /（r/min）	0～200
光杆直径 /mm	$\phi28～\phi38$
噪声 /dB	<85
轴承箱正常工作温度不超过 /℃	75
外形尺寸（宽×高）/mm	835×1525
质量 /kg	1200

7.6.1.2.3 泵体（工作筒）

增大定子的抗拉、抗外挤和抗内压的装置，可适配测试管柱的各种扣型。

7.6.1.2.4 定子

螺杆泵定子是用丁腈橡胶衬套浇铸粘接在钢体外套内而形成的一种腔体装置。定子内表面呈双螺旋曲面，与转子外表面相配合。

7.6.1.2.5 转子

转子由合金钢的棒料经过精车、镀铬并抛光加工而成。

螺杆泵举升工艺可下入加热电缆，对整个井筒液体加热，降低井筒内液体黏度并提高流动性，即使测试长时间关井，管柱内的液体也不会凝固。对于出砂储层，通过螺杆泵调频来控制流动压差，可有效防止储层出砂。

7.6.2 射流泵

射流泵系统分为地面设备与井下工具两大部分。地面设备由柱塞泵、急速加热器、动力液罐及相应的电控系统组成，可以与现有地面测试流程兼容，共同组成油气水计量系统；井下工具部分由泵芯和泵筒两部分组成，泵体与测试管柱一同下入，泵芯在确定储层无自然产能或需要人工举升助排后用连续油管送入，可以与现有的 APR 测试工具兼容。

地面和井下部分均可实现自喷和人工举升两种产能评价的直接切换。

7.6.2.1 地面设备

射流泵地面设备均为电器系统，满足 1 区防爆标准，电源整体接入电控系统。

7.6.2.1.1 柱塞泵

（1）柱塞泵是为整个设备工作提供动力的设备，需要单独发电机进行供电提供动力，其功率必须满足系统整体举升需求，输出压力应高于 30MPa，输出排量高于 10m³/min。

（2）柱塞泵应做好设备接地，设备应严禁空转，压力表处应外接传感器，压力数据接入数采系统。

（3）泵体紧急泄压装置和安全阀应状态良好并处在检验期内，安全阀应优选弹簧式。

（4）柱塞泵上水端应具备过滤装置并具备旁通功能。

7.6.2.1.2 急速加热器

（1）急速加热器可将流体温度瞬时提高 10～15℃，需要单独发电机进行供电提供动力。

（2）急速加热器应做好设备接地，设备应严禁空转，管体上游及下游处应外接温度计并进行数据记录。

7.6.2.1.3 动力液罐

（1）动力液罐底部应具有盘管加热功能，并在作业期间保持持续加热。

（2）动力液罐与柱塞泵之间应选用 3in 软管，作业前做好排气，避免无法上水等问题。

7.6.2.1.4 电控系统

（1）作为整个系统的操作控制中心，起到外接动力电源变压和分配的中枢作用。

（2）电控系统应做好设备接地，并保持内部空调开启，防止温度过高造成停机。

（3）作业期间应有人员持续值守，及时处理设备报警及故障。

7.6.2.2 井下工具

7.6.2.2.1 泵体

（1）分为 35CrMo/718 两种材质泵体，718 材质可应用于压裂酸化等严苛井况。

（2）泵体为 410/411 扣型，入井前应检查是否有螺纹损坏、内部有无划痕，以及内部 15°台阶面是否有杂质堆积。

7.6.2.2.2 泵芯

（1）泵芯外部密封结构设置多重冗余，下入前所有密封圈应仔细检查，确保其完好。

（2）根据施工设计选择合适喷嘴组合，注意喷嘴与喉管扩散管为固定组合，不应混用。

（3）所有泵芯内部结构应按扭矩上紧，保证内部具有良好的密封性。

（4）下入前泵芯应表面涂抹黄油。

（5）泵芯密封结构采用 Vee-packing 设计，理论上可以多次插拔，但不建议如此操作，只作为故障处理手段进行干预排障。

（6）泵芯下部不应接入任何形式过滤器或压力计等装置。

7.6.3 连续油管

连续油管具有很好的挠性，又称挠性油管，是一卷连续的长达几千米的钢管，它可以代替常规油管进行很多作业。连续油管作业设备具有带压作业、连续起下的特点，设备体积小，作业周期快，成本低。连续油管由五部分组成，包括动力系统、操作室、油管滚筒、注入头及防喷系统、井下工具。

7.6.3.1 动力系统

动力系统是为整个设备工作提供动力的装置，一般由柴油机提供动力，其功率必须满足控制滚筒、防喷系统的操作，同时必须具有防爆功能。

7.6.3.2 操作室

操作室是整个设备的操作控制中心，主要装载控制室、防喷器控制软管滚筒、注入头控制软管滚筒、操控系统及数采系统等模块，操控所有液压设备、气动设备，包括滚筒的转动与停止、防喷系统的开关、注入头链条的上下转动及夹紧力的控制。同时配备了设备的监控视频以及数采软件、模拟软件，可实时接受和处理从各传感器传来的数据，进行连续油管疲劳寿命模拟与跟踪。

7.6.3.3 油管滚筒

油管滚筒是连续油管的载体。连续油管紧紧缠绕在滚筒上，在作业时保持滚筒总成与注入头之间具有恒定的张力，从而保证滚筒上的油管顺利起下。由于缠绕的连续油管的尺寸不同，滚筒的直径也会有相应的变化，海上常用的连续油管尺寸有1.0in、1.5in、1.75in。

滚筒与连续油管连接处有高压管汇，是外部流体进入连续油管的入口。主要由旋转接头、高压直通接头、整体式直管线、旋塞阀、"T"形高压三通及90°高压弯头、高压流量计组成。根据作业压力，可以选择合适的承压接头与管线，大多数管线承压为15000psi。

7.6.3.4 注入头及防喷系统

7.6.3.4.1 注入头

注入头是为连续油管的起下提供主要作用力的单元，其链条上安装有一圈跟连续油管尺寸配套的卡瓦，作业时紧紧夹住油管，通过链条的上下转动带动油管的起下。

注入头运输橇块主要包括底橇、保护架、注入头鹅颈、注入头支腿、注入头维修支腿等。

7.6.3.4.2 防喷系统

连续油管的防喷系统主要由防喷盒、防喷器、防喷管三部分组成。

防喷盒用于隔离井筒内压力，通常安装在防喷器与注入头之间，由胶芯跟本体组成，工作原理是通过本体挤压防喷盒的胶芯，从而实现油管环空的密封。

防喷管用于为入井工具提供放置空间，方便工具的拆装与起下。

防喷器是主要的井控设备。连续油管配备的主要是四闸板防喷器，从上至下分别为全封闸板、剪切闸板、卡瓦闸板、半封闸板。

7.6.3.5　井下工具

连续油管由于出入井比较方便快捷，可进行气举、冲砂、洗井、钻磨桥塞、压裂等多种工艺作业，由于工艺不同，所以携带的工具也不同。

7.6.3.5.1　连续油管接头

连续油管接头是连接连续油管与井下工具的接头。常用的接头有环压式接头、外卡瓦式接头、内卡瓦式接头、铆钉式接头、复合式接头。

由于不同工艺接头的外径、承压效果、抗拉效果不同，故不同工艺需要选择相适应的接头。

7.6.3.5.2　马达头总成

马达头总成是连续油管作业时井下配备的应急安全工具。马达头总成由单流阀、循环阀、丢手三部分组成。

单流阀目的是防止井内流体进入连续油管，保证井控安全。

循环阀在正常作业时处于关闭状态，如果需要循环，可以加压打开，保证连续油管与环空相连通。

丢手是井下应急解脱工具。如果井下工具遇卡，通过投球憋压或者上提方式剪切销钉，使工具上下分离，即可起出丢手以上的连续油管。

7.6.3.5.3　喷嘴

喷嘴是液体、气体从连续油管进入井筒的通道。在气举工艺、冲砂工艺、酸化工艺等作业中都会使用，这类工艺工具串的连接一般为接头＋马达头总成＋喷嘴。但是根据作业工艺的不同，可以选择出口方向不同的喷嘴，以增加管柱的排液效率。

7.6.3.5.4　扶正器

扶正器是能够贴住管壁，且保持连续油管井下工具居中的工具，一般分为刚性扶正器和柔性扶正器。

附　录

附录 A　地层流体 PVT 参数计算方法

A.1　地层原油体积系数（B_o）

A.1.1　查图法

通过图 A1.1 即可查得。

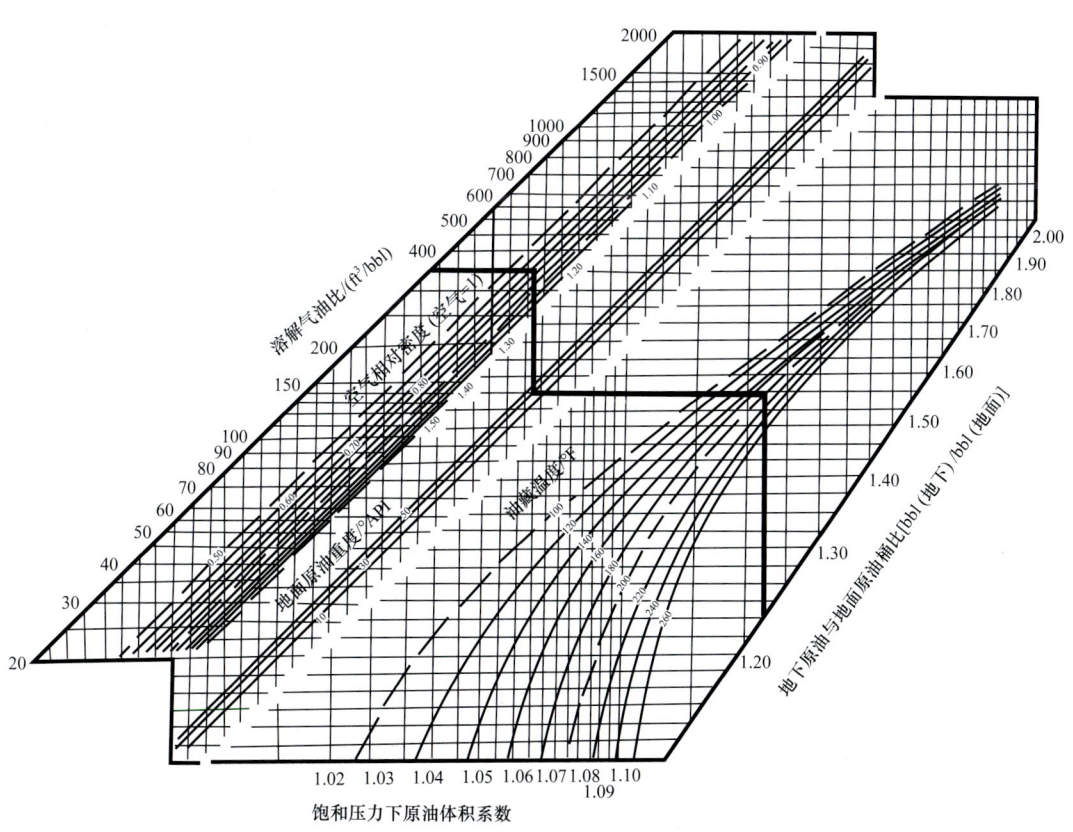

图 A1.1　求饱和压力下的地层原油体积系数关系

A.1.2 计算法

（1）饱和压力下的地层原油体积系数（B_o）：

$$B_{ob} = 0.972 + 1.1175 \times 10^{-3} \left[7.1174 + R_s \left(\gamma_g / \gamma_o \right)^{0.5} + 0.4003 T_R \right]^{1.175} \quad （A1.1）$$

式中　B_{ob}——饱和压力下的地层原油体积系数，$Resm^3/STm^3$；

　　　R_s——溶解气油比；

　　　γ_g——天然气相对密度；

　　　γ_o——地面脱气原油相对密度；

　　　T_R——地层温度，℃。

（2）低于饱和压力下的地层原油体积系数（B_{oub}）：

$$B_{oub} = 1 + C_1 R_s + \left[C_2 + C_3 R_s \right] \left(6.4286 \times 10^{-2} T_R - 1 \right) \left(1.076 / \gamma_o - 1 \right) \quad （A1.2）$$

式中　B_{oub}——低于饱和压力下的地层原油体积系数，$Resm^3/STm^3$；

　　　R_s、γ_o、T_R——分别为溶解气油比、地面脱气原油相对密度、地层温度；

　　　C_1、C_2、C_3——可由表 A1.1 查得。

表 A1.1　常数项对应 1

C	原油相对密度 γ_o	
	$\gamma_o > 0.87616$	$\gamma_o < 0.87616$
C_1	2.6261×10^{-3}	2.6222×10^{-3}
C_2	0.06447	0.0405
C_3	2.44186×10^{-4}	2.7642×10^{-4}

（3）高于饱和压力下的地层原油体积系数（B_{osb}）：

$$B_{osb} = B_{ob} \left[1 - C_o \left(p_R - p_b \right) \right] \quad （A1.3）$$

或

$$B_{osb} = B_{ob} e^{\left[1 - C_o \left(p_R - p_b \right) \right]} \quad （A1.4）$$

式中　B_{osb}——高于饱和压力下的地层原油体积系数，$Resm^3/STm^3$；

　　　C_o——原油压缩系数，MPa^{-1}；

　　　p_R——地层压力，MPa；

　　　p_b——饱和压力，MPa。

A.1.3　经验公式

（1）Standing 关系式是通过对加利福尼亚的 22 种不同的烃类系统进行实验获得的 105

个实验数据总结后得出的，其平均误差为 1.2%。

$$B_o = 0.9759 + 0.00012 \left[R_s \left(\frac{\gamma_g}{\gamma_o} \right)^{0.5} + 1.25(T-460) \right]^{1.2} \quad \text{（A1.5）}$$

式中　T——储层温度，°R；
　　　γ_g——溶解气相对密度；
　　　γ_o——储罐油相对密度。

（2）Vasquez—Beggs 公式使用回归技术得到，平均误差为 4.7%。

$$B_o = 1 + C_1 R_s + (T-520)\left(\frac{\text{API}}{\gamma_{gs}}\right)(C_2 + C_3 R_s) \quad \text{（A1.6）}$$

式中　R_s——气体溶解度，ft³/bbl；
　　　C_1、C_2、C_3——可由表 A1.2 查得。

表 A1.2　常数项对应 2

系数	原油重度≤30°API	原油重度>30°API
C_1	4.677×10^{-4}	4.67×10^{-4}
C_2	1.751×10^{-5}	1.1×10^{-5}
C_3	-1.811×10^{-8}	1.337×10^{-9}

A.2　地层原油压缩系数（C_o）

未饱和原油（原始地层压力高于饱和压力）绝热压缩性系数定义为

$$C_o = -\frac{1}{V}\left(\frac{\partial V}{\partial p}\right)_T = -\frac{1}{B_o}\left(\frac{\partial B_o}{\partial p}\right)_T = \frac{1}{\rho_o}\left(\frac{\partial \rho_o}{\partial p}\right)_T \quad \text{（A2.1）}$$

由于未饱和液体的体积是随压力增加而减小的，因而 C_o 是正值。

A.2.1　查图法

通过图 A2.1 即可查得。

A.2.2　计算法

$$C_o = \left[-1443 + 28.075 R_s + 550.4(5.625 \times 10^{-2} T + 1) - 1180\gamma_g + 1658.215(1.076/\gamma_o) \right]/10^5 p_R \quad \text{（A2.2）}$$

式中　C_o——地层原油压缩系数，MPa⁻¹；
　　　R_s——溶解气油比，m³/m³；
　　　T——地层温度，℃；
　　　γ_g——天然气相对密度；

γ_o——地面原油相对密度；
p_R——地层压力，MPa。

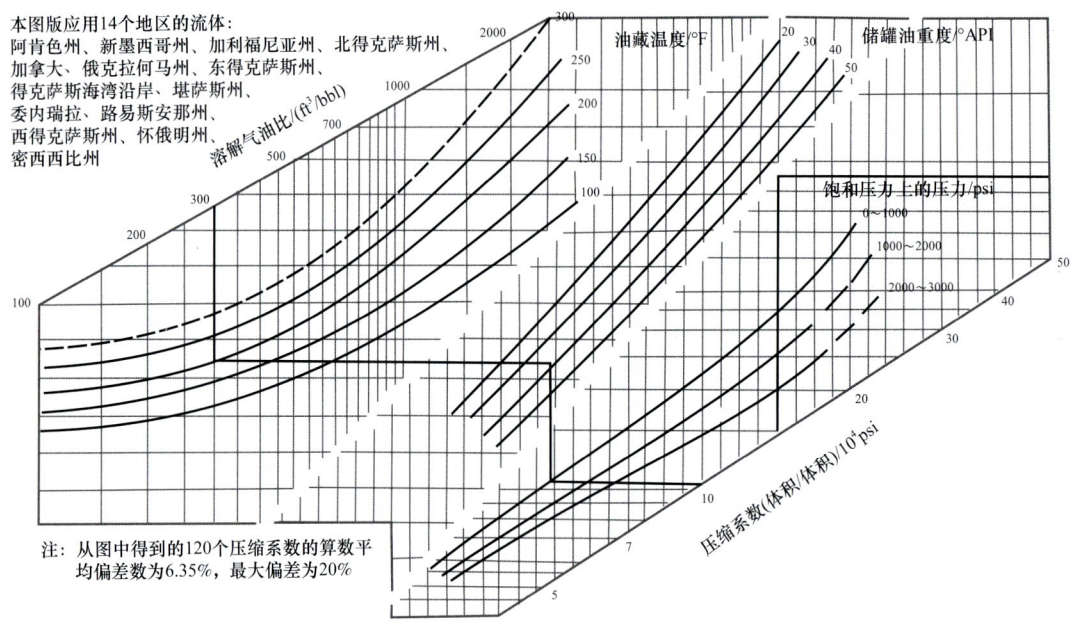

图 A2.1　计算饱和碳氢化合物流体压缩系数

A.3　地层原油黏度（μ_o）

A.3.1　查图法

用标准状态下原油重度和油藏温度两个参数，在图 A3.1 可查得相应的脱气原油绝对黏度，也称脱气原油黏度，再用获得的脱气原油黏度与溶解气油比在图 A3.2 可查得气饱和原油黏度，即饱和压力下的原油黏度。

对于高于饱和压力时的原油黏度，可用图 A3.3 查得高于饱和压力相应的增加值。那么实际地层原油黏度，等于饱和压力下黏度加上高于饱和压力时黏度的增值部分。

举例　已知：溶解气油比为 600ft/bbl，脱气原油黏度为 1.50mPa·s，温度不变。

　　　　求：气饱和原油黏度？

　　　　步骤：出横轴（脱气原油黏度）1.5mPa·s 的点垂直向上交至 600ft/bbl 溶解气油比线，再由此交点水平交至纵轴（气饱和原油的黏度），交点值 558mPa·s 即所求。

A.3.2　计算法

（1）地层温度下地面脱气原油黏度：

$$\mu_{od} = 10x - 1 \tag{A3.1}$$

其中　$x = Y(T-460)^{-1.163}$；

式中　T——绝对温度，K。

附 录

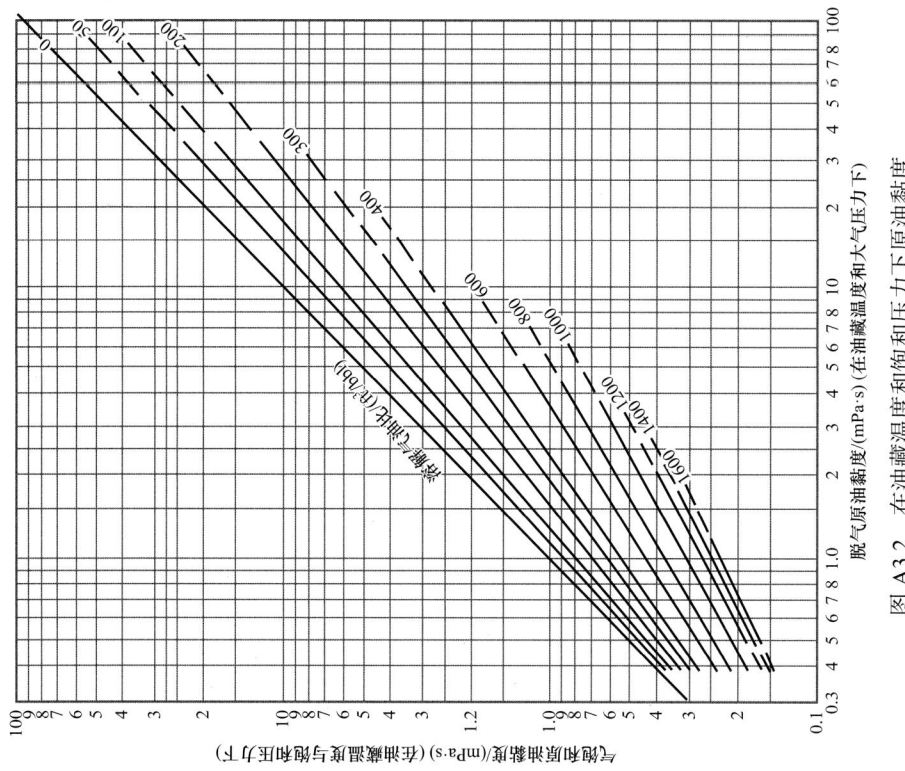

图 A3.2 在油藏温度和饱和压力下原油黏度

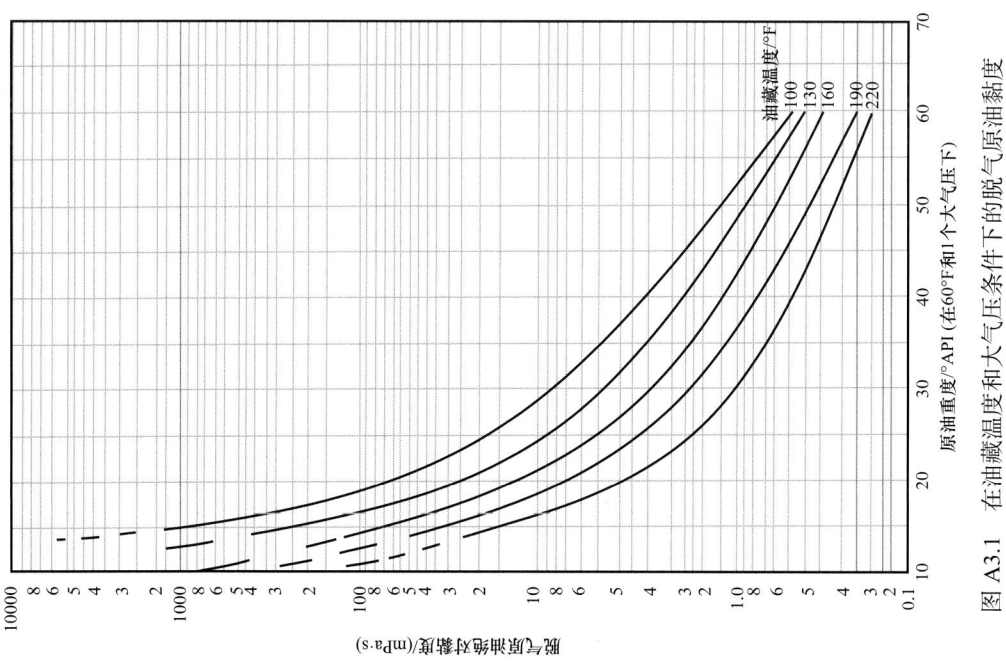

图 A3.1 在油藏温度和大气压条件下的脱气原油黏度

$Y=10^Z$；

$Z=3.0324-0.02023°\text{API}$。

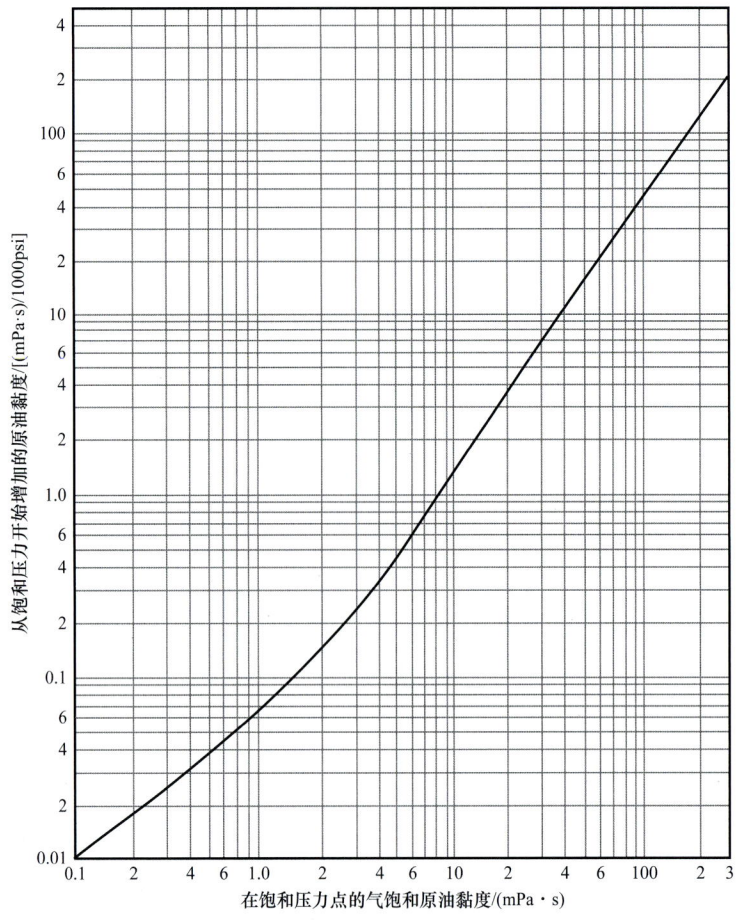

图 A3.3　在饱和压力之上原油黏度增加速率

（2）在饱和压力和饱和压力以下的地层原油黏度：

$$\mu_o = A\mu_{ob}^{B} \tag{A3.2}$$

式中　μ_{ob}——饱和压力和饱和压力以下地层原油黏度，mPa·s；
　　　$A=(5.615\times10^{-2}R_s+1)^{-0.515}$；
　　　$B=(3.7433\times10^{-2}R_s+1)^{-0.338}$。

（3）在饱和压力以上的地层原油黏度：

$$\mu_o = \mu_{ob}(p_R/p_b)^m \tag{A3.3}$$

式中　μ_o——饱和压力以上地层原油黏度，mPa·s；
　　　p_R——地层压力，MPa；
　　　p_b——饱和压力，MPa；

m——$C_1 p_R^{C_2} \text{EXP}[C_3+C_4 p_R]$；其中，$C_1=956.4295$，$C_2=1.187$，$C_3=-11.513$，$C_4=-1.302\times 10^{-2}$。

A.4 天然气偏差系数（Z）

A.4.1 查图法

求 Z 的步骤：

（1）根据天然气组分含量计算拟临界温度 T_{pc} 和拟临界压力 p_{pc}，T_{pc} 和 p_{pc} 由下式计算：

$$T_{pc} = \sum_{i=1}^{N} Y_i T_{ci} \tag{A4.1}$$

$$p_{pc} = \sum_{i=1}^{N} Y_i p_{ci} \tag{A4.2}$$

式中　N——天然气中组分数目；
　　　Y_i——第 i 组分的物质的量；
　　　T_{ci}——第 i 组分的临界温度（表 A4.1），K；
　　　p_{ci}——第 i 组分的临界压力（表 A4.1），psi（绝对压力）。

表 A4.1　烃及有关组分的物理性质

组分	分子量	沸点/ °F	沸点/ °R	液态密度	60°F 及大气压下的气体密度/（lb/ft³）	临界温度/ K	临界压力/ psi（绝对压力）
甲烷 CH_4	16.04	-258.7	201	18.72*	0.04235	344	673
乙烷 C_2H_6	30.07	-127.5	332	23.34**	0.07986	550	712
丙烷 C_3H_8	44.09	-43.8	416	31.68**	0.1180	666	617
异丁烷 C_4H_{10}	58.12	10.9	471	35.14**	0.1577	735	528
正丁烷 C_4H_{10}	58.12	31.1	491	36.47**	0.1581	766	551
异戊烷 C_5H_{12}	72.15	82.1	542	38.99	—	830	483
正戊烷 C_5H_{12}	72.15	96.9	557	39.39	—	847	485
正己烷 C_6H_{14}	86.17	155.7	615	41.43	—	916	435
正庚烷 C_7H_{16}	100.20	209.2	669	42.94	—	972	397
正辛烷 C_8H_{18}	114.22	258.1	718	44.10	—	1025	362
正壬烷 C_9H_{20}	128.25	303.3	763	45.03	—	1073	335
正癸烷 $C_{10}H_{22}$	142.28	345.2	805	45.81	—	1115	313
氮气 N_2	28.02	-320.4	140	—	0.0739	227	492
空气（O_2+N_2）	29.0	-317.7	142	—	0.0746	239	547

续表

组分	分子量	沸点 / °F	沸点 / °R	液态密度	60°F 及大气压下的气体密度 / (lb/ft³)	临界温度 / K	临界压力 / psi（绝对压力）
二氧化碳 CO_2	44.01	−109.3	351	68.70	0.117	548	1073
硫化氢 H_2S	34.08	−76.5	383	87.73	0.0904	673	1306
水 H_2O	18.02	212	672	62.40	—	1365	3206

* 表示液态表观密度；** 表示饱和压力下的密度。

（2）计算拟对比温度 T_{pr} 和拟对比压力 p_{pr}：

$$T_{pr} = \frac{T}{T_{pc}} \quad (A4.3)$$

$$p_{pr} = \frac{p}{p_{pc}} \quad (A4.4)$$

式中　T——实际温度，K；

　　　p——实际压力，psi（绝对压力）。

（3）根据 T_{pr} 及 p_{pr} 查图 A4.1。

A.4.2　计算法

利用天然气组分和地层温度、压力先计算拟对比温度和拟对比压力，根据拟对比温度、拟对比压力条件选用合适的方法计算偏差系数（表 A4.2）。

表 A4.2　常用偏差系数计算模型适用范围

PVT 模型	适用范围	使用说明
李相方方法	$1.05 < T_{pr} \leq 3.0$, $0.2 < p_{pr} \leq 30$	整体误差较低； $T_{pr} > 1.05$ 时分区处存在明显阶跃
DAK 方法 （Dranchk–Abu–Kassem 方法）	$1.0 < T_{pr} \leq 3.0$, $0.2 < p_{pr} \leq 30$	在 $T_{pr} = 1.05$ 处精度明显变差； $T_{pr} > 1.05$ 误差略高于李相方方法
DPR 方法 （Dranchuk–Purvis–Robinson 方法）	$1.05 < T_{pr} \leq 3.0$, $0.2 < p_{pr} \leq 3$	适用范围可扩展至 $0.2 < p_{pr} \leq 30$， 精度与 DAK 方法相差不大
HY 方法 （Hall–Yarbough 方法）	$1.2 < T_{pr} \leq 3.0$, $0.1 < p_{pr} \leq 24.0$	$2.4 > T_{pr} > 1.2$ 时精度较高， 建议采用该方法
BB 方法 （Brill–Beggs 方法）	$1.05 < T_{pr} \leq 2.4$, $1 < p_{pr} \leq 15$	含 CO_2 时推荐

李相方方法：

$$Z = X_1 p_{pr} + X_2 \quad (A4.5)$$

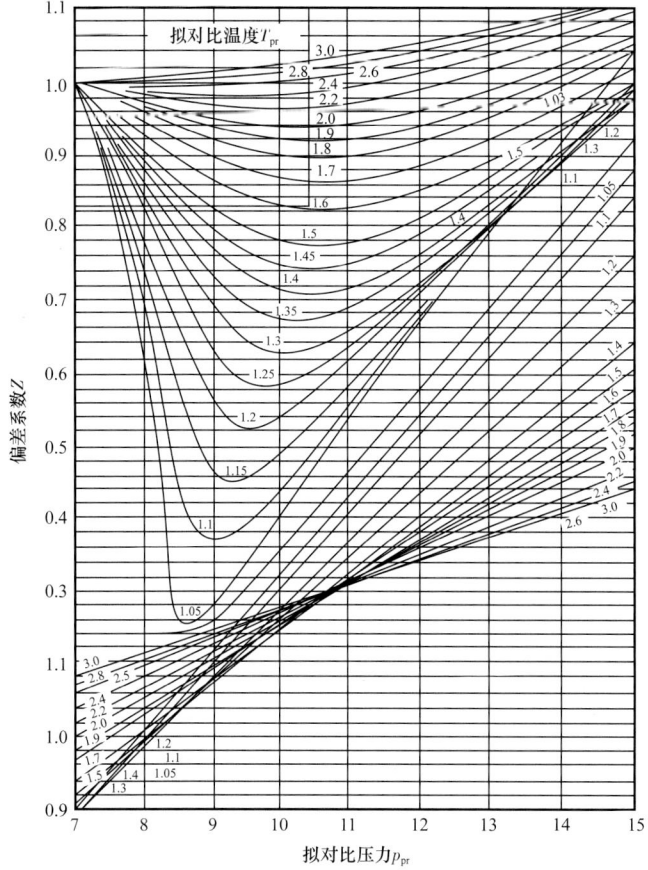

图 A4.1　求气体偏差系数

当 $8 \leqslant p_{pr} < 15$，且 $1.05 < T_{pr} \leqslant 3.0$ 时：

$$X_1 = -0.002225T_{pr}^4 + 0.0108T_{pr}^3 + 0.015225T_{pr}^2 - 0.153225T_{pr} + 0.241575$$

$$X_2 = 0.1045T_{pr}^4 - 0.8602T_{pr}^3 + 2.3695T_{pr}^2 - 2.1065T_{pr} + 0.6299$$

当 $15 \leqslant p_{pr} < 30$，且 $1.05 < T_{pr} \leqslant 3.0$ 时：

$$X_1 = 0.0148T_{pr}^4 - 0.138816667T_{pr}^3 + 0.49025T_{pr}^2 - 0.794683333T_{pr} + 0.551233333$$

$$X_2 = 0.4505T_{pr}^4 - 4.228233333T_{pr}^3 + 14.9684T_{pr}^2 - 24.31156667T_{pr} + 17.9$$

Dranchk–Abu–Kassem 方法：

$$\begin{aligned}Z = &1 + \left(A_1 + A_2/T_{pr} + A_3/T_{pr}^3 + A_4/T_{pr}^4 + A_5/T_{pr}^5\right)\rho_{pr} \\&+ \left(A_6 + A_7/T_{pr} + A_8/T_{pr}^2\right)\rho_{pr}^2 \\&- A_9\left(A_7/T_{pr} + A_8/T_{pr}^2\right)\rho_{pr}^5 \\&+ A_{10}\left(1 + A_{11}\rho_{pr}^2\right)\left(\rho_{pr}^2/\rho_{pr}^3\right)\exp\left(-A_{11}\rho_{pr}^2\right)\end{aligned} \quad (A4.6)$$

$$\rho_{pr} = 0.27 p_{pr} / (ZT_{pr})$$

其中 $A_1=0.3265$，$A_2=-1.0700$，$A_3=-0.5339$，$A_4=0.01569$，$A_5=-0.05165$，$A_6=0.5475$，$A_7=-0.7361$，$A_8=0.1844$，$A_9=0.1056$，$A_{10}=0.6134$，$A_{11}=0.721$。

Dranchuk-Purvis-Robinson 方法：

$$Z = 1 + \left(A_1 + \frac{A_2}{T_{pr}} + \frac{A_3}{T_{pr}^3}\right)\rho_{pr} + \left(A_4 + \frac{A_5}{T_{pr}}\right)\rho_{pr}^2 + \left(\frac{A_5 A_6}{T_{pr}}\right)\rho_{pr}^5 + \frac{A_7}{T_{pr}^3}\left(1 + A_8 \rho_{pr}^2\right)\exp\left(-A_8 \rho_{pr}^2\right) \tag{A4.7}$$

$$\rho_{pr} = 0.27 p_{pr} / (ZT_{pr})$$

其中 $A_1=0.31506237$，$A_2=-1.0467099$，$A_3=-0.57832720$，$A_4=0.53530771$，$A_5=0.61232023$，$A_6=-0.10488813$，$A_7=0.68157001$，$A_8=0.68446549$。

Hall-Yarborough 方法：

$$Z = \frac{1 + y + y^2 - y^3}{(1-y)^3} - (14.76 - 9.76t^2 + 4.58t^3)y + (90.7t - 242.2t^2 + 42.2t^3)y^{1.18+2.82t} \tag{A4.8}$$

其中 $t = \dfrac{1}{T_{pr}}$，$y = \dfrac{0.06125 P_{pr}}{ZT_{pr}} e^{-1.2(1-t)^2}$

Beggs-Brill 方法：

$$Z = A + \frac{1-A}{e^B} + C p_r^D \tag{A4.9}$$

其中 $A = 1.39(T_{pr} - 0.92)^{0.5} - 0.36 T_{pr} - 0.101$

$B = (0.62 - 0.23 T_{pr}) p_{pr} + \left(\dfrac{0.066}{T_{pr} - 0.86} - 0.037\right) p_{pr}^2 + \dfrac{0.32}{10^{9(T_{pr}-1)}} p_{pr}^6$

$C = (0.132 - 0.32 \lg T_{pr})$

$D = 10^{(0.3106 + 0.49 T_{pr} + 0.1842 T_{pr}^2)}$

A.5 地层天然气体积系数（B_g）

地层天然气体积系数，即地下状态下的天然气体积与地面标准状态下体积之比：

$$B_g = Z p_{sc} T / T_{sc} p_r \tag{A5.1}$$

式中 B_g——地层天然气体积系数，Resm³/STm³；
　　　Z——天然气偏差系数；

p_{sc}——标准压力,p_{sc}=0.101MPa;

T——地层温度,K;

T_{sc}——标准温度,T_{sc}=293K;

p_r——地层压力,MPa。

A.6 天然气压缩系数(C_g)

绝热条件下天然气压缩系数的定义与原油压缩系数的定义相类似:

$$C_g = \frac{1}{p_R} - \frac{1}{Z}\left(\frac{\partial Z}{\partial p}\right) \tag{A6.1}$$

式中 C_g——天然气压缩系数,MPa^{-1};

p_R——地层压力,MPa;

Z——天然气偏差系数。

由于上式第2项影响比较小,实际应用中可忽略。

天然气的压缩系数也可以通过图A6.1曲线计算,首先由图读出拟对比压缩系数,然后由下式计算天然气的压缩系数:

$$C_g = \frac{C_{pr}}{p_{pc}} \tag{A6.2}$$

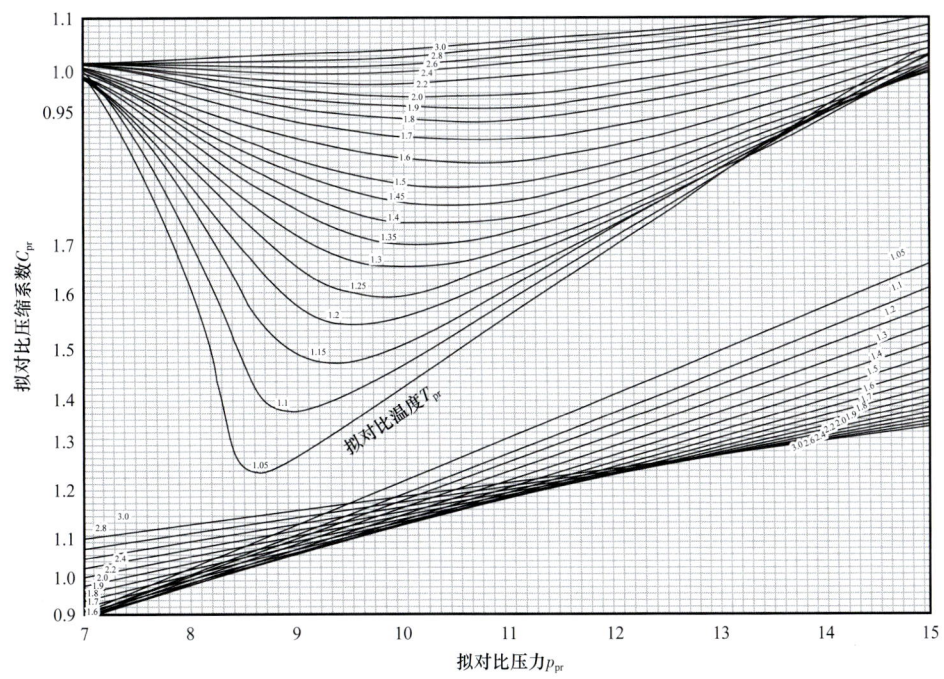

图A6.1 天然气拟压缩性关系曲线

A.7 地层天然气黏度（μ_g）

A.7.1 查图法

根据地层压力、温度和天然气相对密度查图 A7.1。

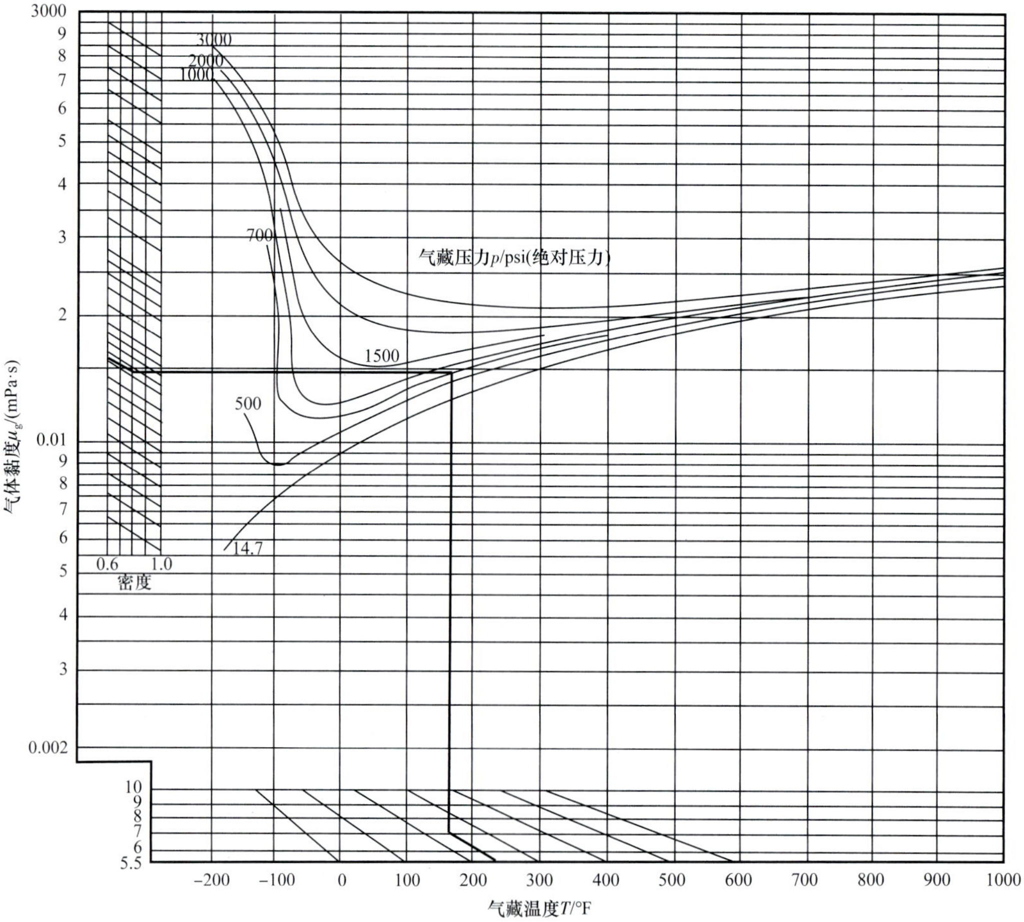

图 A7.1 求地层天然气黏度关系曲线

A.7.2 计算法

$$\mu_g = J \times 10^{-e^{(X\rho^Y)}} \quad (A7.1)$$

$$J = \frac{(9.4 + 0.02M)T}{209 + 19M + T} \quad (A7.2)$$

$$X = 3.5 + \frac{988}{T} + 0.01M \quad (A7.3)$$

$$Y = 2.4 - 0.2X \tag{A7.4}$$

$$p = \frac{M}{0.082} \times \frac{p}{1000Z} \tag{A7.5}$$

式中 μ_g——地层天然气黏度，mPa·s；

M——天然气相对分子质量；

ρ——地下天然气密度，g/cm³；

T——地层温度，°R；

p——地层压力，MPa。

A.8 地层水体积系数（B_w）

地层水体积系数，即地层条件下水的体积与地面体积之比。可根据地层压力，地层温度查图 A8.1 求得。

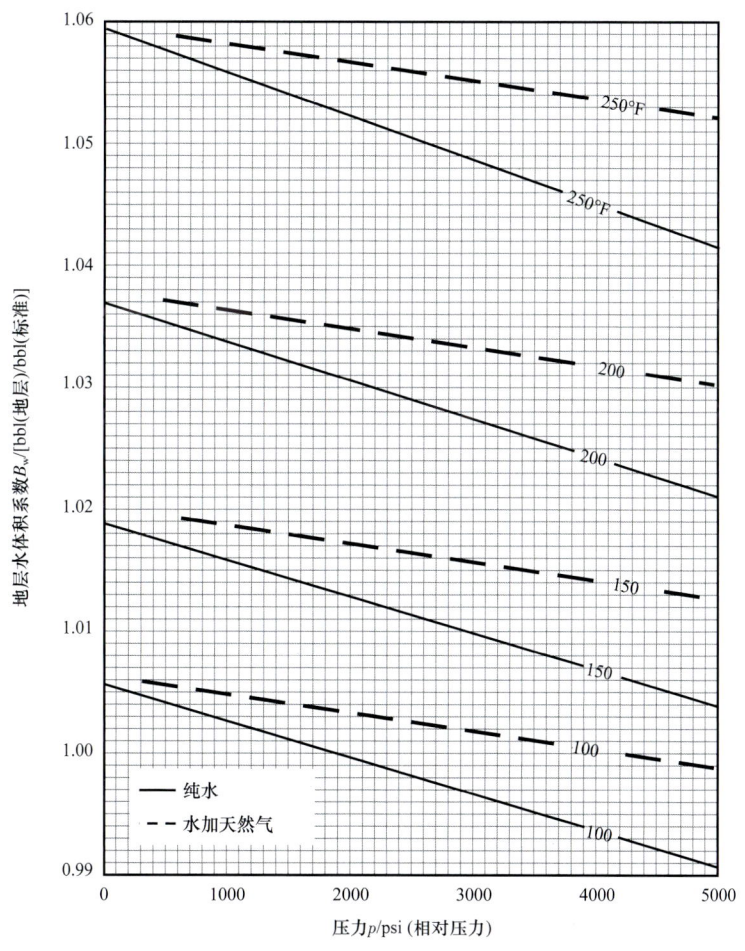

图 A8.1 不含气及气饱和纯水的地层体积系数

计算法：

$$B_w = 1.0088 - 4.4748 \times 10^{-4} p_R + 6.2666 \times 10^{-7} p_R^2 \quad (A8.1)$$

式中　B_w——地层水体积系数，m^3/m^3；

p_R——地层压力，MPa。

A.9　地层水压缩系数（C_w）

水的压缩系定义与原油类似。

A.9.1　查图法

由图 A9.1 可以计算出一般水或没有溶解气的盐水压缩系数。可用线性插值法来求出中间压力和含盐量下的压缩系数。

A.9.2　计算法

当地层水中溶解有一定量气体时，可用下式计算 C_w：

$$C_w = 1.4504 \times 10^{-4} \left(a + bA + cA^2 \right) f \quad (A9.1)$$

$$a = 3.8546 - 1.9435 \times 10^{-2} p_R \quad (A9.2)$$

$$b = -0.3366 + 2.21216 \times 10^{-3} p_R \quad (A9.3)$$

$$c = 4.021 \times 10^{-2} - 1.3069 \times 10^{-4} p_R \quad (A9.4)$$

$$f = 1 + 4.9974 \times 10^{-2} R_{sw} \quad (A9.5)$$

$$A = 5.625 \times 10^{-2} T + 1 \quad (A9.6)$$

式中　C_w——地层水的压缩系数，MPa^{-1}；

p_R——地层压力，MPa；

T——地层温度，℃；

R_{sw}——地层水的气体溶解度，m^3/m^3。

A.10　地层水黏度（μ_w）

A.10.1　查图法

可根据地层温度、地层压力和水的含盐量查图 A10.1。

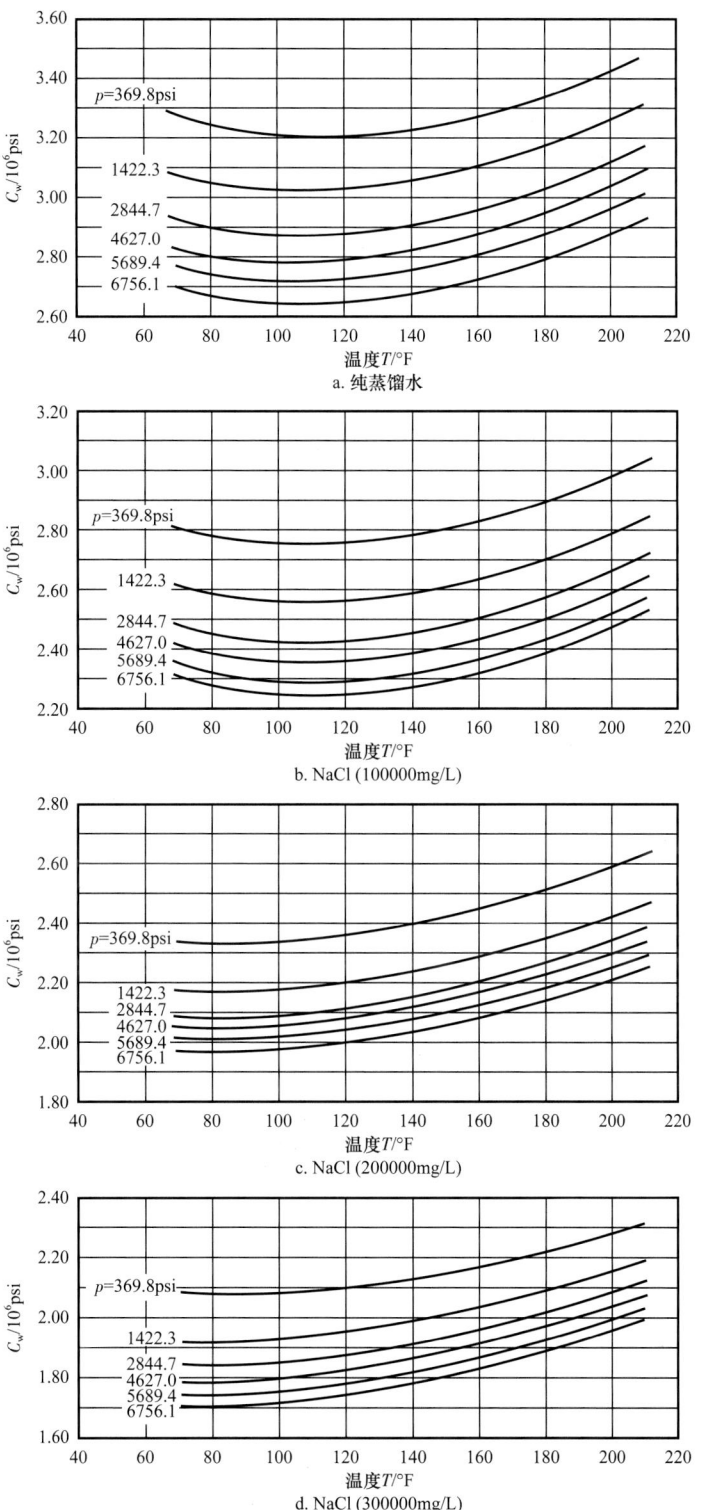

图 A9.1 纯蒸馏水与不同含盐量蒸馏水的平均压缩系数

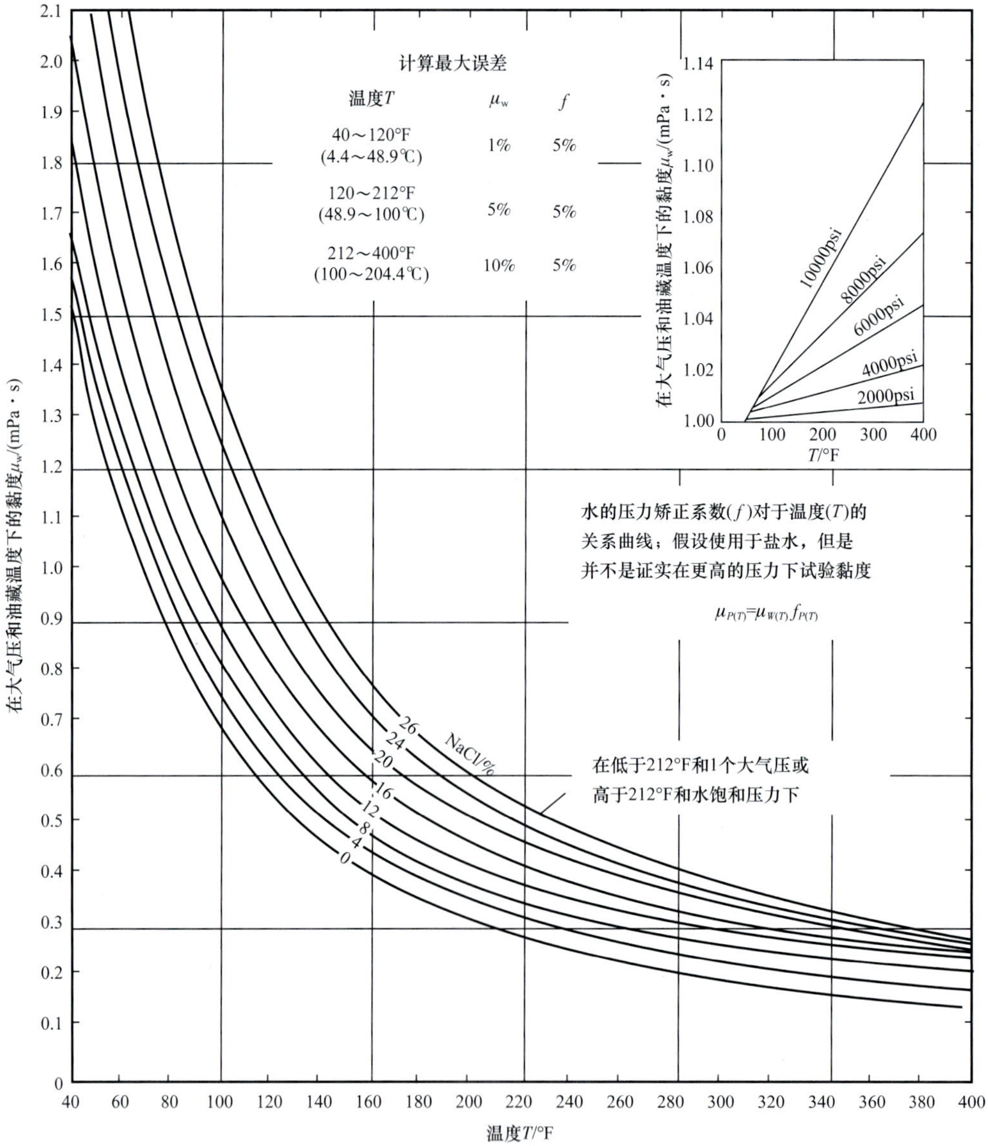

图 A10.1　在不同含盐量及温度下水的黏度

A.10.2　计算法

（1）经验公式一：

$$\mu_w = e^{[1.003 - X(1-Y)]} \quad (A10.1)$$

$$X = 0.4733(5.625 \times 10^{-2}T + 1) \quad (A10.2)$$

$$Y = 4.2882 \times 10^{-2}(5.625 \times 10^{-2}T + 1) \quad (A10.3)$$

式中　μ_w——地层水黏度，mPa·s；

T——地层温度，℃。

（2）经验公式二：

$$\mu_w = 4.33 - 2.24A + 0.484A^2 - 4.637 \times 10^{-3} A^4 \quad (A10.4)$$

$$A = 5.625 \times 10^{-2} T + 1 \quad (A10.5)$$

式中　μ_w——地层水的黏度，mPa·s；
　　　T——地层温度，℃。

A.11　岩石孔隙体积压缩系数（C_f）

通常所谓的地层压缩系数，系指岩石孔隙体积的压缩性，绝热地层压缩系数可定义为

$$C_f = \frac{1}{V_p} \left(\frac{\partial V_p}{\partial p_R} \right) T \quad (A11.1)$$

式中　V_p——孔隙体积，m³；
　　　p_R——地层压力，MPa；
　　　T——地层温度，℃。

A.11.1　查图法

查图 A11.1。

A.11.2　计算法

对于正常压力系统计算式：

$$C_f = \frac{2.587 \times 10^{-3}}{\phi^{0.4358}} \quad (A11.2)$$

式中　C_f——地层压缩系数，MPa^{-1}；
　　　ϕ——地层岩石有效孔隙度。

对于异常压力系统（高压异常）计算式：

$$C_f = (8.7046 \times 10^{-2} D - 2.4747) \times 10^{-4} \quad (A11.3)$$

式中　D——地层埋藏深度，m。

A.12　地层原油密度（ρ_o）

地层原油密度：

$$\rho_o = \frac{\rho_{os}}{B_o} \quad (A12.1)$$

式中　ρ_o——地层原油密度，g/cm³；

ρ_{os}——地面脱气原油密度，g/cm³；
B_o——地层原油体积系数。

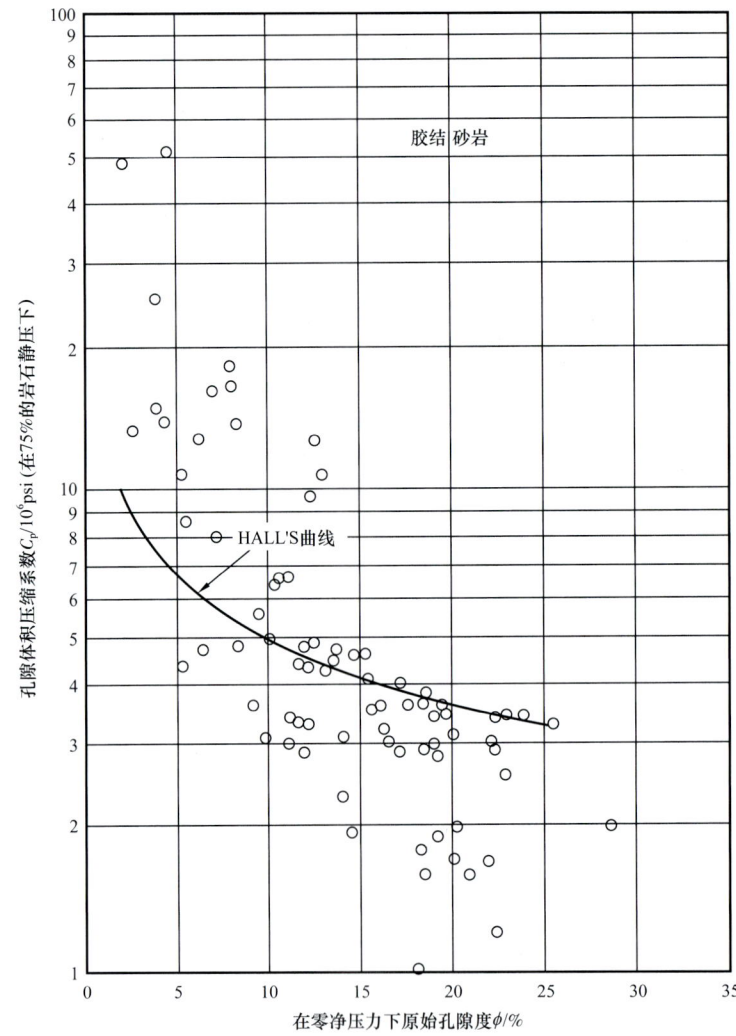

图 A12.1　在 75% 的岩石静压下孔隙体积压缩系数与胶结砂岩原始岩样孔隙度关系曲线

A.13　地层水密度（ρ_w）

地层水密度：

$$\rho_w = 1.083886 - 5.10546\times10^{-4}T - 3.06254\times10^{-6}T^2 \qquad (A13.1)$$

式中　ρ_w——地层水的密度，g/cm³；
　　　T——地层温度，℃。

A.14 求饱和压力（p_b）

A.14.1 查图法

查图 A14.1 或图 A14.2。

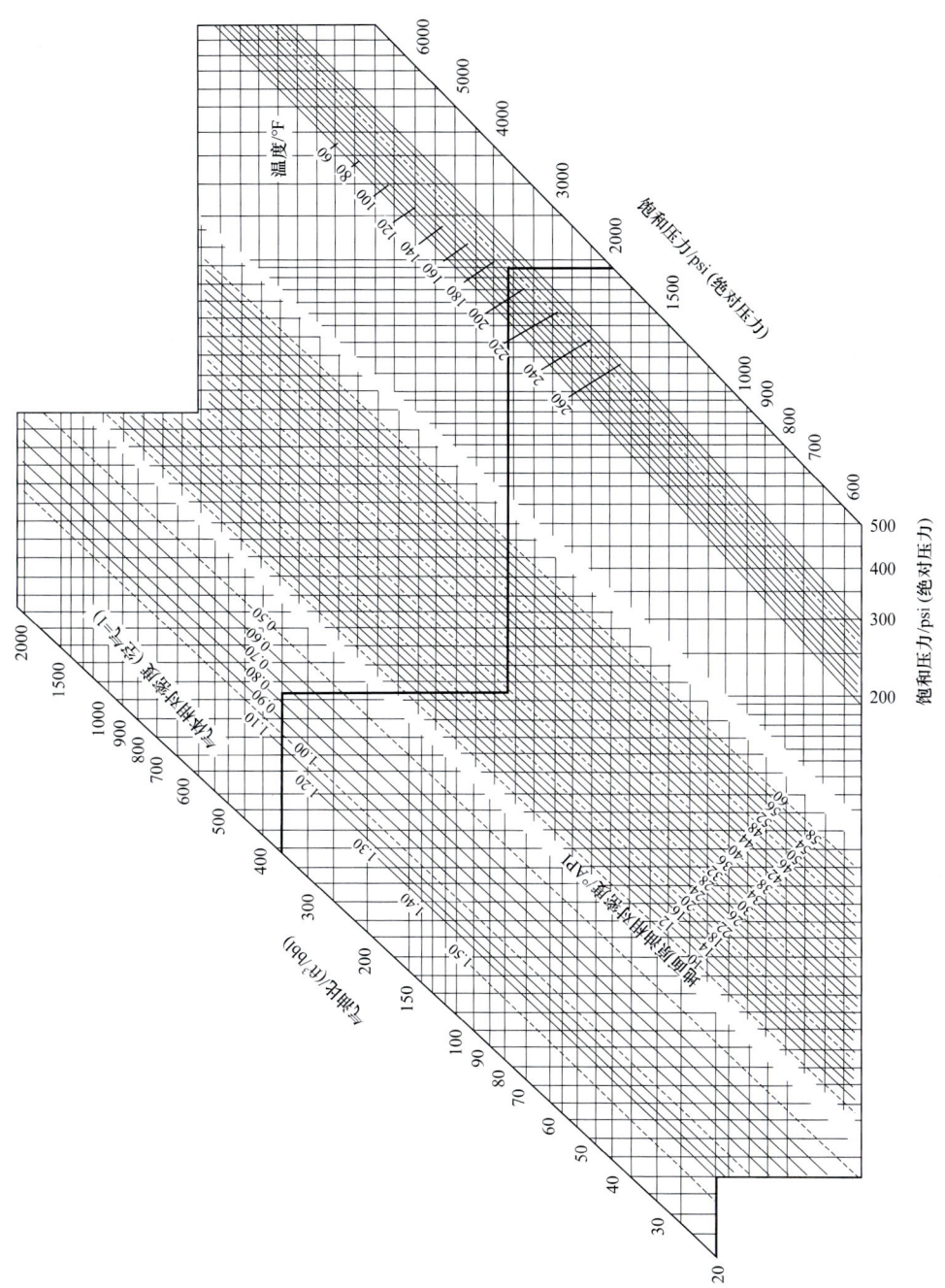

图 A14.1 求饱和压力关系

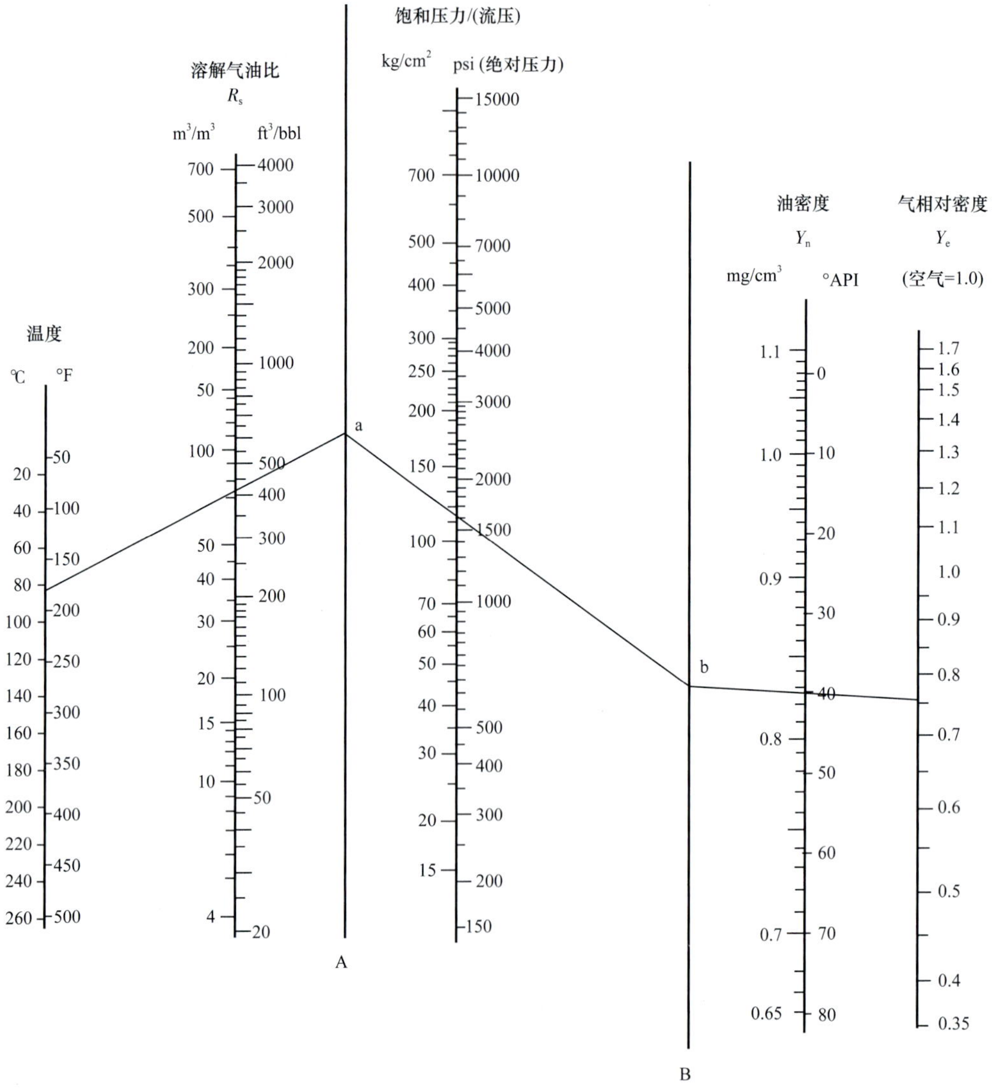

图 A14.2 求饱和压力关系曲线

举例 已知：流温 180°F、油产率 600bbl/d、气产率 240kft³/d、天然气相对重度 0.75、原油重度 40°API，求饱和压力。

步骤：（1）求出气油比 = $\dfrac{240\text{kft}^3/\text{d}}{600\text{bbl/d}}$；（2）在计算表上温度轴 180°F 点与 R_s 轴 400 点连线并延至 A 轴找出 a 交点；（3）在 Y_n 和 Y_e 轴分别找到 40°API 和 0.75 两点并连线延至 B 轴 b 交点；（4）a 和 b 连线与饱和压力轴相交点数值 1.560psi（绝对压力）即为所求值

A.14.2 计算法

（1）Petrosky-Farshad 方法。

1993 年，Petroksy 和 Farshad 依据墨西哥海湾原油系统进行了 81 次实验分析，并用非线性多元回归软件得到如下估算 p_b 的经验公式：

$$p_b = \frac{112.727(0.178R_s)^{0.577421}}{\gamma_g^{0.8439} \times 10^x} - 1391.051 \quad (A14.1)$$

$$x = 7.916 \times 10^{-4}(141.5/\gamma_o - 131.5)^{1.5410} - 4.561 \times 10^{-5}(1.8T + 32)^{1.3911} \quad (A14.2)$$

式中 p_b——地层原油饱和压力，MPa；

R_s——溶解气油比；

γ_g——天然气相对密度；

T——地层温度，℃

γ_o——地面脱气原油相对密度。

当计算值与实测值比较时，其平均相对误差为3.66%。

（2）Standing方法：

$$p_b = 0.52541C - 0.17566 \quad (A14.3)$$

$$C = \left(\frac{R_s}{\gamma_g}\right)^{0.83} \times 10^{0.0009(1.8T+32)-0.0125AA} \quad (A14.4)$$

$$AA = \frac{141.5}{\gamma_o} - 131.5 \quad (A14.5)$$

（3）Glaso方法：

$$p_b = 4.0876\left(\frac{R_s}{\gamma_g}\right)^{0.816} \frac{1.8213(5.625 \times 10^{-2}T + 1)^{0.173}}{124.6285\left(\frac{1.076}{\gamma_o} - 1\right)} \quad (A14.6)$$

其在1.034～48.263MPa压力范围内的标准差为6.89%；而在13.789～48.263MPa压力范围内的标准差为3.84%。

（4）Marhoun方法：

$$p_b = 5.38088 \times 10^{-3}(5.615R_s)^{0.715082}\gamma_g^{-1.77784}\gamma_o^{3.1437}(1.8T + 491)^{1.32657} \quad (A14.7)$$

A.15 溶解气油比（R_s）

A.15.1 查图法

查图 A14.1。

A.15.2 计算法

（1）Vasquez-Beggs法（常规参数）：

$$R_s = C_1 \gamma_g p_R^{C_2} e^{\left[C_3(1.076/\gamma_o - 1)/(3.6585 \times 10^{-3} T + 1)\right]}$$ （A15.1）

式中　R_s——溶解气油比，m^3/m^3；

　　　p_R——地层压力；MPa；

　　　T——地层温度，℃；

　　　γ_g——天然气相对密度；

　　　γ_o——地面原油相对密度。

公式中使用的常数 C 见表 A15.1。

表 A15.1　公式中使用的常数 C

C	原油相对密度 γ_o	
	$\gamma_o \geqslant 0.87616$	$\gamma_o < 0.87616$
C_1	2.3716	1.1661
C_2	1.0937	1.1870
C_3	6.8760	6.3967

（2）Standing 法（API 参数）：

$$R_s = \gamma_g \left[\left(\frac{p}{18.2} + 1.4\right) 10^x\right]^{1.2048}$$ （A15.2）

$$x = 0.0125 \text{API} - 0.00091(T - 460)$$ （A15.3）

式中　T——地层温度，°R；

　　　γ_g——溶解气相对密度；

　　　p——地层压力，psi。

适用条件：在原油泡点压力及以下应用很有效。

（3）Vasquez-Beggs 法（API 参数）：

$$R_s = C_1 \gamma_{gs} p^{C_2} e^{\left[C_3 \left(\frac{\text{API}}{T}\right)\right]}$$ （A15.4）

式中　γ_{gs}——分离条件下的天然气相对密度。

公式中使用的常数 C 见表 A15.2。

表 A15.2　公式中使用的常数 C

C	原油相对密度≤30°API	原油相对密度＞30°API
C_1	0.0362	0.0178
C_2	1.937	1.187
C_3	25.724	23.931

附录 B 规范性附录

B.1 测试地质设计附录

B.1.1 封面格式

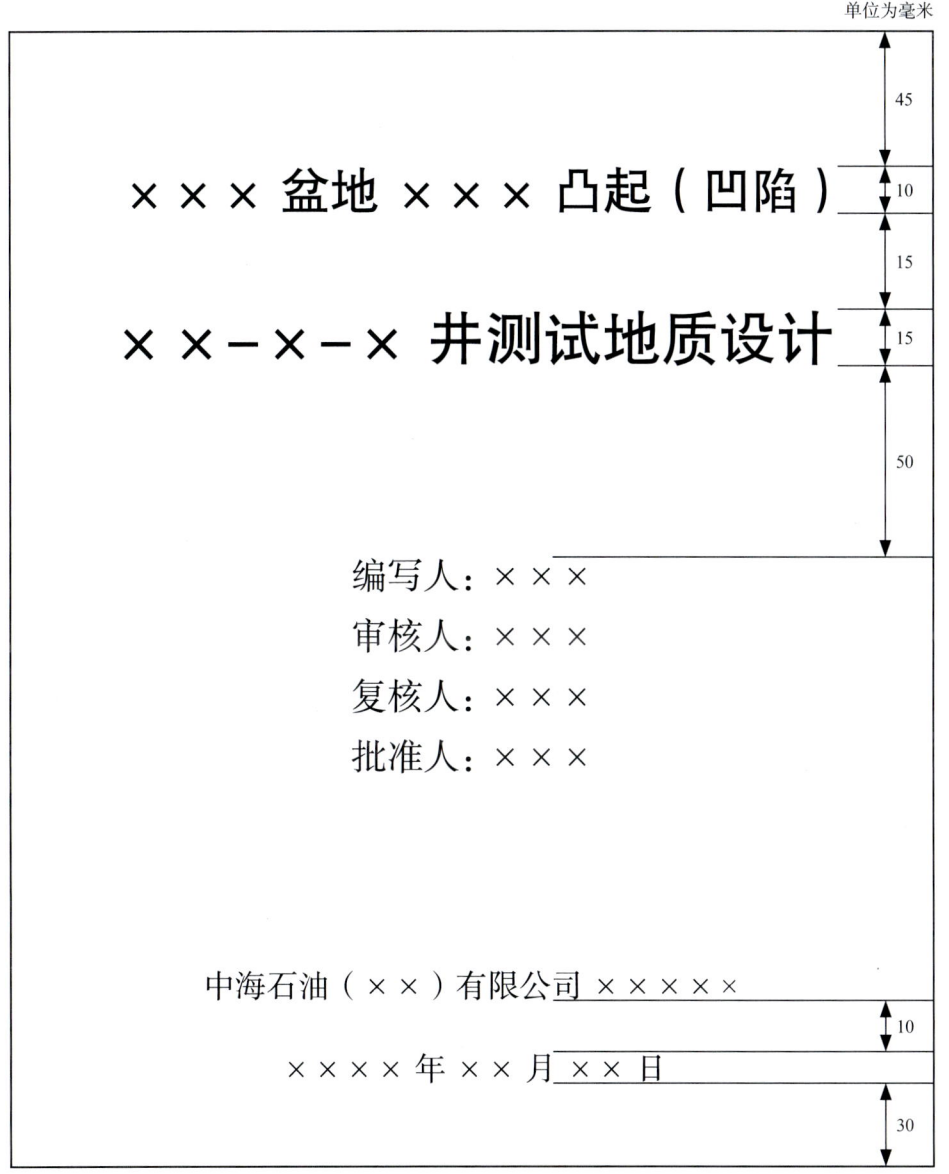

注：1. 采用 A4 纸。

    2. 海域、构造用二号黑体字；地质设计用一号黑体字；编写、审核、复核、批准人用三号宋体字；落款、日期用四号宋体字。所有文字水平居中。

B.1.2　目录格式

单位为毫米

目　　录

| 1 地质概况…………………………………………………… 1 |
| 2 测试井基本数据………………………………………… 3 |
| 3 测试层基本参数………………………………………… 4 |
| 4 测试目的………………………………………………… 4 |
| 5 试井设计………………………………………………… 5 |
| 6 测试程序设计…………………………………………… 7 |
| 7 录取资料要求…………………………………………… 15 |
| 8 样品录取要求…………………………………………… 16 |
| 9 测试工艺要求…………………………………………… 17 |

注：1. 采用 A4 纸。
　　2. "目录"二字用加粗小二号黑体字，一级标题用四号宋体字。

B.1.3　测试设计表格

表 B1.1　**基本数据表**

<table>
<tr><td colspan="2">井名</td><td></td><td>井别</td><td></td></tr>
<tr><td colspan="2">合同区块</td><td></td><td>合作者</td><td></td></tr>
<tr><td colspan="2">作业者</td><td></td><td>钻井船</td><td></td></tr>
<tr><td colspan="2">地理位置</td><td colspan="3"></td></tr>
<tr><td colspan="2">构造位置</td><td colspan="3"></td></tr>
<tr><td colspan="2">测线位置</td><td colspan="3"></td></tr>
<tr><td rowspan="2">井口坐标</td><td>CGCS2000 坐标系统</td><td>东经：</td><td colspan="2">北纬：</td></tr>
<tr><td>UTM 投影系统</td><td>X：</td><td colspan="2">Y：</td></tr>
<tr><td colspan="2">深度零点</td><td colspan="3"></td></tr>
<tr><td colspan="2">水深</td><td></td><td>补心海拔</td><td></td></tr>
<tr><td colspan="2">设计井深</td><td></td><td>完钻井深</td><td></td></tr>
<tr><td colspan="2">完钻人工井底</td><td></td><td>实际完钻层位</td><td></td></tr>
<tr><td colspan="2">目的层位</td><td></td><td>测试层位</td><td></td></tr>
<tr><td colspan="2" rowspan="2">钻井液</td><td>体系：</td><td>密度：</td><td>黏度：</td></tr>
<tr><td>总矿化度：</td><td>固相含量：</td><td>氯离子含量：</td></tr>
<tr><td colspan="2">井涌深度</td><td></td><td>溢流体积</td><td></td></tr>
<tr><td colspan="2">井漏深度</td><td></td><td>漏失体积</td><td></td></tr>
<tr><td colspan="2">开钻日期</td><td colspan="3"></td></tr>
<tr><td colspan="2">钻开测试层日期</td><td colspan="3"></td></tr>
<tr><td colspan="2">完钻日期</td><td colspan="3"></td></tr>
<tr><td colspan="2">钻头程序</td><td colspan="3"></td></tr>
<tr><td colspan="2">套管程序</td><td colspan="3"></td></tr>
</table>

表 B1.2 测井解释结果表

层位	层号	深度				自然伽马/ API	密度/ g/cm³	声波时差/ μs/ft	深电阻率/ Ω·m	泥质含量/ %	孔隙度/ %	含水饱和度/ %	渗透率/ mD	结论	备注
		井段（斜深）/ m	斜厚/ m	井段（垂深）/ m	垂厚/ m										

表 B1.3 电缆地层测试测压结果表

序号	实测深度/ m	垂直深度/ m	测前钻井液柱压力/ psi	最终测压读值/ psi	地层压力/ psi	测后钻井液柱压力/ psi	估算流动性/ mD/(mPa·s)	地层压力系数	等效钻井液密度/ g/cm³	记录温度/ ℃	压力点类型	备注

表 B1.4 电缆地层测试取样数据表

名称		单位	第 1 个样品	第 2 个样品	第 3 个样品	第 4 个样品	第 5 个样品	第 6 个样品
取样深度		m						
测前钻井液柱压力		psi						
测后钻井液柱压力		psi						
泵抽前地层恢复压力		psi						
取样后地层恢复压力		psi						
关样筒时（泵）压力		psi						
泵抽时间		min						
泵抽流体体积		L						
取样时间		min						
样筒容积		cm^3						
样筒地面压力		psi						
流体样品体积	气	ft^3						
	油	cm^3						
	水＋钻井液滤液	cm^3						
样品氯离子含量		mg/L						
样品电阻率	电阻率	$\Omega \cdot m$						
	温度	℃						
钻井液滤液氯离子含量		mg/L						
钻井液滤液电阻率	电阻率	$\Omega \cdot m$						
	温度	℃						
样品气体组分	CO_2	%						
	C_1	%						
	C_2	%						
	C_3	%						
	iC_4	%						
	nC_4	%						
	非烃含量	%						
地层电阻率		$\Omega \cdot m$						
地层温度		℃						

表 B1.5 套管固井质量测井评价表

井名		套管尺寸/in			壁厚/in		测量井段/m		
井段/m	厚度/m	平均衰减率/dB/ft	衰减率最小值/dB/ft	衰减率最大值/dB/ft	声幅/mV	水泥强度/psi	VDL		水泥胶结综合评价	备注
							套管波	地层波		

表 B1.6 试井设计储层基础参数表

层位	深度			孔隙度/%	含水饱和度/%	测井渗透率/mD	储层压力/MPa	储层温度/℃
	井段/m	垂厚/m	斜厚/m					

表 B1.7 试井设计天然气气体组分表

层位	C_1/%	C_2/%	C_3/%	iC_4/%	nC_4/%	（省略被填写的组分）……%	CO_2/%	H_2S/%	N_2/%

表 B1.8 试井设计流体性质参数表

名称	数值	单位	备注
气油比		m^3/m^3	（类比法或实验获取或其他）
天然气/原油相对密度		无量纲	（软件计算或实验获取）

续表

名称	数值	单位	备注
天然气偏差因子（原油性质表不含此项）		无量纲	（软件计算或实验获取）
天然气/原油体积系数		m^3/m^3	（软件计算或实验获取）
天然气/原油黏度		mPa·s	（软件计算或实验获取）
天然气/原油压缩系数		1/MPa	（软件计算或实验获取）
储层综合压缩系数		1/MPa	（软件计算或实验获取）

表 B1.9 设计流量范围计算表

计算项目	最小流量	最大流量
出砂压差对应的流量		
《勘探监督手册·测试分册（第二版）》要求最大压差对应流量		
最小携液（砂）流量		
设备最大处理流量		
流量允许范围		

表 B1.10 测试程序设计表

测试程序	拟用油嘴/mm	时间/h	目的及需录取的资料
初开井			
初关井			
……			
终开井			
终关井			

表 B1.11 气井产能试井设计结果表

工作制度/$10^4 m^3/d$	井底流动压力/MPa	原始储层压力/MPa	测试压差/MPa	二项式无阻流量/$10^4 m^3/d$	指数式无阻流量/$10^4 m^3/d$

表 B1.12 油井产能试井设计结果表

工作制度 / m³/d	井底流动压力 / MPa	原始储层压力 / MPa	测试压差 / MPa	设计采油指数 / m³/(MPa·d)	设计比采油指数 / m²/(MPa·d·m)

B.2 酸化测试施工设计

B.2.1 封面格式

××井

酸化测试施工设计

（二号字黑体加粗）

（三号黑体加粗）编　写：<u>签名</u>
（三号黑体加粗）审　核：<u>签名</u>
（三号黑体加粗）批　准：<u>签名</u>

完成单位：××××
完成时间：××××

（三号黑体加粗）

B.2.2 设计正文

1 基础资料

1.1 油气井基础数据

1.2 油气层基础资料

1.3 邻井测试资料

2 施工依据及地质要求

3 施工安全技术标准

4 作业计划及工期安排

5 施工设计

5.1 施工参数

5.1.1 施工排量

5.1.2 施工压力

5.1.3 酸液及顶替液用量

5.2 注入方式

5.3 注酸工序

5.4 施工管柱

5.5 工艺流程图

6 施工准备

6.1 施工设备

6.2 施工药剂及备料

7 施工程序

8 返排工作制度

9 资料录取

10 分工及协作

11 健康安全环保预案

B.3　热采测试施工设计封面格式

××井
热采测试施工设计

（二号字黑体加粗）

（三号黑体加粗）编　写：<u>签名</u>
（三号黑体加粗）审　核：<u>签名</u>
（三号黑体加粗）批　准：<u>签名</u>

完成单位：××××
完成时间：××××

（三号黑体加粗）

B.4 延长测试施工设计

B.4.1 封面格式

××井

延长测试施工设计

（二号字黑体加粗）

（三号黑体加粗）编　写：<u>签名</u>
（三号黑体加粗）审　核：<u>签名</u>
（三号黑体加粗）批　准：<u>签名</u>

完成单位：××××
完成时间：××××
（三号黑体加粗）

B.4.2 延长测试系统示意图

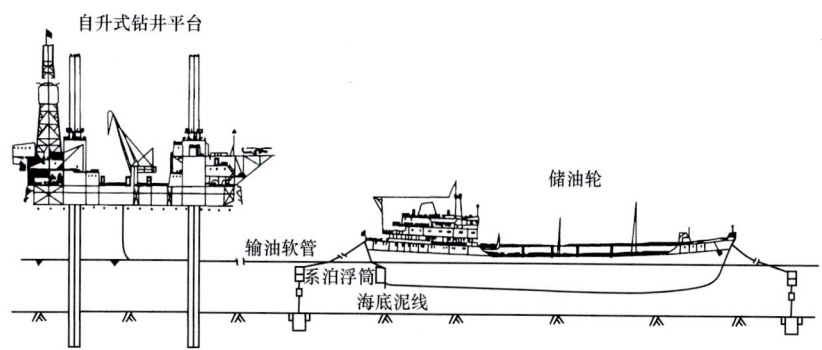

图 B4.1 延长测试系统总布置（立面）示意图

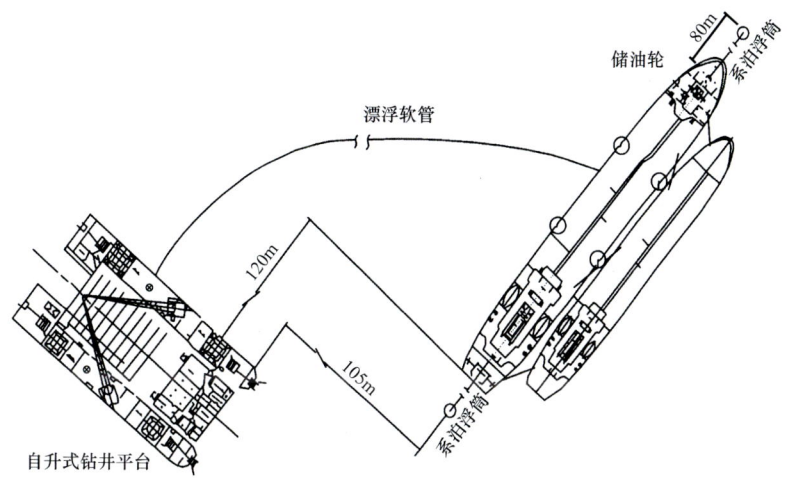

图 B4.2 延长测试系统总布置（平面）示意图

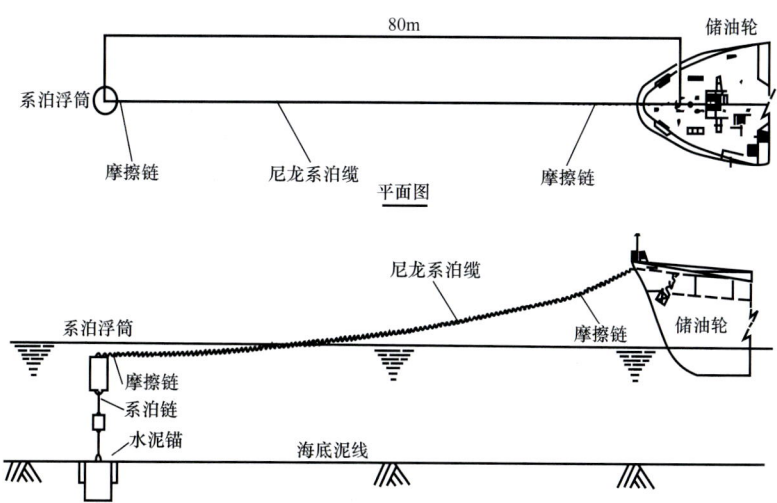

图 B4.3 浅海延长测试油轮系泊示意图

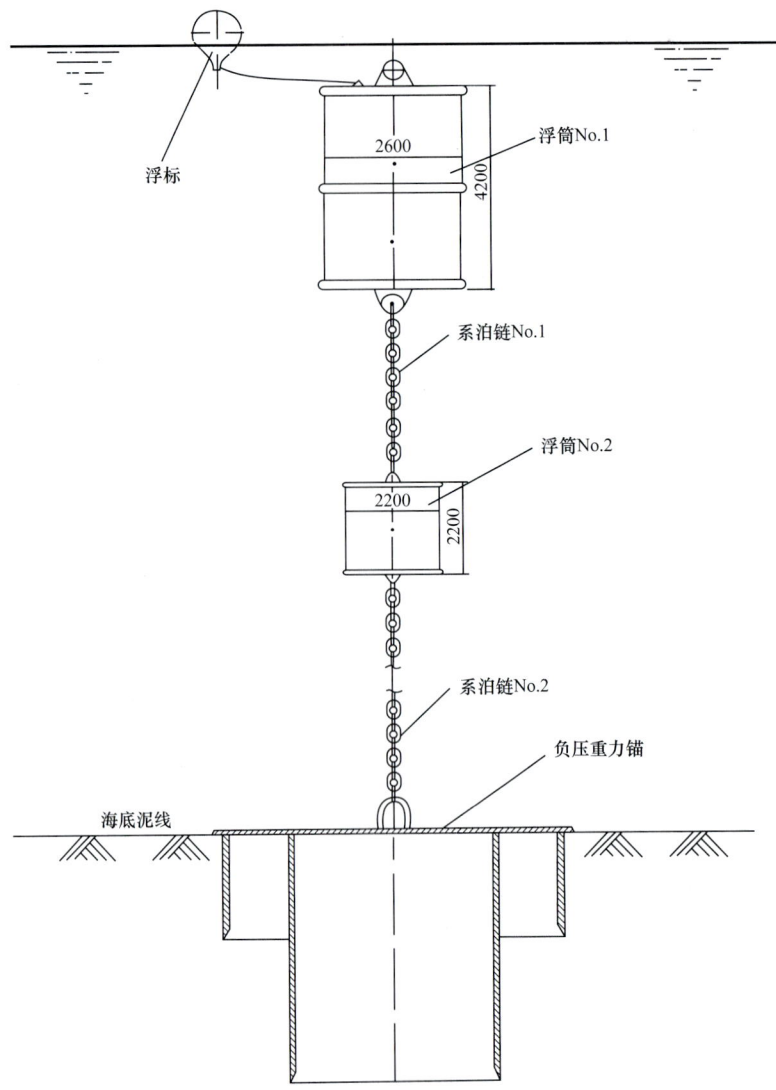

图 B4.4 油轮系泊装置示意图

附录 C 资料性附录

C.1 井下工具核查表

核查日期：			核查人：
序号	工具名称	核查项目	核查结果
1	压力计托筒	相关证书	
		压力测试、配件更换记录	
		工具选型是否与测试工艺相适应	
		是否已进行了通径检查	
2	RTTS 封隔器	相关证书	
		压力测试、功能试验、配件更换记录	
		胶筒选型是否与井下温度、套管尺寸及磅级适配	
		最大外径（上鞋、下鞋或扶正器等处）是否确认	
		摩擦块、水力锚等外观检查	
		是否已进行了通径检查	
3	安全接头	相关证书	
		压力测试、配件更换记录	
		工具选型是否与测试工艺相适应	
		张力套是否安装良好	
		倒扣螺母是否上到位	
		是否已进行了通径检查	
4	震击器	相关证书	
		通径试压是否合格	
		延时试验是否合格	
		油堵是否拧紧	
		心轴保护套是否安装	
		是否已进行了通径检查	

续表

核查日期:			核查人:
序号	工具名称	核查项目	核查结果
5	液压旁通阀	相关证书	
		延时试验是否合格	
		通径试压是否合格	
		油堵是否拧紧	
		是否已进行了通径检查	
6	LPR-N 测试阀	相关证书	
		压力测试、功能试验、配件更换记录	
		计量套的选型与作业井况是否相适应	
		油室硅油是否注满/油室是否漏氮气	
		剪切心轴安全销钉是否安装	
		是否已进行了通径检查	
7	选择性测试阀	相关证书	
		压力测试、功能试验、配件更换记录	
		计量套方向是否安装正确	
		上油室硅油是否注满/油室是否漏氮气	
		入井氮气压力值计算是否正确	
		是否已进行了通径检查	
8	OMNI 多次循环阀	相关证书	
		压力测试、功能试验、配件更换记录	
		油室硅油是否注满/油室是否漏氮气	
		氮气压力值计算是否正确	
		油堵是否拧紧	
		是否已进行了通径检查	

续表

核查日期：			核查人：
序号	工具名称	核查项目	核查结果
9	RD循环阀	相关证书	
		压力测试、配件更换记录	
		球阀是否安装正确	
		销钉安装及其数量是否进行过确认	
		破裂盘值计算是否正确	
		是否已进行了通径检查	
10	RD旁通试压阀	相关证书	
		压力测试、配件更换记录	
		破裂盘值计算是否正确	
		破裂盘试压是否合格	
		旁通孔下端"O"形圈是否合格	
		是否已进行了通径检查	
11	旁通替液阀	相关证书	
		压力测试、配件更换记录	
		破裂盘值计算是否正确	
		破裂盘试压是否合格	
		安装好的破裂盘是否有保护措施	
		是否已进行了通径检查	
12	RD取样阀	相关证书	
		压力测试、配件更换记录	
		销钉安装及其数量是否进行过确认	
		放样孔的密封性是否进行过试压确认	
		破裂盘值计算是否正确	
		是否已进行了通径检查	

续表

核查日期：			核查人：
序号	工具名称	核查项目	核查结果
13	单相取样阀	相关证书	
		压力测试、配件更换记录	
		放样针阀是否拧紧	
		氮气短接触发杆位置是否正确	
		破裂盘值计算是否正确	
		是否已进行了通径检查	
14	伸缩接头	相关证书	
		压力测试、配件更换记录	
		通径试压是否合格	
		心轴拉伸至1/2处通径试压是否合格	
		全拉伸通径试压是否合格	
		是否已进行了通径检查	
15	FAST-Link	相关证书	
		压力测试、配件更换记录	
		通径试压是否合格	
		压力计压力温度监测是否正常	
		检查信号传输是否正常	
		检查电池供电是否正常	
16	SMART-DV 智能工具	相关证书	
		压力测试、配件更换记录	
		检查压力脉冲指令识别是否正常	
		检查液压室硅油是否合格且充满	
		检查电池供电是否正常	
		通径试压是否合格	

C.2 地面设备核查表

核查日期:			核查人:
序号	工具名称	核查项目	核查结果
1	应急关断（ESD）	检验证书（吊点、索具、设备证书）	
		维修保养记录	
		压力试验记录	
		测厚检查表	
		作业运转记录	
		自身配件是否齐全（液压油、液压管线、气管线、回油软管）	
2	数据头	检验证书（吊点、索具、设备证书）	
		维修保养记录	
		压力试验记录	
		测厚检查表	
		作业运转记录	
		自身配件是否齐全	
3	除砂器	检验证书（吊点、索具、设备证书）	
		维修保养记录	
		压力试验记录	
		测厚检查表	
		作业运转记录	
		自身配件是否齐全［砂筒、2in 1502旋塞阀、2T手动/气动倒链（气动倒链配空气过滤器）、闸板阀修理包、锤击扳手、铜榔头、针阀、钢圈、吊带］	
4	油嘴管汇	检验证书（吊点、索具、设备证书）	
		维修保养记录	
		压力试验记录	
		测厚检查表	
		作业运转记录	
		自身配件是否齐全（固定油嘴、可调油嘴座、可调油嘴杆、油嘴扳手、铜垫片、油嘴手柄、可调油嘴密封圈）	

续表

核查日期：			核查人：
序号	工具名称	核查项目	核查结果
5	动力油嘴	检验证书（吊点、索具、设备证书）	
		维修保养记录	
		压力试验记录	
		测厚检查表	
		作业运转记录	
		自身配件是否齐全	
6	蒸汽换热器	检验证书（吊点、索具、安全阀、仪器仪表、设备证书）	
		维修保养记录	
		压力试验记录	
		测厚检查表	
		作业运转记录	
		自身配件是否齐全（温度计、可调油嘴杆等）	
7	分离器	相关证书（吊点、索具、安全阀、仪器仪表、设备证书等）	
		维修保养记录	
		压力试验记录	
		测厚检查表	
		作业运转记录	
		自身配件是否齐全（孔板、巴顿记录仪、压力表、传感器等）	
		其他配件是否齐全（取样流量表等相关配件）	
8	计量罐	检验证书（吊点、索具、设备证书）	
		维修保养记录	
		压力试验记录	
		测厚检查表	
		作业运转记录	
		自身配件是否齐全	
9	空气压缩机	检验证书（吊点、索具、防爆、仪器仪表、设备证书）	
		维修保养记录	
		压力试验记录	

续表

核查日期:			核查人:
序号	工具名称	核查项目	核查结果
9	空气压缩机	测厚检查表	
		作业运转记录	
		自身配件是否齐全	
10	蒸汽锅炉	检验证书（吊点、索具、防爆、安全阀、仪器仪表、设备证书）	
		维修保养记录	
		作业运转记录	
		自身配件是否齐全	
11	缓冲罐	检验证书（吊点、索具、安全阀、仪器仪表、设备证书）	
		维修保养记录	
		压力试验记录	
		测厚检查表	
		作业运转记录	
		自身配件是否齐全	
12	燃烧	检验证书（吊点、索具、设备证书）	
		维修保养记录	
		压力试验记录	
		测厚检查表	
		作业运转记录	
		自身配件是否齐全	
13	燃烧头	检验证书（吊点、索具、设备证书）	
		维修保养记录	
		压力试验记录	
		测厚检查表	
		作业运转记录	
		自身配件是否齐全［电子打火器、220V电子打火器电源线（带防爆开关）、点火防风罩、隔热管线、电打火棒、电打火线、液化气管线、液化气减压阀］	

续表

核查日期：			核查人：
序号	工具名称	核查项目	核查结果
14	输送泵	检验证书（吊点、索具、防爆、仪器仪表、设备证书）	
		维修保养记录	
		压力试验记录	
		测厚检查表	
		作业运转记录	
		自身配件是否齐全（电缆）	
15	输油台	检验证书（吊点、索具、设备证书）	
		维修保养记录	
		压力试验记录	
		测厚检查表	
		作业运转记录	
		自身配件是否齐全（压力表）	
16	聚结式过滤器	检验证书（吊点、索具、设备证书）	
		维修保养记录	
		压力试验记录	
		测厚检查表	
		作业运转记录	
		自身配件是否齐全（滤芯）	
17	小气量计量设备（精密气体计量管汇）	检验证书（吊点、索具、设备证书）	
		维修保养记录	
		压力试验记录	
		测厚检查表	
		作业运转记录	
		自身配件是否齐全	
18	数据采集系统	检验证书（吊点、索具、设备证书）	
		维修保养记录	
		作业运转记录	
		自身配件是否齐全（传感器、流量计、数据线、压力表、静重仪）	

续表

核查日期：			核查人：
序号	工具名称	核查项目	核查结果
19	质量流量计	检验证书（吊点、索具、设备证书）	
		维修保养记录	
		作业运转记录	
		自身配件是否齐全	
20	硫化氢在线监测	检验证书（吊点、索具、设备证书）	
		维修保养记录	
		作业运转记录	
		自身配件是否齐全	

C.3 地面流程检查表

项目	序号	检查内容	状况	备注
流程完整性检查	1	检查流程走向和连接是否正确，是否具备相应的标识		
	2	流程压力试验是否满足设计要求		
	3	检查流程是否具备应急关断装置，关断时间是否满足要求，应急装置控制点的数量和位置设置是否满足要求		
	4	检查应急泄压流程是否满足设计要求		
	5	检查穿越安全通道的流程是否具有警示标志		
	6	检查仪表（压力表、压力变送器，温度表、温度变送器，液位计、液位变送器等）安装位置是否合理，状态是否完好		
	7	检查各种阀门及仪表的安装位置及方向是否正确，是否与设计一致		
	8	检查流程各管线、设备、密封件压力及温度是否满足作业要求		
	9	检查螺栓有无缺少、是否拧紧、是否符合要求		
	10	检查流量计是否安装，流量计、安全阀是否标定		
	11	检测关键流程段和弯头处的壁厚是否满足要求		
	12	检查各种阀门是否完好，是否能灵活操作		
	13	检查流程固定是否满足要求		
	14	检查流程保温是否满足设计要求		
储存系统检查	1	确认进口、出口流程的安装符合设计要求		
	2	对进口、出口流程按照设计要求试压合格		

续表

项目	序号	检查内容	状况	备注
储存系统检查	3	确认液位计满足要求，确认液位显示正常		
	4	确认所有阀门的操作灵活		
	5	确认容器内部无杂物、内壁清洁程度满足作业要求		
	6	检查非常压容器的泄压装置是否完好		
	7	检查接地等防静电措施是否具备		

C.4 日常巡检检查表

项目	序号	检查内容	状况	备注
吊货甲板及主甲板	1	检查测试地面设备及流程的固定情况		
	2	检查材料及设备使用、保养情况		
	3	检查测试放喷流程的工作状况		
	4	检查甲板物料摆放情况是否合理及下步作业所需场地情况		
	5	检查甲板有无"跑、冒、滴、漏"情况		
	6	观察天气、海面情况		
	7	检查燃烧臂的燃烧情况		
	8	检查楼梯和船舷栏杆是否完好，是否存在人员滑倒、坠落的安全隐患		
	9	检查人员坐岗情况		
悬臂梁甲板及井口	1	检查各测试设备的工作状况（油嘴管汇、蒸汽锅炉、分离器、蒸汽换热器等）		
	2	检查数据采集系统的工作情况		
	3	检查仪器仪表的工作情况		
	4	检查地面测试树的工作情况		
	5	检查各气源管线状态		
	6	检查测试设备的固定情况		
	7	检查放喷流程的隔离警示情况		
	8	检查放喷流程的跑冒滴漏情况		
	9	检查 ESD 按钮状态		
	10	检查可燃气体、有毒有害气体监测情况		
	11	检查人员坐岗情况		

附录 D 不稳定试井双对数曲线对应的常见模型

序号	$\lg\dfrac{d(\Delta p)}{d(\ln \Delta t)}$—$\lg \Delta t$ 关系图表观现象	主要性质特征	选择试井模型	模型示意图/特征描述
D.1		含垂直径向流阶段、线性流阶段和拟径向流阶段	水平井筒模型	
D.2		球形流动	部分射开井筒模型	
D.3		均质地层，定井储	定井储模型＋均质油气藏模型＋无限大边界模型	
D.4		井储变小	井储变小的变井储模型	常见于致密气层关井压力恢复过程中；随着压力上升，气体压缩性减小从而引起井筒储存系数下降
D.5		井储变大	井储变大的变井储模型	常见于地面关井压力恢复过程中；随着气、液分离，气体压缩性显现从而引起井筒储存系数上升
D.6		存在穿过井底的无限导流裂缝	无限导流裂缝模型	

— 367 —

续表

序号	$\lg\dfrac{d(\Delta p)}{d(\ln\Delta t)}-\lg\Delta t$ 关系图表观现象	主要性质特征	选择试井模型	模型示意图/特征描述
D.7	(曲线图，标注 $\dfrac{1}{4}$)	存在穿过井底的有限导流裂缝	有限导流裂缝模型	(示意图：X_f、X_f、井筒、W_f)
D.8	(曲线图)	开口增大，表皮效应增大	定表皮模型	(示意图：p_i、p、r_w、r、Δp_s、p_{wf} 'ideal' skin>0)
D.9	(曲线图，标注 0)	双重孔隙介质地层，双孔单渗，介质间拟稳定窜流	双孔拟稳态油气藏模型	矩阵块　裂隙系统 基质中的压力分布是均匀的，内部没有压降；整个压降作为不连续性发生在基质块体表面，由此产生的压力响应在过渡过程中出现急剧下降
D.10	(曲线图，标注 0)	双重孔隙介质地层，双孔单渗，介质间不稳定窜流	双孔非稳态油气藏模型	基质内存在压力梯度，内部的压力分布不可忽略；必须考虑基质块体的形状，因此有两个可用的模型，每个模型对应于不同的基质块体几何形状 矩阵块　裂隙系统

续表

序号	$\lg\dfrac{\mathrm{d}(\Delta p)}{\mathrm{d}(\ln \Delta t)}$ — $\lg \Delta t$ 关系图表观现象	主要性质特征	选择试井模型	模型示意图/特征描述
D.11		物性相差悬殊的双层油气藏	双渗油气藏模型	
D.12		沿径向物性变差	物性变差的径向复合油气藏模型	
D.13		①沿径向物性变好；②凝析气藏近井气液两相流，向远处逐渐变化为单相气	物性变好的径向复合油气藏模型	
D.14		沿某直线方向物性变差	物性变差的线性复合油气藏模型	
D.15		①沿某直线方向物性变好；②凝析气藏近井气液两相流，向远处逐渐变化为单相气	物性变好的线性复合油气藏模型	

— 369 —

续表

序号	$\lg\dfrac{\mathrm{d}(\Delta p)}{\mathrm{d}(\ln\Delta t)}-\lg\Delta t$ 关系图表观现象	主要性质特征	选择试井模型	模型示意图/特征描述
D.16	(图：曲线先升后降再升至0，标注 0、1/4)	一条边界	一条不渗透边界模型	(图：点源与一条直线不渗透边界，压力波反射示意)
D.17	(图：曲线先升后降至0再上升，斜率1/2)	两条平行边界	条带状不渗透边界模型	(图：两条平行边界内A、B两井，标注 L、L_1、L_2)
D.18	(图：曲线先升后降再上升，标注1/2、0)	三条边界	一端封闭的条带状不渗透边界模型	(图：三条边界围成的半封闭条带状区域)
D.19	(图：曲线先升后降再升至0，标注1/2、0)	两条相交边界	夹角不渗透边界模型	(图：两条相交成夹角 θ 的边界，内有A、B两井，标注 L_1、L_2)
D.20	(图：压力降落与压力恢复曲线，标注0、1，压力降落—实线，压力恢复—虚线)	封闭不渗透边界	封闭不渗透边界模型	(图：封闭圆形边界，半径 Re)

续表

序号	$\lg\dfrac{d(\Delta p)}{d(\ln \Delta t)}$ — $\lg \Delta t$ 关系图表观现象	主要性质特征	选择试井模型	模型示意图 / 特征描述
D.21	（图：曲线后段下降，斜率 −1，0）	一条恒压边界	恒压边界模型	（示意图）

附录 E 测试总结报告

E.1 地层测试总结报告

E.1.1 前言

前言包括：
（1）简述探井所在区域及周边油气勘探情况，以及与周边含油气构造关系等。
（2）简述探井周边油气井的测试情况，本井显示情况、测试层位及测试理由。
（3）简述本井测试主要技术措施、过程是否顺利、求产方式、工作制度、压力、温度、产能、流体性质和测试结论。

E.1.2 基本数据

基本数据包括井名、井别类型、地理位置、构造位置、经纬度、水深、补心海拔、开钻日期、完钻日期、完钻井深、完钻层位、井斜度、造斜点、最大井斜、钻测试储层的钻井液类型及其性质、钻头程序、套管程序及人工井底深度等。

E.1.3 第一层测试（DST1）

E.1.3.1 测试层基本参数

（1）测试层层位。
（2）测试层岩性。
（3）测试井段及厚度。
（4）测井解释结果，格式见附录 B 中表 B1.2。
（5）测试井段及其上下井段的固井质量，格式见附录 B 中表 B1.5。
（6）在报告附录部分附上相应图件。

E.1.3.2 测试目的

简述测试主要目的。

E.1.3.3 测试作业简况

E.1.3.3.1 测前准备

测前准备内容主要包括：
（1）地面测试流程试压结果，压力计、流量计、传感器校验结果等，在报告附录部分附上地面测试设备流程简图。
（2）套管、防喷器等试压结果。
（3）刮管钻具组合、清刮井段。
（4）探人工井底深度。
（5）洗井结束时测试液性能（类型、相对密度、黏度、总矿化度、氯离子含量等）。

E.1.3.3.2 射孔

射孔内容主要包括：

（1）射孔方式。

（2）射孔井段、射开厚度。

（3）射孔枪型、弹型、相位角、孔密、负压值、发射率等。

（4）点火时间、点火方式、加压值。

（5）射孔后质量检查。

（6）在报告附录部分附上射孔枪排枪图。

E.1.3.3.3 管柱及主要器材

（1）自喷管柱。

① 管柱结构及深度，在报告附录部分附上测试管柱图。

② 测试阀类型、深度。

③ 循环阀类型、深度。

④ 压力计的类型、型号、深度。

⑤ 封隔器类型、深度。

⑥ 管鞋深度。

（2）气举管柱。

① 管柱结构及深度，在报告附录部分附上测试管柱图。

② 气举方式。

③ 气举阀类型、型号、深度。

④ 压力计的类型、型号、深度。

⑤ 气举地面设备名称、技术参数及数量。

⑥ 气举介质名称及性能。

（3）泵排管柱。

① 管柱结构及深度，在报告附录部分附上测试管柱图。

② 泵排方式。

③ 泵的类型、型号、规格、深度。

④ 压力计的类型、型号、深度。

⑤ 动力液名称、性能，添加剂名称、温度、预计用量。

（4）压裂（酸化）管柱。

① 管柱结构及深度，在报告附录部分附上测试管柱图。

② 压力计的类型、型号、深度。

③ 压裂（酸化）工具名称、规格、型号、深度。

④ 压裂（酸化）地面设备名称、规格、型号、数量。

⑤ 压裂（酸化）方式、泵注方式。

⑥ 压裂（酸化）液的名称、性质及总用量。

⑦ 支撑剂类型、规格、用量。

E.1.3.3.4 液垫类型与性质

液垫类型与性质内容主要包括：

（1）液垫类型。

（2）液垫长度。

（3）液垫性质，包括相对密度、黏度、总矿化度、氯离子含量等。

E.1.3.3.5 起下管柱与求产过程

起下管柱与求产过程内容主要包括：

（1）下测试管柱简况。

（2）射孔作业过程简况。

（3）射孔后流动显示。

（4）措施实施过程简况。

（5）初开井流动清井的油嘴尺寸、井口压力及温度、排液量、液体性质等。

（6）初关井方式及期间作业。

（7）二开井清井期油嘴尺寸、井口压力温度、产出流体量、流体性质等。

（8）二开井求产油嘴尺寸、变更后流动变化状况、井口压力及温度、分离器压力及温度、流体流量、流体性质、含水率及含砂量、地面取样等。

（9）二关井方式及期间作业。

（10）三开井获取井下 PVT 样品数量、现场检测结果、求产数据等。

（11）压力、温度梯度测量情况及结果。

（12）多次开井清井、求产，同二开井。

（13）压井简况，反循环返出流体类型、数量、取样数量及现场分析结果。

（14）起测试管柱简况，井下压力计、射孔枪工作状况。

（15）在附录部分附上整个测试作业过程的详细记录。

（16）地层测试取样清单及测试现场样品分析数据表。

（17）地层测试取样报告。

E.1.3.3.6 测试结果

测试结果内容主要包括：

（1）测试结果表。

（2）所用压力计的位置、型号、系列号。

（3）测量点处储层压力、储层中部压力、压力系数。

（4）储层温度。

（5）累计产出油（气、水）量。

（6）产出流体相对密度。

（7）水的氯离子含量。

（8）非烃气体含量。

E.1.3.3.7 封层

封层内容主要包括。

(1) 封层类型。

(2) 封层方式。

(3) 封层位置、试压结果。

E.1.3.3.8 综合分析

(1) 措施效果分析。

① 施工效率(分析气举深度、气举压力、气举气量等与设计的差异,泵排效率与设计的差异,酸化液量、压裂液量、砂量、排量、施工时间等与设计的差异等)。

② 措施后流动压差及产能、酸化解堵效果、裂缝几何参数、裂缝导流能力等与设计的差异。

(2) 测试资料质量分析。

(3) 储层产能分析。

① 求取采油(气)指数及比采油(气)指数。

② 求取油、气层产能方程,计算气层无阻流量。

(4) 试井分析。

根据实测资料利用试井软件绘制井下压力—温度曲线、霍纳分析曲线、双对数拟合曲线及压力历史拟合检验曲线等,在报告附录部分依次附上实测井下压力温度曲线图、关井压力恢复试井解释霍纳曲线图、关井压力恢复试井解释双对数拟合曲线图和压力历史拟合检验曲线图等。

E.1.4 第二层测试(DST2)

多层测试详述同 E.1.3。

E.1.5 弃井

弃井内容主要包括:

(1) 简要记录弃井作业过程及类型(临时性弃井或永久性弃井)。

(2) 绘制弃井井身结构图。

E.1.6 总结与建议

总结与建议内容主要包括:

(1) 简评本井主要测试工艺及措施的针对性和重要性,测试结果对本构造乃至区域的勘探和开发的重要作用等。

(2) 建议包含但不限于对钻本构造的评价井及开发井的钻井液性能、完井方式、测试工艺、增产措施、选层等方面。

E.2 酸化测试施工总结报告

E.2.1 报告封面

××井

酸化测试施工总结报告

（二号字黑体加粗）

（三号黑体加粗）编　写：<u>签名</u>
（三号黑体加粗）审　核：<u>签名</u>
（三号黑体加粗）批　准：<u>签名</u>

完成单位：××××
完成时间：××××

（三号黑体加粗）

E.2.2 报告正文

1 基础资料

1.1 油气井基础数据

1.2 油气层基础资料

1.3 酸化前后生产动态资料

1.4 酸化作业过程中录取的基础资料

2 施工依据及地质要求

3 施工设计简介

3.1 施工参数

3.1.1 施工排量

3.1.2 施工压力

3.1.3 酸液及顶替液用量

3.2 注入方式

3.3 注酸工序

3.4 施工管柱

3.5 工艺流程图

4 施工过程描述

5 酸化效果分析

5.1 施工过程分析

5.2 酸化效果分析

6 结论及建议

附录 F 测试名词、数据单位、符号的解释

F.1 测试相关名词解释

F.1.1 油层

（1）油层：原油含水小于5%的产层。

（2）自喷油层：靠天然能量自喷生产的油层。

（3）非自喷油层：靠机抽或气举生产的油层。

F.1.2 气层及凝析气层

（1）气层：在地层条件下呈气相存在，产出以天然气甲烷为主的产层。

（2）含有比甲烷更重的重烃，其重烃可进行工业性提取的天然气为湿气，其重烃不足以进行工业性提取的天然气为干气。

（3）凝析气层：通常在地层条件下呈气相存在，高气油比，原油相对密度低于0.786的气层。

F.1.3 油气层

含有气顶的饱和油层。

F.1.4 含水油层

产液中含水率大于5%而小于30%的产层。

F.1.5 含油水层

产液中含水率大于70%而小于95%的产层。

F.1.6 油水同层

产液中含水率大于30%而小于70%的产层。

F.1.7 水层

产液中含水率大于95%的产层。

F.1.8 干层

（1）井深大于2000m，流动压差达到地层压力的50%，其油水流量小于5m³/d或天然气流量小于500m³/d的含油（气、水）地层，定为干层。

（2）井深小于2000m，流动压差达到地层压力的50%，其油水流量小于3m³/d或天然气流量小于300m³/d的含油（气、水）地层，定为干层。

F.1.9 高渗透层

油气层测试有效渗透率：$K \geqslant 100\text{mD}$。

F.1.10 中渗透层

油气层测试有效渗透率：$10\text{mD} \leqslant K < 100\text{mD}$。

F.1.11 低渗透层

油气层测试有效渗透率：$1\text{mD} \leqslant K < 10\text{mD}$。

F.1.12 特低渗透层

油气层测试有效渗透率：$K < 1\text{mD}$。

F.1.13 高温高压井

井底温度大于150℃，且地层孔隙压力大于68.9MPa（10000psi）或地层孔隙压力当量密度大于1.8g/cm^3的井。

F.1.14 超高温高压井

井底温度大于177℃，且地层孔隙压力大于103.45MPa（15000psi）或地层孔隙压力当量密度大于2.1g/cm^3的井。

F.1.15 极高温高压井

井底温度大于204℃，且地层孔隙压力大于137.93MPa（20000psi）或地层孔隙压力当量密度大于2.3g/cm^3的井。

F.2 油气藏工程常用参数代号及计量单位

F.2.1 油气藏工程常用计量单位的规定

（1）长度单位。

长度单位取为米，符号以 m 表示。同时可取千米符号为 km；厘米符号为 cm；毫米符号为 mm；微米符号为 μm。单位之间的关系为

$$1\text{km} = 1000\text{m}$$

$$1\text{m} = 100\text{cm} = 1000\text{mm} = 10^6 \mu\text{m}$$

$$1\mu\text{m} = 10^{-6}\text{m} = 10^{-4}\text{cm} = 10^{-3}\text{mm}$$

（2）面积单位。

面积单位取为平方米，符号以 m^2 表示。同时也可取平方千米，符号为 km^2；公顷符号为 ha；平方厘米符号为 cm^2；平方毫米符号为 mm^2；平方微米符号为 μm^2。单位之间的关系为

$$1\text{km}^2 = 100\text{ha} = 10^6\text{m}^2$$

$$1\text{m}^2 = 10^4\text{cm}^2 = 10^6\text{mm}^2 = 10^{12}\mu\text{m}^2$$

（3）体积单位。

体积单位取为立方米，符号以 m^3 表示。同时也可取升，符号为 L，毫升符号为 mL。单位之间的关系为

$$1m^3=10^3L=10^6mL$$

$$1mL=1cm^3$$

（4）密度单位。

密度单位取为千克每立方米，符号以 kg/m^3 表示。在油气藏工程中也取克每立方厘米，符号为 g/cm^3，或吨每立方米，符号为 t/m^3。单位之间的关系为

$$1g/cm^3=1000kg/m^3=1t/m^3$$

在油气藏工程中常用到相对密度。油的相对密度，是在标准条件（20℃和0.101MPa）下原油密度与4℃纯水密度之比值，符号以 γ_o 表示；气体的相对密度，是在标准条件下某种气体密度与空气密度之比值，符号以 γ_g 表示。

（5）压力单位。

压力基础单位为帕斯卡（Pa），石油工程中为了使用方便，规定采用兆帕斯卡，简称为兆帕，符号以 MPa 表示。它与标准大气压（atm）的关系为

$$1MPa=9.86923atm$$

$$1atm=0.101325MPa$$

地面标准条件规定为 0.101MPa。

注意：表示压力值时需区分 MPa（绝对压力）[或 psi（绝对压力）]和 MPa（或 psi），前者代表此压力值为绝对压力，后者通常表示此压力值为表压（已扣除大气压）；测试设备中井下压力计测得的压力资料通常为绝对压力，而测试地面传感器得到的压力值通常为表压；除压力计原始数据体外，测试数据皆按照表压录取。

（6）温度单位。

热学温度单位取为开尔文，简称开，符号以 K 表示。同时也可取摄氏温度单位，符号以℃表示，两者的关系为

$$T(K)=t(℃)+273.15$$

英制单位中经常采用的华氏度（℉）与摄氏度（℃）的换算方法为

$$t(℉)=32+1.8\times t(℃)$$

或

$$t(℃)=\frac{t(℉)-32}{1.8}$$

地面标准条件温度规定为 20℃，相应的热力学温度为 293K。

兰氏度是以绝对零度为 0 度、水的沸点为 491.67 度作为标准的温度计量单位，兰氏度与摄氏度的转换公式如下：

$$L(°R) = [t(°C) + 273.15] \times 1.8$$

（7）时间单位。

时间单位取为秒，符号以 s 表示。同时也可取分钟，符号为 min；小时符号为 h；天符号为 d；月符号为 mon；年符号为 a。

（8）产量与流量单位。

产量与流量单位取为立方米每秒，符号以 m^3/s 表示。对油井取立方米每天，符号为 m^3/d，或吨每天，符号为 t/d；气井取万立方米每天，符号为 $10^4 m^3/d$。对于油田年产量取万立方米每年，符号为 $10^4 m^3/a$，或万吨每年，符号为 $10^4 t/a$；气田年产量取亿立方米每年，符号为 $10^8 m^3/a$。

在实验室或现场施工中，可取立方厘米每秒，符号为 cm^3/s；升每分符号为 L/min；立方米每分符号为 m^3/min。

（9）黏度单位。

动力黏度单位取为帕斯卡·秒，简称帕秒，符号以 Pa·s 表示。石油工程采用毫帕斯卡·秒，简称为毫帕秒，符号为 mPa·s，它与厘泊（cP）的关系为

$$1 mPa·s = 1 cP$$

运动黏度也被采用，它是动力黏度与密度的比值，其单位取为平方毫米每秒，符号为 mm^2/s。它与厘沱（cSt）的关系为

$$1 mm^2/s = 1 cSt$$

（10）渗透率单位。

渗透率单位取为平方米，符号以 m^2 表示。由于该单位太大，石油工程取平方微米，符号为 μm^2。它与达西（D）和毫达西（mD）的关系为

$$1 \mu m^2 = 1.01325 D = 1013.25 mD$$

在实际应用中，可采用如下规定：

$$10^{-3} \mu m^2 = 10^{-3} D = 1 mD$$

（11）表面（界面）张力单位。

表面（界面）张力的单位取为牛顿每米，简称牛每米，符号 N/m 表示。由于该单位太大，石油工程取毫牛每米，符号为 mN/m。它与达因每厘米（dyn/cm）的关系为

$$1 mN/m = 1 dyn/cm$$

F.2.2 油气藏工程常用参数代号下角符号的规定

（1）单字下角标符号。

a——大气条件、空气、年；　　　　　k——系数；

b——泡点；
c——临界、凝析、毛细管、综合；
D——无量纲、驱替；
e——边界、侵入；
f——前缘、破裂、裂缝、岩石有效压缩；
g——气体；
H——水平；
i——原始、注入、探测；
v——垂直、垂向、体积波及；
w——水、井底；

L——液体、液量；
M——月；
o——油；
p——孔隙、累计生产、平面波；
r——对比；
R——可采比；
s——溶解、污染；
t——总；
z——垂直波及。

（2）双字下角标符号。
ow——油水；
og——油气；
gw——气水；
oi——原始含油、原始油；
gi——原始含气、原始气；
wi——原始含水；
or——残余油；
gr——残余气；
wr——残余水；
ob——饱和压力下原油；
gb——饱和压力下天然气；
sb——饱和压力下溶解；
si——原始溶解；
oa——大气条件原油；
ga——大气条件天然气；
wa——大气条件水；
sc——标准条件；

pc——拟临界；
Pr——拟对比；
cp——累计凝析油生产；
we——井底有效；
os——比采油；
Ls——比采液；
ws——比采水、井底恢复；
wf——井底流动；
wh——井口；
tf——油管流动；
ts——油管关闭；
cf——套管流动；
cs——套管关闭；
cR——凝析油可采；
iw——注水；
ig——注气。

（3）三字下角标符号。
sep——分离器；
cap——气顶；
iwf——注水井底流动；
iws——注水井底关闭恢复。

F.2.3 油、气藏工程常用参数及计量单位

F.2.3.1 常用参数及计量单位表

常用参数		计量单位	
名称	代号	符号	名称
长度	L, l	km, m, cm, mm, μm	千米，米，厘米，毫米，微米
宽度	W	km, m, cm, mm	千米，米，厘米，毫米
深度	D	m	米
递减率	D	1/mon, 1/a	每月，每年
月递减率	D_M	1/mon	每月
年递减率	D_a	1/a	每年
综合递减率	D_c	1/a	每年
排距	L	m	米
井距，直径	D	m	米
井网密度	f	km²/well, ha/well, well/km²	平方千米每井，公顷每井，井每平方千米
地层厚度	H, h	m	米
地层有效厚度	H, h	m	米
地层倾角	α	(°)	度
面积	A	km², ha, m², cm², mm²	平方千米，公顷，平方米，平方厘米，平方毫米
含油面积	A_o	km²	平方千米
含气面积	A_g	km²	平方千米
油水过渡带面积	A_{ow}	km²	平方千米
油气过渡带面积	A_{og}	km²	平方千米
气水过渡带面积	A_{gw}	km²	平方千米
体积	V	m³	立方米
孔隙体积	V_p	m³	立方米
总孔隙度	ϕ_t	f, %	小数，百分数
有效孔隙度	ϕ_e	f, %	小数，百分数
原始含油（气、水）饱和度	S_{oi}, S_{gi}, S_{wi}	f, %	小数，百分数

续表

常用参数		计量单位	
名称	代号	符号	名称
平均含油（气、水）饱和度	S_o，S_g，S_w	f，%	小数，百分数
残余油（气、水）饱和度	S_{or}，S_{gr}，S_{wr}	f，%	小数，百分数
气顶区油、水饱和度	S_{og}，S_{wg}	f，%	小数，百分数
地层油（气、水）的体积系数	B_o，B_g，B_w		无量纲
原始原油体积系数	B_{oi}		无量纲
原始天然气体积系数	B_{gi}		无量纲
饱和压力下原油体积系数	B_{ob}		无量纲
饱和压力下天然气体积系数	R_{gb}		无量纲
油气两相（总）体积系数	B_t		无量纲
溶解气油比	R_s	m^3/m^3，m^3/t	立方米每立方米，立方米每吨
原始溶解气油比	R_{si}	m^3/m^3，m^3/t	立方米每立方米，立方米每吨
生产气油比	R_{go}	m^3/m^3，m^3/t	立方米每立方米，立方米每吨
累计生产气油比	R_p	m^3/m^3，m^3/t	立方米每立方米，立方米每吨
饱和压力下溶解气油比	R_{sb}	m^3/m^3，m^3/t	立方米每立方米，立方米每吨
动力黏度	μ	mPa·s	毫帕秒
地层条件下油（气、水）的黏度	μ_o，μ_g，μ_w	mPa·s	毫帕秒
地面条件下油（气、水）的黏度	μ_{oa}，μ_{ga}，μ_w	mPa·s	毫帕秒
黏度比	μ		无量纲
运动黏度	v	mm^2/s	平方毫米每秒
渗透率	K	μm^2，$10^{-3}\mu m^2$	平方微米，毫平方微米
空气渗透率	K_a	μm^2，$10^{-3}\mu m^2$	平方微米，毫平方微米
水平渗透率	K_H	μm^2，$10^{-3}\mu m^2$	平方微米，毫平方微米
垂直渗透率	K_v	μm^2，$10^{-3}\mu m^2$	平方微米，毫平方微米
平均渗透率	K	μm^2，$10^{-3}\mu m^2$	平方微米，毫平方微米

续表

常用参数		计量单位	
名称	代号	符号	名称
油（气、水）的有效（相）渗透率	K_o, K_g, K_w	μm^2, $10^{-3}\mu m^2$	平方微米，毫平方微米
油（气、水）的相对渗透率	K_{ro}, K_{rg}, K_{rw}		无量纲
油水相对渗透率比	K_{ro}/K_{rw}		无量纲
油气相对渗透率比	K_{ro}/K_{rg}		无量纲
气水相对渗透率比	K_{rg}/K_{rw}		无量纲
流度	$\lambda = K/\mu$	$\mu m^2/(mPa \cdot s)$	平方微米每毫帕秒
油（气、水）的流度	λ_o, λ_g, λ_w	$\mu m^2/(mPa \cdot s)$	平方微米每毫帕秒
总流度	λ_t	$\mu m^2/(mPa \cdot s)$	平方微米每毫帕秒
流度比	M		无量纲
渗透率变异系数	V_k		无量纲
时间	t	s, min, h, d, mon, a	秒，分钟，小时，日，月，年
关井之前的生产时间或 Homer 折算时间	T	min, h	分钟，小时
油井、气井的关井恢复时间	Δt	min, h	分钟，小时
无量纲时间	t_D		无量纲
摄氏温度	t	℃	摄氏度
绝对温度	T	K	开
地面标准温度	T_{sc}	K	开
临界温度	T_c	K	开
拟临界温度	T_{pc}	K	开
分离器温度	T_{scp}	℃，K	摄氏度，开
对比温度	T_r		无量纲
拟对比温度	T_{pr}		无量纲
气体偏差系数	Z		无量纲
平均压力、温度下的气体偏差系数	$\bar{Z}$		无量纲
质量	m	g, kg	克，千克
气顶与油区地下储量比	m		无量纲

续表

常用参数		计量单位	
名称	代号	符号	名称
相对分子质量	M		无量纲
油相对分子质量	M_o		无量纲
气相对分子质量	M_g		无量纲
通用气体常数	R	$MPa，m^3/(kmol·K)$	兆帕，立方米每千摩尔开
物质的量	n	$kmol$	千摩尔
密度	ρ	g/cm^3，t/m^3	克每立方厘米，吨每立方米
油、气、水的密度	ρ_o, ρ_g, ρ_w	g/cm^3	克每立方厘米
相对密度	γ		无量纲
油、气的相对密度	γ_o, γ_g		无量纲
凝析气井流体的相对密度	γ_w		无量纲
比容	V	m^3/kg	立方米每千克
力	F	MN	兆牛
重力加速度	G	m/s^2	米每平方秒
表面（界面）张力	σ	mN/m	毫牛每米
润湿接触角	θ	(°)	度
压力	p	MPa	兆帕
原始地层压力	p_i	MPa	兆帕
地层压力	p_R	MPa	兆帕
边界压力	p_e	MPa	兆帕
平均地层压力	$\bar{p}$	MPa	兆帕
饱和（泡点）压力	p_b	MPa	兆帕
露点压力	p_d	MPa	兆帕
毛细管压力	p_{ca}	MPa	兆帕
临界压力	p_{cr}	MPa	兆帕
拟临界压力	p_{pc}	MPa	兆帕

续表

常用参数		计量单位	
名称	代号	符号	名称
对比压力	p_r		无量纲
拟对比压力	p_{pr}		无量纲
井底流动压力	p_{wf}	MPa	兆帕
井底恢复压力	p_{ws}	MPa	兆帕
外推地层压力	p^*	MPa	兆帕
地面标准压力	p_{sc}	MPa	兆帕
分离器压力	p_{sep}	MPa	兆帕
注水井底流压	p_{iwf}	MPa	兆帕
注水井关井恢复压力	p_{iws}	MPa	兆帕
破裂压力	p_f	MPa	兆帕
井口压力	p_{wh}	MPa	兆帕
油管流动压力	p_{tf}	MPa	兆帕
油管关闭压力	p_{ts}	MPa	兆帕
套管流动压力	p_{cf}	MPa	兆帕
套管关闭压力	p_{cs}	MPa	兆帕
无因次压力	p_D		无量纲
原始视地层压力	p_i/Z_i	MPa	兆帕
目前视地层压力	p/Z	MPa	兆帕
气井产能系数	C	$10^4 m^3/MPa^2$（绝对压力）	万立方米每平方兆帕
气井动态指数	n		无量纲
原始原油地质储量	N	$10^4 t$，$10^4 m^3$	万吨，万立方米
原油可采储量	N_R	$10^4 t$，$10^4 m^3$	万吨，万立方米
剩余原油地质储量	N_{or}	$10^4 t$，$10^4 m^3$	万吨，万立方米
原始天然气地质储量	G	$10^8 m^3$	亿立方米
天然气可采储量	G_R	$10^8 m^3$	亿立方米
剩余天然气地质储量	G_{gr}	$10^8 m^3$	亿立方米
气顶气地质储量	G_{cap}	$10^8 m^3$	亿立方米

续表

常用参数		计量单位	
名称	代号	符号	名称
溶解气地质储量	G_s	$10^8 m^3$	亿立方米
凝析油含量	σ	g/m^3	克每立方米
原始凝析油地质储量	N_c	$10^4 t$, $10^4 m^3$	万吨,万立方米
凝析油可采储量	N_{cr}	$10^4 t$, $10^4 m^3$	万吨,万立方米
气体摩尔分数	f_g	f	小数
气体物质的量	n_g	kmol	千摩尔
凝析油物质的量	n_o	kmol	千摩尔
凝析油的气体当量	G_E	m^3/m^3	立方米每立方米
驱油效率	E_D	f, %	小数,百分数
平面波及系数	E_H	f, %	小数,百分数
垂向波及系数	E_Z	f, %	小数,百分数
体积波及系数	E_v	f, %	小数,百分数
采收率	E_R	f, %	小数,百分数
采出程度	R	f, %	小数,百分数
井日产油、水、液量	q_o, q_w, q_L	t/d, m^3/d	吨每日,立方米每日
井日产气量	q_g	$10^4 m^3/d$	万立方米每日
井日注水量	q_{iw}	t/d, m^3/d	吨每日,立方米每日
年产油、水、液量	Q_o, Q_w, Q_L	$10^4 t/a$, $10^4 m^3/a$	万吨每年,万立方米每年
年注水量	Q_{iw}	$10^4 m^3/a$	万立方米每年
年产气量	Q_g	$10^8 m^3/a$	亿立方米每年
年注气量	Q_{ig}	$10^8 m^3/a$	亿立方米每年
累计产油量	N_p	$10^4 t$, $10^4 m^3$	万吨,万立方米
累计产水量	W_p	$10^4 m^3$	万立方米
累计凝析油产量	N_{cp}	$10^4 t$	万吨
累计注水量	W_i	$10^4 m^3$	万立方米
累计注气量	G_i	$10^8 m^3$	亿立方米
累计水侵量	W_e	$10^4 m^3$	万立方米

续表

常用参数		计量单位	
名称	代号	符号	名称
累计气侵量	G_e	$10^8 m^3$	亿立方米
累计产气量	G_p	$10^8 m^3$	亿立方米
累计油侵量	N_e	$10^4 m^3$	万立方米
年采油速度	v_o	f, %	小数,百分数
年采气速度	v_g	f, %	小数,百分数
年采液速度	v_L	f, %	小数,百分数
含油率、含气率、含水率	f_o, f_g, f_w	f, %	小数,百分数
径向半径	r	cm, m	厘米,米
边界半径	r_e	m	米
井底半径	r_w	m	米
探测半径	r_i	m	米
井底有效半径	r_{we}	m	米
毛细管半径	r_c	μm	微米
水平裂缝半径	r_f	m	米
污染半径	r_s	m	米
无量纲半径	r_D		无量纲
垂直裂缝一边的长度	X_f	m	米
垂直裂缝的宽度	W_{fm}	m	米
油、气、水和岩石有效压缩系数	C_o, C_g, C_w, C_f	MPa^{-1}	每兆帕
总压缩系数	C_t	MPa^{-1}	每兆帕
导压系数	η	$(\mu m^2 \cdot MPa)/(mPa \cdot s)$	平方微米兆帕每毫帕秒
地层系数	Kh	$\mu m^2 \cdot m$	平方微米米
流动系数	Kh/μ	$(\mu m^2 \cdot m)/(mPa \cdot s)$	平方微米米每毫帕秒
采油指数	J_0	$m^3/(MPa \cdot d)$	立方米每兆帕日
采液指数	J_L	$m^3/(MPa \cdot d)$	立方米每兆帕日
采水指数	J_W	$m^3/(MPa \cdot d)$	立方米每兆帕日

续表

常用参数		计量单位	
名称	代号	符号	名称
吸水指数	I_W	m³/(MPa·d)	立方米每兆帕日
比采油指数	J_{OR}	m³/(MPa·d·m)	立方米每兆帕日米
比采液指数	J_{LR}	m³/(MPa·d·m)	立方米每兆帕日米
比采水指数	J_{wR}	m³/(MPa·d·m)	立方米每兆帕日米
比吸水指数	I_{wR}	m³/(MPa·d·m)	立方米每兆帕日米
井筒储集常数	C	m³/MPa	立方米每兆帕
无因次井筒储集常数	C_D		无量纲
窜流系数	λ		无量纲
储能比	ω		无量纲
压力恢复曲线直线段斜率	m	MPa/cycle	兆帕每对数周期
压降曲线直线段斜率	β	MPa/h	兆帕每小时
表皮系数，视表皮系数	S, S_a		无量纲
流动效率	F_E	f，%	小数，百分数
产能比	Rp		无量纲
条件比	Rc		无量纲
堵塞比	DR		无量纲
污染系数	DF		无量纲
矿化度	S, C	10⁻⁶，%	每百万，百分数
水油比	F_{wo}		无量纲
油水比	WOR		无量纲
气液比	GLR		无量纲
气水比	GWR		无量纲
水气比	WGR		无量纲
气油比	GOR		无量纲
注采比	IPR		无量纲
累计注采比	CIPR		无量纲
储采比	RPR		无量纲

F.2.3.2 油气藏常用工程计量单位注释表

单位符号	中文名称	英文名称
km	千米	kilometre
m	米	metre
cm	厘米	centimetre
mm	毫米	millimetre
μm	微米	micromere
km²	平方千米	squarekilometre
m²	平方米	squaremetre
cm²	平方厘米	squarecentimetre
mm²	平方毫米	squaremillimetre
μm²	平方微米	squaremicrometre
10^{-3} μm²	毫平方微米	millisquaremicrometre
ha	公顷	hectare
m³	立方米	cubicmetre
cm³	立方厘米	cubiccentimetre
L	升	litre
mL	毫升	millilitre
t	吨	ton
kg	千克	kilogramme
g	克	gramme
kmol	千摩尔	kilomole
MPa	兆帕	millionPascal
MN	兆牛	millionNewton
mPa·s	毫帕秒	milliPascal·second
s	秒	second
min	分	minute
h	小时	hour
d	日	day
mon	月	month
a	年	annum

续表

单位符号	中文名称	英文名称
f	小数	fraction
%	百分数	percent
℃	摄氏度	Celsiusdegree
K	开［尔文］	Kelvin
°R	兰氏度	Rankine